住房和城乡建设部"十四五"规划教材

高等学校土木工程专业应用型人才培养系列教材

建设工程法规
（第二版）

董良峰　吕　成　主　编
李　勇　杜建文　副主编
　　　　王书明　主　审

中国建筑工业出版社

图书在版编目（CIP）数据

建设工程法规 / 董良峰，吕成主编；李勇，杜建文
副主编. -- 2 版. -- 北京：中国建筑工业出版社，
2024.9. --（住房和城乡建设部"十四五"规划教材）
（高等学校土木工程专业应用型人才培养系列教材）.
ISBN 978-7-112-30157-7

Ⅰ. D922.297

中国国家版本馆 CIP 数据核字第 2024CE1826 号

本书依据建设领域最新颁布的法律法规编写而成，编写过程中结合建造师、监理工程师等执业资格考试对法律法规的知识体系要求，并佐以大量案例，有利于理论知识和实践能力的结合，有利于相关重点难点的消化吸收。

本书可作为普通高校土木工程、工程管理等专业本科生的学习用书，也可作为业主、监理单位、施工单位等建筑行业相关主体从业人员的参考用书，还可作为建造师、监理工程师等执业资格考试的参考用书。

为更好地支持本课程的教学，本书作者制作了多媒体教学课件，有需要的读者可以发送邮件至 jckj@cabp.com.cn 索取，电话：（010）58337285，建工书院 http://edu.cab-plink.com。

责任编辑：仕　帅　吉万旺　冯之倩
责任校对：赵　力

住房和城乡建设部"十四五"规划教材
高等学校土木工程专业应用型人才培养系列教材

建设工程法规（第二版）

董良峰　吕　成　主　编
李　勇　杜建文　副主编
王书明　主　审

*

中国建筑工业出版社出版、发行（北京海淀三里河路 9 号）
各地新华书店、建筑书店经销
霸州市顺浩图文科技发展有限公司制版
北京云浩印刷有限责任公司印刷

*

开本：787 毫米×1092 毫米　1/16　印张：20½　字数：510 千字
2024 年 9 月第二版　　2024 年 9 月第一次印刷
定价：**58.00** 元（赠教师课件）
ISBN 978-7-112-30157-7
（43550）

高等学校土木工程专业应用型人才培养系列教材
编委会成员名单

（按姓氏笔画排序）

出 版 说 明

党和国家高度重视教材建设。2016 年，中办国办印发了《关于加强和改进新形势下大中小学教材建设的意见》，提出要健全国家教材制度。2019 年 12 月，教育部牵头制定了《普通高等学校教材管理办法》和《职业院校教材管理办法》，旨在全面加强党的领导，切实提高教材建设的科学化水平，打造精品教材。住房和城乡建设部历来重视土建类学科专业教材建设，从"九五"开始组织部级规划教材立项工作，经过近 30 年的不断建设，规划教材提升了住房和城乡建设行业教材质量和认可度，出版了一系列精品教材，有效促进了行业部门引导专业教育，推动了行业高质量发展。

为进一步加强高等教育、职业教育住房和城乡建设领域学科专业教材建设工作，提高住房和城乡建设行业人才培养质量，2020 年 12 月，住房和城乡建设部办公厅印发《关于申报高等教育职业教育住房和城乡建设领域学科专业"十四五"规划教材的通知》（建办人函〔2020〕656 号），开展了住房和城乡建设部"十四五"规划教材选题的申报工作。经过专家评审和部人事司审核，512 项选题列入住房和城乡建设领域学科专业"十四五"规划教材（简称规划教材）。2021 年 9 月，住房和城乡建设部印发了《高等教育职业教育住房和城乡建设领域学科专业"十四五"规划教材选题的通知》（建人函〔2021〕36 号）。为做好"十四五"规划教材的编写、审核、出版等工作，《通知》要求：（1）规划教材的编著者应依据《住房和城乡建设领域学科专业"十四五"规划教材申请书》（简称《申请书》）中的立项目标、申报依据、工作安排及进度，按时编写出高质量的教材；（2）规划教材编著者所在单位应履行《申请书》中的学校保证计划实施的主要条件，支持编著者按计划完成书稿编写工作；（3）高等学校土建类专业课程教材与教学资源专家委员会、全国住房和城乡建设职业教育教学指导委员会、住房和城乡建设部中等职业教育专业指导委员会应做好规划教材的指导、协调和审稿等工作，保证编写质量；（4）规划教材出版单位应积极配合，做好编辑、出版、发行等工作；（5）规划教材封面和书脊应标注"住房和城乡建设部'十四五'规划教材"字样和统一标识；（6）规划教材应在"十四五"期间完成出版，逾期不能完成的，不再作为《住房和城乡建设领域学科专业"十四五"规划教材》。

住房和城乡建设领域学科专业"十四五"规划教材的特点：一是重点以修订教育部、住房和城乡建设部"十二五""十三五"规划教材为主；二是严格按照专业标准规范要求编写，体现新发展理念；三是系列教材具有明显特点，满足不同层次和类型的学校专业教学要求；四是配备了数字资源，适应现代化教学的要求。规划教材的出版凝聚了作者、主审及编辑的心血，得到了有关院校、出版单位的大力支持，教材建设管理过程有严格保障。希望广大院校及各专业师生在选用、使用过程中，对规划教材的编写、出版质量进行反馈，以促进规划教材建设质量不断提高。

住房和城乡建设部"十四五"规划教材办公室

2021 年 11 月

第二版前言

由中国建筑工业出版社出版的住房城乡建设部土建类学科专业"十三五"规划教材《建设工程法规》于 2017 年 7 月第一版印刷。7 年间，我国建设工程领域的法律法规环境发生了巨大的变化：一些法律被修订或废止，同时一些新的法律法规陆续颁布，7 年前的教材内容已经不能适应时代的发展和当下建筑工程行业的需求。为此，我们启动了本教材的修订工作。改动之处主要有：

1. 对已经废止和修订的法律条文进行删除和替换，补充最新颁布的法律法规相关内容；

2. 对上一版中专家和读者指出的错误之处进行改正。

南京工程学院董良峰负责修订第 1 章、第 5 章和第 6 章前三节；徐州工程学院吕成负责第 2 章、第 3 章和第 7 章的修订工作；黄淮学院李勇负责修订第 6 章后四节及第 8 章和第 10 章；南京理工大学泰州科技学院杜建文负责第 4 章和第 9 章的修订。在此对各位老师的辛勤付出表示感谢。

本教材的编写得到 2024 年度河南省高等教育教学改革研究与实践重点项目（2024SJGLX0174）的支持。

时间仓促，水平有限，第二版中难免还有不足之处，敬请读者、同行批评指正。

2024 年 6 月

第一版前言

建筑产业是国家的支柱性产业，建筑行业和人民群众的利益密切相关，为此，我国先后颁布了《建筑法》《招标投标法》《合同法》《安全生产法》《城乡规划法》《土地管理法》《环境保护法》《节约能源法》《劳动法》《消防法》《档案法》等一系列与工程建设相关的法律法规，建立了较为完备的工程建设法规体系。

本教材从建设法规基础理论开始介绍，涵盖了建设法规涉及的主要方面，教材具有以下几个特点：

（1）内容新颖。教材编写过程中以当前颁布的最新建设法规为依据，尽量吸收工程建设实践中的最新成果，反映我国建设法规的最新动态。

（2）实践性强。教材中引用大量案例，使读者置身于真实的法律环境中，以案说法，以案学法，具有较强的实践性和针对性，改变了某些建设法规教材单纯介绍建设法规的枯燥状况，尽量激发读者学习建设法规的热情。

（3）体系完整。教材在知识结构上以工程建设基本程序为主线，尽量做到知识主线清晰、层次分明、重点突出。

（4）实用性强。编写过程中还参考了建造师、监理工程师等建设领域相关执业资格考试对建设法规的知识体系要求，具有很强的实用性。

本书由南京工程学院董良峰、徐州工程学院姚青担任主编，由黄淮学院李勇、南京理工大学泰州科技学院杜建文担任副主编。全书共10章，各章的分工为：第1章、第5章、第6章的第1、2、3节由董良峰撰写；第2章、第3章和第7章由姚青撰写；第6章的第4、5、6、7节、第8章和第10章由李勇撰写；第4章、第9章由杜建文撰写。全书由南京林业大学杨平教授主审。对于各位老师的辛勤付出，在此一并表示感谢。

在本书编写过程中，查阅和参考了大量的建设法规方面的文献资料和有关专家的著述，在此对他们表示衷心的感谢。

由于编者水平有限，尽管已经作了很大努力，书中的不足之处仍在所难免，敬请各位读者批评指正。

目　　录

第1章 工程建设法律基础

本章要点及学习目标

本章要点：

(1) 法律关系、建设法律事实、建设法律关系的构成要素；

(2) 我国的法律体系和法的形式；

(3) 本课程的学科地位、主要内容和主要学习方法。

学习目标：

(1) 了解工程建设中涉及的主要法律问题；

(2) 理解建设法律关系、建设法律事实等重要概念，熟悉建设法律关系的构成要素；

(3) 掌握我国的法律体系和法的形式；

(4) 掌握本课程的学科地位、主要内容和主要学习方法。

【引例】

2008年11月15日下午3时15分，杭州市地铁1号线湘湖站工段施工工地突发地面塌陷，塌方现场长120m、宽21m、深16m；公路塌方长50m、宽20m、深2m；正在路面行驶的多辆车陷入深坑，多数地铁工地施工人员被困地下；工地结构性坍塌造成自来水钢管断裂，大量水涌出淹没事故现场。造成21人死亡，24人受伤，直接经济损失4961万元。专家痛惜地指出："这是中国地铁修建史上最大的事故。"

事故发生后，国家安全生产监督管理总局、住房和城乡建设部成立了事故调查指导小组，形成了《杭州地铁湘湖站"11·15"基坑坍塌事故技术分析报告》以及《岩土工程勘察调查分析》等9项专项调查分析报告。在此基础上，又专门组织国内相关权威专家，对《杭州地铁湘湖站"11·15"基坑坍塌事故技术分析报告》进行了评审。

后查明，本次事故中，参与工程项目的多方主体存在众多违反建设领域法律法规的行为，有法不依，最终酿成悲剧。直接原因是施工单位（中铁四局集团第六工程有限公司）违规施工、冒险作业、基坑严重超挖；支撑体系存在严重缺陷且钢管支撑架设不及时；垫层未及时浇筑。监测单位施工监测失效，施工单位没有采取有效补救措施。另外，参与项目建设及管理的中国中铁股份有限公司所属中铁四局集团第六工程有限公司、安徽中铁四局设计研究院、浙江大合建设工程检测有限公司、浙江省地矿勘察院、北京城建设计研究总院有限责任公司、上海同济工程项目管理咨询有限公司、杭州地铁集团有限公司等有关方面工作中存在一些严重缺陷和问题，没有得到应有重视和积极防范整改，多方面因素综合作用最终导致了事故的发生，是一起重大责任事故。事后，10名责任人被追究法律责任，另有 11 名责任人受到行政处分。

这次事件造成的损失是巨大的，教训是深刻的，同时也提醒建筑行业的每一位从业人员，严格按照建设法律法规办事，才能够保障工程质量和人身安全。

1.1　法律体系和法的形式

土木工程建设作为一项社会化大生产活动，它具有生产周期长、工作量大、受自然条件影响严重、占用资源较多、涉及面广、流动性大的特点，是国家的经济支柱产业之一，在整个国家的经济建设中占有举足轻重的地位。因此，国家需制定一系列土木工程建设法规来引导建设活动走上健康发展的道路，使建设行为有章可循、有法可依。

土木工程建设法规作为规范各类人工建筑与设施的建造、管理和运营活动的重要法律规范，其基本宗旨是规范工程活动，保证工程质量和安全，保障有关主体的合法权益。我国于 1997 年颁布了《中华人民共和国建筑法》，1998 年 3 月 1 日正式实施；1999 年颁布了《中华人民共和国招标投标法》，2000 年 1 月 1 日正式实施。目前，我国已经初步建立了以《中华人民共和国建筑法》《中华人民共和国招标投标法》为基本法，涵盖《中华人民共和国民法典》（合同编）、《中华人民共和国安全生产法》《中华人民共和国城乡规划法》《中华人民共和国土地管理法》《中华人民共和国环境保护法》《中华人民共和国节约能源法》《中华人民共和国劳动法》《中华人民共和国消防法》《中华人民共和国档案法》等相关法律规范为基础的较为完备的工程建设法规体系。

与工程建设相关的法律有很多，这些法律尽管有着各自的主要调整范围，但是也经常互相发生作用。因此，在学习建设法规之前需要掌握我国的法律体系，以便形成规范工程建设行为的整体法律框架。

广义上的法律不局限于全国人大及其常委会制定的规范性文件，还包括行政法规、地方性法规、部门规章等。不同的法律的效力是不同的，掌握其相对效力的高低将有助于当事人正确选择适用的法律。

1.1.1　法律体系

法律体系是指一国的全部现行法律规范，按照一定的标准和原则，划分为不同的法律部门而形成的内部和谐一致、有机联系的整体。它的主要特征有：①法律体系是一国的全部现行法律构成的整体；②法律体系是一个由法律部门分类组合而形成的成体系化的有机联系的统一整体；③法律体系的理想化要求：门类齐全、结构严谨、内在协调；④法律体系是客观的法则和主观属性的有机统一。我国的法律体系通常包括下列部门：

1. 宪法

宪法是整个法律体系的基础，主要表现形式是《中华人民共和国宪法》。此外，宪法部门还包括主要国家机关组织法、选举法、民族区域自治法、特别行政区基本法、授权法、立法法、国籍法等附属的低层次的法律。

2. 民法

民法是调整作为平等主体的公民之间、法人之间、公民和法人之间的财产关系和人身关系的法律，主要由《中华人民共和国民法典》（以下简称《民法典》）的总则编、物权编、合同编、人格权编、婚姻家庭编、继承编和侵权责任编组成。

3. 商法

商法是调整平等主体之间的商事关系或商事行为的法律，主要包括公司法、证券法、保险法、票据法、企业破产法、海商法等。我国实行"民商合一"的原则，商法虽然是一个相对独立的法律部门，但民法的许多概念、规则和原则也通用于商法。

4. 经济法

经济法是调整国家在经济管理中发生的经济关系的法律，包括建筑法、招标投标法、反不正当竞争法、税法等。

5. 行政法

行政法是调整国家行政管理活动中各种社会关系的法律规范的总和，主要包括行政处罚法、行政复议法、行政监察法、治安管理处罚法等。

6. 劳动法与社会保障法

劳动法是调整劳动关系的法律，主要是《中华人民共和国劳动法》；社会保障法是调整有关社会保障、社会福利的法律，包括安全生产法、消防法等。

7. 自然资源与环境保护法

自然资源与环境保护法是关于保护环境和自然资源，防治污染和其他公害的法律。自然资源法主要包括土地管理法、节约能源法等；环境保护方面的法律主要包括环境保护法、环境影响评价法、噪声污染环境防治法等。

8. 刑法

刑法是规定犯罪和刑罚的法律，主要是《中华人民共和国刑法》。一些单行法律、法规的有关条款也可能规定刑法规范。

9. 诉讼法

诉讼法（又称诉讼程序法），是有关各种诉讼活动的法律，其作用在于从程序上保证实体法的正确实施。诉讼法主要包括民事诉讼法、行政诉讼法、刑事诉讼法。仲裁法、律师法、法官法、检察官法等法律的内容也大体属于该法律部门。

1.1.2　法的形式

根据《中华人民共和国宪法》和《中华人民共和国立法法》（以下简称《立法法》）及有关规定，我国法的形式主要包括：

1. 宪法

当代中国法的渊源主要是以宪法为核心的各种制定法。宪法是每一个民主国家最根本的法的渊源，其法律地位和效力是最高的。我国的宪法是由我国的最高权力机关——全国人民代表大会制定和修改的，一切法律、行政法规和地方性法规都不得与宪法相抵触。

2. 法律

法律包括广义的法律和狭义的法律。

广义上的法律，泛指《立法法》调整的各类法的规范性文件；狭义上的法律，仅指全国人大及其常委会制定的规范性文件。在这里，我们仅指狭义上的法律。

法律的效力低于宪法，但高于其他法。

3. 行政法规

行政法规是最高国家行政机关即国务院制定的规范性文件，如《建设工程质量管理条例》《建设工程勘察设计管理条例》《建设工程安全生产管理条例》《安全生产许可证条例》和《建设项目环境保护管理条例》等。

行政法规的效力低于宪法和法律。

4. 地方性法规

地方性法规是指省、自治区、直辖市以及省、自治区人民政府所在地的市和经国务院批准的较大的市的人民代表大会及其常委会，在其法定权限内制定的法律规范性文件，如《山东省建筑市场管理条例》《上海市招标投标条例》《深圳经济特区建设工程施工招标投标条例》等都属于地方性法规。

地方性法规具有地方性，只在本辖区内有效，其效力低于法律和行政法规。

5. 行政规章

行政规章是由国家行政机关制定的法律规范性文件，包括部门规章和地方政府规章。

部门规章是由国务院各部委制定的法律规范性文件，如《工程建设项目施工招标投标办法》《评标委员会和评标方法暂行规定》《建筑业企业资质管理规定》等。

部门规章的效力低于法律、行政法规。

地方政府规章是由省、自治区、直辖市以及省、自治区人民政府所在地的市和国务院批准的较大的市的人民政府所制定的法律规范性文件。地方政府规章的效力低于法律、行政法规，低于同级或上级地方性法规。

《中华人民共和国立法法》第八十五条规定：地方性法规、规章之间不一致时，由有关机关依照下列规定的权限作出裁决：

（1）同一机关制定的新的一般规定与旧的特别规定不一致时，由制定机关裁决；

（2）地方性法规与部门规章之间对同一事项的规定不一致，不能确定如何适用时，由国务院提出意见，国务院认为应当适用地方性法规的，应当决定在该地方适用地方性法规的规定；认为应当适用部门规章的，应当提请全国人民代表大会常务委员会裁决；

（3）部门规章之间、部门规章与地方政府规章之间对同一事项的规定不一致时，由国务院裁决。

6. 最高人民法院司法解释规范性文件

最高人民法院对于法律的系统性解释文件和对法律适用的说明，对法院审判有约束力，具有法律规范的性质，在司法实践中具有重要的地位和作用。在民事领域，最高人民法院制定的司法解释文件有很多，如《最高人民法院关于审理建设工程施工合同纠纷案件适用法律问题的解释（一）》（法释〔2020〕25号）等。

7. 国际条约

国际条约是指我国作为国际法主体同外国缔结的双边、多边协议和其他具有条约、协定性质的文件，如《建筑业安全卫生公约》等。国际条约是我国法的一种形式，对所有国家机关、社会组织和公民都具有法律效力。

此外，自治条例和单行条例、特别行政区法律等，也属于我国法的形式。

1.2　建设法规概论

土木工程建设法规是指国家权力机关或其授权的行政机关制定的，由国家强制力保证实施的，旨在调整国家机关、企业、事业单位、经济组织、社会团体和公民在建设活动中所发生的社会关系的法律规范的总称。它是国家法律体系的重要组成部分，在国家法律体系中占有重要地位。它直接体现了国家组织、管理和协调城市建设、乡村建设、工程建设、建筑业、房地产业以及市政公用事业等各项建设活动的方针、政策和基本原则。

1.2.1 土木工程建设法规与相关法律的关系

1. 与宪法的关系

宪法是国家最根本的大法，其调整对象是最基本的社会关系，并且还规定了其他各部门法规的基本指导原则，为其他法律部门提供法律基础。宪法确认的法律规范是全局性、根本性问题，作用于一般性规范，还必须通过具体法律规范才能使之具体化，才具有操作性。土木工程建设法规属于具体法律规范，它既以宪法的有关规定为依据，又将国家对建设活动的组织管理方面的原则规定具体化，它是宪法实施的组成部分。

2. 与刑法的关系

刑法规定了什么是犯罪，对罪犯适用什么刑罚，以及采取其他相关措施。刑法是其他各项法律规范得以实现的保障。它的规定和制裁是所有法中最严厉的。土木工程建设法规所调整的社会关系也包括在刑法的调整范围之内，其区别在于采用的手段不同，刑法用刑罚来调整，土木工程建设法规用行政和经济手段调整。但土木工程建设法规以刑法为自己坚强有力的后盾，在许多土木工程建设法规中，都规定了违反土木工程建设法规情节和后果严重、构成犯罪的，由司法机关依据刑法追究刑事责任。刑法中也有部分条款，直接规定对关于建设活动或建设行政管理中违法犯罪的处罚。

3. 与行政法的关系

行政法是关于国家行政管理活动的法律规范的总称，其调整对象包括国家机关之间、国家机关同企事业单位和社会团体之间、国家机关同公民之间发生的关系。行政法包括程序法和实体法，其中的程序法就是行政诉讼法和行政申诉法。土木工程建设法规的调整对象之一是行政关系，因此，部分内容属于行政法。

4. 与经济法的关系

经济法是调整一定经济关系的各项经济法律规范的总称。土木工程建设活动最基本的关系是经济关系，故土木工程建设法规中很大部分具有经济法的性质，与经济法的很多内容是一致的。但这并不能认为该法规完全属于经济法的范畴，主要在于它调整的关系并不局限于经济关系，还包括行政关系和民事关系的内容，很显然后两种社会关系的内容就不在经济法的范畴内，因此，部分内容属于经济法。

5. 与民法的关系

民法是调整公民、国家机关、企事业单位和社会团体之间，在一定范围内的财产关系以及某些人身关系的法律规范的总和。土木工程建设活动中存在一部分民事关系，属于民法调整的范围，所以土木工程建设法规中一部分归属于民法。若建设活动中出现非正常现象并构成犯罪，就应根据刑法中的有关规定进行处罚。

6. 与环境保护法的关系

环境保护法是调整人们在保护、改善、开发利用环境的活动中所产生的社会关系的法律规范的总和，与土木工程建设法规一样，同属于新的法学领域。二者既各具特点，同时又具有相同或相关之处。如环境影响评价制度和"三同时"制度在环境保护法和建设法规中都有要求。

7. 与自然资源法的关系

自然资源法和土木工程建设法规都是对自然资源进行利用和保护的法律法规，不过它们所调整的对象和方式又有区别。自然资源法是利用直接手段对自然资源开发和利用的保护，而土木工程建设法规是以间接手段对开发和利用自然资源的保护。

1.2.2 土木工程建设法规的基本原则

土木工程建设法规立法的基本原则，是指其立法时所必须遵循的基本准则及要求。现阶段，我国土木工程建设法规立法时所必须遵循的基本原则包括以下三个方面。

1. 市场经济规律原则

市场经济，是指市场对资源配置起基础性作用的经济体制。社会主义市场经济，是指与社会主义基本制度相结合的、市场在国家宏观调控下对资源配置起基础性作用的经济体制。第八届全国人大第一次会议通过的《中华人民共和国宪法修正案》规定"国家实行社会主义市场经济"。这不仅是宪法的基本原则，也是制定土木工程建设法规的基本原则。

2. 法制统一原则

所有法律有着内在的联系，并在此基础上构成一个国家的法律体系。土木工程建设法规体系是我国法律体系中的一个组成部分，组成该体系的每一个法律都必须符合宪法的精神与要求。该法律体系与其他法律体系也不应冲突。对于基本法的有关规定，建设行政法规和部门规章以及地方性建设法规、规章，必须遵循；与地位同等的法律、法规所确立的有关内容应相互协调。土木工程建设法规系统内部高层次的法律、法规对低层次的法规、规章具有制约性和指导性，地位相同的建设法规和规章在内容规定上不应互为矛盾，这就是土木工程建设法规的立法所必须遵循的法制统一原则。土木工程建设法规的立法支持法制统一的基本要求，不仅是立法本身的要求，即规范化、科学化的要求，更主要的是便于实际操作，不至于因法律制度的自相矛盾而导致建设法规的无所适从。

3. 责权利相一致原则

责权利相一致是对建设行为主体的权利和义务或责任在建设立法上提出的一项基本要求。具体表现为：

（1）土木工程建设法规主体享有的权利和应当履行的义务是统一的，任何一个主体享有建设法规规定的权利，同时必须履行法律规定的义务。

（2）建设行政主管部门行使行政管理权既是其权利，也是其责任或义务，权利和义务彼此结合。

1.3 建设法规关系

法律关系是一定的社会关系在相应的法律规范的调整下所形成的权利与义务关系。其本质是法律关系主体之间存在的特定权利与义务的关系。一定的法律关系是以一定的法律规范为前提的，是一定法律规范调整一定社会关系的结果。如刑法调整刑事法律关系，行政法规调整行政法律关系，民事法调整民事法律关系，建设法调整工程建设法律关系等。

土木工程建设法律关系是法律关系的一种，指由土木工程建设法律规范所确认和调整的，在土木工程建设管理和协作过程中所产生的权利与义务的关系。显然，土木工程建设法律关系是工程建设法律规范在社会主义市场经济活动中实施的结果，只有当社会组织按照建设法律规范进行建设活动，并形成具体的权利和义务关系时才构成土木工程建设法律关系。如在土木工程建设活动中，其建设行政主管部门与建设项目的投资人或项目业主、承包人、勘察设计单位以及工程监理单位之间，依据相关建设法规，就形成了管理与被管理的建设法律关系，这种关系受土木工程建设法律规范的约束和调整。

1.3.1　建设法规的调整对象

此处的社会关系，也就是建设法规的调整对象，按其性质可以分为三类：

（1）建设行政管理关系，是指国家行政机关及其授权机构在履行建设行政管理职责过程中，与建设单位、施工单位、设计单位、工程监理单位等有关单位和个人形成的行政管理与被管理关系，如建设行政机关对建筑业企业实行的资质管理。

（2）建设民事关系，是指法人、社会组织和个人等平等民事主体在工程建设活动中形成的民事权利和义务关系，如发包人与承包商签订的工程施工合同。

（3）建设主体内部管理关系，是指建设主体在进行内部管理时产生的关系，如《建设工程质量管理条例》第三十条规定："施工单位必须建立、健全施工质量的检验制度，严格工序管理，做好隐蔽工程的质量检查和记录。隐蔽工程在隐蔽前，施工单位应当通知建设单位和建设工程质量监督机构。"

1.3.2　建设法律关系的构成要素

建设法律关系是指由建设法律规范确认和调整的，在工程建设和管理活动中产生的权利和义务，包括三要素，即：建设法律关系主体、建设法律关系客体和建设法律关系内容。

1. 建设法律关系主体

建设法律关系主体是指参加工程建设和管理活动，受建设法规调整和规范，享有法律权利并承担法律义务的当事人。建设法律关系的主体有国家机关、社会组织和公民。

（1）国家机关

国家机关包括国家权力机关和行政机关，它们依据法律法规的规定，在建设法律关系中行使各自的职能。

1）国家权力机关，是指包括全国人民代表大会及其常务委员会和地方各级人民代表大会及其常务委员会。国家权力机关参与土木工程建设法律关系的职能是审查批准国家建设计划和国家预决算，制定和颁布建设法律，监督检查国家各项法律的执行。

2）行政机关，是指依照国家宪法和法律设立的依法行使国家行政职权，组织管理国家行政事务的机关。它包括国务院及其所属各部、各委、地方各级人民政府及其职能部门。主要参加建设法律关系的行政机关有以下两个：

① 国家发展改革主管部门，主要是中央和省、市自治区（包括计划单列市）两级的发展改革委员会。其职能是负责编制中、长期和年度建设计划，组织计划的实施，督促各部门严格执行工程建设程序。

② 国家建设主管部门，主要是住房和城乡建设部。其职能是制定建设法规，对城市

建设、村镇建设、工程建设、建筑业、房地产业、市政公用事业进行组织管理和监督。如管理基本建设勘察设计部门和施工队伍，进行城市规划，制定工程建设的各项标准、规范和定额，监督勘察、设计、施工、安装的质量，规范房地产开发、市政建设等。

（2）社会组织

作为建设法律关系主体的社会组织一般应为法人。法人是指具有民事权利能力和民事行为能力，依法独立享有民事权利和承担民事义务的组织。《民法典》规定，法人应当具备下列条件：依法成立；有必要的财产或者经费；有自己的名称、组织机构和场所；能够独自承担民事责任。建设法律关系中涉及的社会组织主要包括：

1）建设单位，是指进行工程建设的企业或事业单位。由于建设项目的多样化，作为建设单位的社会关系也是种类繁多的。建设单位作为建设活动权利主体，是从设计任务书批准开始的。任何一个社会组织，当它的建设项目的设计任务书没有批准之前，建设项目尚未被正式确认，它是不能以权利主体的资格参加工程建设的。当建设项目编有独立的总体设计并独立列入建设计划，获得国家的批准时，这个社会组织方能成为建设单位，以已经取得的法人资格，及自己的名义对外进行经济活动和法律行为。建设单位作为工程的需要方，是建设投资的支配者，也是工程建设的组织者和监督者。

2）中国建设银行，是我国专门办理建设贷款和拨款、管理国家固定财务管理制度；审批各地区、各部门的工程建设财务计划和清算；经办工业、交通、运输、农垦、畜牧、水产、商业、旅游等企业的工程建设贷款及行政事业单位和国家指定的基本建设项目拨款；办理工程建设单位、地质勘探单位、建设安装企业、工程建设物质供销企业的收支结算；经办有关固定资产的各项存款、发放技术改造贷款；管理和监督企业的挖潜、革新、改造资金的使用等的机构。

3）勘察设计单位，是指从事工程勘察设计工作的各类设计院、所等。我国有勘察设计合一的机构，也有分立的勘察和设计机构。

4）施工企业，是指从事土木工程、建筑工程、线路管道设备安装工程、装修工程的新建、扩建、改建活动的企业。

5）房地产开发企业，是指依法设立、具有企业法人资格的、专营城市综合开发建设、经营商品房屋等房地产开发项目的经济实体。

（3）公民

在我国，公民个人可以成为建设法律关系的主体，如建筑企业职工（建筑工人、专业技术人员、注册执业人员）与企业签订劳动合同时，就成为劳动合同法律关系的主体。但是，在我国，公民个人要参与工程建设活动，通常需要取得相应的执业资格，这体现了国家对建设活动从业人员的资格许可管理。

2. 建设法律关系客体

建设法律关系客体是指建设法律关系主体享有的权利和承担的义务指向的对象，也成为建设法律关系的标的，包括物、金钱、行为和智力成果四类。

（1）物，是指可为人所控制，并具有经济价值的生产、生活资料，如建筑材料、施工机械、建筑工程（在建的或已经完工的）等都可能成为建设法律关系的客体。

（2）金钱，一般指资金及各种有价证券，如房地产开发企业为筹集资金，与银行签订的建设贷款合同的标的就是一定数量的金钱。

（3）行为，法律意义上的行为是指人的有意识的活动。在建设法律关系中，行为通常表现为需要完成一定的工作，如勘察设计、施工安装、检查验收等。如勘察设计合同的标的，是按照合同的约定完成一定的勘察设计任务；工程施工合同的标的，是按照合同约定的期限完成一定质量的施工工作。

（4）智力成果，是指通过人的智力活动创造出的精神成果，包括知识产权、技术秘密等。如工程设计合同中，由设计单位向业主提交的工程设计图纸就属于智力成果，设计单位对其依法享有知识产权。

3. 建设法律关系内容

建设法律关系的内容是指建设法律关系的主体享有的权利和承担的义务。在建设法律关系中，当事人之间的权利、义务往往相互对待的。如施工合同中，建设单位有权利要求施工单位按照合同约定完成工程施工，并有义务按照合同约定向施工单位支付工程款；相应地，施工单位有义务按照合同约定完成工程施工，并有权利按照合同约定取得工程款。

1.3.3 建设法律事实

建设法律关系并不会凭空发生，也不会仅凭建设法规的直接规定而发生，只有存在一定的法律事实，当事人之间才能产生、变更或者消灭一定的建设法律关系，能够引起建设法律关系产生、变更或者消灭的客观现象和事实，就是建设法律事实，包括行为和事件。

1. 建设法律关系的产生、变更和消灭

建设法律关系的产生是指在法律关系主体之间设定了一定的权利和义务，如一旦签订了工程施工合同，建设单位和施工单位之间就产生了相应的权利、义务关系。

建设法律关系变更是指调整或者重新设定当事人之间的权利和义务关系，即建设法律关系三要素发生了变化，即：

（1）主体变更，指建设法律关系中只有当事人发生了变化，建设法律关系的客体和内容均没有变化，也称为合同转让，如：施工单位与建设单位签订施工合同后，由于某种原因不再继续履行合同，而将施工合同转让给其他施工单位。

（2）客体变更，指建设法律关系指向的对象发生了变化，如：在某施工合同履行过程中，建设单位要求增加一座三星级酒店。

（3）内容变更，指建设法律关系主体享有的权利和承担的义务发生了变化，如：在签订工程施工合同后，建设单位要求将合同工期从原来的480d缩短至400d。需要注意的是，建设法律关系主体和客体变更，必然导致当事人之间权利、义务的变化，即内容的变更。

建设法律关系的消灭是指当事人之间设定的权利义务关系不复存在，主要包括：①因履行而消灭，是指当事人在适当地履行权利义务后，当事人之间的法律关系归于消灭；②因解除而消灭，是指当事人之间解除权利、义务关系，从而提前终止法律关系；③因违约而消灭，是指建设法律关系的一方当事人违约，或者发生不可抗力事件，致使当事人之间原来设定的权利、义务不能继续履行，从而使该法律关系归于消灭。

2. 建设法律事实的分类

作为导致建设法律关系产生、变更与消灭的原因，建设法律事实分为两类：行为和事件。

（1）行为，是指法律关系主体有意识的活动，是能够引起法律关系产生、变更和消灭的行为，包括作为和不作为。作为又可分为合法行为和违法行为。凡是符合法律规定或者国家法律认可的行为都是合法行为，如：通过订立合法有效的施工合同，将在建设单位和施工单位之间产生合同法律关系；凡是违反法律规定的行为都是违法行为，如：在施工合同履行过程中，承包商的违约行为有可能导致工程合同关系变更或者消灭。

（2）事件，指能够导致建设法律关系产生、变更、消灭的，无法预见和控制的客观现象，分为自然事件和社会事件。自然事件如地震、台风等，社会事件如战争、罢工等。

1.4　本课程的学科地位和学习方法

"建设工程法规"是土木工程和工程管理专业管理类平台的一门核心课程，也是注册建造师、注册造价师、注册监理工程师等工程管理和工程类执业资格考试的必考科目和核心内容。在实践上，土木工程专业（工程管理专业）毕业生在未来的工作中也将使用本课程的知识来解决遇到的众多建设法规问题。

设置本课程的目的在于使学生掌握建设法规基本知识，培养学生的法律意识，使学生具备运用所学建设法规基本知识解决工程建设法律有关实际问题的基本能力；学生基本达到一级建造师等工程管理和工程类注册执业技术人员的法律知识及能力的要求。

本课程涉及的知识点比较繁杂，彼此之间也缺乏严密的逻辑联系，这为学习并掌握建设法规增加了难度。为此，可以尝试采用如下一些学习方法。

（1）加强建设法规基本理论、原理和原则的学习。努力从法理上认识、分析和解决有关建设法规实际问题，这样就可以避免陷入纷繁复杂的法条和个别案例之中。比如，绝大多数工程合同纠纷问题，都可以借助平等、自愿、公平、诚实信用、禁止权利滥用等基本原则对其问题性质、责任界定、纠纷处理等予以认定和解决。

（2）从法律关系三要素出发，掌握有关当事人的主要权利、义务和责任。应当明白，在对价的双务法律行为中，当事人的权利和义务是相互对应的，一方当事人的权利就体现为对方当事人的义务，责任不是孤立存在的，责任是为保障当事人权利和督促当事人履行义务的预防性和惩戒性条款。比如，在工程施工合同中，建设单位的主要权利是按照合同的约定获得工程，主要义务是按照合同约定向施工单位支付工程款；相应地，施工单位的主要义务是按照合同约定完成施工以交付合格工程，主要权利是按照合同约定获得工程款。若当事人不能恰当行使权利和履行合同义务时，将会产生相应的法律责任，进而导致索赔事件发生。

（3）认真学习法律条文，熟悉重要建设法律规范的主要规定。通过互联网、学校数据库、购买等渠道广泛收集重要的建设法律规范，熟悉现行的建设法规体系。认真研读法律、行政法规和部门规章三个层次的重要建设法律规范，如《建筑法》《招标投标法》《民法典》《建设工程质量管理条例》《建设工程安全生产管理条例》《工程建设项目施工招标投标办法》《建筑业企业资质管理规定》等。在研读法律条文时，主要掌握基本法理，有关当事人的权利、义务和责任等核心问题。

（4）采用案例教学方法，指导学生编写规范的案例材料。案例教学法通过设置情景和必要的"困境"，能够让学习者身临其境地体会未来的工作角色，通过教师与学习者之间的互动交流和学习者之间的团队协作化解"困境"，最终得以完成学习任务。案例教学法适合建设法规课程的教学，在课程和每章开始的时候，教师应指导学生利用所学知识分析有关经典案例，在学生具备必要的知识和方法的时候则应指导学生自编或改编规范的案例材料，实现知识迁移和自主学习。

（5）参考工程类执业资格考试知识要求。如前所述，建设法规是相关执业资格考试的必考科目和核心内容，因此建设法规的教与学必须适应相关执业资格考试的要求，具体体现在教材编写、教学重点、教学目标、教学考核等诸方面。教师和学生有必要认真把握有关执业资格考试对建设法规的知识能力要求和考试大纲，认真研读考试用教材，认真练习并研究历年考试试题。

1.5 典型案例分析

【案情概要】

甲电信公司因建办公楼与乙建筑承包公司签订了工程总承包合同。其后，经甲同意，乙分别与丙建筑设计院和丁建筑工程公司签订了工程勘察设计合同和工程施工合同。勘察设计合同约定：由丙对甲的办公楼及其附属工程提供设计服务，并按勘察设计合同的约定交付有关的设计文件和资料。施工合同约定：由丁根据丙提供的设计图纸进行施工，工程竣工时依据国家有关验收规定及设计图纸进行质量验收。合同签订后，丙按时将设计文件和有关资料交付给丁，丁依据设计图纸进行施工。工程竣工后，甲会同有关质量监督部门对工程进行验收，发现工程存在严重质量问题，是由于设计不符合规范所致。原来丙未对现场进行仔细勘察即自行进行设计，导致设计不合理，给甲带来了重大损失。丙以与甲没有合同关系为由拒绝承担责任，乙又以自己不是设计人为由推卸责任，甲遂以丙为被告向法院起诉。

法院受理后，追加乙为共同被告，判决乙与丙对工程建设质量问题承担连带责任。

（1）本案中的法律主体及相互关系是什么？

（2）对出现的质量问题，以上法律主体将如何承担责任？

（3）本案中的法律主体及相互关系是什么？

【案情分析】

（1）本案中，甲是发包人，乙是总承包人，丙和丁是分包人，《建筑法》第二十九条规定："建筑工程总承包单位可以将承包工程中的部分工程发包给具有相应资质条件的分包单位；但是，除总承包合同中约定的分包外，必须经建设单位认可。施工总承包的，建筑工程主体结构的施工必须由总承包单位自行完成。建筑工程总承包单位按照总承包合同的约定对建设单位负责；分包单位按照分包合同的约定对总承包单位负责。总承包单位和分包单位就分包工程对建设单位承担连带责任。禁止总承包单位将工程分包给不具备相应资质条件的单位。禁止分包单位将其承包的工程再分包。"

（2）对工程质量问题，乙作为总承包人应承担责任，而丙和丁也应该依法分别向发包人甲承担责任。总承包人以不是自己勘察设计和建筑安装的理由企图不对发包人承担责任，以及分包人以与发包人没有合同关系为由不向发包人承担责是不对的。

（3）本案必须说明的是，《建筑法》第二十八条规定："禁止承包单位将其承包的全部建筑工程转包给他人，禁止承包单位将其承包的全部建筑工程肢解以后以分包的名义分别转包给他人。"本案中乙作为总承包人不自行施工，而将工程全部转包他人，虽经发包人同意，但违反法律禁止性规定，其与丙和丁所签订的两个分包合同均是无效合同。建设行政主管部门应依照《建筑法》和《建设工程质量管理条例》的有关规定，对其进行行政处罚。

本章小结

　　建设法规是指调整工程建设与管理活动中形成的社会关系的法律规范的总称，属于经济法和部门法的范畴。在我国，建设法规的渊源包括宪法、法律、行政法规、地方性法规和行政规章五大类，并形成了相互联系、相互协调的、统一的建设法规效力体系；其中，法律、行政法规和部门规章是最为重要三类建设法规渊源。除此之外，作为专业性和技术性很强的活动，工程建设和管理过程中还涉及一类非常特殊的法律规范，即建设标准。

　　考虑到"建设工程法规"的学科地位和主要特点，需要尝试改进教学方法，如：加强法理学习，重点掌握有关当事人的权利、义务和责任，认真研读法律条文、熟悉重要建设法律规范的主要规定，引入案例教学法，反映有关执业资格考试要求。

思考与练习题

一、单选题

1-1　调整平等主体的公民之间、法人之间及公民与法人之间的财产关系和人身关系的法律规范总称是（　　）。

A. 商法　　　　　　B. 社会法　　　　　C. 经济法　　　　　D. 民法

1-2　下列关于工程建设审计结论的说法中，错误的是（　　）。

A. 当事人可以约定以审计结论作为合同的结算依据

B. 审计结论与合同价款不一致并不必然影响合同效力

C. 审计结论任何时候都不能作为合同案件的判决依据

D. 合同约定不明或约定无效时，审计结论可以作为判决依据

1-3　下列法律中，属于民法商法的是（　　）。

A.《劳动法》　　　B.《民法典》　　　C.《劳动合同法》　　D.《审计法》

1-4　下列法律中，属于经济法的是（　　）。

A.《标准化法》　　B.《物权法》　　　C.《招标投标法》　　D.《民法典》

1-5　下列法律中，属于行政法的是（　　）。

A.《统计法》　　　B.《建筑法》　　　C.《预算法》　　　D.《土地管理法》

1-6　_____的法律效力最高，_____的其次，_____的最弱。（　　）

A. 建设法律　　建设行政法规　　地方建设规章

B. 建设法律　　建设行政法规　　地方性建设法规

C. 建设部门规章　　地方性建设法规　　地方建设规章

D. 建设法律　　建设部门规章　　地方性建设法规

1-7　关于法的效力层级，下列表述中错误的是（　　）。

A. 宪法至上　　　　　　　　　　B. 新法优于旧法

C. 特别法优于一般法　　　　　　D. 一般法优于特别法

1-8　按照上位法与下位法的法律地位与效力，下列说法中错误的是（　　）。

A.《建筑法》高于《建设工程质量管理条例》

B.《建设工程质量管理条例》高于《注册建造师管理规定》

C.《建设工程安全生产管理条例》高于《建设工程施工现场管理规定》

D.《北京市建筑市场管理条例》高于《山东省建筑市场管理条例》

二、多选题

1-9　下列法律中，属于社会法的有（　　）。

A.《残疾人保障法》　　　　　　B.《劳动法》

C.《职业病防治法》　　　　　　D.《环境影响评价法》

E.《矿山安全法》

1-10　我国现行的建设行政法规主要有（　　）。

A.《建设工程质量管理条例》　　　　B.《建设工程安全生产管理条例》

C.《建设工程勘察设计管理条例》　　D.《城市房地产开发经营管理条例》

E.《市政公用设施抗灾设防管理规定》

1-11　下列立法成果中属于地方性法规、自治条例或单行条例的有（　　）。

A.《北京市招标投标条例》　　　　B.《建筑安装工程招标投标试行办法》

C.《重庆市建设工程造价管理规定》　D.《宁波市建设工程造价管理办法》

E.《新疆维吾尔自治区建筑市场管理条例》

1-12　关于建设民商事法律关系的特点，下列说法正确的是（　　）。

A. 该法律关系主要是财产关系

B. 该法律关系主要是人身关系

C. 该法律关系是平等主体之间的关系

D. 该法律关系的保障措施具有补偿性和财产性

E. 该法律关系是主体之间的民商事权利和民商事义务关系

1-13　某施工企业中标省人民医院门诊楼工程项目，工程完成后审计机关对其进行审计，得出审计结论。对此过程中产生的法律关系，下列说法中正确的是（　　）。

A. 该施工企业与医院之间是民事法律关系

B. 该施工企业与医院之间法律地位平等

C. 审计机关与该医院之间是民事法律关系

D. 审计机关与该施工企业之间是行政法律关系

E. 审计机关与该施工企业之间法律地位不平等

1-14　建设法规立法的基本原则包括了（　　）。

A. 遵循市场经济规律原则

B. 遵循科学技术规律，确保建设工程安全与质量的原则

C. 责权利一致的原则

D. 法律统一原则

E. 公开公平原则

第 2 章　建设执业资格许可法

本章要点及学习目标

本章要点：
(1) 勘察、设计、施工、监理企业的资质管理制度；
(2) 建设从业人员执业资格管理制度。
学习目标：
(1) 了解建设执业资格管理制度的概念和立法现状；
(2) 熟悉勘察、设计、施工、监理企业的资质管理制度；
(3) 掌握建设从业人员执业资格管理制度。

【引例】

某市房地产开发公司甲与建筑施工企业乙签订了建筑工程施工合同，合同约定由乙企业承建一综合楼工程，该工程为钢筋混凝土框架剪力墙结构，地下 3 层，地上 23 层，面积约 42500m² （包括地下 3 层），合同价款 3650 万元。工程按照合同约定的工期完成，经验收质量合格，并交付使用。由于甲公司尚欠乙企业工程款 1100 万元，乙企业多次催要无果，乙企业将甲公司告上法庭。甲公司提出乙企业只有二级资质，该工程只有一级以上资质的建筑企业才有资格承包，在签订合同时，乙公司隐瞒实情，存在欺诈行为，以此为由拒付工程款，并请求法院确认双方签订的建设工程施工合同无效。在本案例中，甲公司与乙企业签订合同是否有效？甲公司的辩解理由是否合理？

通过对上述案例的分析，请思考我国是如何对建筑市场的执业单位资质和执业人员资格进行有效管理的？

2.1　绪论

改革开放以来，我国的建筑领域取得了巨大发展，作为我国国民经济的支柱产业之一的建筑业，涉及国民经济的众多领域，影响面甚广，并且工程质量直接关系到国家财产、公众利益和人民生命的安全，因此对从事建筑活动的单位和专业技术人员必须加以筛选和限制，具体地说，就是单位或个人必须满足相应的条件、符合一定的标准方可进行建设活动。目前，国际上大多数发达国家已经实行了建设执业资格许可制度。

为规范市场秩序，保证工程质量。建设部最早于 1984 年颁发了《建筑企业营业管理条例》，对建筑企业的资质等级和营业范围作出了明确的规定，并设立了相应监管的奖惩办法，1992 年 6 月，建设部发布了《监理工程师资格考试和注册试行办法》（建设部第 18

号令），拉开了推行执业资格制度的序幕。1995 年 9 月 23 日，国务院正式发布《中华人民共和国注册建筑师条例》，对注册建筑师的考试、注册和执业等多方面作出了明确的规定。《中华人民共和国注册建筑师条例》也是我国第一部对专业工程技术人员管理的法令。1997 年 11 月 1 日第八届全国人民代表大会常务委员会通过并公布了《建筑法》，这是我国成立以来的第一部建筑法典，第一次把建筑市场的规范运作纳入法制轨道。目前我国在土木工程领域已建立推行了包括注册建筑师、注册结构工程师、注册监理工程师、注册建造师等多项执业资格制度。

2.1.1　建设执业资格制度概念

建设执业资格许可制度是国家通过法定条件和法定程序对建设活动主体资格进行认定和批准，赋予其在法律规定的范围内从事一定的建设活动的制度。建设执业资格许可制度具体包含从业单位资质制度和从业人员执业资格制度。只有事先依法取得相应的资质或资格的单位和个人，才允许其在法律所规定的范围内从事一定建筑活动的制度。

目前，我国的工程建设执业资格制度实行的是"单位执业资格"和"个人执业资格"并行的双轨制管理模式。

2.1.2　我国建设执业资格制度立法现状

1998 年 3 月 1 日正式施行的《建筑法》明确规定，我国工程建设实行执业单位资质管理和执业人员资格管理。除此之外，还颁布了大量的行政法规、部门规章及规范性文件。

《施工总承包企业资质等级标准》（2001 年）

《专业承包企业资质等级标准》（2001 年）

《建筑业劳务分包企业资质等级标准》（2001 年）

《房地产开发企业资质管理规定》（2000 年）

《工程建设项目招标代理机构资格认定办法》（2000 年）

《外商投资建设工程设计企业管理规定》（2002 年）

《外商投资建筑业企业管理规定》（2002 年）

《工程造价咨询企业管理办法》（2006 年）

《建筑业企业资质管理办法》（2007 年）

《工程监理企业资质管理规定》（2007 年）

《建设工程勘察设计企业资质管理规定》（2007 年）

《注册结构工程师执业资格制度暂行规定》（1997 年）

《注册城市规划师执业资格制度暂行规定》（1999 年）

《注册土木工程师（岩土）执业资格制度暂行规定》（2002 年）

《注册建造师管理规定》（2006 年）

《造价工程师注册管理办法》（2006 年）

《房地产估价师注册管理办法》（2006 年）

《中华人民共和国注册建筑师条例实施细则》（2008 年）

我国建设领域执业资格制度参照国际上的先进做法，结合我国建设领域的实际情况，经过不断地发展和完善，已经初步形成了较为完备的执业资格制度运行机制，建设领域执业资格制度是我国执业资格制度的起源，同时也是执业资格制度发展最为完善的行业。

现阶段，我国的工程建设执业资格制度是单位执业资格和个人执业资格并存的模式。执业资格是政府对某些责任较大、社会通用性强、关系公共利益的专业技术工作实行的准入控制，是专业技术人员依法独立开业或独立从事某种专业技术工作学识、技术和能力的必备标准。它通过考试方法取得。考试由国家定期举行，实行全国统一大纲、统一命题、统一组织、统一时间。

2.2　建设从业人员执业资格许可

建设从业人员执业资格许可制度，是指对具备一定专业学历、资历的从事建筑活动的专业技术人员，通过考试和注册，获得执业资格的一种制度。《建筑法》第十四条规定："从事建筑活动的专业技术人员，应当依法取得相应的执业资格证书，并在执业资格证书许可的范围内从事建筑活动。"

我国目前有多种建筑业专业执业资格，其中主要有：

（1）注册建筑师；

（2）注册结构工程师；

（3）注册造价工程师；

（4）注册土木（岩土）工程师；

（5）注册房地产估价师；

（6）注册监理工程师；

（7）注册建造师；

（8）注册安全工程师。

2.2.1　注册建筑师

注册建筑师，是指经考试、特许、考核认定取得中华人民共和国注册建筑师执业资格证书（以下简称执业资格证书），或者经资格互认方式取得建筑师互认资格证书（以下简称互认资格证书），并按照《中华人民共和国注册建筑师条例实施细则》注册，取得中华人民共和国注册建筑师注册证书（以下简称注册证书）和中华人民共和国注册建筑师执业印章（以下简称执业印章），从事建筑设计及相关业务活动的专业技术人员。注册建筑师分为一级注册建筑师和二级注册建筑师。

未取得注册证书和执业印章的人员，不得以注册建筑师的名义从事建筑设计及相关业务活动。

1. 注册建筑师的考试报名条件

申请参加注册建筑师考试者，可向省、自治区、直辖市注册建筑师管理委员会报名，经省、自治区、直辖市注册建筑师管理委员会审查，符合规定的，方可参加考试。

（1）一级建筑师报名条件

符合下列条件之一的，可以申请参加一级注册建筑师考试：

1）取得建筑学硕士以上学位或者相近专业工学博士学位，并从事建筑设计或者相关业务 2 年以上的；

2）取得建筑学学士学位或者相近专业工学硕士学位，并从事建筑设计或者相关业务 3 年以上的；

3）具有建筑学业大学本科毕业学历并从事建筑设计或者相关业务 5 年以上的，或者具有建筑学相近专业大学本科毕业学历并从事建筑设计或者相关业务 7 年以上的；

4）取得高级工程师技术职称并从事建筑设计或者相关业务 3 年以上的，或者取得工程师技术职称并从事建筑设计或者相关业务 5 年以上的；

5）不具有前四项规定的条件，但设计成绩突出，经全国注册建筑师管理委员会认定达到前四项规定的专业水平的。

（2）二级建筑师报名条件

符合下列条件之一的，可以申请参加二级注册建筑师考试：

1）具有建筑学或者相近专业大学本科毕业以上学历，从事建筑设计或者相关业务 2 年以上的；

2）具有建筑设计技术专业或者相近专业大学毕业以上学历，并从事建筑设计或者相关业务 3 年以上的；

3）具有建筑设计技术专业 4 年制中专毕业学历，并从事建筑设计或者相关业务 5 年以上的；

4）具有建筑设计技术相近专业中专毕业学历，并从事建筑设计或者相关业务 7 年以上的；

5）取得助理工程师以上技术职称，并从事建筑设计或者相关业务 3 年以上的。

2. 注册建筑师的考试要求

注册建筑师考试分为一级注册建筑师考试和二级注册建筑师考试。注册建筑师考试实行全国统一考试，每年进行一次。遇特殊情况，经国务院住房和城乡建设主管部门、人力资源和社会保障主管部门同意，可调整该年度考试次数。由国务院住房和城乡建设主管部门会同国务院人力资源和社会保障主管部门商国务院其他有关行政主管部门共同制定，由全国注册建筑师管理委员会组织实施。

一级注册建筑师考试内容包括：建筑设计前期工作、场地设计、建筑设计与表达、建筑结构、环境控制、建筑设备、建筑材料与构造、建筑经济、施工与设计业务管理、建筑法规等。上述内容分成若干科目进行考试。科目考试合格有效期为 8 年。

二级注册建筑师考试内容包括：场地设计、建筑设计与表达、建筑结构与设备、建筑法规、建筑经济与施工等。上述内容分成若干科目进行考试。科目考试合格有效期为 4 年。

3. 注册建筑师的证书颁发

经一级注册建筑师考试，在有效期内全部科目考试合格的，由全国注册建筑师管理委员会核发国务院住房和城乡建设主管部门、人力资源和社会保障主管部门共同用印的一级注册建筑师执业资格证书。

经二级注册建筑师考试，在有效期内全部科目考试合格的，由省、自治区、直辖市注册建筑师管理委员会核发国务院住房和城乡建设主管部门、人力资源和社会保障主管部门共同用印的二级注册建筑师执业资格证书。

自考试之日起，90 日内公布考试成绩；自考试成绩公布之日起，30 日内颁发执业资格证书。

4. 注册建筑师的注册管理

取得执业资格证书或者互认资格证书的人员，必须经过注册方可以注册建筑师的名义执业。建筑师的注册，根据注册内容的不同分为 3 种形式，即初始注册、延续注册和变更注册。

（1）初始注册

1）初始注册条件

申请注册建筑师初始注册，应当具备以下条件：

① 依法取得执业资格证书或者互认资格证书；

② 只受聘于中华人民共和国境内的一个建设工程勘察、设计、施工、监理、招标代理、造价咨询、施工图审查、城乡规划编制等单位；

③ 近 3 年内在中华人民共和国境内从事建筑设计及相关业务 1 年以上；

④ 达到继续教育要求；

⑤ 没有法律、法规规定不予注册的其他情形。

2）提交材料

初始注册者可以自执业资格证书签发之日起 3 年内提出申请。逾期未申请者，须符合继续教育的要求后方可申请初始注册。

初始注册需要提交下列材料：

① 初始注册申请表；

② 资格证书复印件；

③ 身份证明复印件；

④ 聘用单位资质证书副本复印件；

⑤ 与聘用单位签订的聘用劳动合同复印件；

⑥ 相应的业绩证明；

⑦ 逾期初始注册的，应当提交达到继续教育要求的证明材料。

（2）延续注册

注册建筑师每一注册有效期为 2 年。注册建筑师注册有效期满需继续执业的，应在注册有效期届满 30 日前，按照《中华人民共和国注册建筑师条例实施细则》第十五条规定的程序申请延续注册。延续注册有效期为 2 年。

延续注册需要提交延续注册申请表、与聘用单位签订的聘用劳动合同复印件、注册期内达到继续教育要求的证明材料。

（3）变更注册

注册建筑师变更执业单位，应当与原聘用单位解除劳动关系，并按照本细则第十五条规定的程序办理变更注册手续。变更注册后，仍延续原注册有效期。

原注册有效期届满在半年以内的，可以同时提出延续注册申请。准予延续的，注册有效期重新计算。

变更注册需要提交下列材料：

1）变更注册申请表；

2）新聘用单位资质证书副本的复印件；

3）与新聘用单位签订的聘用劳动合同复印件；

4）工作调动证明或者与原聘用单位解除聘用劳动合同的证明文件、劳动仲裁机构出具的解除劳动关系的仲裁文件、退休人员的退休证明复印件；

5）在办理变更注册时提出延续注册申请的，还应当提交在本注册有效期内达到继续教育要求的证明材料。

（4）不予注册

申请人有下列情形之一的，不予注册：

1）不具有完全民事行为能力的；

2）申请在两个或者两个以上单位注册的；

3）未达到注册建筑师继续教育要求的；

4）因受刑事处罚，自刑事处罚执行完毕之日起至申请注册之日止不满5年的；

5）因在建筑设计或者相关业务中犯有错误受行政处罚或者撤职以上行政处分，自处罚、处分决定之日起至申请之日止不满2年的；

6）受吊销注册建筑师证书的行政处罚，自处罚决定之日起至申请注册之日止不满5年的；

7）申请人的聘用单位不符合注册单位要求的；

8）法律、法规规定不予注册的其他情形。

（5）注册证书和执业印章失效

注册建筑师有下列情形之一的，其注册证书和执业印章失效：

1）聘用单位破产的；

2）聘用单位被吊销营业执照的；

3）聘用单位相应资质证书被吊销或者撤回的；

4）已与聘用单位解除聘用劳动关系的；

5）注册有效期满且未延续注册的；

6）死亡或者丧失民事行为能力的；

7）其他导致注册失效的情形。

5. 注册建筑师的执业范围

取得资格证书的人员，应当受聘于中华人民共和国境内的一个建设工程勘察、设计、施工、监理、招标代理、造价咨询、施工图审查、城乡规划编制等单位，经注册后方可从事相应的执业活动。

注册建筑师的执业范围具体为：

（1）建筑设计；

（2）建筑设计技术咨询；

（3）建筑物调查与鉴定；

（4）对本人主持设计的项目进行施工指导和监督；

（5）国务院建设主管部门规定的其他业务。

一级注册建筑师的执业范围不受工程项目规模和工程复杂程度的限制。二级注册建筑师的执业范围只限于承担工程设计资质标准中建设项目设计规模划分表中规定的小型规模的项目。注册建筑师的执业范围不得超越其聘用单位的业务范围。注册建筑师的执业范围与其聘用单位的业务范围不符时，个人执业范围服从聘用单位的业务范围。

6. 注册建筑师的权利和义务

（1）注册建筑师的权利

专有名称权：注册建筑师有权以注册建筑师的名义执行注册建筑师业务。非注册建筑师不得以注册建筑师的名义执行注册建筑师业务。二级注册建筑师不得以一级注册建筑师的名义执行业务，也不得超越国家规定的二级注册建筑师的执业范围执行业务。

建筑设计主持权：国家规定的一定跨度、距径和高度以上的房屋建筑，应当由注册建筑师进行设计。

独立设计权：任何单位和个人修改注册建筑师的设计图纸，应当征得该注册建筑师的同意；但是，因特殊情况不能征得该注册建筑师同意的除外。

（2）注册建筑师的义务

1）遵守法律、法规和职业道德，维护社会公共利益；

2）保证建筑设计的质量，并在其负责的设计图纸上签字；

3）保守在执业中知悉的单位和个人的秘密；

4）不得同时受聘于二个以上建筑设计单位执行业务；

5）不得准许他人以本人名义执行业务；

6）在注册有效期接受继续教育，定期进行业务和法规培训。

2.2.2　注册建造师

注册建造师，是指通过考核认定或考试合格取得中华人民共和国建造师资格证书（以下简称资格证书），并按照本规定注册，取得中华人民共和国建造师注册证书和执业印章，担任施工单位项目负责人及从事相关活动的专业技术人员。

一级建造师设置10个专业：建筑工程、公路工程、铁路工程、民航机场工程、港口与航道工程、水利水电工程、矿业工程、市政公用工程、通信与广电工程、机电工程。

二级建造师设置6个专业：建筑工程、公路工程、水利水电工程、矿业工程、市政公用工程、机电工程。

1. 注册建造师的考试报名条件

报考人员要符合有关文件规定的相应条件。

（1）一级建造师报名条件

凡遵守国家法律、法规，具备下列条件之一者，可以申请参加一级建造师执业资格考试：

1）取得工程类或工程经济类专业大学专科学历，从事建设工程项目施工管理工作满4年；

2）取得工学门类、管理科学与工程类专业大学本科学历，从事建设工程项目施工管理工作满3年；

3）取得工学门类、管理科学与工程类专业硕士学位，从事建设工程项目施工管理工作满2年；

4）取得工学门类、管理科学与工程类专业博士学位，从事建设工程项目施工管理工作满1年。

（2）二级建造师报名条件

凡遵纪守法，具备工程类或工程经济类中等专科以上学历并从事建设工程项目施工管理工作满2年的人员，以及相近专业中等专科以上学历并从事建设工程项目施工管理工作满2年的人员，可报名参加二级建造师执业资格考试。

2.注册建造师的考试要求

一级建造师执业资格实行统一大纲、统一命题、统一组织的考试制度，由人社部、住房和城乡建设部共同组织实施，原则上每年举行一次考试。一级建造师执业资格考试，分综合知识与能力和专业知识与能力两个部分。

一级建造师执业资格考试设：《建设工程经济》《建设工程项目管理》《建设工程法规及相关知识》《专业工程管理与实务》4个科目。其中《专业工程管理与实务》科目分为：公路工程、铁路工程、民航机场工程、港口与航道工程、水利水电工程、市政公用工程、通信与广电工程、建筑工程、矿业工程、机电工程10个类别。

二级建造师执业资格实行全国统一大纲，住房和城乡建设部负责拟定二级建造师执业资格考试大纲，人力资源和社会保障部负责审定考试大纲。各省、自治区、直辖市人力资源和社会保障厅（局）及住房和城乡建设厅（委）按照国家确定的考试大纲和有关规定命题并组织考试。考试内容分为综合知识与能力和专业知识与能力两部分。

二级建造师执业资格考试设《建设工程施工管理》《建设工程法规及相关知识》和《专业工程管理与实务》3个科目。其中《专业工程管理与实务》科目分为：建筑工程、公路工程、水利水电工程、市政公用工程、矿业工程和机电工程6个专业类别，考生在报名时可根据实际工作需要选择其一。

二级建造师考试成绩实行2年为一个周期的滚动管理办法，参加全部3个科目考试的人员必须在连续的两个考试年度内通过全部科目。

3.注册建造师的证书颁发

一级建造师执业资格注册，由本人提出申请，由各省、自治区、直辖市住房和城乡建设行政主管部门或其授权的机构初审合格后，报住房和城乡建设部或其授权的机构注册。准予注册的申请人，由住房和城乡建设部或其授权的注册管理机构发放由住房和城乡建设部统一印制的《中华人民共和国一级建造师注册证》。

取得一级建造师资格证书并受聘于一个建设工程勘察、设计、施工、监理、招标代理、造价咨询等单位的人员，应当通过聘用单位向单位工商注册所在地的省、自治区、直辖市人民政府建设主管部门提出注册申请。

省、自治区、直辖市人民政府建设主管部门受理后提出初审意见，并将初审意见和全部申报材料报国务院建设主管部门审批；涉及铁路、公路、港口与航道、水利水电、通信与广电、民航专业的，国务院建设主管部门应当将全部申报材料送同级有关部门审核。符合条件的，由国务院建设主管部门核发《中华人民共和国一级建造师注册证书》，并核定执业印章编号。

4. 注册建造师的注册管理

取得建造师执业资格证书的人员，必须经过注册登记，方可以建造师名义执业。住房和城乡建设部或其授权的机构为一级建造师执业资格的注册管理机构。

建造师执业资格注册有效期一般为 3 年，有效期满前 3 个月，持证者应到原注册管理机构办理再次注册手续。在注册有效期内，变更执业单位者，应当及时办理变更手续。

注册申请包括初始注册、延续注册、变更注册、增项注册、注销注册和重新注册。注册建造师因遗失或污损注册证书、执业印章的，可申请补办或更换。

（1）初始注册

初始注册者，可自资格证书签发之日起 3 年内提出申请。逾期未申请者，须符合本专业继续教育的要求后方可申请初始注册。

申请初始注册时应当具备以下条件：

1）经考核认定或考试合格取得资格证书；

2）受聘于一个相关单位；

3）达到继续教育要求；

4）没有法律、法规规定的不予注册的情形。

注册证书和执业印章是注册建造师的执业凭证，由注册建造师本人保管、使用。注册证书与执业印章有效期为 3 年。

申请初始注册需要提交下列材料：

1）注册建造师初始注册申请表；

2）资格证书、学历证书和身份证明复印件；

3）申请人与聘用单位签订的聘用劳动合同复印件或其他有效证明文件；

4）逾期申请初始注册的，应当提供达到继续教育要求的证明材料。

（2）不予注册情形

申请人有下列情形之一的，不予注册：

1）不具有完全民事行为能力的；

2）申请在两个或两个以上单位注册的；

3）未达到注册建造师继续教育要求的；

4）受到刑事处罚，刑事处罚尚未执行完毕的；

5）因执业活动受到刑事处罚，自刑事处罚执行完毕之日起至申请注册之日止不满 5 年的；

6）因前项规定以外的原因受到刑事处罚，自处罚决定之日起至申请注册之日止不满 3 年的；

7）被吊销注册证书，自处罚决定之日起至申请注册之日止不满 2 年的；

8）在申请注册之日前 3 年内担任项目经理期间，所负责项目发生过重大质量和安全事故的；

9）申请人的聘用单位不符合注册单位要求的；

10）年龄超过 65 周岁的；

11）法律、法规规定不予注册的其他情形。

（3）延续注册

注册有效期满需继续执业的，应当在注册有效期届满 30 日前，按照《注册建造师管理规定》第七条、第八条的规定申请延续注册。延续注册的有效期为 3 年。

申请延续注册的，申请人应当提交下列材料：

1)《一级注册建造师延续注册申请表》；

2）原注册证书；

3）申请人与聘用企业签订的聘用劳动合同或申请人聘用企业出具的劳动、人事、工资关系证明；

4）申请人注册有效期内达到继续教育要求证明材料复印件。

申报程序和材料份数按初始注册要求办理。

（4）变更注册

在注册有效期内，发生下列情形的，应当及时申请变更注册。变更注册后，有效期执行原注册证书的有效期：

1）执业企业变更的；

2）所在聘用企业名称变更的；

3）注册建造师姓名变更的。

申请变更注册的，申请人应当提交下列材料：

1)《一级注册建造师变更注册申请表》；

2）注册证书原件和执业印章；

3）执业企业变更的，应当提供申请人与新聘用企业签订的聘用劳动合同，或申请人聘用企业出具的劳动、人事、工资关系证明，以及工作调动证明复印件（与原聘用企业解除聘用合同或聘用合同到期的证明文件、退休人员的退休证明）；

4）申请人所在聘用企业名称发生变更的，应当提供变更后的《企业法人营业执照》复印件和企业所在地工商行政主管部门出具的企业名称变更函复印件；

5）注册建造师姓名变更的，应当提供变更后的身份证明原件或公安机关户籍管理部门出具的有效证明。

（5）增项注册

注册建造师取得相应专业资格证书可申请增项注册。取得增项专业资格证书超过 3 年未注册的，应当提供该专业一个注册有效期继续教育学习证明。准予增项注册后，原专业注册有效截止日期保持不变。

申请增项注册的，申请人应当提交下列材料：

1)《一级注册建造师增项注册申请表》；

2）增项专业资格考试合格证明复印件；

3）注册证书原件和执业印章；

4）增项专业达到继续教育要求证明材料复印件。

申报程序和材料份数按初始注册要求办理。

（6）注销注册

注册建造师有《注册建造师管理规定》第十七条所列情形之一的，由省级建设主管部门办理注销手续。

申请人或其聘用的企业，应当提供下列材料：

1）《一级注册建造师注销注册申请表》；

2）注册证书原件和执业印章；

3）符合《注册建造师管理规定》第十七条所列情形之一的证明复印件。

注册建造师本人和聘用企业应当及时向省级建设主管部门提出注销注册申请；有关单位和个人有权向注册机关举报；县级以上地方人民政府建设主管部门或者有关部门应当及时告知注册机关。

（7）重新注册

建造师注销注册或者不予注册的，在重新具备注册条件后，可申请重新注册，重新注册按初始注册要求办理。

申请重新注册的，申请人应当提交下列材料：

1）《一级建造师重新注册申请表》；

2）资格证书、学历证书和身份证明复印件；

3）申请人与聘用企业签订的聘用劳动合同复印件或聘用企业出具的劳动、人事、工资关系证明；

4）达到继续教育要求证明材料复印件。

申报程序和材料份数按初始注册要求办理。

（8）注册证书和执业印章失效情形

注册建造师有下列情形之一的，其注册证书和执业印章失效：

1）聘用单位破产的；

2）聘用单位被吊销营业执照的；

3）聘用单位被吊销或者撤回资质证书的；

4）已与聘用单位解除聘用合同关系的；

5）注册有效期满且未延续注册的；

6）年龄超过 65 周岁的；

7）死亡或不具有完全民事行为能力的；

8）其他导致注册失效的情形。

5. 注册建造师的执业范围

取得资格证书的人员应当受聘于一个具有建设工程勘察、设计、施工、监理、招标代理、造价咨询等一项或者多项资质的单位，经注册后方可从事相应的执业活动。担任施工单位项目负责人的，应当受聘并注册于一个具有施工资质的企业。注册建造师的具体执业范围按照《注册建造师执业工程规模标准》执行。注册建造师不得同时在两个及两个以上的建设工程项目上担任施工单位项目负责人。

6. 注册建造师的权利和义务

1）注册建造师享有下列权利：

① 使用注册建造师名称；

② 在规定范围内从事执业活动；

③ 在本人执业活动中形成的文件上签字并加盖执业印章；

④ 保管和使用本人注册证书、执业印章；

⑤ 对本人执业活动进行解释和辩护；

⑥ 接受继续教育；

⑦ 获得相应的劳动报酬；

⑧ 对侵犯本人权利的行为进行申述。

2）注册建造师应当履行下列义务：

① 遵守法律、法规和有关管理规定，恪守职业道德；

② 执行技术标准、规范和规程；

③ 保证执业成果的质量，并承担相应责任；

④ 接受继续教育，努力提高执业水准；

⑤ 保守在执业中知悉的国家秘密和他人的商业、技术等秘密；

⑥ 与当事人有利害关系的，应当主动回避；

⑦ 协助注册管理机关完成相关工作。

2.2.3 注册结构工程师

注册结构工程师，是指取得注册结构工程师职业资格证书和注册证书，从事房屋结构、桥梁结构及塔架等工程设计及相关业务的专业技术人员。我国注册结构工程师分为一级注册结构工程师和二级注册结构工程师。一级注册结构工程师资格考试由基础考试和专业考试两部分组成。通过基础考试的人员，从事结构工程设计或相关业务满规定年限，方可申请参加专业考试。

住房和城乡建设部、人力资源和社会保障部和省、自治区、直辖市人民政府建设行政主管部门、人力资源行政主管部门依照规定对注册结构工程师的考试、注册和执业实施指导、监督和管理。

1. 一级注册结构工程师考试报考条件

申请参加注册结构工程师考试者，由本人提出申请，经所在单位审核同意后，统一到所在省（区、市）注册结构工程师管理委员会或人事考试管理机构办理报名手续。报名时间一般为每年的 6 月。

一级注册结构工程师基础考试报名条件见表 2-1。

一级注册结构工程师基础考试报名条件   表 2-1

类别	专业名称	学历或学位	职业实践最少时间
本专业	结构工程 防灾减灾工程及防护工程 桥梁与隧道工程 建筑与土木工程	工学硕士、工程硕士或研究生毕业及以上学位	

续表

类别	专业名称	学历或学位	职业实践最少时间
本专业	工业与民用建筑	评估通过并在合格有效期内的工学学士学位	
	建筑工程	未通过评估的工学学士学位或本科毕业	
	土木工程	专科毕业	1年
	土木工程（建筑工程方向）		
相近专业	土木工程（非建筑工程方向）	工学硕士、工程硕士或研究生毕业及以上学位	
	交通土建工程	工学学士或本科毕业	
	矿井建设		
	水利水电建筑工程		
	港口航道及治河工程	专科毕业	1年
	海岸与海洋工程		
	农业建筑环境与能源工程		
	建筑学		
	工程力学		
	其他工科专业	工学学士或本科毕业及以上学位	1年

1971年（含1971年）以后毕业，不具备规定学历的人员，从事建筑工程设计工作累计15年以上，且具备下列条件之一，可报名参加一级注册结构师基础考试：

（1）作为专业负责人或主要设计人，完成建筑工程分类标准三级以上项目4项（全过程设计），其中二级以上项目不少于1项；

（2）作为专业负责人或主要设计人，完成中型工业建筑工程以上项目4项（全过程设计），其中大型项目不少于1项。

一级注册结构工程师专业考试报考条件见表2-2。

一级注册结构工程师专业考试报考条件　　　　　　表 2-2

类别	专业名称	学历或学位	Ⅰ类人员	Ⅱ类人员	
			职业实践最少时间	职业实践最少时间	最迟毕业年限
本专业	结构工程 防灾减灾工程及防护工程 桥梁与隧道工程 建筑与土木工程	工学硕士、工程硕士或研究生毕业及以上学位	4年	6年	1991年

续表

类别	专业名称	学历或学位	Ⅰ类人员 职业实践 最少时间	Ⅱ类人员 职业实践 最少时间	Ⅱ类人员 最迟毕业年限
本专业	工业与民用建筑 建筑工程 土木工程 土木工程(建筑工程方向)	评估通过并在合格有效期内的工学学士学位	4 年	Ⅱ类人员中 无此类人员	
		未通过评估的工学学士学位或本科毕业	5 年	8 年	1989 年
		专科毕业	6 年	9 年	1988 年
相近专业	土木工程(非建筑工程方向) 交通土建工程 矿井建设 水利水电建筑工程 港口航道及治河工程 海岸与海洋工程 建筑环境与能源工程 建筑学 工程力学	工学硕士、工程硕士或研究生毕业及以上学位	5 年	8 年	1989 年
		工学学士或本科毕业	6 年	9 年	1988 年
		专科毕业	7 年	10 年	1987 年
	其他工科专业	工学学士或本科毕业及以上学位	8 年	12 年	1985 年

注：表中"Ⅰ类人员"指基础考试已经通过，继续申报专业考试的人员；Ⅱ类人员指符合免基础考试条件只参加专业考试的人员。"Ⅰ类人员"的最迟毕业年限以住房和城乡建设部注册中心网站公布的为准。

2. 二级注册结构工程师考试报考条件

二级注册结构工程师考试报考条件见表 2-3。

二级注册结构工程师考试报考条件　　　　　　表 2-3

类别	专业名称	学历或学位	职业实践 最少时间
本专业	工业与民用建筑 建筑工程 土木工程 土木工程(建筑工程方向) 桥梁与隧道工程	本科及以上学历	2 年
		普通大专毕业	3 年
		成人大专毕业	4 年
		普通中专毕业	6 年
		成人中专毕业	7 年

续表

类别	专业名称	学历或学位	职业实践最少时间
相近专业	土木工程(非建筑工程方向)	本科及以上学历	4 年
	交通土建工程	普通大专毕业	6 年
	矿井建设	成人大专毕业	7 年
	水利水电建筑工程	普通中专毕业	9 年
	港口航道及治河工程		
	海岸与海洋工程		
	农业建筑环境与能源工程		
	建筑学		
	工程力学		
	建筑设计技术		
	村镇建设		
	公路与桥梁	成人中专毕业	10 年
	城市地下铁道		
	铁道工程		
	铁道桥梁与隧道		
	小型土木工程		
	水利水电工程		
	建筑水利工程		
	港口与航道工程		
不具备规定学历	从事结构设计工作满 13 年以上,且作为项目负责人或专业负责人,完成过三级(或中型工业建筑)项目不少于 2 项		13 年

3. 注册结构工程师的考试要求

注册结构工程师考试实行全国统一大纲、统一命题、统一组织的方法,原则上每年举行一次。一级注册结构工程师资格考试由基础考试和专业考试两部分组成。通过基础考试的人员,从事结构工程设计或相关业务满规定年限,方可申请参加专业考试。二级注册结构工程师资格考试是专业考试。

一级注册结构工程师设的专业考试为开卷考试,考试时允许考生携带正规出版的各种专业规范和参考书目;基础考试为闭卷考试,禁止携带其他参考资料。

基础考试包括:高等数学、普通物理、普通化学、理论力学、材料力学、流体力学、计算机应用基础、电工电子技术、工程经济、信号与信息技术、线性代数与空间解析几何、概率论与数理统计、土木工程材料、工程测量、职业法规、土木工程施工与管理、结构设计、结构力学、结构试验、土力学与地基基础。专业考试包括:钢筋混凝土结构、钢结构、砌体结构与木结构、地基与基础、高层建筑、高耸结构与横向作用、桥梁结构。二级注册结构工程师资格考试只考专业课，考试科目为：钢筋混凝土结构、钢结构、砌体结构与木结构、地基与基础、高层建筑、高耸结构与横向作用。

4. 注册结构工程师的注册管理

取得注册结构工程师执业资格证书者，要从事结构工程设计业务的，须申请注册。

各级注册结构工程师管理委员会按照职责分工应将准予注册的注册结构工程师名单报同级住房和城乡建设行政主管部门备案。准予注册的申请人，分别由全国注册结构工程师管理委员会和省、自治区、直辖市注册结构工程师管理委员会核发由住房和城乡建设部统一制作的注册结构工程师注册证书。注册证书和执业印章是注册工程师的执业凭证，由注册工程师本人保管、使用。

（1）初始注册

初始注册者，可自资格证书签发之日起 3 年内提出申请。逾期未申请者，须符合本专业继续教育的要求后方可申请初始注册。

初始注册需要提交下列材料：

① 注册师注册申请表（1 式 2 份）；

② 注册师申请在此设计单位首次注册的证明（如用计算机打印需由注册师本人签字）；

③ 申请人的执业资格考试合格证明文件；

④ 聘用单位出具的受聘人的聘用合同复印件（至申请注册时聘期不得少于 1 年，且合同中应有本人签字）；

⑤ 聘用单位出具的受聘人职业道德证明，该证明材料由申请人自提出申请之日前最后一个服务期满 2 年以上的设计单位或允许其执业的其他机构出具方为有效；

⑥ 聘用单位的资质证书（副本）复印件；

⑦ 县级或县级以上医院出具的能坚持正常工作的体检证明（近 3 个月内体检有效）；

⑧ 取得资格后调往其他单位并申请注册时，应提供工作关系调动或辞职的证明文件；

⑨ 大专院校设计单位人员申请注册时，应出具申请人是在职教师或设计单位在编人员的证明文件；若为在职教师，还应按"高等学校（院）在职教师注册须知"中规定，出具相应的证明材料。

初始注册办理程序：首先申请人填写注册师申请表并提交聘用单位；其次经聘用单位审核同意签字盖章后，连同其他有关注册材料一并报所在住房和城乡建设主管部门；最后各住房和城乡建设主管部门对其材料的有效性、完整性进行审核，在注册申请表相应栏目内签字盖章后报省管理委员会（结构）办公室，省管理委员会（结构）办公室初审后，报全国管理委员会审定，注册人员证书及印章统一由各市住房和城乡建设主管部门在省注册中心领取并下发到注册本人手中。

（2）变更注册

在注册有效期内，注册工程师变更执业单位，应与原聘用单位解除劳动关系，并按规定程序办理变更注册手续，变更注册后仍延续原注册有效期。

1）变更注册需要提交下列材料：

① 注册师变更注册申请表（1 式 2 份）；

② 注册师申请变更至新设计单位注册的证明（如用计算机打印需由注册师本人

签字）；

③ 聘用单位出具的受聘人员的聘用合同复印件（至变更注册时聘期不得少于 1 年，且合同中应有本人签字）；

④ 原聘用单位出具的与申请人解除聘用合同的证明及同意其调动（离退休人员的外聘）的证明；

⑤ 原聘用单位出具的申请人申请变更注册前 2 年内的职业道德证明；

⑥ 申请人变更注册前的执业印章；

⑦ 新聘用单位的资质证书（副本）复印件；

⑧ 继续注册要求变更时，需同时提供参加继续教育的证明和体检证明。

2）变更注册办理程序

跨省（部门）变更注册程序：

① 申请人按照变更注册要求提交申报材料；

② 申请人将有关材料（含申请人的执业专用章）报送省注册地方管理委员会；

③ 省注册地方管理委员会审查材料符合变更条件后，将变更注册人员材料返还申请人。

省内变更注册程序：

① 申请人按照变更注册要求提交申报材料；

② 将有关材料报送新聘用单位所在住房和城乡建设主管部门；

③ 各地住房和城乡建设主管部门审核、备案后，将申报材料报省管理委员会（结构）办公室；

④ 省管理委员会（结构）办公室审查同意签字盖章后，将变更注册材料报送全国管理委员会审定。

（3）延续注册

注册工程师每一注册期为 3 年，注册期满需继续执业的，应在注册期满前 30 日，按照规定程序申请延续注册。

1）延续注册需要提交下列材料：

① 继续注册申请表（1 式 2 份）；

② 注册师申请继续在此设计单位注册的证明（如用计算机打印需由注册师本人签字）；

③ 申请人上一注册期的职业道德证明；

④ 聘用单位出具的申请人的聘用合同复印件（至继续注册时聘期不得少于 1 年，且合同中应有本人签字）；

⑤ 申请人注册期内达到继续教育要求的证明材料；

⑥ 聘用单位的资质证书（副本）复印件；

⑦ 继续注册要求变更时，需按照变更注册要求提供材料，同时提供参加继续教育的证明和体检证明。

2）办理程序：

① 申请人需在注册期满之前 3 个月内，按要求提交注册材料；

② 将相关材料报各市住房和城乡建设主管部门审查；

③ 各市住房城乡建设主管部门审查、备案、汇总后，连同材料一并报省管理委员会（结构）办公室；

④ 省管理委员会（结构）办公室对材料的真实和有效性进行查验后，经审查合格的，将注册材料报送全国管理委员会审核。

（4）不予注册

有下列情形之一的，不予注册：①不具备完全民事行为能力的；②因受刑事处罚，自处罚完毕之日起至申请注册之日止不满5年的；③因在结构工程设计或相关业务中犯错误受到行政处罚或者撤职以上行政处分，自处罚、处分决定之日起申请注册之日止不满2年的；④受吊销注册结构工程师注册证书处罚，自处罚决定之日起至申请注册之日止不满5年的；⑤住房和城乡建设部与国务院有关部门规定不予注册的其他情形。

注册结构工程师注册后，有下列情形之一的，由全国或省、自治区、直辖市注册结构工程师管理委员会撤销注册，收回注册证书：①完全丧失民事行为能力的；②受刑事处罚的；③因在工程设计或者相关业务中造成工程事故，受到行政处罚或者撤职以上行政处分的；④自行停止注册结构工程师业务满2年的。

5. 注册结构工程师的执业范围

注册结构工程师的执业范围如下：

（1）结构工程设计；

（2）结构工程设计技术咨询；

（3）建筑物、构筑物、工程设施等调查和鉴定；

（4）对本人主持设计的项目进行施工指导和监督；

（5）住房和城乡建设部与国务院有关部门规定的其他业务。

一级注册结构工程师的执业范围不受工程规模及工程复杂程度的限制。二级注册结构工程师的执业范围为三级及以下工程。

6. 注册结构工程师的权利和义务

（1）权利

注册结构工程师有权以注册结构工程师的名义执行注册结构工程师业务。非注册结构工程师不得以注册结构工程师的名义执行注册结构工程师业务。国家规定的一定跨度、高度等以上的结构工程设计，应当由注册结构工程师主持设计。任何单位和个人修改注册结构工程师的设计图纸，应当征得该注册结构工程师同意；但是因特殊情况不能征得该注册结构工程师同意的除外。

（2）义务

注册结构工程师应当履行下列义务：①遵守法律、法规和职业道德，维护社会公众利益；②保证工程设计的质量，并在其负责的设计图纸上签字盖章；③保守在执业中知悉的单位和个人的秘密；④不得同时受聘于两个及以上勘察设计单位执行业务；⑤不得准许他人以本人名义执行业务；⑥按规定接受必要的继续教育。

2.2.4　注册监理工程师

注册监理工程师，是指经考试取得中华人民共和国监理工程师资格证书（以下简称资格证书），并按照《注册监理工程师管理规定》注册，取得中华人民共和国注册监理工程师注册执业证书（以下简称注册证书）和执业印章，从事工程监理及相关业务活动的专业技术人员。

《注册监理工程师管理规定》于 2005 年 12 月 31 日经建设部第 83 次常务会议讨论通过，自 2006 年 4 月 1 日起施行。

1. 注册监理工程师的考试报名条件

凡遵守中华人民共和国宪法、法律、法规，具有良好的业务素质和道德品行，具备下列条件之一者，可以申请参加监理工程师职业资格考试：

（1）具有各工程大类专业大学专科学历（或高等职业教育），从事工程施工、监理、设计等业务工作满 4 年；

（2）具有工学、管理科学与工程类专业大学本科学历或学位，从事工程施工、监理、设计等业务工作满 3 年；

（3）具有工学、管理科学与工程一级学科硕士学位或专业学位，从事工程施工、监理、设计等业务工作满 2 年；

（4）具有工学、管理科学与工程一级学科博士学位。

经批准同意开展试点的地区，申请参加监理工程师职业资格考试的，应当具有大学本科及以上学历或学位。

2. 注册监理工程师的考试要求

注册监理工程师职业资格考试实行全国统一大纲、统一命题、统一组织的办法，原则上每年一次，考点原则上设在直辖市、自治区首府和省会城市的大、中专院校或者高考定点学校。

监理工程师职业资格考试设《建设工程监理基本理论和相关法规》《建设工程合同管理》《建设工程目标控制》《建设工程监理案例分析》4 个科目。

监理工程师职业资格考试成绩实行 4 年为一个周期的滚动管理办法，在连续的 4 个考试年度内通过全部考试科目，方可取得监理工程师职业资格证书。

已取得监理工程师一种专业职业资格证书的人员，报名参加其他专业科目考试的，可免考基础科目。考试合格后，核发人力资源和社会保障部门统一印制的相应专业考试合格证明。该证明作为注册时增加执业专业类别的依据。免考基础科目和增加专业类别的人员，专业科目成绩按照 2 年为一个周期滚动管理。

3. 注册监理工程师的证书颁发

国务院建设主管部门为监理工程师执业资格的注册管理机构，取得资格证书的人员申请注册，由省、自治区、直辖市人民政府建设主管部门初审，国务院建设主管部门审批。取得资格证书并受聘于一个建设工程勘察、设计、施工、监理、招标代理、造价咨询等单位的人员，应当通过聘用单位向单位工商注册所在地的省、自治区、直辖市人民政府建设主管部门提出注册申请；省、自治区、直辖市人民政府建设主管部门受理后提出初审意见，并将初审意见和全部申报材料报国务院建设主管部门审批；符合条件的，由国务院建设主管部门核发注册证书和执业印章。

4. 注册监理工程师的注册管理

取得资格证书的人员，经过注册方能以注册监理工程师的名义执业。取得资格证书的人员申请注册，由省、自治区、直辖市人民政府建设主管部门初审，国务院建设主管部门审批。省、自治区、直辖市人民政府建设主管部门在收到申请人的申请材料后，应当即时作出是否受理的决定，并向申请人出具书面凭证；申请材料不齐全或者不符合法定形式的，应当在日内一次性告知申请人需要补正的全部内容。逾期不告知的，自收到申请材料之日起即为受理。

（1）初始注册

初始注册者，可自资格证书签发之日起3年内提出申请。逾期未申请者，须符合继续教育的要求后方可申请初始注册。

申请初始注册，应当具备以下条件：

1）经全国注册监理工程师执业资格统一考试合格，取得资格证书；

2）受聘于一个相关单位；

3）达到继续教育要求；

4）没有法定不予注册的情形。

注册监理工程师每一注册有效期为3年，注册有效期满需继续执业的，应当在注册有效期满30日前，按照《注册监理工程师管理规定》第七条规定的程序申请延续注册。延续注册有效期3年。在注册有效期内，注册监理工程师变更执业单位，应当与原聘用单位解除劳动关系，并按《注册监理工程师管理规定》第七条规定的程序办理变更注册手续，变更注册后仍延续原注册有效期。

初始注册需要提交下列材料：

1）申请人的注册申请表；

2）申请人的资格证书和身份证复印件；

3）申请人与聘用单位签订的聘用劳动合同复印件；

4）所学专业、工作经历、工程业绩、工程类中级及中级以上职称证书等有关证明材料；

5）逾期初始注册的，应当提供达到继续教育要求的证明材料。

（2）延续注册

注册监理工程师每一注册有效期为3年，注册有效期满需继续执业的，应当在注册有效期满30日前，按照《注册监理工程师管理规定》第七条规定的程序申请延续注册。延续注册有效期3年。延续注册需要提交下列材料：

1）申请人延续注册申请表；

2）申请人与聘用单位签订的聘用劳动合同复印件；

3）申请人注册有效期内达到继续教育要求的证明材料。

（3）变更注册

在注册有效期内，注册监理工程师变更执业单位，应当与原聘用单位解除劳动关系，并按《注册监理工程师管理规定》第七条规定的程序办理变更注册手续，变更注册后仍延续原注册有效期。

变更注册需要提交下列材料：

1）申请人变更注册申请表；

2）申请人与新聘用单位签订的聘用劳动合同复印件；

3）申请人的工作调动证明（与原聘用单位解除聘用劳动合同或者聘用劳动合同到期

的证明文件、退休人员的退休证明）。

（4）不予注册情形

申请人有下列情形之一的，不予初始注册、延续注册或者变更注册：

1）不具有完全民事行为能力的；

2）刑事处罚尚未执行完毕或者因从事工程监理或者相关业务受到刑事处罚，自刑事处罚执行完毕之日起至申请注册之日止不满2年的；

3）未达到监理工程师继续教育要求的；

4）在两个或者两个以上单位申请注册的；

5）以虚假的职称证书参加考试并取得资格证书的；

6）年龄超过65周岁的；

7）法律、法规规定不予注册的其他情形。

（5）注册证书和执业印章失效

注册监理工程师有下列情形之一的，其注册证书和执业印章失效：

1）聘用单位破产的；

2）聘用单位被吊销营业执照的；

3）聘用单位被吊销相应资质证书的；

4）已与聘用单位解除劳动关系的；

5）注册有效期满且未延续注册的；

6）年龄超过65周岁的；

7）死亡或者丧失行为能力的；

8）其他导致注册失效的情形。

5. 注册监理工程师的执业范围

取得资格证书的人员，应当受聘于一个具有建设工程勘察、设计、施工、监理、招标代理、造价咨询等一项或者多项资质的单位，经注册后方可从事相应的执业活动。从事工程监理执业活动的，应当受聘并注册于一个具有工程监理资质的单位。

注册监理工程师可以从事工程监理、工程经济与技术咨询、工程招标与采购咨询、工程项目管理服务以及国务院有关部门规定的其他业务。

工程监理活动中形成的监理文件由注册监理工程师按照规定签字盖章后方可生效。

修改经注册监理工程师签字盖章的工程监理文件，应当由该注册监理工程师进行；因特殊情况，该注册监理工程师不能进行修改的，应当由其他注册监理工程师修改，并签字、加盖执业印章，对修改部分承担责任。

因工程监理事故及相关业务造成的经济损失，聘用单位应当承担赔偿责任；聘用单位承担赔偿责任后，可依法向负有过错的注册监理工程师追偿。

6. 注册监理工程师的权利和义务

（1）权利

注册监理工程师享有下列权利：

1）使用注册监理工程师称谓；

2）在规定范围内从事执业活动；

3）依据本人能力从事相应的执业活动；

4) 保管和使用本人的注册证书和执业印章；

5) 对本人执业活动进行解释和辩护；

6) 接受继续教育；

7) 获得相应的劳动报酬；

8) 对侵犯本人权利的行为进行申诉。

（2）义务

注册监理工程师应当履行下列义务：

1) 遵守法律、法规和有关管理规定；

2) 履行管理职责，执行技术标准、规范和规程；

3) 保证执业活动成果的质量，并承担相应责任；

4) 接受继续教育，努力提高执业水准；

5) 在本人执业活动所形成的工程监理文件上签字、加盖执业印章；

6) 保守在执业中知悉的国家秘密和他人的商业、技术秘密；

7) 不得涂改、倒卖、出租、出借或者以其他形式非法转让注册证书或者执业印章；

8) 不得同时在两个或者两个以上单位受聘或者执业；

9) 在规定的执业范围和聘用单位业务范围内从事执业活动；

10) 协助注册管理机构完成相关工作。

2.2.5 注册造价工程师

注册造价工程师，是指通过全国造价工程师职业资格统一考试或者资格认定、资格互认，取得中华人民共和国造价工程师资格，并按照《注册造价工程师管理办法》注册，取得中华人民共和国造价工程师注册证书和执业印章，从事工程造价活动的专业人员。

未取得注册证书和执业印章的人员，不得以注册造价工程师的名义从事工程造价活动。

1. 注册造价工程师的考试报名条件

注册造价工程师分为一级、二级。其中一级注册造价工程师的考试报名条件：

（1）具有工程造价专业大学专科（或高等职业教育）学历，从事工程造价、工程管理业务工作满4年；具有土木建筑、水利、装备制造、交通运输、电子信息、财经商贸大类大学专科（或高等职业教育）学历，从事工程造价、工程管理业务工作满5年。

（2）具有工程造价、通过工程教育专业评估（认证）的工程管理专业大学本科学历或学位，从事工程造价、工程管理业务工作满3年；具有工学、管理学、经济学门类大学本科学历或学位，从事工程造价、工程管理业务工作满4年。

（3）具有工学、管理学、经济学门类硕士学位或者第二学士学位，从事工程造价、工程管理业务工作满2年。

（4）具有工学、管理学、经济学门类博士学位。

（5）具有其他专业相应学历或者学位的人员，从事工程造价、工程管理业务工作年限相应增加1年。

二级注册造价工程师的考试报名条件：

（1）具有工程造价专业大学专科（或高等职业教育）学历，从事工程造价、工程管理业务工作满1年；具有土木建筑、水利、装备制造、交通运输、电子信息、财经商贸大类大学专科（或高等职业教育）学历，从事工程造价、工程管理业务工作满2年。

（2）具有工程造价专业大学本科及以上学历或学位；具有工学、管理学、经济学门类大学本科及以上学历或学位，从事工程造价、工程管理业务工作满1年。

（3）具有其他专业相应学历或学位的人员，从事工程造价、工程管理业务工作年限相应增加1年。

2. 注册造价工程师的考试要求

一级造价工程师职业资格考试全国统一大纲、统一命题、统一组织。二级造价工程师职业资格考试全国统一大纲，各省、自治区、直辖市自主命题并组织实施。

一级造价工程师职业资格考试设《建设工程造价管理》《建设工程计价》《建设工程技术与计量》《建设工程造价案例分析》4个科目。二级造价工程师职业资格考试设《建设工程造价管理基础知识》《建设工程计量与计价实务》2个科目。造价工程师职业资格考试专业科目分为土木建筑工程、交通运输工程、水利工程和安装工程4个专业类别，考生在报名时可根据实际工作需要选择其一。

一级造价工程师职业资格考试成绩实行4年为一个周期的滚动管理办法，在连续的4个考试年度内通过全部考试科目，方可取得一级造价工程师职业资格证书。二级造价工程师职业资格考试成绩实行2年为一个周期的滚动管理办法，参加全部2个科目考试的人员必须在连续的2个考试年度内通过全部科目，方可取得二级造价工程师职业资格证书。

3. 注册造价工程师的证书颁发

考试合格者，由人力资源和社会保障局颁发，人力资源和社会保障部印制，人力资源和社会保障部、住房和城乡建设部共同用印的《中华人民共和国造价工程师执业资格证书》。

4. 注册造价工程师的注册管理

取得执业资格的人员，经过注册方能以注册造价工程师的名义执业。取得执业资格的人员申请注册的，应当向聘用单位工商注册所在地的省、自治区、直辖市人民政府建设主管部门或者国务院有关部门提出注册申请。取得资格证书的人员，可自资格证书签发之日起1年内申请初始注册。逾期未申请者，须符合继续教育的要求后方可申请初始注册。初始注册的有效期为4年。

（1）注册条件

注册造价工程师的注册条件为：

1）取得执业资格；

2）受聘于一个工程造价咨询企业或者工程建设领域的建设、勘察设计、施工、招标代理、工程监理、工程造价管理等单位；

3）无法律法规规定不予注册的情形。

（2）不予注册

有下列情形之一的，不予注册：

1）不具有完全民事行为能力的；

2）申请在两个或者两个以上单位注册的；

3）未达到造价工程师继续教育合格标准的；

4）前一个注册期内工作业绩达不到规定标准或未办理暂停执业手续而脱离工程造价业务岗位的；

5）受刑事处罚，刑事处罚尚未执行完毕的；

6）因工程造价业务活动受刑事处罚，自刑事处罚执行完毕之日起至申请注册之日止不满5年的；

7）因前项规定以外原因受刑事处罚，自处罚决定之日起至申请注册之日止不满3年的；

8）被吊销注册证书，自被处罚决定之日起至申请注册之日止不满3年的；

9）以欺骗、贿赂等不正当手段获准注册被撤销，自被撤销注册之日起至申请注册之日止不满3年的；

10）法律、法规规定不予注册的其他情形。

5. 注册造价工程师的执业范围

注册造价工程师执业范围包括：

（1）建设项目建议书、可行性研究投资估算的编制和审核，项目经济评价，工程概（预、结）算、竣工结（决）算的编制和审核；

（2）工程量清单、标底（或者控制价）、投标报价的编制和审核，工程合同价款的签订、变更及调整，工程款支付与工程索赔费用的计算；

（3）建设项目管理过程中设计方案的优化、限额设计等工程造价分析与控制，工程保险理赔的核查；

（4）工程经济纠纷的鉴定。

6. 注册造价工程师的权利和义务

（1）权利

注册造价工程师享有下列权利：

1）使用注册造价工程师名称；

2）依法独立执行工程造价业务；

3）在本人执业活动中形成的工程造价成果文件上签字并加盖执业印章；

4）发起设立工程造价咨询企业；

5）保管和使用本人的注册证书和执业印章；

6）参加继续教育。

（2）义务

注册造价工程师应当履行下列义务：

1）遵守法律、法规、有关管理规定，恪守职业道德；

2）保证执业活动成果的质量；

3）接受继续教育，提高执业水平；

4）执行工程造价计价标准和计价方法；

5）与当事人有利害关系的，应当主动回避；

6）保守在执业中知悉的国家秘密和他人的商业、技术秘密。

2.2.6　注册安全工程师

注册安全工程师，是指通过职业资格考试取得中华人民共和国注册安全工程师职业资格证书（以下简称注册安全工程师职业资格证书），经注册后从事安全生产管理、安全工程技术工作或提供安全生产专业服务的专业技术人员。

根据应急管理部、人力资源和社会保障部印发的《注册安全工程师职业资格制度规定》和《注册安全工程师职业资格考试实施办法》（应急〔2019〕8号）的规定，注册安全工程师专业类别划分为：煤矿安全、金属非金属矿山安全、化工安全、金属冶炼安全、建筑施工安全、道路运输安全、其他安全（不包括消防安全）。应急管理部、人力资源和社会保障部共同制定注册安全工程师职业资格制度，并按照职责分工负责注册安全工程师职业资格制度的实施与监管。

各省、自治区、直辖市应急管理、人力资源和社会保障部门，按照职责分工负责本行政区域内注册安全工程师职业资格制度的实施与监管。

注册安全工程师级别设置为：高级、中级、初级。以下内容以中级、初级注册安全工程师为例，说明注册安全工程师的考试、注册、执业、权利和义务。

1. 注册安全工程师的考试报名条件

凡遵守中华人民共和国宪法、法律、法规，具有良好的业务素质和道德品行，具备下列条件之一者，可以申请参加中级注册安全工程师职业资格考试：

（1）具有安全工程及相关专业大学专科学历，从事安全生产业务满5年；或具有其他专业大学专科学历，从事安全生产业务满7年；

（2）具有安全工程及相关专业大学本科学历，从事安全生产业务满3年；或具有其他专业大学本科学历，从事安全生产业务满5年；

（3）具有安全工程及相关专业第二学士学位，从事安全生产业务满2年；或具有其他专业第二学士学位，从事安全生产业务满3年；

（4）具有安全工程及相关专业硕士学位，从事安全生产业务满1年；或具有其他专业硕士学位，从事安全生产业务满2年；

（5）具有博士学位，从事安全生产业务满1年；

（6）取得初级注册安全工程师职业资格后，从事安全生产业务满3年。

凡遵守中华人民共和国宪法、法律、法规，具有良好的业务素质和道德品行，具备下列条件之一者，可以申请参加初级注册安全工程师职业资格考试：

（1）具有安全工程及相关专业中专学历，从事安全生产业务满4年；或具有其他专业中专学历，从事安全生产业务满5年；

（2）具有安全工程及相关专业大学专科学历，从事安全生产业务满2年；或具有其他专业大学专科学历，从事安全生产业务满3年；

（3）具有大学本科及以上学历，从事安全生产业务。

中级注册安全工程师职业资格考试合格者，由各省、自治区、直辖市人力资源和社会保障部门颁发注册安全工程师职业资格证书（中级）。该证书由人力资源和社会保障部统一印制，应急管理部、人力资源和社会保障部共同用印，在全国范围有效。

初级注册安全工程师职业资格考试合格者，由各省、自治区、直辖市人力资源和社会保障部门颁发注册安全工程师职业资格证书（初级）。该证书由各省、自治区、直辖市应急管理、人力资源和社会保障部门共同用印，原则上在所在行政区域内有效。各地可根据实际情况制定跨区域认可办法。

对以不正当手段取得注册安全工程师职业资格证书的,按照国家专业技术人员资格考试违纪违规行为处理规定进行处理。

2. 注册安全工程师的考试要求

中级注册安全工程师职业资格考试设《安全生产法律法规》《安全生产管理》《安全生产技术基础》《安全生产专业实务》4个科目。其中,《安全生产法律法规》《安全生产管理》《安全生产技术基础》为公共科目,《安全生产专业实务》为专业科目。

《安全生产专业实务》科目分为:煤矿安全、金属非金属矿山安全、化工安全、金属冶炼安全、建筑施工安全、道路运输安全和其他安全(不包括消防安全),考生在报名时可根据实际工作需要选择其一。

初级注册安全工程师职业资格考试设《安全生产法律法规》《安全生产实务》2个科目。

中级注册安全工程师职业资格考试全国统一大纲、统一命题、统一组织。

初级注册安全工程师职业资格考试全国统一大纲,各省、自治区、直辖市自主命题并组织实施,一般应按照专业类别考试。

应急管理部或其授权的机构负责拟定注册安全工程师职业资格考试科目;组织编制中级注册安全工程师职业资格考试公共科目和专业科目(建筑施工安全、道路运输安全类别专业科目除外)的考试大纲,组织相应科目命审题工作;会同国务院有关行业主管部门或其授权的机构编制初级注册安全工程师职业资格考试大纲。

住房和城乡建设部、交通运输部或其授权的机构分别负责组织拟定建筑施工安全、道路运输安全类别中级注册安全工程师职业资格考试专业科目的考试大纲,组织相应科目命审题工作。

人力资源和社会保障部负责审定考试科目、考试大纲,负责中级注册安全工程师职业资格考试的考务工作,会同应急管理部确定中级注册安全工程师职业资格考试合格标准。

各省、自治区、直辖市应急管理、人力资源和社会保障部门,会同有关行业主管部门,按照全国统一的考试大纲和相关规定组织实施初级注册安全工程师职业资格考试,确定考试合格标准。

3. 注册安全工程师的注册管理

国家对注册安全工程师职业资格实行执业注册管理制度,按照专业类别进行注册。取得注册安全工程师职业资格证书的人员,经注册后方可以注册安全工程师名义执业。

住房和城乡建设部、交通运输部或其授权的机构按照职责分工,分别负责相应范围内建筑施工安全、道路运输安全类别中级注册安全工程师的注册初审工作。

各省、自治区、直辖市应急管理部门和经应急管理部授权的机构,负责其他中级注册安全工程师的注册初审工作。

应急管理部负责中级注册安全工程师的注册终审工作,具体工作由中国安全生产科学研究院实施。终审通过的建筑施工安全、道路运输安全类别中级注册安全工程师名单分别抄送住房和城乡建设部、交通运输部。

申请注册的人员,必须同时具备下列基本条件:

(1) 取得注册安全工程师职业资格证书;

(2) 遵纪守法,恪守职业道德;

（3）受聘于生产经营单位安全生产管理、安全工程技术类岗位或安全生产专业服务机构从事安全生产专业服务；

（4）具有完全民事行为能力，年龄不超过70周岁。

申请中级注册安全工程师初始注册的，应当自取得中级注册安全工程师职业资格证书之日起5年内由本人向注册初审机构提出。

《注册安全工程师职业资格制度规定》施行前取得注册安全工程师执业资格证书，申请初始注册的，应当在本规定施行之日起5年内由本人向注册初审机构提出。

超过规定时间申请初始注册的，按逾期初始注册办理。

准予注册的申请人，由应急管理部核发中级注册安全工程师注册证书（纸质或电子证书）。

中级注册安全工程师注册有效期为5年。有效期满前3个月，需要延续注册的，应向注册初审机构提出延续注册申请。有效期满未延续注册的，可根据需要申请重新注册。

中级注册安全工程师在注册有效期内变更注册的，须及时向注册初审机构提出申请。

中级注册安全工程师初始注册、延续注册、变更注册、重新注册和逾期初始注册的具体要求按相关规定执行。

以不正当手段取得注册证书的，由发证机构撤销其注册证书，5年内不予重新注册；构成犯罪的，依法追究刑事责任。

注册安全工程师注册有关情况应当由注册证书发证机构向社会公布，促进信息共享。

初级注册安全工程师注册管理办法由各省、自治区、直辖市应急管理部门会同有关部门依法制定。

4. 注册安全工程师的执业

注册安全工程师在执业活动中，必须遵纪守法，恪守职业道德和从业规范，诚信执业，主动接受有关主管部门的监督检查，加强行业自律。

注册安全工程师不得同时受聘于两个或两个以上单位执业，不得允许他人以本人名义执业，不得出租出借证书。违反上述规定的，由发证机构撤销其注册证书，5年内不予重新注册；构成犯罪的，依法追究刑事责任。

注册安全工程师的执业范围包括：

（1）安全生产管理；

（2）安全生产技术；

（3）生产安全事故调查与分析；

（4）安全评估评价、咨询、论证、检测、检验、教育、培训及其他安全生产专业服务。

中级注册安全工程师按照专业类别可在各类规模的危险物品生产、储存以及矿山、金属冶炼等单位执业，初级注册安全工程师的执业单位规模由各地结合实际依法制定。

注册安全工程师应在本人执业成果文件上签字，并承担相应责任。

5. 注册安全工程师的权利和义务

注册安全工程师享有下列权利：

（1）按规定使用注册安全工程师称谓和本人注册证书；

（2）从事规定范围内的执业活动；

（3）对执业中发现的不符合相关法律、法规和技术规范要求的情形提出意见和建议，并向相关行业主管部门报告；

(4) 参加继续教育；

(5) 获得相应的劳动报酬；

(6) 对侵犯本人权利的行为进行申诉；

(7) 法律、法规规定的其他权利。

注册安全工程师应当履行下列义务：

(1) 遵守国家有关安全生产的法律、法规和标准；

(2) 遵守职业道德，客观、公正执业，不弄虚作假，并承担在相应报告上签署意见的法律责任；

(3) 维护国家、集体、公众的利益和受聘单位的合法权益；

(4) 严格保守在执业中知悉的单位、个人技术和商业秘密。

取得注册安全工程师注册证书的人员，应当按照国家专业技术人员继续教育的有关规定接受继续教育，更新专业知识，提高业务水平。

2.3　建设从业单位资质管理

对从事建筑活动的单位，《建筑法》第十三条有明确的规定："从事建筑活动的建筑施工企业、勘察单位、设计单位和工程监理单位，按照其拥有的注册资本、专业技术人员、技术装备和已完成的建筑工程业绩等资质条件，划分为不同的资质等级，经资质审查合格，取得相应等级的资质证书后，方可在其资质等级许可的范围内从事建筑活动。"

根据《建筑法》第十二条的规定，从事建筑活动的建筑施工企业、勘察单位、设计单位和工程监理单位，应当具备下列条件：

1. 有符合国家规定的注册资本

从事建筑活动的单位在进行建筑活动过程中必须拥有足够的资金，这是其进行正常业务活动所需要的物质保证。一定数量的资金也是建立建筑施工企业、勘察单位、设计单位和工程监理单位的前提。关于最低注册资本，在《建筑业企业资质等级标准》《工程监理企业资质管理规定》中均有详细规定。

2. 有与其从事的建筑活动相适应的具有法定执业资格的专业技术人员

具有与其建筑活动相关的装备是建筑施工企业、勘察单位、设计单位和工程监理单位进行正常施工、勘察、设计和监理工作的重要物质保障，没有相应的技术装备的建筑活动是无法进行的。如从事建筑施工活动，必须有相应的施工机械设备与质量检验测试手段，如大型塔吊、龙门架、混凝土搅拌机等。从事勘察设计活动，必须有相应的勘察仪器设备和设计机具仪器。因此，从事建筑活动的建筑施工企业、勘察单位、设计单位和工程监理单位必须有从事相关建筑活动所应有的技术装备。没有相应技术装备的单位，不得从事建筑活动。

3. 有从事相关建筑活动所应有的技术装备

由于建筑活动是一种专业性、技术性很强的活动，所以从事建筑活动的建筑施工企业、勘察单位、设计单位和工程监理单位必须有足够的专业技术人员。如设计单位不仅要有建筑师，还需要有结构、水、暖、电等方面的工程师。

建筑活动是一种涉及公民生命和财产安全的一种特殊活动，因而从事建筑活动的专业技术人员，还必须有法定执业资格。这种法定执业资格必须依法通过考试和注册才能取得，如工程设计文件必须由注册建筑师签字才能生效。建筑工程的规模和复杂程度各不相同，建筑活动所要求的专业技术人员的级别和数量也不同，建筑施工企业、勘察单位、设计单位和工程监理单位必须有与其从事的建筑活动相适应的专业技术人员。

4. 法律、行政法规规定的其他条件

建筑施工企业、勘察单位、设计单位和工程监理单位，除了应具备以上三项条件外，还必须具备从事经营活动所应具备的其他条件。如按照《民法典》中关于法人的条件，即法人应当依法成立，有必要的财产或者经费，有自己的名称、组织机构和场所，能够独立承担民事责任，若从事建筑活动的单位要成为企业法人就必须符合企业法人的条件；按照《公司法》规定设立从事建筑活动的有限责任公司和股份有限公司，股东或发起人必须符合法定人数；股东或发起人共同制定公司章程；有公司名称，建立符合要求的组织机构；有固定的生产经营场所和必要的生产条件等。

这里需要指出的是"其他条件"仅指法律、行政法规规定的条件，不包括部门规章、地方性法规和规章及其他规范性文件的规定，因为涉及市场准入规则的问题，应当由法律、行政法规作出统一的规定。

2.3.1　工程勘察设计企业资质管理

《建设工程勘察设计资质管理规定》于 2006 年 12 月 30 日经建设部第 114 次常务会议讨论通过，自 2007 年 9 月 1 日起施行。

1. 工程勘察设计企业资质等级

工程勘察资质分综合类、专业类和劳务类三类。综合类包括工程勘察所有专业，综合类资质只设甲级。专业类是指岩土工程、水文地质勘察、工程测量等专业中的某一项，其中岩土工程专业类可以是岩土工程勘察、设计、测试、监测、检测、咨询、监理中的一项或全部。工程勘察专业类资质原则上设甲、乙两个级别，确有必要设置丙级勘察资质的地区经住房和城乡建设部批准后方可设置。劳务类是指岩土工程治理、工程钻探、凿井等。工程勘察劳务类资质不分级别。

工程设计资质分工程设计综合资质、工程设计行业资质和工程设计专项资质三类。工程设计综合资质只设甲级，工程设计行业资质设甲、乙、丙三个级别，除建筑工程、市政公用、水利和公路等行业设工程设计丙级资质外，其他行业工程设计丙级资质设置的对象仅为企业内部所属的非独立法人单位。工程设计专业资质和专项资质分为甲级、乙级。

2. 工程勘察设计企业从业范围

工程勘察设计企业从业范围见表 2-4。

工程勘察设计企业从业范围   表 2-4

	工程勘察综合资质	甲级	可以承接各专业(海洋工程勘察除外)、各等级工程勘察业务
工程勘察 企业资质	工程勘察专业资质	甲级	可以承接相应等级相应专业的工程勘察业务
		乙级	
		部分专业设丙级	
	工程勘察劳务资质	不分等级	可以承接岩土工程治理、工程钻探、凿井等工程勘察劳务业务

续表

工程设计企业资质	工程设计综合资质	甲级	可以承接各行业、各等级的建设工程设计业务
	工程设计行业资质	甲级	可以承接相应行业相应等级的工程设计业务及本行业范围内同级别的相应专业、专项(设计施工一体化资质除外)工程设计业务
		乙级	
	工程设计专业资质	甲级	可以承接本专业相应等级的专业工程设计业务及同级别的相应专项工程设计业务(设计施工一体化资质除外)
		乙级	
	工程设计专项资质	甲级	可以承接本专项相应等级的专项工程设计业务
		乙级	

3. 工程勘察设计企业资质申请和审批

申请工程勘察甲级资质、工程设计甲级资质，以及涉及铁路、交通、水利、信息产业、民航等方面的工程设计乙级资质的，应当向企业工商注册所在地的省、自治区、直辖市人民政府建设主管部门提出申请。其中，国务院国资委管理的企业应当向国务院建设主管部门提出申请；国务院国资委管理的企业下属一层级的企业申请资质，应当由国务院国资委管理的企业向国务院建设主管部门提出申请。

省、自治区、直辖市人民政府建设主管部门应当自受理申请之日起20日内初审完毕，并将初审意见和申请材料报国务院建设主管部门。

国务院建设主管部门应当自省、自治区、直辖市人民政府建设主管部门受理申请材料之日起60日内完成审查，公示审查意见，公示时间为10日。其中，涉及铁路、交通、水利、信息产业、民航等方面的工程设计资质，由国务院建设主管部门送国务院有关部门审核，国务院有关部门在20日内审核完毕，并将审核意见送国务院建设主管部门。

工程勘察乙级及以下资质、劳务资质、工程设计乙级（涉及铁路、交通、水利、信息产业、民航等方面的工程设计乙级资质除外）及以下资质许可由省、自治区、直辖市人民政府建设主管部门实施。具体实施程序由省、自治区、直辖市人民政府建设主管部门依法确定。

省、自治区、直辖市人民政府建设主管部门应当自作出决定之日起30日内，将准予资质许可的决定报国务院建设主管部门备案。

工程勘察、工程设计资质证书有效期为5年。资质有效期届满，企业需要延续资质证书有效期的，应当在资质证书有效期届满60日前，向原资质许可机关提出资质延续申请。

对在资质有效期内遵守有关法律、法规、规章、技术标准，信用档案中无不良行为记录，且专业技术人员满足资质标准要求的企业，经资质许可机关同意，有效期延续5年。

企业首次申请、增项申请工程勘察、工程设计资质，其申请资质等级最高不超过乙级，且不考核企业工程勘察、工程设计业绩。

从事建设工程勘察、设计活动的企业，申请资质升级、资质增项，在申请之日起前1年内有下列情形之一的，资质许可机关不予批准企业的资质升级申请和增项申请：

（1）企业相互串通投标或者与招标人串通投标承揽工程勘察、工程设计业务的；

（2）将承揽的工程勘察、工程设计业务转包或违法分包的；

（3）注册执业人员未按照规定在勘察设计文件上签字的；

（4）违反国家工程建设强制性标准的；

（5）因勘察设计原因造成过重大生产安全事故的；

（6）设计单位未根据勘察成果文件进行工程设计的；

（7）设计单位违反规定指定建筑材料、建筑构配件的生产厂、供应商的；

（8）无工程勘察、工程设计资质或者超越资质等级范围承揽工程勘察、工程设计业务的；

（9）涂改、倒卖、出租、出借或者以其他形式非法转让资质证书的；

（10）允许其他单位、个人以本单位名义承揽建设工程勘察、设计业务的；

（11）其他违反法律、法规行为的。

4. 工程勘察设计企业资质监督与管理

国务院建设主管部门对全国的建设工程勘察、设计资质实施统一的监督管理。国务院铁路、交通、水利、信息产业、民航等有关部门配合国务院建设主管部门对相应的行业资质进行监督管理。

县级以上地方人民政府建设主管部门负责对本行政区域内的建设工程勘察、设计资质实施监督管理。县级以上人民政府交通、水利、信息产业等有关部门配合同级建设主管部门对相应的行业资质进行监督管理。

上级建设主管部门应当加强对下级建设主管部门资质管理工作的监督检查，及时纠正资质管理中的违法行为。

有下列情形之一的，资质许可机关或者其上级机关，根据利害关系人的请求或者依据职权，可以撤销工程勘察、工程设计资质：

（1）资质许可机关工作人员滥用职权、玩忽职守作出准予工程勘察、工程设计资质许可的；

（2）超越法定职权作出准予工程勘察、工程设计资质许可的；

（3）违反资质审批程序作出准予工程勘察、工程设计资质许可的；

（4）对不符合许可条件的申请人作出工程勘察、工程设计资质许可的；

（5）依法可以撤销资质证书的其他情形。

以欺骗、贿赂等不正当手段取得工程勘察、工程设计资质证书的，应当予以撤销。

2.3.2 建筑业企业资质管理

住房和城乡建设部颁布的《建筑业企业资质管理规定》《建筑业企业资质标准》《建筑业企业资质管理规定和资质标准实施意见》，对建筑业企业的资质等级、资质标准、申请与审批、业务范围等作了明确规定。

国务院住房和城乡建设主管部门负责全国建筑业企业资质的统一监督管理。国务院交通运输、水利、工业信息化等有关部门配合国务院住房和城乡建设主管部门实施相关资质类别建筑业企业资质的管理工作。

省、自治区、直辖市人民政府住房和城乡建设主管部门负责本行政区域内建筑业企业资质的统一监督管理。省、自治区、直辖市人民政府交通运输、水利、通信等有关部门配合同级住房和城乡建设主管部门实施本行政区域内相关资质类别建筑业企业资质的管理工作。

1. 建筑业企业资质等级划分与等级标准

(1) 建筑业企业资质等级划分

建筑业企业资质分为施工总承包资质、专业承包资质和施工劳务资质三个序列。其中施工总承包序列设有 12 个类别，一般分为 4 个等级（特级、一级、二级、三级）；专业承包序列设有 36 个类别，一般分为 3 个等级（一级、二级、三级）；施工劳务序列不分类别和等级。

施工总承包序列设有 12 个类别，分别是：建筑工程施工总承包、公路工程施工总承包、铁路工程施工总承包、港口与航道工程施工总承包、水利水电工程施工总承包、电力工程施工总承包、矿山工程施工总承包、冶金工程施工总承包、石油化工工程施工总承包、市政公用工程施工总承包、通信工程施工总承包、机电工程施工总承包。

具有法人资格的企业申请建筑业企业资质应具备下列基本条件：

① 具有满足《建筑业企业资质标准》要求的资产；

② 具有满足《建筑业企业资质标准》要求的注册建造师及其他注册人员、工程技术人员、施工现场管理人员和技术工人；

③ 具有满足《建筑业企业资质标准》要求的工程业绩；

④ 具有必要的技术装备。

建筑企业不同资质从业范围见表 2-5。

建筑企业不同资质从业范围   表 2-5

企业资质	从业范围
施工总承包企业	可以承接施工总承包工程。施工总承包企业可以对所承接的施工总承包工程内各专业工程全部自行施工，也可以将专业工程依法进行分包。对设有资质的专业工程进行分包时，应分包给具有相应专业承包资质的企业。施工总承包企业将劳务作业分包时，应分包给具有施工劳务资质的企业。可以从事资质证书许可范围内的相应工程总承包、工程项目管理等业务
专业承包企业	可以承接具有施工总承包资质的企业依法分包的专业工程或建设单位依法发包的专业工程。应对所承接的专业工程全部自行组织施工，劳务作业可以分包给具有施工劳务资质的企业。设有专业承包资质的专业工程单独发包时，应由取得相应专业承包资质的企业承担
劳务分包企业	可以承接具有施工总承包资质或专业承包资质的企业分包的劳务作业

(2) 房屋建筑工程施工总承包企业资质等级标准

房屋建筑工程是指工业、民用与公共建筑（建筑物、构筑物）工程。工程内容包括地基与基础工程，土石方工程，结构工程，屋面工程，内、外部的装修装饰工程，上下水、供暖、电器、卫生洁具、通风、照明、消防、防雷等安装工程。

房屋建筑工程施工总承包企业资质分为特级、一级、二级、三级。

1) 特级资质标准

企业资信能力：

① 企业注册资本金 3 亿元以上；

② 企业净资产 3.6 亿元以上；

③ 企业近 3 年上缴建筑业营业税均在 5000 万元以上；

④ 企业银行授信额度近 3 年均在 5 亿元以上。

企业主要管理人员和专业技术人员要求：

① 企业经理具有 10 年以上从事工程管理工作经历；

② 技术负责人具有 15 年以上从事工程技术管理工作经历，且具有工程序列高级职称及一级注册建造师或注册工程师执业资格；主持完成过两项及以上施工总承包一级资质要求的代表工程的技术工作或甲级设计资质要求的代表工程或合同额 2 亿元以上的工程总承包项目；

③ 财务负责人具有高级会计师职称及注册会计师资格；

④ 企业具有注册一级建造师（一级项目经理）50 人以上；

⑤ 企业具有本类别相关的行业工程设计甲级资质标准要求的专业技术人员。

科技进步水平方面的要求：

① 企业具有省部级（或相当于省部级水平）及以上的企业技术中心；

② 企业近 3 年科技活动经费支出平均达到营业额的 0.5% 以上；

③ 企业具有国家级工法 3 项以上；近五年具有与工程建设相关的，能够推动企业技术进步的专利 3 项以上，累计有效专利 8 项以上，其中至少有一项发明专利；

④ 企业近 10 年获得过国家级科技进步奖项或主编过工程建设国家或行业标准；

⑤ 企业已建立内部局域网或管理信息平台，实现了内部办公、信息发布、数据交换的网络化；已建立并开通了企业外部网站；使用了综合项目管理信息系统和人事管理系统、工程设计相关软件，实现了档案管理和设计文档管理。

关于国家级工法、专利、国家级科技进步奖项、工程建设国家或行业标准等考核指标要求。对于申请施工总承包特级资质的企业，不再考核上述指标。

代表工程业绩：

近 5 年承担过下列 5 项工程总承包或施工总承包项目中的 3 项，工程质量合格：

① 高度 100m 以上的建筑物；

② 28 层以上的房屋建筑工程；

③ 单体建筑面积 5 万 m^2 以上房屋建筑工程；

④ 钢筋混凝土结构单跨 30m 以上的建筑工程或钢结构单跨 36m 以上房屋建筑工程；

⑤ 单项建安合同额 2 亿元以上的房屋建筑工程。

2）一级资质标准

企业工程业绩：

近 5 年承担过下列 4 类中的 2 类工程的施工总承包或主体工程承包，工程质量合格：

① 地上 25 层以上的民用建筑工程 1 项或地上 18～24 层的民用建筑工程 2 项；

② 高度 100m 以上的构筑物工程 1 项或高度 80～100m（不含）的构筑物工程 2 项；

③ 建筑面积 3 万 m^2 以上的单体工业、民用建筑工程 1 项或建筑面积 2 万～3 万 m^2（不含）的单体工业、民用建筑工程 2 项；

④ 钢筋混凝土结构单跨 30m 以上或钢结构单跨 36m 以上的建筑工程 1 项或钢筋混凝土结构单跨 27～30m（不含）或钢结构单跨 30～36 米（不含）的建筑工程 2 项。

企业主要管理人员和专业技术人员要求：

① 建筑工程、机电工程专业一级注册建造师合计不少于 12 人，其中建筑工程专业一级注册建造师不少于 9 人；

② 技术负责人具有 10 年以上从事工程施工技术管理工作经历，且具有结构专业高级

职称；建筑工程相关专业中级以上职称人员不少于 30 人，且结构、给水排水、暖通、电气等专业齐全；

③ 持有岗位证书的施工现场管理人员不少于 50 人，且施工员、质量员、安全员、机械员、造价员、劳务员等人员齐全；

④ 经考核或培训合格的中级工以上技术工人不少于 150 人。

企业净资产 1 亿元以上。

3）二级资质标准

企业工程业绩：

近 5 年承担过下列 4 类中的 2 类工程的施工总承包或主体工程承包，工程质量合格：

① 地上 12 层以上的民用建筑工程 1 项或地上 8~11 层的民用建筑工程 2 项；

② 高度 50m 以上的构筑物工程 1 项或高度 35~50m（不含）的构筑物工程 2 项；

③ 建筑面积 1 万 m^2 以上的单体工业、民用建筑工程 1 项或建筑面积 0.6 万~1 万 m^2（不含）的单体工业、民用建筑工程 2 项；

④ 钢筋混凝土结构单跨 21m 以上或钢结构单跨 24m 以上的建筑工程 1 项或钢筋混凝土结构单跨 18~21m（不含）或钢结构单跨 21~24m（不含）的建筑工程 2 项。

企业主要管理人员和专业技术人员要求：

① 建筑工程、机电工程专业注册建造师合计不少于 12 人，其中建筑工程专业注册建造师不少于 9 人；

② 技术负责人具有 8 年以上从事工程施工技术管理工作经历，且具有结构专业高级职称或建筑工程专业一级注册建造师执业资格；建筑工程相关专业中级以上职称人员不少于 15 人，且结构、给水排水、暖通、电气等专业齐全；

③ 持有岗位证书的施工现场管理人员不少于 30 人，且施工员、质量员、安全员、机械员、造价员、劳务员等人员齐全；

④ 经考核或培训合格的中级工以上技术工人不少于 75 人。

企业净资产 4000 万元以上。

4）三级资质标准

企业主要管理人员和专业技术人员要求：

① 建筑工程、机电工程专业注册建造师合计不少于 5 人，其中建筑工程专业注册建造师不少于 4 人；

② 技术负责人具有 5 年以上从事工程施工技术管理工作经历，且具有结构专业中级以上职称或建筑工程专业注册建造师执业资格；建筑工程相关专业中级以上职称人员不少于 6 人，且结构、给水排水、电气等专业齐全；

③ 持有岗位证书的施工现场管理人员不少于 15 人，且施工员、质量员、安全员、机械员、造价员、劳务员等人员齐全；

④ 经考核或培训合格的中级工以上技术工人不少于 30 人；

⑤ 技术负责人（或注册建造师）主持完成过本类别资质二级以上标准要求的工程业绩不少于 2 项。

《建筑业企业资质标准》施行后，设有专业承包资质的 36 类专业工程单独发包时，如钢结构工程、建筑幕墙工程、建筑机电安装工程、环保工程、输变电工程、核工程、海洋石油工程专业承包等专业工程，应由取得相应专业承包资质的企业承担，而未取得该项专业承包资质的施工总承包企业则不应承揽该类专业工程。

2. 建筑业企业承包工程范围

（1）特级资质

可承招各类房屋建筑工程的施工。

（2）一级资质

可承担单项合同额 3000 万元以上的下列建筑工程的施工：

① 高度 200m 以下的工业、民用建筑工程；

② 高度 240m 以下的构筑物工程。

单项合同额 3000 万元以下且超出建筑工程施工总承包二级资质承包工程范围的建筑工程的施工，应由建筑工程施工总承包一级资质企业承担。

（3）二级资质

可承担下列建筑工程的施工：

① 高度 100m 以下的工业、民用建筑工程；

② 高度 120m 以下的构筑物工程；

③ 建筑面积 4 万 m^2 以下的单体工业、民用建筑工程；

④ 单跨跨度 39m 以下的建筑工程。

（4）三级资质

可承担下列建筑工程的施工：

① 高度 50m 以下的工业、民用建筑工程；

② 高度 70m 以下的构筑物工程；

③ 建筑面积 1.2 万 m^2 以下的单体工业、民用建筑工程；

④ 单跨跨度 27m 以下的建筑工程。

3. 施工劳务企业资质标准

（1）资质标准

企业资产：

① 净资产 200 万元以上；

② 具有固定的经营场所。

（2）企业主要人员

① 技术负责人具有工程序列中级以上职称或高级工以上资格；

② 持有岗位证书的施工现场管理人员不少于 5 人，且施工员、质量员、安全员、劳务员等人员齐全；

③ 经考核或培训合格的技术工人不少于 50 人。

（3）承包业务范围

可承担各类施工劳务作业。

4. 实施建筑业企业资质许可部门实施

1）下列建筑业企业资质，由国务院住房和城乡建设主管部门许可：

① 施工总承包资质序列特级资质、一级资质及铁路工程施工总承包二级资质；

② 专业承包资质序列公路、水运、水利、铁路、民航方面的专业承包一级资质及铁

路、民航方面的专业承包二级资质；涉及多个专业的专业承包一级资质。

申请上述资质的，应当向企业工商注册所在地省、自治区、直辖市人民政府住房和城乡建设主管部门提出申请。其中，国务院国有资产管理部门直接监管的建筑企业及其下属一层级的企业，可以由国务院国有资产管理部门直接监管的建筑企业向国务院住房和城乡建设主管部门提出申请。

省、自治区、直辖市人民政府住房和城乡建设主管部门应当自受理申请之日起 20 个工作日内初审完毕，并将初审意见和申请材料报国务院住房和城乡建设主管部门。

国务院住房和城乡建设主管部门应当自省、自治区、直辖市人民政府住房和城乡建设主管部门受理申请材料之日起 60 个工作日内完成审查，公示审查意见，公示时间为 10 个工作日。其中，涉及公路、水运、水利、通信、铁路、民航等方面资质的，由国务院住房和城乡建设主管部门会同国务院有关部门审查。

2）下列建筑业企业资质，由企业工商注册所在地省、自治区、直辖市人民政府住房城乡建设主管部门许可：

① 施工总承包资质序列二级资质及铁路、通信工程施工总承包三级资质；

② 专业承包资质序列一级资质（不含公路、水运、水利、铁路、民航方面的专业承包一级资质及涉及多个专业的专业承包一级资质）；

③ 专业承包资质序列二级资质（不含铁路、民航方面的专业承包二级资质）；铁路方面专业承包三级资质；特种工程专业承包资质。

上述建筑业企业的资质许可程序由省、自治区、直辖市人民政府住房和城乡建设主管部门依法确定，并向社会公布。

3）下列建筑业企业资质，由企业工商注册所在地设区的市人民政府住房和城乡建设主管部门许可：

① 施工总承包资质序列三级资质（不含铁路、通信工程施工总承包三级资质）；

② 专业承包资质序列三级资质（不含铁路方面专业承包资质）及预拌混凝土、模板脚手架专业承包资质；

③ 施工劳务资质；

④ 燃气燃烧器具安装、维修企业资质。

上述规定的建筑业企业的资质许可程序由设区的市级人民政府住房和城乡建设主管部门依法确定，并向社会公布。

5. 建筑业企业资质证书的管理

建筑业企业资质证书分为正本和副本，由国务院住房和城乡建设主管部门统一印制，正、副本具备同等法律效力，资质证书有效期为 5 年。

证书有效期是指自企业取得本套证书的首个建筑业企业资质时起算，期间企业除延续、重新核定外，证书有效期不变；重新核定资质的，有效期自核定之日起重新计算（按简化审批手续办理的除外）。

建筑业企业资质证书有效期届满，企业继续从事建筑施工活动的，应当于资质证书有效期届满 3 个月前，向原资质许可机关提出延续申请。

资质许可机关应当在建筑业企业资质证书有效期届满前作出是否准予延续的决定；逾期未作出决定的，视为准予延续。

企业净资产和主要人员满足现有资质标准要求的，经资质许可机关核准，更换有效期5年的资质证书，有效期自批准延续之日起计算。

企业在建筑业企业资质证书有效期内名称、地址、注册资本、法定代表人等发生变更的，应当在工商部门办理变更手续后1个月内办理资质证书变更手续。

由国务院住房和城乡建设主管部门颁发的建筑业企业资质证书的变更，企业应当向企业工商注册所在地省、自治区、直辖市人民政府住房和城乡建设主管部门提出变更申请，省、自治区、直辖市人民政府住房和城乡建设主管部门应当自受理申请之日起2日内将有关变更证明材料报国务院住房和城乡建设主管部门，由国务院住房和城乡建设主管部门在2日内办理变更手续。

企业首次申请或增项申请建筑业企业资质，其资质按照最低等级资质核定。

企业可以申请施工总承包、专业承包、施工劳务资质三个序列的各类别资质，申请资质数量不受限制。

企业可以申请施工总承包、专业承包、施工劳务资质三个序列的各类别资质，申请资质数量不受限制。

建筑业企业资质证书分为正本和副本，由住房和城乡建设部统一印制。新版建筑业企业资质证书正本规格为297mm×420mm（A3）；副本规格为210mm×297mm（A4）。资质证书增加二维码标识，公众可通过二维码查询企业资质情况。资质证书实行全国统一编码，由资质证书管理系统自动生成，新版建筑业企业资质证书编码规则按照《新版建筑业企业资质证书编码规则》。

每套建筑业企业资质证书包括1个正本和1个副本。同一资质许可机关许可的资质打印在一套资质证书上；不同资质许可机关作出许可决定后，分别打印资质证书。各级资质许可机关不得增加证书副本数量。

6.建筑业企业监督管理

国务院住房城乡建设主管部门负责全国建筑业企业资质的统一监督管理。国务院交通运输、水利、工业信息化等有关部门配合国务院住房和城乡建设主管部门实施相关资质类别建筑业企业资质的管理工作。

省、自治区、直辖市人民政府住房和城乡建设主管部门负责本行政区域内建筑业企业资质的统一监督管理。省、自治区、直辖市人民政府交通运输、水利、通信等有关部门配合同级住房和城乡建设主管部门实施本行政区域内相关资质类别建筑业企业资质的管理工作。

县级以上人民政府住房和城乡建设主管部门和其他有关部门应当依照有关法律、法规的规定，加强对企业取得建筑业企业资质后是否满足资质标准和市场行为的监督管理。

上级住房和城乡建设主管部门应当加强对下级住房和城乡建设主管部门资质管理工作的监督检查，及时纠正建筑业企业资质管理中的违法行为。

建筑业企业违法从事建筑活动的，违法行为发生地的县级以上地方人民政府建设主管部门或者其他有关部门应当依法查处，并将违法事实、处理结果或处理建议及时告知该建筑业企业的资质许可机关。

对取得国务院住房和城乡建设主管部门颁发的建筑业企业资质证书的企业需要处以停业整顿、降低资质等级、吊销资质证书行政处罚的，县级以上地方人民政府住房和城乡建设主管部门或者其他有关部门，应当通过省、自治区、直辖市人民政府住房和城乡建设主管部门或者国务院有关部门，将违法事实、处理建议及时报送国务院住房和城乡建设主管部门。

企业不再符合相应建筑业企业资质标准要求条件的，县级以上地方人民政府住房和城乡建设主管部门、其他有关部门，应当责令其限期改正并向社会公告，整改期限最长不超过3个月；企业整改期间不得申请建筑业企业资质的升级、增项，不能承揽新的工程；逾期仍未达到建筑业企业资质标准要求条件的，资质许可机关可以撤回其建筑业企业资质证书。

被撤回建筑业企业资质证书的企业，可以在资质被撤回后3个月内，向资质许可机关提出核定低于原等级同类别资质的申请。

2.3.3 工程监理企业资质管理

1. 工程监理企业资质分级划分等级标准

（1）工程监理企业资质分级划分

2007年6月26日建设部颁布的《工程监理企业资质管理规定》，对工程监理单位的资质等级与标准、申请与审批、业务范围等作了明确规定。

工程监理企业资质分为综合资质、专业资质和事务所资质。其中，专业资质按照工程性质和技术特点划分为若干工程类别。

综合资质、事务所资质不分级别。专业资质分为甲级、乙级；其中，房屋建筑、水利水电、公路和市政公用专业资质可设立丙级。

（2）工程监理企业的资质等级标准

1）综合资质标准

① 具有独立法人资格且具有符合国家有关规定的资产；

② 企业技术负责人应为注册监理工程师，并具有15年以上从事工程建设工作的经历或者具有工程类高级职称；

③ 具有5个以上工程类别的专业甲级工程监理资质；

④ 注册监理工程师不少于60人，注册造价工程师不少于5人，一级注册建造师、一级注册建筑师、一级注册结构工程师或者其他勘察设计注册工程师合计不少于15人次；

⑤ 企业具有完善的组织结构和质量管理体系，有健全的技术、档案等管理制度；

⑥ 企业具有必要的工程试验检测设备；

⑦ 申请工程监理资质之日前1年内没有《工程监理企业资质管理规定》第十六条禁止的行为；

⑧ 申请工程监理资质之日前1年内没有因本企业监理责任造成重大质量事故；

⑨ 申请工程监理资质之日前1年内没有因本企业监理责任发生三级以上工程建设重大安全事故或者发生两起以上四级工程建设安全事故。

2）专业资质标准

甲级资质标准如下：

① 具有独立法人资格且具有符合国家有关规定的资产；

② 企业技术负责人应为注册监理工程师，并具有15年以上从事工程建设工作的经历

或者具有工程类高级职称；

③ 注册监理工程师、注册造价工程师、一级注册建造师、一级注册建筑师、一级注册结构工程师或者其他勘察设计注册工程师合计不少于 25 人次；其中，相应专业注册监理工程师不少于《专业资质注册监理工程师人数配备表》中要求配备的人数，注册造价工程师不少于 2 人；

④ 企业近 2 年内独立监理过 3 个以上相应专业的二级工程项目，但是，具有甲级设计资质或一级及以上施工总承包资质的企业申请本专业工程类别甲级资质的除外；

⑤ 企业具有完善的组织结构和质量管理体系，有健全的技术、档案等管理制度；

⑥ 企业具有必要的工程试验检测设备；

⑦ 申请工程监理资质之日前 1 年内没有《工程监理企业资质管理规定》第十六条禁止的行为；

⑧ 申请工程监理资质之日前 1 年内没有因本企业监理责任造成重大质量事故；

⑨ 申请工程监理资质之日前 1 年内没有因本企业监理责任发生三级以上工程建设重大安全事故或者发生两起以上四级工程建设安全事故。

乙级资质标准如下：

① 具有独立法人资格且注册资本不少于 100 万元；

② 企业技术负责人应为注册监理工程师，并具有 10 年以上从事工程建设工作的经历；

③ 注册监理工程师、注册造价工程师、一级注册建造师、一级注册建筑师、一级注册结构工程师或者其他勘察设计注册工程师合计不少于 15 人次，其中，相应专业注册监理工程师不少于《专业资质注册监理工程师人数配备表》中要求配备的人数，注册造价工程师不少于 1 人；

④ 有较完善的组织结构和质量管理体系，有技术、档案等管理制度；

⑤ 有必要的工程试验检测设备；

⑥ 申请工程监理资质之日前 1 年内没有《工程监理企业资质管理规定》第十六条禁止的行为；

⑦ 申请工程监理资质之日前 1 年内没有因本企业监理责任造成重大质量事故；

⑧ 申请工程监理资质之日前 1 年内没有因本企业监理责任发生三级以上工程建设重大安全事故或者发生两起以上四级工程建设安全事故。

丙级资质标准如下：

① 具有独立法人资格且注册资本不少于 50 万元；

② 企业技术负责人应为注册监理工程师，并具有 8 年以上从事工程建设工作的经历；

③ 相应专业的注册监理工程师不少于《专业资质注册监理工程师人数配备表》中要求配备的人数；

④ 有必要的质量管理体系和规章制度；

⑤ 有必要的工程试验检测设备。

3）事务所资质标准

① 取得合伙企业营业执照，具有书面合作协议书；

② 合伙人中有 3 名以上注册监理工程师，合伙人均有 5 年以上从事建设工程监理的

工作经历；

③ 有固定的工作场所；

④ 有必要的质量管理体系和规章制度；

⑤ 有必要的工程试验检测设备。

2. 工程监理企业从业范围

工程监理企业资质相应许可的业务范围如下：

（1）综合资质

可以承担所有专业工程类别建设工程项目的工程监理业务。

（2）专业资质

1）专业甲级资质

可承担相应专业工程类别建设工程项目的工程监理业务。

2）专业乙级资质

可承担相应专业工程类别二级以下（含二级）建设工程项目的工程监理业务。

3）专业丙级资质

可承担相应专业工程类别三级建设工程项目的工程监理业务。

（3）事务所资质

可承担三级建设工程项目的工程监理业务，但是，国家规定必须实行强制监理的工程除外。

工程监理企业可以开展相应类别建设工程的项目管理、技术咨询等业务。

3. 工程监理企业资质申请与审批

申请综合资质、专业甲级资质的，应当向企业工商注册所在地的省、自治区、直辖市人民政府建设主管部门提出申请。

省、自治区、直辖市人民政府建设主管部门应当自受理申请之日起 20 日内初审完毕，并将初审意见和申请材料报国务院建设主管部门。

国务院建设主管部门应当自省、自治区、直辖市人民政府建设主管部门受理申请材料之日起 60 日内完成审查，公示审查意见，公示时间为 10 日。其中，涉及铁路、交通、水利、通信、民航等专业工程监理资质的，由国务院建设主管部门送国务院有关部门审核。国务院有关部门应当在 20 日内审核完毕，并将审核意见报国务院建设主管部门。国务院建设主管部门根据初审意见审批。

专业乙级、丙级资质和事务所资质由企业所在地省、自治区、直辖市人民政府建设主管部门审批。

专业乙级、丙级资质和事务所资质许可延续的实施程序由省、自治区、直辖市人民政府建设主管部门依法确定。

省、自治区、直辖市人民政府建设主管部门应当自作出决定之日起 10 日内，将准予资质许可的决定报国务院建设主管部门备案。

工程监理企业资质证书分为正本和副本，每套资质证书包括一本正本，四本副本。正、副本具有同等法律效力。工程监理企业资质证书的有效期为 5 年。工程监理企业资质证书由国务院建设主管部门统一印制并发放。

资质有效期届满，工程监理企业需要继续从事工程监理活动的，应当在资质证书有效期届满 60 日前，向原资质许可机关申请办理延续手续。

对在资质有效期内遵守有关法律、法规、规章、技术标准，信用档案中无不良记录，且专业技术人员满足资质标准要求的企业，经资质许可机关同意，有效期延续 5 年。

4. 工程监理企业资质监督和管理

国务院建设主管部门负责全国工程监理企业资质的统一监督管理工作。国务院铁路、交通、水利、信息产业、民航等有关部门配合国务院建设主管部门实施相关资质类别工程监理企业资质的监督管理工作。

省、自治区、直辖市人民政府建设主管部门负责本行政区域内工程监理企业资质的统一监督管理工作。省、自治区、直辖市人民政府交通、水利、信息产业等有关部门配合同级建设主管部门实施相关资质类别工程监理企业资质的监督管理工作。

县级以上人民政府建设主管部门和其他有关部门应当依照有关法律、法规和本规定，加强对工程监理企业资质的监督管理。

工程监理企业违法从事工程监理活动的，违法行为发生地的县级以上地方人民政府建设主管部门应当依法查处，并将工程监理企业的违法事实、处理结果或处理建议及时报告违法行为发生地的省、自治区、直辖市人民政府建设主管部门；其中对综合资质或专业甲级资质工程监理企业的违法事实、处理结果或处理建议，须通过违法行为发生地的省、自治区、直辖市人民政府建设主管部门报住房和城乡建设部。

有下列情形之一的，资质许可机关或者其上级机关，根据利害关系人的请求或者依据职权，可以撤销工程监理企业资质：

（1）资质许可机关工作人员滥用职权、玩忽职守作出准予工程监理企业资质许可的；

（2）超越法定职权作出准予工程监理企业资质许可的；

（3）违反资质审批程序作出准予工程监理企业资质许可的；

（4）对不符合许可条件的申请人作出准予工程监理企业资质许可的；

（5）依法可以撤销资质证书的其他情形。

以欺骗、贿赂等不正当手段取得工程监理企业资质证书的，应当予以撤销。

有下列情形之一的，工程监理企业应当及时向资质许可机关提出注销资质的申请，交回资质证书，国务院建设主管部门应当办理注销手续，公告其资质证书作废：

（1）资质证书有效期届满，未依法申请延续的；

（2）工程监理企业依法终止的；

（3）工程监理企业资质依法被撤销、撤回或吊销的；

（4）法律、法规规定的应当注销资质的其他情形。

2.3.4　房地产开发企业资质管理

住房和城乡建设部《房地产开发企业资质管理规定》（建设部令第 77 号发布，根据住房和城乡建设部令第 24 号、住房和城乡建设部令第 45 号、住房和城乡建设部令第 54 号修改），对房地产开发企业资质等级和审批作了具体规定。

1. 房地产开发企业资质等级划分与等级条件

（1）房地产开发企业资质等级划分

房地产开发企业按照企业条件分为一、二两个资质等级。

（2）房地产开发企业资质等级划分与等级条件

各资质等级企业的条件如下：

1）一级资质：

① 从事房地产开发经营 5 年以上；

② 近 3 年房屋建筑面积累计竣工 30 万 m^2 以上，或者累计完成与此相当的房地产开发投资额；

③ 连续 5 年建筑工程质量合格率达 100%；

④ 上一年房屋建筑施工面积 15 万 m^2 以上，或者完成与此相当的房地产开发投资额；

⑤ 有职称的建筑、结构、财务、房地产及有关经济类的专业管理人员不少于 40 人，其中具有中级以上职称的管理人员不少于 20 人，专职会计人员不少于 4 人；

⑥ 工程技术、财务、统计等业务负责人具有相应专业中级以上职称；

⑦ 具有完善的质量保证体系，商品住宅销售中实行了《住宅质量保证书》和《住宅使用说明书》制度；

⑧ 未发生过重大工程质量事故。

2）二级资质：

① 有职称的建筑、结构、财务、房地产及有关经济类的专业管理人员不少于 5 人，其中专职会计人员不少于 2 人；

② 工程技术负责人具有相应专业中级以上职称，财务负责人具有相应专业初级以上职称，配有统计人员；

③ 具有完善的质量保证体系。

2. 房地产开发企业从业范围

未取得房地产开发资质等级证书的企业，不得从事房地产开发经营业务。

一级资质的房地产开发企业承担房地产项目的建设规模不受限制。

二级资质的房地产开发企业可以承担建筑面积 25 万 m^2 以下的开发建设项目。各资质等级企业应当在规定的业务范围内从事房地产开发经营业务，不得越级承担任务。

3. 房地产开发企业资质申请与审批

一级资质：

1）企业资质等级申报表；

2）专业管理、技术人员的职称证件；

3）已开发经营项目的有关材料；

4）《住宅质量保证书》《住宅使用说明书》执行情况报告，建立质量管理制度、具有质量管理部门及相应质量管理人员等质量保证体系情况说明。

二级资质：

1）企业资质等级申报表；

2）专业管理、技术人员的职称证件；

3）建立质量管理制度、具有质量管理部门及相应质量管理人员等质量保证体系情况说明。

一级资质由省、自治区、直辖市人民政府住房和城乡建设行政主管部门初审，报国务院住房和城乡建设行政主管部门审批。

　　二级资质二级资质由省、自治区、直辖市人民政府住房和城乡建设主管部门或者其确定的设区的市级人民政府房地产开发主管部门审批。

　　经资质审查合格的企业，由资质审批部门发给相应等级的资质证书。资质证书有效期为 3 年。

　　4. 房地产开发企业资质监督与管理

　　申请核定资质的房地产开发企业，应当通过相应的政务服务平台提出申请。

　　县级以上人民政府房地产开发主管部门应当开展"双随机、一公开"监管，依法查处房地产开发企业的违法违规行为；应当加强对房地产开发企业信用监管，不断提升信用监管水平。

　　企业开发经营活动中有违法行为的，按照《中华人民共和国行政处罚法》《中华人民共和国城市房地产管理法》《城市房地产开发经营管理条例》《建设工程质量管理条例》《建设工程安全生产管理条例》《民用建筑节能条例》等有关法律法规规定予以处罚。

2.4　典型案例分析

【案情概要】

　　原告：某建筑工程有限公司（以下简称建工公司）

　　被告：朱某

　　2022 年 3 月，建工公司与朱某签订挂靠经营，合同约定由朱某向建工公司缴纳一定数额的管理费用后被告朱某可以借用建工公司的营业执照和公章，以建工公司的名义对外承接工程，建工公司不参与朱某的经营和管理包括对工人的管理及工资发放。合同签订后，朱某便以建工公司名义承接了石景山区的一小区建设工程，朱某交给建工公司管理费用 10966 元。2022 年 9 月该小区的总承包方某建设集团有限公司向朱某发出停工通知并要求撤场，朱某接到此通知后携款消失匿迹，建工公司只得替朱某向工人发放工资及经济补偿。建工公司诉至法院要求朱某立即给付建工公司为其垫付的工人工资及经济补偿金 86555 元。

　　法院经审理判定：朱某返还建工公司 86555 元及相应的利息；建工公司违法所得 10966 元，法院予以收缴。法院判决后，针对建工公司利用建筑资质违法获取经济利益的不当行为，法院向建工公司下发了司法建议书，建议建工公司制定相应制度，禁止以出借资质证书或者收取管理费方式允许他人以本公司名义承揽工程，依法从事经营。

【案情分析】

　　本案原告建工公司与没有资质的被告朱某的施工队签订挂靠经营，并出借营业执照、公章给朱某的施工队签订合同的行为违反了我国《建筑法》《民法典》（合同编）等相关法律规定。

　　《建筑法》第二十六条第二款规定："禁止建筑施工企业超越本企业资质等级许可的业务范围或者以任何形式用其他建筑施工企业的名义承揽工程。禁止建筑施工企业以任何形式允许其他单位或者个人使用本企业的资质证书、营业执照，以本企业的名义承揽工程。"

《最高人民法院关于审理建设工程施工合同纠纷案件适用法律问题的解释（一）》（以下简称《建设工程司法解释》）（法释〔2020〕25 号）第一条规定：承包人未取得建筑业企业资质或者超越资质等级的，没有资质的实际施工人借用有资质的建筑施工企业名义的，建设工程施工合同无效。朱某未取得从事建筑工程资质，故挂靠情形下的合同为无效合同。

《建筑法》第六十六条："建筑施工企业转让、出借资质证书或者以其他方式允许他人以本企业的名义承揽工程的，责令改正，没收违法所得。"《民法典》第六十二条规定："法定代表人因执行职务造成他人损害的，由法人承担民事责任。"本案中常某是以建工公司的名义从事的经营活动，建工公司应当对朱某的行为承担民事责任。建工公司为其垫付工人工资及经济补偿金。法院没收建工公司违法所得 10966 元。

本章小结

建筑工程施工活动是一项专业性和技术性都极强的活动，因此，对从事施工活动的单位和个人进行严格的管理和事前控制，对规范建筑市场秩序，保证建设工程质量和施工安全生产，提高投资效益均具有重要的现实意义。我国相应法律法规对于从业单位的资质和从业个人的执业资格均作出了严格规定，只有具备了相应的资格才能从事与其资质相对应的建筑活动。

思考与练习题

一、单选题

2-1　取得建筑师资格证书并经（　　）后，方有资格以建筑师名义从事相应的执业活动。

A. 登记　　　　　B. 注册　　　　　C. 备案　　　　　D. 所在单位考核合格

2-2　下列关于建造师管理相关制度中正确的是（　　）。

A. 建造师初始注册证书有效期为 3 年，变更注册后有效期也为 3 年

B. 大型工程项目的负责人可以由非本专业的注册建造师担任

C. 注册证书由所聘用的单位保管使用，执业印章由本人保管使用

D. 信用档案中除记录不良行为外，还应记录业绩及良好行为

2-3　按照《注册结构工程师执业资格制度暂行规定》，下列情形中不予注册的情形是（　　）。

A. 申请人年近已达 60 岁，体弱多病

B. 因在结构工程设计中犯有错误受到行政处罚，自处罚、处分决定之日起申请注册之日止不满 2 年的

C. 曾被吊销注册证书，自处罚决定之日起至申请注册之日止已经满 5 年

D. 因受刑事处罚，自处罚完毕之日起至申请注册之日止满 5 年的

2-4　下列关于建造师管理相关制度中正确的是（　　）。

A. 建造师初始注册证书有效期为 3 年，变更注册后有效期也为 3 年

B. 大型工程项目的负责人可以由非本专业的注册建造师担任

C. 注册证书由所聘用的单位保管使用，执业印章由本人保管使用

D. 信用档案中除记录不良行为外，还应记录业绩及良好行为

2-5   建造师李某申请延续注册，下列情况中不影响延续注册的是（   ）。

A. 工伤被鉴定为限制民事行为能力人

B. 其始终从事技术工作，故无须且未参加继续教育

C. 执业活动受到刑事处罚，自处罚执行完毕之日起至申请注册之日不满 3 年

D. 其负责的工程项目因工程款纠纷导致诉讼

2-6   《建筑业企业资质管理规定》中规定，对在资质有效期内遵守有关法律、法规、规章、技术标准，信用档案中无不良行为记录，且注册资本、专业技术人员满足资质标准要求的企业，经资质许可机关同意，有效期延续（   ）年。

A. 3   B. 5   C. 6   D. 7

2-7   按照《建筑法》的规定，以下说法正确的是（   ）。

A. 建筑企业集团公司可以允许所属法人公司以其名义承揽工程

B. 建筑企业可以在其资质等级之下承揽工程

C. 联合体共同承包的，按照资质等级高的单位的业务许可范围承揽工程

D. 施工企业不允许将承包的全部建筑工程转包给他人

2-8   某国有施工企业甲公司将其资质证书借给某乡镇施工企业乙公司，承揽了 A 集团公司办公大楼工程，后因不符合规定质量标准而给 A 集团造成了损失。那么，赔偿责任应当由（   ）承担。

A. 甲公司   B. 乙公司

C. 甲公司和乙公司连带   D. 甲公司和乙公司按资产比例

2-9   借用其他施工单位（   ）的行为，属于以其他企业名义承担工程。

A. 营业执照   B. 技术人员   C. 资金   D. 高层管理人员

2-10   根据《建筑业企业资质管理规定》，属于建筑业企业资质序列的是（   ）。

A. 工程总承包   B. 专业分包   C. 专业承包   D. 劳务承包

二、多选题

2-11   2023 年有甲、乙、丙、丁、戊五个人通过了建造师执业资格考试，目前打算申请注册。下列情形中不予注册的有（   ）。

A. 甲三年前担任工长时，由于偷工减料导致了安全生产事故而受到刑事处罚

B. 乙就职于工商行政主管部门，希望能利用业余时间从事施工管理工作

C. 丙由于业务水平高，同时受聘于两家施工企业，申请在这两个单位分别注册

D. 丁拖欠农民工工资

E. 戊由于在今年的施工过程中擅自修改图纸而受到了处分

2-12   根据《建筑业企业资质管理规定》，在申请之日起 1 年至资质许可决定作出前，出现下列情况的，资质机关不予批准建筑企业资质升级申请的有（   ）。

A. 与建设单位之间相互串通投标

B. 将承包的工转包或违法分包

C. 发生过一起一般质量安全事故

D. 非法转让建筑企业资质证书

E. 恶意拖欠分包企业工程款

2-13　建筑业企业申请资质升级、资质增项。在申请之日起的前 1 年内出现下列情形，资质许可机关对其申请不予批准的有（　　）。

A. 与建设单位或者企业之间相互串通投标的

B. 未取得施工许可证擅自施工的

C. 将承包的工程转包或者违反分包的

D. 发生过一起一般质量安全事故

E. 恶意拖欠分包企业工程款或者农民工工资的

2-14　关于工程监理企业的资质等级标准：综合资质标准说法，正确的是（　　）。

A. 具有 5 个以上工程类别的专业甲级工程监理资质

B. 具有独立法人资格且注册资本不少于 100 万元

C. 企业技术负责人应为注册监理工程师，并具有 15 年以上从事工程建设工作的经历或者具有工程类高级职称

D. 注册监理工程师不少于 60 人

E. 注册造价工程师不少于 2 人

三、案例题

2-15　某油田勘探开发公司欲新建专家公寓，该工程地下 1 层，地上 9 层，预制钢筋混凝土桩基础，钢筋混凝土框架结构。该工程由甲设计院设计，施工图经乙审图中心审查通过。经公开招标，由某施工单位承建。施工过程中，质检部门检测发现一根底层承重柱的混凝土强度等级达不到设计图纸的要求，不满足设计要求，需要加固整改，于是建设单位重新委托另一家乙级设计单位对问题柱重新进行验算，提出加固方案，并进行加固施工。请问该建设单位的做法是否妥当？为什么？

第 3 章　工程建设招标投标法

本章要点及学习目标

本章要点：

(1)《招标投标法》的基本概况；

(2) 工程建设招标投标的基本程序；

(3) 工程建设招标、投标、开标、评标、中标、签约。

学习目标：

(1) 熟悉现行《招标投标法》的基本结构、主要内容、立法目的和适用范围；掌握现行《招标投标法》的基本原则；

(2) 掌握工程建设招标投标的基本程序；掌握工程建设招标、投标、开标、评标、中标、签约等各阶段的主要工作及重要法律规定；

(3) 能够分析解决工程建设招标投标过程中的有关法律问题和典型案例。

【引例】

某政府投资的市重点建设项目，建设单位决定对该项目采取公开招标的方式，并在媒体上刊登招标广告，招标公告明确了本次招标对象为本省内相应资质的施工企业。2023年5月10日建设单位向通过资格评审A、B、C、D、E、F、G共7家施工企业发售了招标文件，招标文件规定：投标截止日期为2023年5月21日14时30分。A、B、C、D、E、F 6家施工企业按照规定提交了投标文件，G企业于2023年5月21日16时才送达投标文件，2023年5月22日由建设单位主持开标。

评标委员会委员由招标人直接确定，共有7人组成，其中招标人代表4人，经济专家2人，技术专家1人。评标时发现B施工单位所投的投标文件只有单位的盖章而没有法人代表的签字；C施工单位未提交投标保证金；E施工单位投标文件中的工期与招标文件不符；其他投标文件均符合招标文件的要求。建设单位最终确定D施工单位中标，并与其签订建设施工合同。

在本案例中，招标投标过程存在什么问题？通过本章的学习，掌握我国对建设工程招标投标各环节的要求与规定。

3.1　绪　论

1980年10月17日，国务院颁发的《关于开展和保护社会主义竞争的暂行规定》，提出了试行招标承包制，对一些适于承包的建设项目，可以试行招标投标的办法，这是我国第一次在政府文件中提出实行招标投标，从此拉开了试行建筑工程招标承包制的序幕。1999 年 8 月 30 日，《中华人民共和国招标投标法》（以下简称《招标投标法》）经第九届全国人大常委会第十一次会议通过。该法是规范招标投标行为的基本法，它的颁布和实施是我国公共建设领域交易方式的改革，是深化投融资体制改革的一项重大举措，也是我国工程招标和投标工作全面进入规范化法制轨道的重要里程碑。对于保护国家利益、社会公共利益和招标投标当事人的合法权益，提高经济效益，保证工程建设质量，具有重要意义。

3.1.1 《招标投标法》的基本情况

现行《招标投标法》共六章，六十八条。第一章为总则，规定了《招标投标法》的立法宗旨、适用范围，强制招标的范围，以及招标投标活动中应遵循的基本原则；第二至四章根据招标投标活动的具体程序和步骤，规定了招标、投标、开标、评标和中标各阶段的行为规则，第五章规定了违反上述规则应承担的法律责任，上述几章构成了本法的实体内容；第六章为附则，规定了本法的例外适用情形以及生效日期。

《招标投标法》确立了有关工程建设招标投标的五项基本制度，即：①确立了建设工程强制招标制度；②明确招标投标活动应当遵循公开、公平、公正和诚实信用原则；③建立了对招标投标活动的行政监督体制；④明确了两种招标采购方式——公开招标和邀请招标；⑤确立了两种招标组织方式——招标人自行招标和委托招标代理机构办理招标。

（1）立法目的

《招标投标法》第一条规定："为了规范招标投标活动，保护国家利益、社会公共利益和招标投标活动当事人的合法权益，提高经济效益，保证项目质量，制定本法。"

（2）适用范围

《招标投标法》第二条规定："在中华人民共和国境内进行招标投标活动，适用本法。"即《招标投标法》适用于在我国境内进行的各类招标投标活动，这是《招标投标法》的空间效力。依据"一国两制"的制度安排，《招标投标法》不适用于我国香港、澳门和台湾地区。

《招标投标法》的适用主体范围很广泛，只要在我国境内进行的招标投标活动，无论是哪类主体都要执行《招标投标法》。

《招标投标法》第六十七条规定了例外适用情况，"使用国际组织或者外国政府贷款、援助资金的项目进行招标，贷款方、资金提供方对招标投标的具体条件和程序有不同规定的，可以适用其规定，但违背我国的社会公共利益的除外。"

3.1.2 建设工程招标投标活动的原则

遵循公开、公平、公正和诚实信用的原则既是对招标行为的要求，也是对投标行为的要求。为保证公开、公平、公正原则和诚实信用的原则得到体现，我国有关招标投标的法律法规对招标方和投标方的行为作出了规范性约束。

（1）公开原则

公开原则，首先要求招标信息公开。依法必须进行招标的项目的招标公告，应当通过国家指定的报刊、信息网络或者其他媒介发布。无论是招标公告、资格预审公告还是投标邀请书，都应当载明招标人的名称和地址、招标项目的性质、数量、实施地点和时间以及获取招标文件的办法等事项。其次还要求招标投标过程公开，规定开标时招标人应当邀请所有投标人参加，招标人在招标文件要求提交截止时间前收到的所有投标文件，开标时都应当当众予以拆封、宣读。中标人确定后，招标人应当在向中标人发出中标通知书的同时，将中标结果通知所有未中标的投标人。

（2）公平原则

公平原则，要求给予所有投标人平等的机会，使其享有同等的权利，履行同等的义务。依法必须进行招标的项目，其招标投标活动不受地区或者部门的限制，任何单位和个人不得违法限制或者排斥本地区、本系统以外的法人或者其他组织参加投标，不得以任何方式非法干涉招标投标活动。

（3）公正原则

公正原则，要求招标人在招标投标活动中应当按照统一的标准衡量每一个投标人的优劣。进行资格审查时，招标人应当按照资格预审文件或招标文件中载明的资格审查的条件、标准和方法，对潜在投标人或者投标人进行资格审查，不得改变载明的条件或者以没有载明的资格条件进行资格审查。此外评标委员会应当按照招标文件确定的评标标准和方法，对投标文件进行评审和比较。评标委员会成员应当客观、公正地履行职务，遵守职业道德。

（4）诚实信用原则

招标投标属民事活动，必须遵守诚实信用原则。招标投标双方必须以诚实、守信的态度行使权利和履行义务，以维护双方的利益平衡和社会利益的平衡。例如，在招标过程中，招标人不得发布虚假的招标信息，不得擅自终止招标。在投标过程中，投标人不得以他人名义投标，不得与招标人或其他投标人串通投标。中标通知书发出后，招标人不得擅自改变中标结果，中标人不得擅自放弃中标项目。

3.2　建设工程招标

强制招标的工程项目，是指属于法律规定的强制招标工程范围且达到一定规模标准以上的工程项目，必须采用招标方式进行采购。

3.2.1　招标的概念

招标是为某项工程建设或大宗商品的买卖，邀请愿意承包或交易的厂商出价以从中选择承包者或交易者的行为。招标者刊登广告或有选择地邀请有关厂商，并发给招标文件，或附上图纸和样品；投标者按要求递交投标文件；然后在招标人的主持下当众开标、评标，以全面符合条件者为中标人；最后双方签订承包或交易合同。

3.2.2　建设工程项目招标范围和规模标准

1. 必须招标的建设工程项目招标范围

《招标投标法》第三条规定，在我国境内进行下列工程建设项目包括项目的勘察、设计、施工、监理以及与工程建设有关的重要设备、材料等的采购，必须进行招标：

（1）大型基础设施、公用事业等关系社会公共利益、公众安全的项目；

（2）全部或者部分使用国有资金投资或者国家融资的项目包括：

1）使用预算资金 200 万元人民币以上，并且该资金占投资额 10％以上的项目；

2）使用国有企业事业单位资金，并且该资金占控股或者主导地位的项目。

（3）使用国际组织或者外国政府贷款、援助资金的项目包括：

1）使用世界银行、亚洲开发银行等国际组织贷款、援助资金的项目；

2）使用外国政府及其机构贷款、援助资金的项目。

（4）不属于以上两条规定情形的大型基础设施、公用事业等关系社会公共利益、公众安全的项目，必须招标的具体范围由国务院发展改革部门会同国务院有关部门按照确有必要、严格限定的原则制定，报国务院批准。

2. 必须招标工程项目的规模标准

国务院于 2018 年颁布《必须招标的工程项目规定》，明确了必须招标的工程项目的规模范围。

当属于必须招标规定范围内的项目，其勘察、设计、施工、监理以及与工程建设有关的重要设备、材料等的采购达到下列标准之一的，必须招标：

（1）施工单项合同估算价在 400 万元人民币以上；

（2）重要设备、材料等货物的采购，单项合同估算价在 200 万元人民币以上；

（3）勘察、设计、监理等服务的采购，单项合同估算价在 100 万元人民币以上。同一项目中可以合并进行的勘察、设计、施工、监理以及与工程建设有关的重要设备、材料等的采购，合同估算价合计达到前款规定标准的，必须招标。

3. 可以不进行招标的工程项目

当工程项目属于强制招标的工程范围且达到一定的规模标准以上时，必须进行招标。因此，不属于强制招标的工程项目既可以自愿进行招标，也可以不进行招标。但是，在某些特殊情况下，即使符合强制招标条件（范围标准和规模标准）的工程项目也可以不进行招标。

根据《招标投标法》第六十六条和《工程建设项目施工招标投标办法》第十二条的规定，实行审批制的工程项目，有下列情形之一的，由审批部门批准，可以不进行施工招标：

（1）涉及国家安全、国家秘密或者抢险救灾而不适宜招标的；

（2）属于利用扶贫资金实行以工代赈需要使用农民工的；

（3）施工主要技术采用特定的专利或者专有技术的；

（4）施工企业自建自用的工程，且该施工企业资质等级符合工程要求的；

（5）在建工程追加的附属小型工程或者主体加层工程，原中标人仍具备承包能力的；

（6）法律和行政法规规定的其他情形。

对于不需要审批但依法必须招标的工程项目，有上述规定情形之一的，经批准，可以不进行施工招标。

《建设工程勘察设计管理条例》第十六条规定了，可以直接发包，不需要进行招标的勘察、设计项目：

（1）采用特定的专利或者专有技术的；

（2）建筑艺术造型有特殊要求的；

（3）国务院规定的其他建设工程的勘察、设计。

【**案例1**】 某建筑工程由于其特殊原因，需要具有专有技术的施工方法，于是招标人自行决定采取直接发包的形式，招标人的做法是否恰当？

【**案例分析**】 直接发包的工程需要满足两个条件：①属于可以直接发包的范围；②履行相关批准手续。根据《工程建设项目施工招标投标办法》，经审批部门批准，"施工主要技术采用特定的专利或者专有技术的"，可以不进行招标。由此可见，该案例中的建筑工程属于可以直接发包的范围，但未经有关部门批准，由招标人自行决定直接发包，违反了上述第二条的规定。因此，该招标人的做法不恰当。

3.2.3 建设工程的招标程序

招标是招标人选择中标人并与其签订合同的过程，招标工作大体上可以分为三个阶段，即招标准备阶段、招标投标阶段和决标成交阶段。图 3-1 为建设工程施工项目公开招标程序。

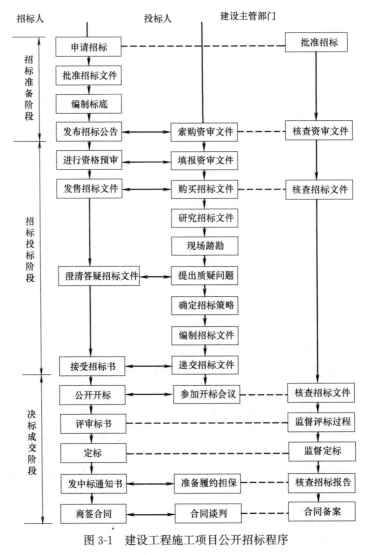

图 3-1 建设工程施工项目公开招标程序

1. 工程招标的条件

工程项目的招标应当满足法律规定的条件才能进行。根据《招标投标法》第九条的规定，拟进行招标的工程项目，应履行项目审批手续并获得批准，而且具有相应的资金或者落实了资金来源。《工程建设项目施工招标投标办法》进一步规定了施工招标的条件：

（1）招标人已经依法成立；

（2）初步设计及概算应当履行审批手续的，已经批准；

（3）有相应的资金或资金来源已经落实；

（4）有招标所需的设计图纸及技术资料。

2. 工程招标方式和招标组织

招标人在决定采用招标方式选择承包商后，应当确定具体的招标方式和招标组织形式。

（1）招标方式

《招标投标法》第十条规定，招标分为公开招标和邀请招标。

公开招标，是指招标人以招标公告的方式邀请不特定的法人或者其他组织投标。邀请招标，是指招标人以投标邀请书的方式邀请特定的法人或者其他组织（不少于3家）投标。换言之，公开招标也称无限竞争招标，是一种由招标人按照法定程序，在公开出版物或信息网络上发布招标公告，所有符合条件的供应商或承包商都可以平等参加投标竞争，从中择优选择中标者的招标方式。公开招标的优点在于投标不受地域限制，招标人有较大的选择余地，可在众多的投标人中选定报价合理、供应及时、信誉良好的供应商、承包商，有利于公平竞争；其缺点在于招标周期长、成本高、工作复杂。

邀请招标，也称有限竞争性招标或选择性招标，具体是指由采购人根据供应商或承包商的资信和业绩，选择一定数目的法人或其他组织（不能少于3家），向其发出招标邀请书，邀请他们参加投标竞争，从中选定中标的供应商、承包商。邀请招标方式在一定程度上弥补了公开招标的缺陷，同时又能够相对较充分地发挥招标的优势。

（2）公开招标与邀请招标之间的区别

1）发布信息的方式不同。公开招标采用公告的形式发布；邀请招标采用投标邀请书的形式发布。

2）选择的范围不同。公开招标方式针对的是一切潜在的对招标项目感兴趣的法人或其他组织，招标人事先不知道投标人的数量；邀请招标针对已经了解的法人或其他组织，而且事先已经知道投标者的数量。

3）竞争的范围不同。公开招标的竞争范围较广，竞争性体现得也比较充分，容易获得最佳招标效果；邀请招标中投标人的数量有限，竞争的范围有限，有可能将某些在技术上或报价上更有竞争力的承包商漏掉。

4）公开的程度不同。公开招标中，所有的活动都必须严格按照预先指定并为大家所知的程序和标准公开进行，大大减少了作弊的可能；邀请招标的公开程度要逊色一些，产生不法行为的机会也就多一些。

5）时间和费用不同。邀请招标不需要发公告，招标文件只送几家，缩短了整个招标投标时间，其费用相对减少。公开招标的程序复杂，耗时较长，费用也比较高。

《招标投标法》第四条规定，任何单位和个人不得将依法必须进行招标的项目化整为零或者以其他任何方式规避招标。

《招标投标法》和《工程建设项目施工招标投标办法》规定，对于依法必须进行招标的项目，以及国家重点工程、省重点工程、全部使用国有资金或者国有资金投资控股或者占主导地位的工程项目，应当采用公开招标。但有下列情形之一的，经批准可以采用邀请招标：

① 项目技术复杂或有特殊要求，只有少量潜在投标人可供选择的；

② 受自然地域环境限制的；

③ 涉及国家安全、国家秘密或者抢险救灾，适宜招标但不宜公开招标的；

④ 采用公开招标方式的费用占项目合同金额的比例过大；

⑤ 法律法规规定不宜公开招标的。

（3）招标组织方式

《招标投标法》第八条规定，招标人是提出招标项目、进行招标的法人或者其他组织。

《工程建设项目自行招标试行办法》第三条规定，招标人是指依照法律规定进行工程建设项目的勘察、设计、施工、监理以及与工程建设有关的重要设备、材料等招标的法人。

招标人可以根据自身能力和实际情况，选择自行招标或者委托招标代理机构进行招标。

《招标投标法》第十二条规定，招标人具有编制招标文件和组织评标能力的，可以自行办理招标事宜。任何单位和个人不得强制其委托招标代理机构办理招标事宜。

《工程建设项目自行招标试行办法》进一步规定了招标人自行招标需要具备的条件，招标人自行办理招标事宜，应具有招标文件编制能力和评标能力，具体包括：

1）具有项目法人资格（或者法人资格）；

2）具有与招标项目规模和复杂程度相适应的工程技术、概预算、财务和工程管理等方面的专业技术力量；

3）有从事同类工程建设项目招标的经验；

4）拥有 3 名以上取得招标职业资格的专职招标业务人员；

5）熟悉和掌握招标投标法及有关法规规章。

（4）招标组织

不具备招标条件的建设单位，必须委托招标代理机构进行招标。任何欲进行工程建设的个人不得自行进行招标。

无论招标人是否具备自行招标能力，招标人均可委托具有相应资质的招标代理机构办理招标事宜。招标代理机构是依法设立、从事招标代理业务并提供相关服务的社会中介组织。《招标投标法》第十三条同时规定了招标代理机构应当具备的基本条件：

1）有从事招标代理业务的营业场所和相应资金；

2）有能够编制招标文件和组织评标的相应专业力量。

招标代理机构应当在招标人委托的范围内承担招标事宜。招标代理机构可以在其资格等级范围内承担下列招标事宜：

1）拟订招标方案，编制和出售招标文件、资格预审文件；

2）审查投标人资格；

3）编制标底；

　4）组织投标人踏勘现场；

　5）组织开标、评标，协助招标人定标；

　6）草拟合同；

　7）招标人委托的其他事项。

招标代理机构不得无权代理、越权代理，不得明知委托事项违法而进行代理。招标代理机构不得在所代理的招标项目中投标或者代理投标，也不得为所代理的招标项目的投标人提供咨询；未经招标人同意，不得转让招标代理业务。

　3. 招标公告或投标邀请书

（1）招标公告

招标公告的作用在于让潜在投标人获得招标信息，进行项目筛选，决定是否参与投标。采用公开招标方式的，招标人应当发布资格预审公告或者招标公告。依法必须进行货物招标的资格预审公告或者招标公告，应当在国家指定的报刊或者信息网络上发布。

采用邀请招标方式的，招标人应当向 3 家以上具备货物供应的能力、资信良好的特定的法人或者其他组织发出投标邀请书。

《招标投标法》第十六条同时规定，招标公告应当载明招标人的名称和地址、招标项目的性质、数量、实施地点和时间以及获取招标文件的办法等事项，《工程建设项目施工招标投标办法》第十四条规定，施工项目的招标公告或者投标邀请书应当至少载明下列内容：

　1）招标人的名称和地址；

　2）招标项目的内容、规模、资金来源；

　3）招标项目的实施地点和工期；

　4）获取招标文件或者资格预审文件的地点和时间；

　5）对招标文件或者资格预审文件收取的费用；

　6）对招标人的资质等级的要求。

招标公告的内容应当真实、准确和完整，在法律性质上属于要约邀请，招标公告一经发出，招标人不得随意更改。

（2）投标邀请书

按照《招标投标法》第十七条规定，招标人采用邀请招标方式的，应当向 3 个以上具备承担招标项目的能力、资信良好的特定的法人或者其他组织发出投标邀请书。

投标邀请书是业主向经过资格预审合格的承包商正式发出的参加本项目投标的邀请，也是承包商具有参加投标资格的证明。投标邀请书的内容和招标公告的内容基本一致，只需增加要求潜在投标人"确认"是否收到了投标邀请书的内容。

　4. 招标人对投标人的资格审查

招标人可以根据招标项目本身的要求，要求潜在投标人提供有关资质证明文件和业绩情况，并对潜在投标人进行资格审查。资格审查是招标人的一项重要权利，其目的是审查潜在投标人是否具备承担招标项目的资格和能力，以保证投标人中标后，切实履行合同义务。通过资格审查，可以筛查出不具备履约能力的潜在投标人，减少潜在投标人数量，降低招标工作时间和费用，进而提高招标工作效率。

（1）资格审查的种类

资格审查分为资格预审和资格后审两种办法。资格预审是指在投标前对潜在投标人进行的资格审查。采取资格预审的，招标人应当发布资格预审公告，并在资格预审文件中载明资格预审的条件、标准和方法，招标人不得改变载明的资格条件或者以没有载明的资格条件对潜在投标人进行资格审查。资格预审不合格的潜在投标人不得参加投标。

资格后审是在开标后由评标委员会对投标人进行的资格审查。采用资格后审时，招标人应当在开标后由评标委员会按照招标文件规定的标准和方法对投标人的资格进行审查。资格后审是评标工作的一个重要内容，对资格后审不合格的投标人，评标委员会应否决其投标。

在招标投标中，招标人可以根据招标项目的情况来选择资格审查的方式。表 3-1 是资格预审和资格后审的对比。

资格预审和资格后审的对比　　　　　　　　　　　　　　　　　　　表 3-1

对比项目	资格预审	资格后审
审查时间	在发售招标文件之前	在开标之后的评价阶段
评审人	招标人或资格审查委员会	评标委员会
评审对象	申请人的资格预审申请文件	投标人的投标文件
审查方法	合格制或有限数量制	合格制
优点	避免不合格的申请人进入投标阶段，节约社会成本；提高投标人投标的针对性、积极性；减少评标阶段的工作量，缩短评标时间，提高评标的科学性、可比性	减少资格预审环节，缩短招标时间；投标人数量较多，竞争性更强；提高串标、围标难度
缺点	延长招标投标的过程，增加招标人组织资格预审和申请人参加资格预审的费用；通过资格预审的申请人相对较少，容易串标	投标方案差异大，会增加评标工作难度；在投标人过多时，会增加评标费用和评标工作量；增加社会综合成本
适用范围	比较适合于技术难度较大或投标文件编制费用较高或潜在投标人数量较多的招标项目	比较适合于潜在投标人数量不多，具有通用性、标准化的招标项目

（2）资格审查的主要内容

《招标投标法》第十八条规定，招标人可以要求投标人提供有关资质证明和业绩证明，并对潜在投标人进行资格审查。《工程建设项目施工招标投标办法》第二十条规定，资格审查主要审查投标人是否符合如下条件：

1）具有独立订立合同的权利；

2）具有履行合同的能力，包括专业、技术资格和能力，资金、设备和其他物质设施状况，管理能力、经验、信誉和相应的从业人员；

3）没有处于被责令停业，投标资格被取消，财产被接管、冻结或破产状态；

4）在最近 3 年内没有骗取中标和严重违约及重大工程质量问题；

5）法律、行政法规规定的其他资格条件。

资格审查时，招标人不得以不合理的条件限制、排斥潜在投标人或者投标人，不得对潜在投标人或者投标人实行歧视性待遇，任何单位和个人不得以行政手段或者其他不合理方法限制投标人的数量。

5. 招标文件的构成和编制

招标人应当根据招标项目的特点和需要编制招标文件。招标文件是招标投标活动中最重要的法律文件,它是投标人编制投标文件和投标决策的依据、评标委员会评审投标文件的依据、招标人确定中标人的依据,更是招标人和中标人签订合同的基础。

(1) 招标文件的基本内容

《工程建设项目施工招标投标办法》第二十四条规定了施工招标文件的基本内容:

1) 招标公告或投标邀请书;

2) 投标人须知(含投标报价和对投标人的各项投标规定与要求);

3) 合同主要条款;

4) 投标文件格式;

5) 采用工程量清单招标的,应当提供工程量清单;

6) 技术条款;

7) 设计图纸;

8) 评标标准和方法;

9) 投标辅助材料。

招标人应当在招标文件中规定实质性要求和条件,并用醒目的方式标明。

(2) 招标文件编制的相关要求

1) 禁止限制、排斥投标人的规定

《招标投标法》第二十条规定,招标文件不得要求或者标明特定的生产供应者以及含有倾向或者排斥潜在投标人的其他内容。

《招标投标法实施条例》第二十四条规定,招标人对招标项目划分标段的,应当遵守招标投标法的有关规定,不得利用划分标段限制或者排斥潜在投标人,依法必须进行招标的项目的招标人不得利用划分标段规避招标。

招标文件中规定的各项技术标准均不得要求或标明某一特定的专利、商标、名称、设计、原产地或生产供应者,不得含有倾向性或者排斥潜在投标人的其他内容。

招标人不得组织单个或者部分潜在投标人踏勘项目现场。

2) 招标文件中规定实质性要求

招标文件应当包括招标项目的技术要求、对投标人资格审查的标准、投标报价要求和评标标准等所有实质性要求和条件以及拟签订合同的主要条款。

国家对招标项目的技术、标准有规定的,招标人应当按照其规定在招标文件中提出相应要求。招标项目需要划分标段、确定工期的,招标人应当合理划分标段、确定工期,并在招标文件中载明。

3) 投标文件编制时间

《招标投标法》第二十四条规定,招标人应当确定投标人编制投标文件所需要的合理时间。依法必须招标的项目,自招标文件开始发出之日起至投标人提交投标文件截止之日止不得少于 20 日。

《工程建设项目勘察设计招标投标办法》和《工程建设项目施工招标投标办法》进一步规定了资格预审文件和招标文件发售的最短时间:招标人应当按照资格预审公告、招标公告或者投标邀请书规定的时间、地点出售招标文件或者资格预审文件。自招标文件或者资格预审文件出售之日起至停止出售之日止，最短不得少于 5 日。

4）投标有效期

招标人应当在招标文件中载明投标有效期。投标有效期从提交投标文件的截止之日起算。

《工程建设项目施工招标投标办法》第二十九条规定，招标文件应当规定一个适当的投标有效期，以保证招标人有足够的时间按完成评标和与中标人签订合同。投标有效期从投标人提交投标文件截止之日起计算。在投标有效期内，投标人提交的投标文件对投标人具有法律约束力，投标人不得补充、修改、撤回投标文件；否则，招标人有权没收其投标保证金并要求其赔偿损失。

招标项目的评标和定标活动应当在投标有效期结束日 30 个工作日前完成。不能在投标有效期截止前 30 日完成评标和定标的，招标人可以书面形式要求所有投标人延长投标有效期。投标人同意延长的，不得要求或被允许修改其投标文件的实质性内容，但应当相应延长其投标保证金的有效期；投标人拒绝延长的，其投标失效，但投标人有权收回其投标保证金。因延长投标有效期造成投标人损失的，招标人应当给予补偿，因不可抗力需延长投标有效期的除外。

5）编制标底

招标人可根据项目特点决定是否编制标底。编制标底的，标底编制过程和标底在开标前必须保密。

招标项目编制标底的，应根据批准的初步设计、投资概算，依据有关计价办法，参照有关工程定额，结合市场供求状况，综合考虑投资、工期和质量等方面的因素合理确定。

标底由招标人自行编制或委托中介机构编制。一个工程只能编制一个标底。任何单位和个人不得强制招标人编制或报审标底，或干预其确定标底。

接受委托编制标底的中介机构不得参加受托编制标底项目的投标，也不得为该项目的投标人编制投标文件或者提供咨询。

招标人设有最高投标限价的，应当在招标文件中明确最高投标限价或者最高投标限价的计算方法。招标人不得规定最低投标限价。

6. 招标文件的澄清与修改

《招标投标法》第二十三条规定，招标人对已发出的招标文件进行必要的澄清或者修改的，应当在招标文件要求提交投标文件截止时间至少 15 日前，以书面形式通知所有招标文件收受人。该澄清或者修改的内容为招标文件的组成部分。此处的"澄清"，是指招标人对招标文件中的遗漏、词义表述不清或对比较复杂事项进行的补充说明和回答投标人提出的问题；"修改"是指招标人对招标文件中出现的遗漏、差错、表述不清等问题认为必须进行的修订。

（1）招标人有权利对招标文件进行澄清或修改

招标文件发出以后，无论出于何种原因，招标人可以对发现的错误或遗漏，在规定时间内主动地或在解答潜在投标人提出的问题时进行澄清或者修改，改正差错，避免损失。

（2）对招标文件的澄清与修改有时间限制

《招标投标法》第二十三条规定，招标人对招标文件的澄清和修改，应当在提交投标文件截止时间至少 15 日前，并书面通知所有招标文件的收受人。若招标人的澄清和修改，实质性影响投标人编制投标文件时间的，招标人应当延长投标人提交投标文件的截止时间。

（3）澄清和修改内容应当作为招标文件组成部分

按照《招标投标法》第二十三条规定，招标人可以直接采取书面形式，也可以采用召开投标预备会的方式进行解答和说明，但最终必须将澄清与修改的内容以书面方式通知所有招标文件收受人，而且应作为招标文件的组成部分。

7. 招标人组织现场考察

招标人根据招标项目的具体情况，可以组织潜在投标人踏勘项目现场，向其介绍工程场地和相关环境的有关情况。潜在投标人依据招标人介绍情况作出的判断和决策，由投标人自行负责。对于潜在投标人在阅读招标文件和现场踏勘中提出的疑问，招标人可以书面形式或召开投标预备会的方式解答，但需同时将解答以书面方式通知所有购买招标文件的潜在投标人。该解答的内容为招标文件的组成部分。此举主要是避免合同履行过程中投标人以不了解情况为由推卸应承担的合同责任。

【案例 2】　某依法公开招标的工程项目，招标人于 2023 年 7 月 3 日发出招标文件，在招标文件中明确规定，提交投标文件的截止日期为 2023 年 8 月 20 日，投标有效期为 60 天，在投标截止日期前 10 天，招标人以书面形式的通知所有投标人，由于某种原因，将玻璃幕墙工程从原投标范围删除。有一投标人在其投标文件中承诺的投标有效期为 30 天，被作废标处理。有投标人对招标人的上述做法提出质疑，对此谈谈你的看法。

【案例分析】　①根据《招标投标法》及其配套法规的规定，应当保证投标人具有合理的投标文件编制时间，依法必须进行招标的项目，自招标文件开始发出之日起至投标人提交投标文件截止之日止，最短不得少于 20 日。本案中，该招标文件规定的时间少于 20 日，故不合法。②招标文件应当规定一个适当的投标有效期，以保证招标人有足够的时间按完成评标和与中标人签订合同。招标项目的评标和定标活动应当在投标有效期结束日 30 个工作日前完成。招标文件明确要求投标有效期为 60 天，而投标人只承诺 30 天，作废标处理合法。③《招标投标法》第二十三条规定，招标人对已发出的招标文件进行必要的澄清或者修改的，应当在招标文件要求提交投标文件截止时间至少 15 日前，以书面形式通知所有招标文件收受人。招标人在投标截止日期前 10 天，修改招标文件，故不合法。招标人应当将原定的投标截止日期适当延长。

3.3　建设工程投标

3.3.1　投标人及其资格要求

1. 投标人的概念

《招标投标法》第二十五条规定，投标人是响应招标、参加投标竞争的法人或者其他组织。

所谓响应招标，是指潜在投标人获得了招标信息或者投标邀请书以后，购买招标文件，接收资格审查，并编制投标文件，按照投标人的要求参加投标的活动。参加投标竞争是指，按照招标文件的要求并在规定的时间内提交投标文件的活动。

《招标投标法》规定，除个人可以作为投标主体参加科研项目投标活动外，其他项目的投标人必须是法人或者其他组织，不包括自然人。

招标人的任何不具独立法人资格的附属机构（单位），或者为招标项目的前期准备或者监理工作提供设计、咨询服务的任何法人及其任何附属机构（单位），都无资格参加该招标项目的投标。

2. 投标人的资格要求

为了保证建设工程的顺利完成，《招标投标法》第二十六条规定，投标人应当具备承担招标项目的能力；国家有关规定对投标人资格条件或者招标文件对投标人资格条件有规定的，投标人应当具备规定的资格条件。

投标人参加投标活动通常应当具备下列条件：①与招标文件要求相适应的人力、物力和财力；②招标文件要求的资质证书和相应的工作经验与业绩证明；③法律、法规规定的其他条件。

对于一些大型建设项目，对供应商或承包商有一定的资质要求，如水利部等专业管理部门对承揽重大建设项目都有一系列的规定，对于参加国家重点建设项目的投标人，必须达到甲级资质。当投标人参加这类招标时必须符合相应的资质要求。

3.3.2　投标文件的编制

《招标投标法》第二十七条规定，投标人应当按照招标文件的要求编制投标文件。投标文件应当对招标文件提出的实质性要求和条件作出响应。"实质性要求和条件"是指招标文件中有关招标项目的价格、项目的计划、技术规范、合同的主要条款等，投标文件必须对这些条款作出响应。

为了保证投标人能够在中标以后完成所承担的项目，《招标投标法》规定，"招标项目属于建设施工的，投标文件的内容应当包括拟派出的项目负责人与主要技术人员的简历、业绩和拟用于完成招标项目的机械设备等"。这样有利于招标人控制工程发包以后所产生的风险，保证工程质量，项目负责人和主要技术人员在项目施工中起到关键的作用。机械设备是完成施工任务的重要工具，将直接影响工程的施工工期和质量。

根据《工程建设项目施工招标投标办法》的规定，投标文件一般包括下列内容：

（1）投标函；

（2）投标报价；

（3）施工组织设计；

（4）商务和技术偏差表。

投标人根据招标文件载明的项目实际情况，拟在中标后将中标项目的部分非主体、非关键性工作进行分包的，应在投标文件中载明。

3.3.3　投标保证金

投标保证金是招标人设置的保证投标人谨慎投标的一种担保方式。为约束投标人的投标行为，保护招标人的利益，维护招标活动的正常秩序，招标人通常会要求投标人提供投标保证金。在发生下列情形时，招标人有权没收投标保证金：

（1）投标人在投标有效期内撤回其投标文件；

（2）中标人未能在规定期限内提交履约保证金或者签订合同的。

　　《招标投标法实施条例》第二十六条规定，招标人在招标文件中要求投标人提交投标保证金的，投标保证金不得超过招标项目估算价的 2％。投标保证金有效期应当与投标有效期一致。依法必须进行招标的项目的境内投标单位，以现金或者支票形式提交的投标保证金应当从其基本账户转出。招标人不得挪用投标保证金。

　　投标保证金除现金外，可以是银行出具的银行保函、保兑支票、银行汇票或现金支票。投标人应当按照招标文件要求的方式和金额，将投标保证金随投标文件提交给招标人。投标人不按招标文件要求提交投标保证金的，该投标文件将被拒绝，作废标处理。

　　招标人终止招标的，应当及时发布公告，已经收取投标保证金的，招标人应当及时退还所收取的投标保证金及银行同期存款利息。

　　投标人撤回已提交的投标文件，应当在投标截止时间前书面通知招标人。招标人已收取投标保证金的，应当自收到投标人书面撤回通知之日起 5 日内退还。投标截止后投标人撤销投标文件的，招标人可以不退还投标保证金。

　　《招标投标法实施条例》第五十七条规定，招标人最迟应当在书面合同签订后 5 日内向中标人和未中标的投标人退还投标保证金及银行同期存款利息。

　　联合体投标的，应当以联合体各方或者联合体中牵头人的名义提交投标。以联合体中牵头人名义提交的投标保证金，对联合体各成员具有约束力。

3.3.4　投标文件的提交

　　《招标投标法》第二十八条规定，投标人应当在招标文件要求提交投标文件的截止时间前，将投标文件送达投标地点；在截止时间后送达的投标文件，招标人应当拒收。

　　招标人收到投标文件后，应当签收保存，不得开启。投标人少于 3 个的，招标人应当依法重新招标。

　　投标文件的送达。投标人必须按照招标文件规定的地点，在规定的时间内送达投标文件。投递投标书的方式最好是直接送达或委托代理人送达，以便获得招标机构已收到投标书的回执。

　　在招标文件中通常就包含有递交投标书的时间和地点，投标人不能将投标文件送交招标文件规定地点的以外地方，如果投标人因为递交投标书的地点发生错误，而延误投标时间的，将被视为无效标而被拒收。

　　如果以邮寄方式送达的，投标人必须留出邮寄的时间，保证投标文件能够在截止日之前送达招标人指定的地点，而不是以"邮戳为准"。

　　为了保护投标人的合法权益，招标人必须履行完备的签收、登记和备案手续。签收人要记录投标文件递交的日期和地点以及密封状况，签收人签名后应将所有递交的投标文件放置在保密安全的地方，任何人不得开启投标文件。

3.3.5　投标文件的修改与撤回

　　《招标投标法》第二十九条规定，投标人在招标文件要求投标文件的截止时间前，可以补充、修改或者撤回已提交的投标文件，并书面通知招标人。补充、修改的内容构成投标文件的组成部分。

　　补充是指对投标文件中遗漏和不足的部分进行增补。修改是指对投标文件中已有的内容进行修订。补充或修改的内容为投标文件的组成部分。撤回是指收回全部投标文件，或者放弃投标，或者以新的投标文件重新投标，这反映了契约自由的原则。

根据《工程建设项目施工招标投标办法》第四十条规定，在提交投标文件截止时间后到招标文件规定的投标有效期终止之前，投标人不得补充、修改、替代或撤回其投标文件，否则招标人可以不退还其投标保证金。

【案例 3】　某政府投资的大型基础设施项目，建设单位委托某招标代理公司代理施工招标。采用公开招标方式招标，经资格审查后，其中 6 家施工单位符合投标要求，招标文件规定：投标有效期为 60 天。开标后发现：投标单位 A 提交的投标保证金有效期为 50天；投标单位 D 在送出投标文件后发现由于对招标文件理解错误造成了报价有较严重的失误，遂赶在投标截止时间前 10 分钟向招标人递交了一份书面声明，要求撤回已提交的投标文件；投标单位 F 认为自己的报价太高，遂于开标后第二天撤回投标文件。依据招标投标的相关法律法规，该投标过程存在哪些不合理的问题？

【案例分析】　该投标过程存在以下不合理的问题：《招标投标法实施条例》第二十六条规定，招标人在招标文件中要求投标人提交投标保证金的，投标保证金不得超过招标项目估算价的 2%。投标保证金有效期应当与投标有效期一致。因此，A 投标人提交的投标保证金有效期为 50 天短于投标有效期 60 天，应作为废标处理。

《招标投标法》第二十九条规定，投标人在招标文件要求提交投标文件的截止时间前，可以补充、修改或者撤回已提交的投标文件，并书面通知招标人。补充、修改的内容构成投标文件的组成部分。投标单位 D 的做法合理。

根据《工程建设项目施工招标投标办法》第四十条规定，在提交投标文件截止时间后到招标文件规定的投标有效期终止之前，投标人不得撤回其投标文件，否则招标人可以不退还其投标保证金。F 在开标后撤回其投标文件属于在投标有效期期间撤回其投标文件，其行为不合法，投标保证金将被没收。

3.3.6　联合体投标

对于大型复杂的项目，一般靠一个投标人的能力是不可能独自完成的，联合体投标是指某承包单位为了承揽不适于自己单独承包的工程项目而与其他单位联合，组成一个投标联合体，共同以一个投标人身份参与投标活动的行为。

组成联合体投标是联合体各方的自愿行为，招标人不得强制投标人组成联合体共同投标，投标人也不得限制投标人之间的竞争。

联合体各方均应当具备国家规定的资格条件和承担招标项目的相应能力，这是对投标联合体资质条件的要求。《招标投标法》第三十一条规定，两个以上法人或者其他组织可以组成一个联合体，以一个投标人的身份共同投标，联合体以及联合体各方资质条件应符合如下要求：

（1）联合体各方均应具有承担招标项目必备的条件如相应的人力、物力、资金等；

（2）国家或招标文件对招标人资格条件有特殊要求的，联合体各个成员都应当具备规定的相应资格条件；

（3）由同一专业的单位组成联合体的，应当按照资质等级较低的单位确定联合体的资质等级。

如在三个投标人组成的联合体中，有两个是甲级资格，有一个是乙级资格，按照上述规定，联合体的资质等级就低不就高，这个联合体的资质等级只能定为乙级。之所以这样规定，是促使资质优等的投标人组成联合体，防止以优等资质获取招标项目，而由资质等级差的供货商或承包商来完成，保证招标质量。

为了规范投标联合体各方的权利和义务，联合体各方应当签订书面的共同投标协议，明确各方拟承担的工作，并将共同投标协议连同投标文件提交招标人。如果中标的联合体内部发生纠纷，可以依据共同签订的协议加以解决。

《招标投标法》及《工程建设项目施工招标投标办法》对联合体投标共同投标协议有如下规定：

（1）联合体各方应当签订共同投标协议，明确约定各方拟承担的工作和责任，并将共同投标协议连同投标文件一并提交招标人；

（2）联合体各方在同一招标项目中以自己名义单独投标或者参加其他联合体投标的，相关投标均无效；

（3）联合体通过资格预审的，资格预审后联合体增减、更换成员的，其投标无效；

（4）联合体各方应当指定牵头人，授权其代表所有联合体成员负责投标和合同实施阶段的主办、协调工作，并应当向招标人提交由所有联合体成员法定代表人签署的授权书；

（5）联合体投标的，应当以联合体各方或者联合体中牵头人的名义提交投标保证金。以联合体中牵头人名义提交的投标保证金，对联合体各成员具有约束力；

（6）联合体中标的，联合体各方应当共同与招标人签订合同，就中标项目向招标人承担连带责任。

共同投标协议约定了组成联合体各成员单位在联合体中所承担的各自的责任，为将来可能引发的纠纷的解决提供了必要的依据。《工程建设项目施工招标投标办法》第五十条进一步规定，没有附联合体各方共同投标协议的联合体投标视为废标。

【案例4】　某建设工程施工招标项目接受联合体投标，要求投标单位的资质为施工总承包二级资质，有甲乙两家施工单位组成联合体进行投标，甲具有施工总承包二级资质，乙具有施工总承包一级资质，双方在共同投标协议中明确双方应该承担的责任，投标联合体顺利中标。在工程施工过程中，由于甲施工单位的过错，给丙造成损失20万元。考虑到甲施工单位目前的财务状况不佳，丙决定向乙施工单位索赔20万元。请问：

（1）该联合体中标是否合法？

（2）丙的请求是否合理？

【案例分析】　（1）《招标投标法》第三十一条规定，由同一专业的单位组成联合体的，应当按照资质等级较低的单位确定联合体的资质等级。因此该联合体中标合法。

（2）投标联合体就中标工程对招标人承担连带责任。本案中，招标人丙为维护其合法权益，有权要求乙施工单位（或者甲施工单位）承担全部责任，乙施工单位（或者甲施工单位）无权依据具有对内约束力的共同投标协议拒绝承担责任。因此，丙的请求合理。

3.3.7　禁止投标人实施不正当竞争行为的规定

为了维护招标投标的正常秩序，保护合法的竞争环境，《招标投标法》规定，禁止投标人实施有关不正当竞争行为如下：

　　（1）投标人不得相互串通投标报价，不得排挤其他投标人的公平竞争，损害招标人或者其他投标人的合法权益。

　　所谓投标人之间串通就是投标人秘密接触，并就投标价格达成协议，或者哄抬投标报价或者故意压低投标报价，以达到排挤其他投标人的目的，从而损害招标人或其他投标人的合法权益。

　　《工程建设项目施工招标投标办法》第四十六条对投标人之间的串通投标行为，归纳为以下几点：①投标人之间相互约定抬高或降低投标报价；②投标人之间相互约定，在招标项目中分别以高、中、低价位报价；③投标人之间先进行内部竞价，内定中标人，然后再参加投标；④投标人之间其他串通投标报价行为。

　　（2）投标人不得与招标人串通投标，损害国家利益、社会公共利益或者他人的合法权益。

　　串通方式多种多样，通常有：招标人在开标前开启投标文件，并将投标情况告知其他投标人，或者协助投标人撤换投标文件，更改报价；招标人向投标人泄露标底；招标人与投标人商定，投标时压低或抬高标价，中标后再给投标人或招标人额外补偿；招标人预先内定中标人；其他串通投标行为。

　　（3）禁止投标人以向招标人或者评标委员会成员行贿的手段谋取中标。投标人以行贿手段谋取中标的法律后果是中标无效，有关责任人和单位应当承担相应的行政责任或刑事责任，给他人造成损失的，还应当承担民事赔偿责任。

　　（4）投标人不得以低于成本的报价竞标。《招标投标法》第三十三条规定，投标人不得以低于成本的报价竞标。如果投标人以低于成本的报价竞标，必然导致承包商或供应商在合同执行过程中偷工减料、以次充好，这将很难保证建设工程的安全和质量。

　　投标商以低于成本的报价进行竞争不仅对自身是一种自杀行为，而且还破坏了市场经济的秩序，这与建立社会主义市场经济的目标相背离，也不符合公平公正竞争的原则。

　　（5）投标人不得以他人名义投标或以其他方式弄虚作假，骗取中标。有些投标人为了提高自己的资格等级，使用资质比较高的单位名称参加投标，或者在投标过程中，弄虚作假，骗取投标资格，骗取中标。

　　《工程建设项目施工招标投标办法》第四十八条规定，以他人名义投标是指投标人挂靠其他施工单位，或从其他单位通过转让或租借的方式获取资格或资质证书，或者由其他单位及其法定代表人在自己编制的投标文件上加盖印章或签字等行为。

3.4　建设工程开标、评标和中标

　　开标、评标和中标是招标投标过程中非常重要的环节。《招标投标法》及有关部门法律法规及规定对开标、评标、中标阶段的程序及当事人行为进行了具体规范。

3.4.1　开标

　　1. 开标概念

　　开标，就是投标人提交投标截止时间后，招标人依据招标文件规定的时间和地点，开启投标人提交的投标文件，公开宣布投标人的名称、投标价格及投标文件中的其他主要内容。开标由招标人主持，邀请所有投标人参加。在招标人委托招标代理机构代理招标时，开标也可由该代理机构主持。为了保证开标的公正性，一般还邀请相关单位的代表参加，如招标项目主管部门的人员、评标委员会成员、监察部门代表等。有些招标项目，招标人还可以委托公证部门的公证人员对整个开标过程依法进行公证。

2. 开标时间和地点

《招标投标法》第三十四条规定，开标应当在招标文件确定的提交投标文件截止时间的同一时间公开进行；开标地点应当为招标文件中预先确定的地点。

（1）开标时间。它是指提交投标文件截止之时（如某年某月某日几时几分），即是开标之时（也是某年某月某日几时几分）。开标时间和提交投标文件截止时间应为同一时间，并在招标文件中明示。招标人和招标代理机构必须按照招标文件中的规定按时开标，不得擅自提前或拖后开标，更不能不开标就进行评标。这是为了防止投标截止时间之后与开标之前仍有一段时间间隔。如有间隔，也许会给不端行为造成可乘之机（如在指定开标时间之前泄露投标文件中的内容），即使供应商或承包商等到开标之前最后一刻才提交投标文件，也同样存在这种风险。

（2）开标地点。开标地点应在招标文件中具体明示。

（3）开标时间和地点的修改。如果招标人需要修改开标时间和地点，应以书面形式通知所有招标文件的收受人，并应报工程所在地的县级以上建设行政主管部门备案。这是为了防止投标人因不知地点变更而不能按要求准时提交投标文件。这也是为维护投标人的利益而作出的规定。

3. 开标参与人

开标由招标人主持，邀请所有投标人参加。在招标人委托招标代理机构代理招标时，开标也可由该代理机构主持。在实际招标投标活动中，绝大多数委托招标项目，开标都是由招标代理机构主持的。为了保证开标的公正性，一般还邀请相关单位的代表参加，如招标项目主管部门的人员、评标委员会成员、监察部门代表等。有些招标项目，招标人还可以委托公证部门的公证人员对整个开标过程依法进行公证。

4. 开标程序和内容

为了保证投标人及其他参加人了解所有投标人的投标情况，增加开标程序的透明度，开标时，由投标人或者其推选的代表检查投标文件的密封情况，也可以由招标人委托的公证机构检查并公证；经确认无误后，由工作人员当众拆封，宣读投标人名称、投标价格和投标文件的其他主要内容。

招标人在招标文件要求提交投标文件的截止时间前收到的所有投标文件，开标时都应当当众予以拆封、宣读。开标过程应当记录，并存档备查。通常，开标的程序和内容包括密封情况检查、拆封、唱标及记录存档等。唱标人可以是投标人的代表或者招标人或招标代理机构的工作人员，记录人由招标人指派，市监督部门、中心工作人员进行现场监督。

投标文件有下列情形之一的，应当场宣布为废标：

（1）逾期送达的或者未送达指定地点的；

（2）未按招标文件要求密封的。

【案例5】　某建设项目递交投标文件的截止时间为 2023 年 5 月 6 日 14 点，有一投标人由于交通拥堵于2023年5月6日14点5分才将投标文件送达，招标人拒绝接受，对该投标文件作为无效标书处理。该投标人认为不合理，提出异议，你认为如何？

【案例分析】　根据《招标投标法》第二十八条规定，投标人应当在招标文件要求提交投标文件的截止时间前，将投标文件送达投标地点；在截止时间后送达的投标文件，招标人应当拒收。《工程建设项目货物招标投标办法》第四十一条规定，逾期送达的投标文件，招标人应当拒绝接受。本案中，招标人拒绝接受投标人逾期送达的投标文件的做法合理。

3.4.2　评标

1. 评标专家和评标委员会

评标是依据招标文件的规定和要求，根据法律规定和招标文件确定的评标方法和具体评标标准，对投标文件进行的审查、评审和比较，确定中标人的过程。评标是审查确定中标人的必经程序，是保证招标成功的重要环节。招标人应当采取必要的措施，保证评标在严格保密的情况下进行。

为了保证评标的公正性，评标应由有关专家和人员参加的委员会，负责依据招标文件规定的评标标准和方法，对所有投标文件进行评审，向招标人推荐中标候选人或者直接确定中标人。评标委员会由招标人负责组织。

（1）评标专家的资格条件

评标工作的重要性，决定了必须对参加评标委员会的专家的资格进行一定的限制，并非所有的专业技术人员都可进入评标委员会。为了评标的能够顺利进行提供人员素质保证，评标专家应满足一定的资格条件：

1）从事相关领域工作满8年，这是对实际工作经验和业务熟悉程度的要求；

2）具有高级职称或具有同等专业水平，这是对专业水准或职称方面的要求；

3）熟悉有关招标投标的法律法规，并具有与招标项目相关的实践经验；

4）能够认真、公正、诚实、廉洁地履行职责。

（2）评标专家的选择

评标委员会的专家成员应当从依法组建的专家库内的相关专家名单中确定。

为了防止招标人在选定评标专家时的主观随意性，招标人应从国务院或省级人民政府有关部门提供的专家名册或者招标代理机构的专家库中，确定评标专家。一般项目，可以采取随机抽取的方式；技术复杂、专业性强或者国家有特殊要求的招标项目，采取随机抽取方式确定的专家难以保证胜任的，可以由招标人直接确定。

专家名册或专家库也称人才库，是根据不同的专业分别设置的该专业领域的专家名单或数据库。进入该名单或数据库中的专家，应该是在该领域具备上述条件的所有专家，而非少数或个别专家。评标委员会的专家名单在中标结果确定前应当保密。

（3）评标委员会的组成

由于评标是一种复杂的专业活动，非专业人员根本无法对投标文件进行评审和比较，同时为了保证评标的公正性和权威性，《招标投标法》第三十七条和《房屋建筑和市政基础设施工程施工招标投标管理办法》第三十六条规定，依法必须进行招标的项目，其评标委员会由招标人的代表和有关技术、经济等方面的专家组成，成员人数为5人以上单数，其中技术、经济等方面的专家不得少于成员总数的 2/3。

在专家成员中，技术专家主要负责对投标中的技术部分进行评审；经济专家主要负责对投标中的报价等经济部分进行评审；而法律专家则主要负责对投标中的商务和法律事务进行评审。考虑到上述几方面的专家和招标人及其代理机构的代表，因此评标委员会人数一般应为 5 人以上。之所以规定 5 人以上单数，主要是为了避免评委在投票决定中标候选人或中标人时，出现相反意见票数相等的情况。

《招标投标法》第三十七条规定，与投标人有利害关系的人不得进入相关项目的评标委员会，已经进入的应当更换。《评标委员会和评标方法暂行规定》第十二条进一步规定，有下列情形之一的，不得担任评标委员会成员，并应当主动提出回避：

1）投标人或者投标人主要负责人的近亲属；

2）项目主管部门或者行政监督部门的人员；

3）与投标人有经济利害关系，可能影响对投标公正评审的；

4）曾因在招标、评标以及其他与招标投标有关活动中从事违法行为而受过行政处罚或刑事处罚的。

（4）评标委员会的职责

《招标投标法》第四十条规定："评标委员会应当按照招标文件确定的评标标准和方法，对投标文件进行评审和比较；设有标底的，应当参考标底。评标委员会完成评标后，应当向招标人提出书面评标报告，并推荐合格的中标候选人。招标人根据评标委员会提出的书面评标报告和推荐的中标候选人确定中标人。招标人也可以授权评标委员会直接确定中标人。国务院对特定招标项目的评标有特别规定的，从其规定。"

评标委员会成员应当客观、公正地履行职责，遵守职业道德，对所提出的评审意见承担个人责任。

评标委员会成员不得与任何投标人或者与招标结果有利害关系的人进行私下接触，不得收受投标人、中介人、其他利害关系人的财物或者其他好处，不得向招标人征询其确定中标人的意向，不得接受任何单位或者个人明示或者暗示提出的倾向或者排斥特定投标人的要求，不得有其他不客观、不公正履行职务的行为。

评标委员会成员和与评标活动有关的工作人员不得透露对投标文件的评审和比较、中标候选人的推荐情况以及与评标有关的其他情况。

【案例 6】 某中学教学楼依法采取公开招标方式，工程的开标程序由招标文件事先确定，当地招标办公室主任全程监督并主持了开标过程。评标委员会委员由招标人直接确定，共由 8 人组成，其中招标人代表 4 人，有关技术、经济专家 4 人。请指出本案中的不妥之处。

【案例分析】《招标投标法》第三十五条规定，开标由招标人主持，邀请所有投标人参加；《招标投标法》第三十七条及配套法规规定，评标由招标人依法组建的评标委员会负责。依法必须进行招标的项目，其评标委员会由招标人的代表和有关技术、经济等方面的专家组成，成员人数为 5 人以上单数，其中技术、经济等方面的专家不得少于成员总数的 2/3。一般招标项目可以采取随机抽取方式，特殊招标项目可以由招标人直接确定。因此，本案中的不妥之处主要有：①招标办公室主任不应主持开标过程，应由招标人主持；②本项目属于一般招标项目，评标委员会委员不应全部由招标人直接确定；③评标委员会不应由 8 人组成，应为 5 人以上单数；④外聘的技术、经济专家总数低于 2/3。

2. 评标的标准和方法

（1）评标的标准

一般包括价格标准和价格标准以外的其他有关标准（又称"非价格标准"），以及如何运用这些标准来确定中选的投标。非价格标准应尽可能客观和定量化，并按货币额表示，或规定相对的权重（即"系数"或"得分"）。在工程评标时，非价格标准主要有工期、质量、施工人员和管理人员的素质、以往的经验等。

评标的方法，是运用评标标准评审、比较投标的具体方法。一般有以下三种方法：

1）最低评标价法。评标委员会根据评标标准确定每一投标不同方面的货币数额，然后将那些数额与投标价格放在一起来比较。估值后价格（即"评标价"）最低的投标可作为中选投标。

2）打分法。评标委员会根据评标标准确定的每一投标不同方面的相对权重（即"得分"），得分最高的投标即为最佳的投标，可作为中选投标。

3）合理最低投标价法。能够满足招标文件的各项要求，投标价格最低的投标即可作为中选投标。在这三种评标方法中。前两种可统称为"综合评标法"。

（2）评标的方法

评标方法分为经评审的最低投标价法、综合评估法及法律法规允许的其他评标方法。内容如下：

1）经评审的最低投标价法。根据经评审的最低投标价法，能够满足招标文件的实质性要求，并且经评审的最低投标价的投标，应当推荐为中标候选人。经评审的最低投标价法一般适用于具有通用技术、性能标准或者招标人对其技术、性能没有特殊要求的招标项目。

2）综合评估法。能够最大限度地满足招标文件中规定的各项综合评价标准的投标，应当推荐为中标候选人。《房屋建筑和市政基础设施工程施工招标投标管理办法》规定，采用综合评估法的，应当对投标文件提出的工程质量、施工工期、投标价格、施工组织设计或者施工方案、投标人及项目经理业绩等，能否最大限度地满足招标文件中规定的各项要求和评价标准进行评审和比较。衡量投标文件是否最大限度地满足招标文件中规定的各项评价标准，可以采取折算为货币的方法、打分的方法或者其他方法。需量化的因素及其权重应当在招标文件中明确规定。不宜采用经评审的最低投标价法的招标项目，一般应当采取综合评估法进行评审。

3）其他方法。《评标委员会和评标方法暂行规定》规定，评标方法还包括法律、行政法规允许的其他评标方法。

3. 评标程序

根据《评标委员会和评标方法暂行规定》的规定，投标文件评审包括评标准备、初步评审、详细评审、提交评标报告和推荐中标候选人五个步骤。

（1）评标准备。评标委员会成员应当编制供评标使用的相应表格，认真研究招标文件，至少应了解和熟悉以下内容：

1）招标的目标；

2）招标项目的范围和性质；

3）招标文件中规定的主要技术要求、标准和商务条款；

4）招标文件规定的评标标准、评标方法和在评标过程中考虑的相关因素。

招标人或者其委托的招标代理机构应当向评标委员会提供评标所需的重要信息和数据，但不得带有明示或者暗示倾向或者排斥特定投标人的信息。

招标人设有标底的，标底在开标前应当保密，并在评标时作为参考。

（2）初步评审。评标委员会应当按照投标报价的高低或者招标文件规定的其他方法对投标文件排序。以多种货币报价的，应当按照中国银行在开标日公布的汇率中间价换算成人民币。招标文件应当对汇率标准和汇率风险作出规定。未作规定的，汇率风险由投标人承担。

评标委员会可以书面方式要求投标人对投标文件中含义不明确、对同类问题表述不一致或者有明显文字和计算错误的内容作必要的澄清、说明或者补正。澄清、说明或者补正应以书面方式进行，并不得超出投标文件的范围或者改变投标文件的实质性内容。

投标文件中的大写金额和小写金额不一致的，以大写金额为准；总价金额与单价金额不一致的，以单价金额为准，但单价金额小数点有明显错误的除外；对不同文字文本投标文件的解释发生异议的，以中文文本为准。

在评标过程中，如出现以下情况，评标委员会否决其投标：

1）投标人以他人的名义投标、串通投标、以行贿手段谋取中标或者以其他弄虚作假方式投标的，应当否决该投标人的投标。

2）投标人的报价明显低于其他投标报价或者在设有标底时明显低于标底，使得其投标报价可能低于其个别成本的，应当要求该投标人作出书面说明并提供相关证明材料。投标人不能合理说明或者不能提供相关证明材料的，由评标委员会认定该投标人以低于成本报价竞标，应当否决其投标。

3）投标人资格条件不符合国家有关规定和招标文件要求的，或者拒不按照要求对投标文件进行澄清、说明或者补正的，评标委员会可以否决其投标。

4）评标委员会应当审查每一投标文件是否对招标文件提出的所有实质性要求和条件作出响应。未能在实质上响应的投标，应当予以否决。

评标委员会应当根据招标文件，审查并逐项列出投标文件的全部投标偏差。投标偏差分为重大偏差和细微偏差。下列情况属于重大偏差：

1）没有按照招标文件要求提供投标担保或者所提供的投标担保有瑕疵；

2）投标文件没有投标人授权代表签字和加盖公章；

3）投标文件载明的招标项目完成期限超过招标文件规定的期限；

4）明显不符合技术规格、技术标准的要求；

5）投标文件载明的货物包装方式、检验标准和方法等不符合招标文件的要求；

6）投标文件附有招标人不能接受的条件；

7）不符合招标文件中规定的其他实质性要求。

投标文件有上述情形之一的，为未能对招标文件作出实质性响应，按本规定作否决投标处理。招标文件对重大偏差另有规定的，从其规定。

细微偏差是指投标文件在实质上响应招标文件要求，但在个别地方存在漏项或者提供了不完整的技术信息和数据等情况，并且补正这些遗漏或者不完整不会对其他投标人造成不公平的结果。细微偏差不影响投标文件的有效性。

评标委员会应当书面要求存在细微偏差的投标人在评标结束前予以补正。拒不补正的，在详细评审时可以对细微偏差作不利于该投标人的量化，量化标准应当在招标文件中规定。

《招标投标法》第三十九条规定，评标委员会可以要求投标人对投标文件中含义不明确的内容作必要的澄清或者说明，但是澄清或者说明不得超出投标文件的范围或者改变投标文件的实质性内容。

评标委员会根据规定否决不合格投标后，因有效投标不足 3 个使得投标明显缺乏竞争的，评标委员会可以否决全部投标。投标人少于 3 个或者所有投标被否决的，招标人在分析招标失败的原因并采取相应措施后，应当依法重新招标。

（3）详细评审

经初步评审合格的投标文件，评标委员会应当根据招标文件确定的评标标准和方法，对其技术部分和商务部分作进一步评审、比较。

商务文件是用以证明投标人履行了合法手续及招标人了解投标人商业资信、合法性的文件。一般包括投标保函、投标人的授权书及证明文件、联合体投标人提供的联合协议、投标人所代表的公司的资信证明等。

建设项目的技术文件，包括全部施工组织设计内容，用以评价投标人的技术实力和经验。

评标委员会对各个评审因素进行量化时，应当将量化指标建立在同一基础或者同一标准上，使各投标文件具有可比性。对技术部分和商务部分进行量化后，评标委员会应当对这两部分的量化结果进行加权，计算出每一投标的综合评估价或者综合评估分。

评标和定标应当在投标有效期内完成。不能在投标有效期结束日 30 个工作日前完成评标和定标的，招标人应当通知所有投标人延长投标有效期。拒绝延长投标有效期的投标人有权收回投标保证金。同意延长投标有效期的投标人应当相应延长其投标担保的有效期，但不得修改投标文件的实质性内容。因延长投标有效期造成投标人损失的，招标人应当给予补偿，但因不可抗力需延长投标有效期的除外。

（4）提交评标报告

评标报告是评标委员会评标结束后提交给招标人的一份重要文件。《招标投标法》第四十条规定，评标委员会完成评标后，应当向招标人提出书面评标报告，并推荐合格的中标候选人，并抄送有关行政监督部门。在评标报告中，评标委员会不仅要推荐中标候选人，而且要说明这种推荐的具体理由。评标报告将作为招标人定标的重要依据。

评标报告应当如实记载以下内容：

1）基本情况和数据表；

2）评标委员会成员名单；

3）开标记录；

4）符合要求的投标一览表；

5）否决投标的情况说明；

6）评标标准、评标方法或者评标因素一览表；

7）经评审的价格或者评分比较一览表；

8）经评审的投标人排序；

9）推荐的中标候选人名单与签订合同前要处理的事宜；

10）澄清、说明、补正事项纪要。

评标报告由评标委员会全体成员签字。对评标结论持有异议的评标委员会成员可以书面阐述不同意见及其理由。评标委员会成员拒绝在评标报告上签字且不陈述其不同意见和理由的，视为同意评标结论。评标委员会应当对此作出书面说明并记录在案。

评标委员会签署并向招标人提交评标报告，推荐中标候选人，评标委员会也可以根据招标人的授权，直接按照评标结果，确定中标人。

招标人根据评标委员会的评标报告，在推荐的中标候选人（一般为1～3个）中最后确定中标人；在某些情况下，招标人也可以直接授权评标委员会直接确定中标人。

向招标人提交书面评标报告后，评标委员会应将评标过程中使用的文件、表格以及其他资料即时归还招标人。

3.4.3 中标

《招标投标法》第四十条规定："招标人根据评标委员会提出的书面评标报告和推荐的中标候选人确定中标人。"

1. 中标人必须满足的条件

《招标投标法》第四十一条规定："中标人的投标应当符合下列条件之一：能够最大限度地满足招标文件中规定的各项综合评价标准；能够满足招标文件的实质性要求，并且经评审的投标价格最低，但是投标价格低于成本的除外。"

所谓综合评价，就是按照价格标准和非价格标准对投标文件进行总体评估和比较。采用这种综合评标法时，一般将价格以外的有关因素折成货币或给予相应的加权计算，以确定最低评标价（也称估值最低的投标）或最佳的投标。被评为最低评标价或最佳的投标，即可认定为该投标获得最佳综合评价。所以，投标价格最低的不一定中标。

所谓最低投标价格中标，就是投标报价最低的中标，但前提条件是该投标符合招标文件的实质性要求。如果投标不符合招标文件的要求而被招标人所拒绝，则投标价格再低，也不在考虑之列。在采取这种方法选择中标人时，必须注意的是，投标价不得低于成本。

2. 确定中标人

在确定中标人前，招标人不得与投标人就投标价格、投标方案等实质性内容进行谈判。

评标委员会提交评标报告后，招标人一般应在15日内确定中标人，最迟应在投标有效期结束日30个工作日前确定。否则，招标人应书面通知所有投标人延长投标有效期，投标人有权拒绝延期并收回投标保证金。同意延长投标有效期的投标人应当相应延长其投标担保的有效期，但不得修改投标文件的实质性内容。

国有资金占控股或者主导地位的依法必须进行招标的项目，招标人应当确定排名第一的中标候选人为中标人。排名第一的中标候选人放弃中标、因不可抗力不能履行合同、不按照招标文件要求提交履约保证金，或者被查实存在影响中标结果的违法行为等情形，不符合中标条件的，招标人可以按照评标委员会提出的中标候选人名单排序依次确定其他中标候选人为中标人，依次确定其他中标候选人与招标人预期差距较大，或者对招标人明显不利的，招标人可以重新招标。

中标候选人的经营、财务状况发生较大变化或者存在违法行为，招标人认为可能影响其履约能力的，应当在发出中标通知书前由原评标委员会按照招标文件规定的标准和方法审查确认。

招标人应当接受评标委员会推荐的中标候选人，不得在评标委员会推荐的中标候选人之外确定中标人。

招标人可以依据评标报告和推荐的中标候选人自行确定中标人，招标人也可授权评标委员会直接确定中标人。

3. 发出中标通知书

《招标投标法》第四十五条规定，中标人确定后，招标人应当向中标人发出中标通知书，并同时将中标结果通知所有未中标的投标人。

中标通知书对招标人和中标人具有法律效力。中标通知书发出后，招标人改变中标结果的，或者中标人放弃中标项目的，应当依法承担法律责任。中标通知书发出后，招标人改变中标结果的应当赔偿中标人的损失；中标人放弃中标的，招标人可以没收中标人提交的投标保证金或者要求中标人赔偿因其放弃中标导致的损失。

依法必须进行招标的项目，招标人应当自确定中标人之日起 15 日内，向有关行政监督部门提交招标投标情况的书面报告。

为了更好地发挥社会监督作用的制度，依法必须进行招标的项目，招标人应当自收到评标报告之日起 3 日内公示中标候选人，公示期不得少于 3 日。

投标人或者其他利害关系人对依法必须进行招标的项目的评标结果有异议的，应当在中标候选人公示期间提出。招标人应当自收到异议之日起 3 日内作出答复；作出答复前，应当暂停招标投标活动。

《招标投标法实施条例》第六十条规定，投标人或者其他利害关系人认为招标投标活动不符合法律、行政法规规定的，可以自知道或者应当知道之日起 10 日内向有关行政监督部门投诉。投诉应当有明确的请求和必要的证明材料。

招标人不得向中标人提出压低报价、增加工作量、缩短工期等违背中标人意愿的要求，并以此作为发出中标通知书或签订工程合同的条件。

中标人应当按照合同约定履行义务，完成中标项目。中标人不得向他人转让中标项目，也不得将中标项目肢解后分别向他人转让。

中标人按照合同约定或者经招标人同意，可以将中标项目的部分非主体、非关键性工作分包给他人完成。接受分包的人应当具备相应的资格条件，并不得再次分包。

中标人应当就分包项目向招标人负责，接受分包的人就分包项目承担连带责任。

4. 合同签订

《招标投标法实施条例》第五十七条规定，招标人和中标人应当依照招标投标法和本条例的规定签订书面合同，合同的标的、价款、质量、履行期限等主要条款应当与招标文件和中标人的投标文件的内容一致。招标人和中标人不得再行订立背离合同实质性内容的其他协议。

招标人最迟应当在与中标人签订合同后 5 日内，向中标人和未中标的投标人退还投标保证金及银行同期存款利息。

《工程建设项目施工招标投标办法》第六十二条规定，招标人和中标人应当在投标有效期内并在自中标通知书发出之日起 30 日内，按照招标文件和中标人的投标文件订立书面合同。招标人和中标人不得再行订立背离合同实质性内容的其他协议。

招标人要求中标人提供履约保证金或其他形式履约担保的，招标人应当同时向中标人提供工程款支付担保。履约保证金不得超过中标合同金额的 10%。

招标人不得擅自提高履约保证金，不得强制要求中标人垫付中标项目建设资金。

要求中标人提交一定金额的履约保证金，是招标人的一项权利。该保证金应按照招标人在招标文件中的规定，或者根据招标人在评标后作出的决定，以适当的格式和金额采用现金、支票、履约担保书或银行保函的形式提供，其金额应足以督促中标人履行合同。一般来说，履约保证金在中标人履行合同后应予返还。

5. 招标投标备案制度

《招标投标法》第四十七条规定："依法必须进行招标的项目，招标人应当自确定中标人之日起 15 日内，向有关行政监督部门提交招标投标情况的书面报告。"

《工程建设项目施工招标投标办法》第六十五条规定，施工招标书面报告至少应包括：①招标范围；②招标方式和发布招标公告的媒介；③招标文件中投标人须知、技术条款、评标标准和方法、合同主要条款等内容；④评标委员会的组成和评标报告；⑤中标结果。

因此，法律规定其必须采用招标投标方式，是非常必要的，体现了国家对这种民事活动的干预和监督。为了有效监督这些项目的招标投标情况，及时发现其中可能存在的问题，由招标人向国家有关行政监督部门提交招标投标情况的书面报告，是很必要的措施。

除此之外，招标人和中标人签订合同后，还应将合同提交相关主管部门登记，办理合同备案手续。

【案例 7】　某奥体中心工程项目，全部由政府投资建设。该工程项目为省重点项目之一，且已列入地方年度固定投资计划，该工程征地工作尚未全部完成，施工图纸及有关技术资料齐全。业主决定对该项目进行邀请招标。因估计除本市施工单位参加投标外还可能有外省市施工单位参加投标，故招标人委托咨询单位编制了两个标底，准备分别用于对本市和外省市施工单位投标价的评定。业主于 2023 年 6 月 1 日向具备承担该项目能力的 A、B、C、D、E、F、G 七家施工单位发出投标邀请书，并规定 2023 年 8 月 9 日～8 月 15 日购买招标文件，招标文件规定 2023 年 9 月 8 日 16 时为投标截止时间。2023 年 8 月 25 日召开了招标预备会，对投标单位所提出的问题做了书面解答。招标预备会后第二天组织各投标单位进行了施工现场踏勘。上述七家施工单位均在投标截止日期前递交了投标书。

开标时发现：A 施工单位的投标文件的检验标准和方法与投标文件的要求不同；B 施工单位由两家施工单位的组成的联合体，但尚未签订书面的共同投标协议书；D 施工单位投标报价的大写金额与小写金额不一致。经评审，最终确定 F 单位中标，最后双方在发出中标通知书后第 35 天签订了正式的工程承包合同。

依据招标投标的相关法律法规指出上述招标工作存在哪些不妥之处，为什么？

【案例分析】 （1）根据《招标投标法》第九条规定，拟进行招标的工程项目，应履行项目审批手续并获得批准，本项目征地工作尚未全部完成，不具备施工招标的必要条件，因而尚不能进行施工招标而决定对该项目进行施工招标。

（2）该工程不应采取邀请招标。因为根据《招标投标法》第十一条规定，国家重点项目和地方重点项目应当进行公开招标，该工程是由政府全部投资兴建的省级重点项目，所以应采取公开招标。

（3）依据《招标投标法实施条例》第二十七条规定，一个招标项目只能有一个标底。招标人委托咨询单位编制了两个标底，不能对不同的投标单位采用不同的标底进行评标。业主做法违反相关条例。

（4）现场踏勘应安排投标预备会之前，因为在书面答复投标单位提问之前，投标单位对施工现场条件也可能提出问题。

（5）根据《评标委员会和评标方法暂行规定》第二十五条规定，明显不符合技术规格、技术标准的要求，属于重大偏差的投标文件，未能对招标文件作出实质性响应，应当予以否决。因此 A 施工单位为废标。

（6）依据《招标投标法实施条例》第五十一条规定，投标联合体没有提交共同投标协议；评标委员会应当否决其投标。B 施工单位的投标无效。

（7）依据《评标委员会和评标方法暂行规定》第十九条规定，投标文件中的大写金额和小写金额不一致的，以大写金额为准，D 施工单位投标报价应以大写金额为准，投标有效。

（8）《招标投标法》第四十六条规定，招标人和中标人应当自中标通知书发出之日起30 日内，按照招标文件和中标人的投标文件订立书面合同。本案中，招标人在发出中标通知书后第 35 天签订正式合同，应认定为不合法。

3.5　典型案例分析

案例 1

【案情概要】

原告：某建筑工程公司（下称建筑公司）

被告：某药业科技发展股份有限公司（下称药业公司）

2022 年 5 月 6 日，建筑公司参与了药业公司关于科研质检楼建设工程招标投标活动，建筑公司通过现场竞标后，经评标委员会评议被确定为中标单位，并由市公证处进行了公证。5 月 9 日，市建设工程招标投标管理办公室（下称招标投标办公室）给建筑公司出具了"中标通知书"。药业公司不同意确定建筑公司为中标人，拒绝与建筑公司签订书面合同。双方为此发生纠纷，诉至法院。建筑公司诉称：建筑公司中标后，药业公司却拒不与建筑公司签订书面合同，有违诚实信用。请求法院判令药业公司赔偿因缔约过失给建筑公司造成的损失 8000 元。药业公司答辩称：建筑公司经评标委员会评议后被确定为中标单位，以及招标投标办公室给原告出具的"中标通知书"，均未经作为招标人的被告同意，且建筑公司不具备投标资格条件，故建筑公司实际并未中标，药业公司在招标投标过程中也没有过失或过错，不应承担缔约过失责任。

法院审理后认为：本案原告、被告之间的招标投标活动应属合同订立过程，即缔约阶段。招标投标办公室给建筑公司核发的中标通知书因未经招标人同意，招标人也未授权评标委员会直接确定中标人，故该"中标通知书"不符合《招标投标法》第四十五条关于"中标通知书"应由招标人核发的规定，所以，原告不是被告确定的中标人。而招标人给中标人核发中标通知书是合同成立与否的标志，原告未中标即表明合同尚未成立。既然合同尚未成立，根据《民法典》关于对在订立合同过程中的恶意谈判、欺诈和其他违背诚信原则的行为适用缔约过失责任的规定，原告要求被告承担缔约过失责任的理由不充分，证据不足。驳回原告要求被告承担缔约过失责任并赔偿损失 8000 元的诉讼请求。

【案情分析】

利用招标投标签订合同，是市场主体公开、公平参与竞争的重要方式。以本案为例，在什么情况下才属法律意义上的"中标"，以及中标无效是否应承担缔约过失责任。

1. 招标投标方式属一种特殊的签订合同方式

根据我国《民法典》的相关规定，招标公告或者招标通知应属要约邀请，而投标是要约，招标人选定中标人，应为承诺，承诺通知到达要约人时生效，承诺生效时合同成立，故招标投标活动应属合同的订立过程，而招标投标合同成立的标志就是"中标通知书"，即只有当招标人给中标人核发中标通知书后合同即告成立志。所以说，招标投标方式是一种特殊的签订合同方式，本案中原告参与被告关于科研质检楼建设工程的招标投标活动即是原、被告之间签订合同的过程。

2. 法律意义上的"中标"标志着合同成立

招标投标方式虽然是一种特殊的签订合同方式，招标人给中标人核发中标通知书才是合同成立的标志。《招标投标法》规定确定中标人有两种情况：一是招标人授权评标委员会直接确定中标人，二是招标人在评标委员会推荐的中标候选人中确定中标人。

本案被告否认曾授权评标委员会直接确定中标人，而原告举出的公证文书中也未表明评标委员会确定中标人已经有招标人的授权；被告未给原告核发过中标通知书，原告举出的中标通知书是直接由招标投标办公室单独核发。因此，确定原告为中标人不符合我国招标投标法的规定，该中标通知书不应视为承诺通知，是投标办公室超越了自身的权利，而擅自给原告发放中标通知书造成的。本案中原告的中标通知书不是招标人核发，说明原告不是真正法律意义上的"中标人"。原告未中标即表明被告未作出承诺，故原告、被告之间的建设工程施工合同尚未成立。

招标投标方式虽然是一种特殊的签订合同方式，但招标人给中标人核发中标通知书才是合同成立的标志。招标人确定中标人，根据授权情况不同，确定的时间和方式也不同。《招标投标法》第四十条规定，确定中标人有两种情况：一是招标人授权评标委员会直接确定中标人；二是招标人根据评标委员会提出的书面评标报告和推荐的中标候选人确定中标人。本案被告否认曾授权评标委员会直接确定中标人，而原告举出的公证文书中也未表明评标委员会确定中标人已经有招标人的授权；被告未给原告核发过中标通知书，原告举出的中标通知书是直接由招标投标办公室单独核发。因此，确定原告为中标人不符合《招标投标法》的规定，该中标通知书不应视为承诺通知，是投标办公室超越了自身的权利，而擅自给原告发放中标通知书造成的。本案中原告的中标通知书不是招标人核发，说明原告不是真正法律意义上的"中标人"。原告未中标即表明被告未作出承诺，故原告、被告之间的建设工程施工合同尚未成立。

3. 被告不承担缔约过失责任

合同尚未成立是适用缔约过失责任的前提条件。所谓缔约过失责任，是指在合同订立过程中，因一方故意或过失违反合同义务而给对方造成信赖利益的损失时应承担民事责任。我国《民法典》第五百条规定，当事人在订立合同过程中有下列情形之一，造成对方损失的，应当承担赔偿责任：（一）假借订立合同，恶意进行磋商；（二）故意隐瞒与订立合同有关的重要事实或者提供虚假情况；（三）有其他违背诚信原则的行为。

缔约过失责任构成要件：①发生在订立合同的过程中，合同尚未生效，或者虽已生效但被确认无效或被撤销（与违约责任的区别）；②当事人违反了诚实信用原则所要求的义务；③受害方的依赖利益遭受损失。依赖利益损失，指一方实施某种行为后，另一方对此产生依赖，并为此发生了费用，但前者违反诚实信用原则导致合同未成立或无效，该费用未得到补偿而受到的损失。显然，缔约过失责任采用的是过错责任原则。

首先，本案被告认为原告不具备投标资格条件，不同意确定原告为中标人，拒绝给原告核发中标通知书，被告的这种行为，没有违反法律规定，其次，被告主观上无过错。原告也未举出证据证明被告有仅为自己利益而故意隐瞒与之订立合同有关的重要事实或提供虚假情况的过失存在。最后，即使原告有信赖利益损失，也由于被告不构成缔约过失责任，而不应赔偿。

案例 2

【案情概要】

原告：某景观绿化工程有限公司（下称绿化公司）

被告：某旅游开发有限公司（下称开发公司）

2023 年 5 月 3 日，开发公司在建设项目及招标网发布了风景区生态景观工程（一期）的招标公告，绿化公司决定对该项目投标。2023 年 5 月 28 日，绿化公司以中标后将建工险交给太平洋保险公司某分公司工作人员王某某做为名，向王某某借款 40 万元，用于缴纳生态景观工程（一期）的投标保证金，并于 2023 年 6 月 26 日向开发公司提交该 40 万元投标保证金。开发公司认为绿化公司和某投标人的保证金均通过一个名为王某某的账户打入，绿化公司和某投标人涉嫌串标，故取消了绿化公司的投标资格，另择日对该招标项目进行了招标，并拒绝退还绿化公司的 40 万元投标保证金。

绿化公司认为开发公司应退还缴纳的保证金 40 万元，提起民事诉讼，要求法院依法判决开发公司退还保证金 40 万元。开发公司辩称因本案绿化公司涉嫌串标，相关单位认定绿化公司和广州某投标人系串通投标。

法院经审理后认为：在本案中，开发公司与绿化公司双方之间系建设工程招标投标法律关系，开发公司的招标文件具有法律效力，对双方均具有相应的法律约束力。绿化公司根据开发公司的招标要求参加投标活动，在向开发公司提供投标文件时向开发公司缴纳了40万元投标保证金，但绿化公司并没有中标，绿化公司与开发公司之间招投标的建设工程合同没有成立。但对于是否应当没收其保证金，有关单位并未作出已发生法律效力的相关决定。因此，法院认为系另一法律关系，在审理中已向招标人释明，应当另行处理。而开发公司在招标公告文件中规定的投标保证金不予退还的情形是：

（1）投标人在规定的投标有效期内撤销或修改其投标文件；

（2）中标人在收到中标通知后，无正当理由拒签合同协议书或未按招标文件规定提交履约担保。

根据开发公司发布的招标文件中关于投标保证金的退还规定，开发公司应按招标文件的承诺退还绿化公司的投标保证金，开发公司没有退还，属对其承诺的违反。

法院依据《招标投标法》第五条、《招标投标法实施条例》第三十五条、第七十四条之规定，判决开发公司于判决生效后5日内退还绿化公司投标保证金40万元。

【案情分析】

本案例涉及的焦点问题主要集中在如下两个方面：

1. 工程招标项目中招标人不退还投标保证金的法律依据

投标保证金是投标人作为民事主体对其投标相关行为向招标人提供担保的方式。《招标投标法实施条例》对工程招标项目中招标人不退还投标保证金作了具体规定，其中第三十五条规定："投标截止后投标人撤销投标文件的，招标人可以不退还投标保证金。"第七十四条规定："中标人无正当理由不与招标人订立合同，在签订合同时向招标人提出附加条件，或者不按照招标文件要求提交履约保证金的，取消其中标资格，投标保证金不予退还。"开发公司在招标文件中对保证金的没收情况没有明确规定。因此，本案中虽然投标人串通投标属于性质恶劣的违法行为，依法应承担相应的法律责任，但是，开发公司能够不退还投标保证金的法律依据中，并未包括投标人串通投标，故不能没收其投标保证金。

2. 投标人在工程招标项目中串通投标有哪些法律责任

投标人在工程招标项目中串通投标的，应承担一定的法律责任，《招标投标法》第三十二条规定，"投标人不得相互串通投标报价，不得排挤其他投标人的公平竞争，损害招标人或者其他投标人的合法权益。投标人不得与招标人串通投标，损害国家利益、社会公共利益或者他人的合法权益"。第五十三条规定，投标人相互串通投标或者与招标人串通投标的，投标人以向招标人或者评标委员会成员行贿的手段谋取中标的，中标无效，处中标项目金额5‰以上10‰以下的罚款，构成犯罪的，依法追究刑事责任，给他人造成损失的，依法承担赔偿责任。《招标投标法实施条例》第六十七条规定，投标人相互串通投标或者与招标人串通投标的，中标无效；构成犯罪的，依法追究刑事责任；尚不构成犯罪的，依照《招标投标法》第五十三条的规定处罚。

综上，投标人串通投标的法律责任涉及民事责任、行政责任、刑事责任；其中，民事责任包括损失赔偿责任，行政责任包括中标无效、罚款、没收违法所得、取消投标资格甚至吊销营业执照等。本案中绿化公司应承担其违法串通投标导致本次招标无效对招标人造成的损失进行赔偿。开发公司可据此追究绿化公司缔约过失责任。

需要说明的是，法院在本案中虽然支持了原告的诉讼请求，但是，原告作为串通投标的投标人，依法应承担相关法律责任，包括赔偿开发公司因其违法行为给开发公司造成的损失。法院的判决仅针对投标人的投标保证金的退还，并未否定投标人依法应向开发公司可能承担的损失赔偿责任。

本章小结

作为国际惯例，招标投标是各国政府、国际组织和私人企业在大宗货物采购、建设工程承包和提供咨询服务时，广泛采用的一种竞争性公开交易方式。

《招标投标法》确立了工程建设招标投标的五项基本制度：①确立了建设工程强制招标制度；②明确招标投标活动应当遵循公开、公平、公正和诚实信用原则；③建立了对招标投标活动的行政监督体制；④明确了两种招标采购方式——公开招标和邀请招标；⑤确立了两种招标组织方式——招标人自行招标和委托招标代理机构办理招标。

完整的工程建设招标投标过程包括招标、投标、开标、评标、中标和签约六个阶段。招标投标过程中，任何招标投标活动均应遵循公开、公平、公正和诚实信用的基本原则，自觉接受有关部门和社会各界的监督，以严格规范的"阳光采购"程序实现预定的招标目的。

思考与练习题

一、单选题

3-1　为了保证招标活动的广泛性、竞争性和透明性。招标投标活动应遵循公开的原则，要求招标信息公开，还要求（　　）公开。

A. 评标专家　　　　　　　　　B. 招标投标过程

C. 投标单位　　　　　　　　　D. 评标过程

3-2　下列不属于《工程建设项目招标范围和规模标准规定》规定的关系社会公共利益、公众安全的基础设施项目的是（　　）。

A. 煤炭、石油、天然气、电力、新能源等能源项目

B. 铁路、公路、管道、水运、航空等交通运输项目

C. 商品住宅，包括经济适用住房

D. 生态环境保护项目

3-3　根据《工程建设项目施工招标投标办法》的规定，对于应招标的工程建设项目，经批准可以不采用招标发包的情形是（　　）。

A. 拟公开招标的费用与项目价值相比，不值得

B. 当地投标企业较少

C. 施工主要技术采用特定专利或专有技术

D. 军队建设项目

3-4　建设单位委托招标代理机构对拟建工程建设项目进行勘察设计招标，按照我国《工程建设项目勘察设计招标投标办法》的规定，拟招标项目应当具备一定的条件，其中

包括（　　）。

    A. 施工组织设计已编制完成并批准

    B. 材料、设备等物资供应合同已签订

    C. 施工项目管理规划已编制完成

    D. 勘察设计所需资金已经落实

3-5　关于投标资格审查，下列表述中正确的是（　　）。

    A. 资格审查分为资格预审和资格后审

    B. 资格审查由评标委员会进行

    C. 通过资格预审的投标申请人少于 5 个的，应当重新招标

    D. 要求提交资格预审申请文件的时间

3-6　关于招标项目踏勘现场，下列说法正确的是（　　）。

    A. 组织踏勘现场仅适用于工程建设项目施工招标

    B. 组织现场踏勘时，可以公开点名签到，以确定潜在投标人是否全部到齐

    C. 招标人可以组织单个或部分潜在投标人踏勘现场

    D. 招标人不得分批次组织潜在投标人踏勘现场

3-7　某建设项目在投标答疑阶段，投标人甲就招标文件某一设备型号提出的疑问，招标人在进一步澄清时，须（　　）。

    A. 书面通知投标人甲　　　　　　B. 书面通知所有的投标人

    C. 口头通知投标人甲即可　　　　D. 口头通知所有的投标人

3-8　关于联合体投标提交投标保证金，说法正确的是（　　）。

    A. 由招标人指定的联合体中的一方提交

    B. 应以联合体各方的名义共同提交投标保证金

    C. 可以联合体牵头人或者联合体各方的名义提交投标保证金

    D. 联合体投标因实力比较强，可以不必提交投标保证金

3-9　某工程项目允许联合体投标，经过评选，最终由甲设计公司和乙建筑公司组成的联合体中标并与建设单位签订合同。施工中，由于设计地下车库挡土墙截面过小而导致墙体发生偏移，该质量事故责任应由（　　）承担。

    A. 甲设计公司　　　　　　　　　B. 乙建筑公司

    C. 甲设计公司和乙建筑公司　　　D. 建设单位

3-10　下列行为中，不属于招标人与投标人串通投标的是（　　）。

    A. 招标人协助投标人撤换文件，更改报价

    B. 招标人在招标前预先内定中标人

    C. 招标人与投标人事先商定，投标时压低标价

    D. 招标人投标前要求投标人结合自己经济实力确定投标价格

3-11　在项目评标委员会的成员中，无须回避的是（　　）。

    A. 投标人主要负责人的近亲属　　B. 项目主管部门的人员

    C. 项目行政监督部门的人员　　　D. 招标人代表

3-12　关于评标的说法，正确的是（　　）。

    A. 评标委员会可以向招标人征询确定中标人的意向

B. 招标项目设有标底的，可以投标报价是否接近标底作为中标条件

C. 评标委员会成员拒绝在评标报告上签字，视为不同意评标结果

D. 投标文件中有含义不明确的内容、明显文字或计算错误的，评标委员会可以要求投标人澄清、说明

3-13　评标委员会在对投标文件进行评审中，发现招标文件确定的评标标准和方法不尽合理，不利于择优选定中标人，则评标委员会正确的做法是（　　）。

A. 严格按照招标文件确定的标准和方法进行评审

B. 修改或者调整招标文件确定的标准和方法并告知投标人补充投标后进行评审

C. 修改或者调整招标文件确定的标准和方法后进行评审

D. 宣布此次招标投标作废，重新进行招标

3-14　根据《招标投标法实施条例》，国有资金占控股或主导地位的依法必须进行招标的项目，关于确定中标人的说法，正确的是（　　）。

A. 招标委员会应当确定投标价格最低的投标人为中标人

B. 评标委员会应当以最接近标底价格的投标人确定为中标人

C. 招标人应该确定排名第一的中标候选人为中标人

D. 招标人可以从评标委员会推荐的前三个中标候选人确定为中标人

3-15　某建设项目经评标委员会评标后，最终确定甲单位中标，评标委员会于2022年1月15日出具了评标报告，招标人在公示后于2022年12月23日向甲单位发出了中标通知书，甲单位于2022年12月26日收到中标通知书，则该中标通知书于（　　）对招标人和中标人产生法律效力。

A. 2022年12月15日　　　　　B. 2022年12月23日

C. 2022年12月26日　　　　　D. 公示期满

二、多选题

3-16　在建设工程项目招标活动中，投标文件的内容应包括（　　）。

A. 派出的主要技术人员的业绩

B. 投标保证金

C. 施工组织设计

D. 资格审查资料

E. 响应招标声明

3-17　根据《工程建设项目施工招标投标办法》，下列情形应按废标处理的有（　　）。

A. 投标人未按照招标文件要求提交投标保证金

B. 投标文件逾期送达或者未送达指定地点

C. 投标文件未按招标文件要求密封

D. 投标文件无单位盖章并无单位负责人签字

E. 联合体投标未附联合体各方共同投标协议

3-18　下列关于投标保证金说法，正确的有（　　）。

A. 投标人应当按照招标文件的要求提交投标保证金

B. 投标保证金是投标文件的有效组成部分

C. 投标保证金的担保形式，应在招标文件中规定

D. 投标保证金应当在投标截止时间前送达

E. 投标保证金的金额一般由双方约定

3-19 依法必须进行招标的项目活动违反法律规定，对中标结果造成实质性影响，且不能采取补救措施予以纠正的，应（　　）。

A. 认定招标、投标、中标无效

B. 依法重新招标

C. 依法重新评标

D. 由行政监督部门接管剩余招标投标工作

E. 依法禁止就该项目再次招标

3-20 对于中标通知书的法律效力下列说法不正确的是（　　）。

A. 中标通知书就是正式合同　　　　　B. 中标通知书是要约邀请

C. 中标通知书是要约　　　　　　　　D. 中标通知书是承诺

E. 中标通知书只是单方意思表示

三、案例题

3-21 甲、乙两家公司组成投标联合体参与某工程投标，双方在共同投标协议中约定双方各按 50%的比例对招标人丙承担责任，投标联合体顺利中标。在工程施工过程中，由于甲公司的技术原因导致工程质量事故，给丙造成损失 20 万元。考虑到甲公司目前的财务状况不佳，丙决定向乙公司索赔 20 万元，结果遭到乙公司的拒绝。乙公司拒绝承担责任的理由是：①本次质量是由甲公司原因导致的；②共同投标协议规定双方各承担50%的责任，即使赔偿也只需赔偿 10 万元。请问丙的请求是否合理，乙的拒绝理由是否成立。

3-22 某投标人的投标文件因为只有单位盖章而没有法人代表的签字，被评标委员会认定为废标，其理由是"招标文件明确规定投标文件必须同时有单位盖章和法人代表的签字，否则就是废标"。工程承包公司认为评标委员会的处理不当，与《工程建设项目施工招标投标办法》有关废标的规定不符。根据该办法，只要有单位的盖章就不是废标。你认为评标委员会的处理恰当吗？

3-23 某建设工程项目采用公开招标的方式确定承包商。建设单位依法编制了招标文件，并向当地的建设行政管理部门提出了招标申请书，得到了批准。但是在招标之前，该建设单位就已经与甲施工公司进行了工程招标沟通，对投标价格、投标方案等实质性内容达成了一致的意向。招标公告发布后，来参加投标的公司有甲、乙、丙三家。按照招标文件规定的时间、地点及投标程序，三家施工单位向建设单位投递了标书。在公开开标的过程中，甲和乙承包单位在施工技术、施工方案、施工力量及投标报价上相差不大，乙公司在总体技术和实力上较甲公司好一些。但是，定标的结果确定是甲承包公司。乙公司很不满意，但最终接受了这个竞标的结果。20 多天后，一个偶然的机会，乙公司从甲公司的一名中层管理人员处得知，在招标之前，该建设单位和甲私下已经进行了多次接触，中标条件和标底是双方议定的，参加投标的其他人都不知情。乙公司，遂向当地建设行政管理部门举报，要求建设行政管理部门依照职权宣布该招标结果无效。经建设行政管理部门审查，乙公司所陈述的事实属实，遂宣布本次招标结果无效。

甲公司认为，建设行政管理部门的行为侵犯了甲公司的合法权益，遂起诉至法院，请求法院依法判令被告承担侵权的民事责任，并确认招标结果有效。

问题：

（1）简述建设单位进行施工招标的程序。

（2）通常情况下，招标人和投标人串通投标的行为有哪些表现形式？

（3）按照《招标投标法》的规定，该建设单位应对本次招标承担什么法律责任？

第4章 建 筑 法

本章要点及学习目标

本章要点：
(1) 建筑施工许可管理制度；
(2) 建筑承发包制度；
(3) 工程建设监理制度；
(4) 违反建筑法的法律责任。

学习目标：
(1) 了解建筑法的概念及适用范围；
(2) 掌握建筑施工许可管理制度；
(3) 掌握建筑法中对承包和发包的相关规定；
(4) 掌握工程建设监理制度的相关规定；
(5) 熟悉违反建筑法的法律责任。

【引例】

2020 年 1 月 10 日，A 房产开发公司拟在某市开发一住宅小区，建筑面积达到 6 万 m^2，投资额为 1.5 亿元，共有 7 栋楼，编号为 C1～C7 楼。A 房产开发公司通过公开招标的方式确定由 B 建筑公司实行工程总承包，确定 C 监理公司对该工程进行监理。A 公司于 2020 年 3 月 5 日向某市人民政府申请领取施工许可证，并于 3 月 14 日取得施工许可证。

其后，经 A 公司同意，B 建筑公司分别与 D 建筑设计院和 E 建筑公司签订了工程勘察设计合同和工程施工合同。勘察设计合同约定由 D 设计院对 C1～C7 楼进行设计，并按照勘察设计合同交付有关的设计文件和资料。施工合同约定，D 设计院按时将 C1～C7 楼设计文件和资料交给 E 建筑公司，由 E 建筑公司按图施工。

在本案例中，A 房产开发公司申请施工许可证时，应满足哪些条件？该住宅项目是否必须要进行监理？B 公司是否存在违法行为？

通过对上述案例的分析，请思考《建筑法》中对发承包制度是如何进行规定的，总承包单位和分包单位之间的责任应如何划分？

4.1 绪论

伴随国民经济的不断发展，建筑业在国民经济和社会发展中的地位及作用越来越重要。第八届人大四次会议批准的《关于国民经济和社会发展"九五"计划和 2010 年发展目标纲要》明确提出，要制定和完善支柱产业等方面的法律。在此大背景下，《建筑法》经 1997 年 11 月 1 日第八届全国人大常委会第二十八次会议通过，自 1998 年 3 月 1 日起施行。该法是我国第一部规范建筑活动的法律，该法的实施使得建设单位、施工单位、监理单位等，依法建设理念逐步加强。承发包活动有法可依，建筑市场交易的规范性有了明显改善。

由于市场情况的不断变化、产业结构的问题、建筑交易涉及的金额巨大、建筑工人大多是农民工以及建筑行政执法不够到位等现实原因，《建筑法》的立法缺陷与不适应中国建筑业发展的诸多问题也同时在不断暴露。因此，该法根据 2011 年 4 月 22 日第十一届全国人民代表大会常务委员会第二十次会议《关于修改〈中华人民共和国建筑法〉的决定》进行了第一次修正，根据 2019 年 4 月 23 日第十三届全国人民代表大会常务委员会第十次会议《关于修改〈中华人民共和国建筑法〉等八部法律的决定》进行了第二次修正。

4.1.1　《建筑法》的基本原则

建筑法的基本原则，即在从事建筑活动、实施建筑活动管理过程中，必须遵循的行为准则：

(1) 建筑活动应当坚持质量、安全和效益相统一的原则；

(2) 国家扶持建筑业的发展原则；

(3) 国家支持、鼓励提高房屋建筑设计水平的原则；

(4) 国家鼓励在建筑活动中节约能源，保护环境的原则；

(5) 建筑活动遵守法律、法规的原则；

(6) 进行建筑活动，不得损害社会公共利益和他人的合法权益的原则；

(7) 建筑活动的统一监督管理原则。

4.1.2　现行《建筑法》的主要结构及其内容

现行《建筑法》主要包括总则、建筑许可、建筑工程发包与承包、建筑工程监理、建筑安全生产管理、建筑工程质量管理、法律责任和附则。该法共包括 8 章，85 条。其主要内容如下。

1. 总则

总则共 6 条，主要阐述了建筑法的立法目的、适用范围、建设活动的要求，从业要求和行政管理部门等内容。

2. 建筑许可

建筑许可共 8 条，主要分为建筑工程施工许可和从业资格两个部分。其中，建筑工程许可部分有 5 条规定，规定了领取施工许可证的主体、工程的范围，申请施工许可证的条件，并且对领取施工许可证后开工期限、延期和施工中止和恢复等情况进行了说明，还规定了不能按期施工的处理原则；从业资格部分有 3 条规定，对从业条件、资质等级和执业资格的取得进行了规定。

3. 建筑工程发包与承包

建筑工程发包与承包共 15 条，分为一般规定、发包和承包三部分。一般规定部分主要是对承发包活动的基本原则作出了规定；发包部分主要是对发包方式，公开招标、开标方式，招标组织和监督，发包约束和总承包原则等进行了规定；承包部分主要叙述了企业资质许可，分包和总包以及违法分包和转包的情形。

4．建筑工程监理

建筑工程监理共包括 6 条，主要规定了强制监理的工程范围，监理委托、监理监督、监理事项通知以及监理范围和职责等内容。

5．建筑安全生产管理

建筑安全生产管理共包括 16 条，首先提出了建筑工程安全生产管理必须坚持安全第一、预防为主的方针，建立健全安全生产的责任制度和群防群治制度的基本原则，其次对建筑施工企业从工程设计要求、安全措施编制、现场安全防范、地下管线保护、安全生产教育培训、施工安全保障等方面提出了要求，最后对房屋拆除和事故应急处理进行了规定。

6．建筑工程质量管理

建筑工程质量管理工包括 12 条，主要是叙述了建设单位、施工单位、设计勘察单位等在工程质量方面的要求，并且实行建筑工程保修制度。

7．法律责任

法律责任是指当事人因违反了法律规定的义务所应承担的法律后果，该部分共包括 17 条，分别对各建筑活动主体的违法行为应承担的行政责任、民事责任进行了规定，对构成犯罪的行为，要依法追究其刑事责任。

8．附则

附则主要包括 5 条，对该法的适用范围进行了重申和补充，对监管收费和军用工程等内容进行了说明，最后对《建筑法》的实施日期进行了规定。

建筑法各部分内容分布如图 4-1 所示。

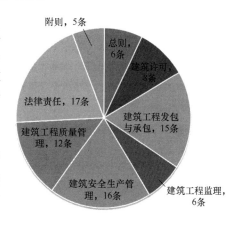

图 4-1　建筑法各部分内容分布

4.2　建设工程施工许可

建筑工程施工许可制度，是指由国家授权相关建设行政主管部门，在建筑工程施工前，依照建设单位的申请，对该项工程是否符合法定的开工条件进行审查，对符合条件的工程颁发施工许可证，允许建设单位施工的制度。

建设工程施工活动是一种专业性、技术性极强的特殊活动，对建设工程是否具备施工条件以及从事施工活动的单位和专业技术人员进行严格的管理和事前控制，有利于保证开工后的顺利实施，对于规范建设市场秩序，保证建设工程质量和施工安全生产，有利于有关行政主管部门对建筑工程基本情况的全局掌握，依法及时有效地实施监督。

《建筑法》第七条规定，"建筑工程开工前，建设单位应当按照国家有关规定向工程所在地县级以上人民政府建设行政主管部门申请领取施工许可证；但是，国务院建设行政主管部门确定的限额以下的小型工程除外。"建设工程施工许可制度是由国家授权的有关行政主管部门，在建设工程开工之前对其是否符合法定的开工条件进行审核，对符合条件的建设工程允许其开工的法定制度。

4.2.1 施工许可制度适用范围

当前，我国对建设工程开工条件的审批，主要存在两种形式，一种是颁发"施工许可证"，另一种是批准"开工报告"。大部分工程采用的是办理施工许可证，部分工程采用的批准开工报告制度。

2021年3月经住房和城乡建设部修改后发布的《建筑工程施工许可管理办法》规定，在我国境内从事各类房屋建筑及其附属设施的建造、装修装饰和与其配套的线路、管道、设备的安装，以及城镇市政基础设施工程的施工，建设单位应当按照国家有关规定向工程所在地县级以上人民政府建设行政主管部门申请领取施工许可证。

不适用施工许可证的工程见表4-1。

不适用施工许可证的工程 表 4-1

不需要办理施工许可证			
适用建筑法	不适用建筑法	避免重复	另行规定
1. 投资额在30万元以下 2. 建筑面积在300m² 以下	1. 抢险救灾工程 2. 临时房屋建筑 3. 农民自建低层住宅	已批准开工报告的工程	军用房屋建筑工程

4.2.2 施工许可证申领条件

《建筑法》规定，申请领取施工许可证应满足以下条件：

1. 已经办理该建筑工程用地批准手续

任何单位和个人进行建设、需要使用土地时，必须依法申请使用国有土地。依法申请使用的国有土地包括国家所有的土地和国家征收的原属于农民集体所有的土地。经批准的建设项目需要使用国有建设用地的，建设单位应当持法律、政法规规定的有关文件，向有批准权的县级以上人民政府自然资源主管部门提出建设用地申请，经自然资源主管部门审查，报本级人民政府批准。

办理用地批准手续是建设工程依法取得土地使用权的必经程序，也是建设工程取得施工许可的必要条件。如果未依法取得土地使用权，就不能批准建设工程开工。

2. 依法应当办理建设工程规划许可证的，已经取得建设工程规划许可证

在城市、镇规划区内，规划许可证包括建设用地规划许可证和建设工程规划许可证。在乡、村庄规划区内进行乡镇企业、乡村公共设施和公益事业建设的，需核发乡村建设规划许可证。建设单位取得规划许可证后方可申请施工许可证。

（1）建设用地规划许可证

建设用地规划许可证是申请用地的法律凭证。取得国有土地使用权的方式有划拨方式和出让方式，针对这两种不同的取得方式，关于建设用地规划许可证的有下列规定：

1）2019年4月经修改后公布的《城乡规划法》规定，在城市、镇规划区内以划拨方

式提供国有土地使用权的建设项目，经有关部门批准、核准、备案后，建设单位应当向城市、县人民政府城乡规划主管部门提出建设用地规划许可申请，由城市、县人民政府城乡规划主管部门依据控制性详细规划核定建设用地的位置、面积、允许建设的范围，核发建设用地规划许可证。建设单位在取得建设用地规划许可证后，方可向县级以上地方人民政府土地主管部门申请用地，经县级以上人民政府审批后，由土地主管部门划拨土地。

2）以出让方式取得国有土地使用权的建设项目，在签订国有土地使用权出让合同后，建设单位应当持建设项目的批准、核准、备案文件和国有土地使用权出让合同，向城市、县人民政府城乡规划主管部门领取建设用地规划许可证。

（2）建设工程规划许可证

在城市、镇规划区内进行建筑物、构筑物、道路、管线和其他工程建设的，建设单位或者个人应当向城市、县人民政府城乡规划主管部门或者省、自治区、直辖市人民政府确定的镇人民政府申请办理建设工程规划许可证。建设工程规划许可证确认有关建设工程符合城市、镇规划要求的法律凭证。

3. 需要拆迁的，其拆迁进度符合施工要求

《民法典》第二百四十三条规定，为了公共利益的需要，依照法律规定的权限和程序可以征收集体所有的土地和组织、个人的房屋及其他不动产。因此，房屋征收是物权变动的一种特殊情形，是国家取得房屋所有权的一种方式。

房屋征收要根据城乡规划和国家专项工程的迁建计划以及当地政府的用地文件，拆除和迁移建设用地范围内的房屋及其附属物，并对原房屋及其附属物的所有人或使用人进行补偿和安置。房屋征收是一项复杂的综合性工作，必须按照计划和施工进度进行，过早或过迟都会造成损失和浪费。需要先期进行征收的，征收进度必须能满足建设工程开始施工和连续施工的要求。

4. 已经确定建筑施工企业

在建设工程开工前，建设单位必须依法通过招标或直接发包的方式确定承包该建设工程的施工企业，并签订建设工程承包合同，明确双方的责任、权利和义务。该施工企业必须具备相应的资质，否则，建设工程的施工将无法顺利进行。

5. 有满足施工需要的资金安排、施工图纸及技术资料

由于建筑活动需要较多的资金投入，占用资金时间也较长，因此，在建筑工程施工过程中必须拥有足够的建设资金，这是保证施工顺利进行的重要物质保障。申请领取施工许可证时必须有已经落实的建设资金，以避免在工程开工后因缺乏资金而使施工活动无法继续进行，造成烂尾楼，同时还可以防止某些建设单位要求施工企业垫资或带资承包现象发生；对建设资金来源不落实、资金到位无保障的建设项目不能颁发施工许可证。

设计单位应当按工程的施工顺序和施工进度，安排好施工图纸的配套交付计划，保证满足施工的需要。尤其是开工前，必须有满足施工需要的施工图纸和技术资料。施工图设计文件，应当满足设备材料采购、非标准设备制作和施工的需要，并注明建设工程合理使用年限。同时，还应当按照规定对其涉及公共利益、公众安全、工程建设强制性标准的内容进行审查。已按规定进行了审查施工图设计文件是实行建设工程的最根本的技术文件，也是在施工过程中保证建设工程质量的重要依据。

2019年4月经修改后颁布的《建设工程质量管理条例》规定，施工图设计文件未经

审查批准的，不得使用。

6. 有保证工程质量和安全的具体措施

施工企业编制的施工组织设计中有根据建筑工程特点制定的相应质量、安全技术措施，专业性较强的工程项目编制了专项质量、安全施工组织设计，并按照规定办理了工程质量、安全监督手续。

建设单位在申请领取施工许可证时，应当按照国家有关规定办理工程质量监督手续，并同时提供建设工程有关安全施工措施的资料。建设行政主管部门在审核发放施工许可证时，应当对建设工程是否有安全施工措施进行审查，对没有安全施工措施的，不得颁发施工许可证。

7. 法律、行政法规规定的其他条件

只有全国人大及其常委会制定的法律和国务院制定的行政法规，才有权增加施工许可证新的申领条件，其他如部门规章、地方性法规、地方规章等都不得规定增加施工许可证的申领条件。目前已增加的条件有：

（1）委托监理

国务院可以规定实行强制监理的建筑工程的范围，那么必须委托监理的工程应该已委托。

（2）消防设计审核

依法应当经公安机关消防机构进行消防设计审核的建设工程，未经依法审核或者审核不合格的，负责审批该工程施工许可的部门不得给予施工许可，建设单位、施工单位不得施工，其他建设工程取得施工许可后经依法抽查不合格的，应当停止施工。

4.2.3 施工许可证的时间效力

施工许可证不是永久有效的，建设工程活动应在施工许可的有效时间内进行。施工建设活动其受气候、经济、环境等因素的制约较大，根据客观条件的变化，可以允许适当延期。申请延期的规定如下：

（1）建设单位应当自领取施工许可证之日起 3 个月内开工，因故未能开工可以申请延期；

（2）延期次数最多为 2 次，每次最多延期 3 个月；

（3）既不开工也不申请延期，或者超过延期次数、时限的，施工许可证自行废止。

建设工程开工后，在施工过程中因地震、洪水等不可抗力，以及宏观调控压缩基建规模、停建缓建建设工程等特殊情况的发生而中途停止施工的行为称为中止施工。

在建的建筑工程因故中止施工的，建设单位应当自中止施工之日起 1 个月内，向发证机关报告，并按照规定做好建筑工程的维护管理工作，以防止建设工程在中止施工期间遭受不必要的损失，保证在恢复施工时可以尽快启动。维护管理工作主要包括：

（1）建设单位与施工单位应当确定合理的停工部位，并协商提出善后处理的具体方案，明确双方的职责、权利和义务；

（2）建设单位应当派专人负责，定期检查中止施工工程的质量状况，发现问题及时解决；

（3）建设单位要与施工单位共同做好中止施工的工地现场安全、防火、防盗、维护等项工作，防止因工地脚手架、施工铁架、外墙挡板等的腐烂、断裂、坠落、倒塌等导致发生人身安全事故，并保管好工程技术档案资料。

中止施工满 1 年的，在建设工程恢复施工前，建设单位还应当报发证机关核验施工许可证，看是否仍具备组织施工的条件，经核验符合条件的，应允许恢复施工，施工许可证继续有效；经核验不符合条件的，应当收回其施工许可证，不允许恢复施工，待条件具备后，由建设单位重新申领施工许可证。

4.2.4　相应法律责任

根据《建筑法》《建筑工程施工许可管理办法》《建设工程质量管理条例》的规定，办理施工许可证中出现的违法行为及相应的法律责任，见表 4-2。

办理施工许可证中出现的违法行为及相应的法律责任　　　　　表 4-2

编号	违法行为	法律责任
1	未经许可擅自开工的	对不符合条件的，责令停止施工，限期改正，处工程合同款 1%～2% 的罚款
2	未取得施工许可证或为规避办理而将工程项目分解后擅自施工的	由有管辖权的发证机关责令停止施工，限期改正，对建设单位处工程合同价款 1% 以上 2% 以下罚款；对施工单位处 3 万元以下罚款
3	建设单位采用欺骗、贿赂等不正当手段取得施工许可证的	由原发证机关撤销施工许可证，责令停止施工，并处 1 万元以上 3 万元以下罚款；构成犯罪的，依法追究刑事责任
4	建设单位隐瞒有关情况或者提供虚假材料申请施工许可证的	发证机关不予受理或者不予许可，并处 1 万元以上 3 万元以下罚款；构成犯罪的，依法追究刑事责任
5	建设单位伪造或者涂改施工许可证的	由发证机关责令停止施工，并处 1 万元以上 3 万元以下罚款；构成犯罪的，依法追究刑事责任

4.3　建设工程监理

工程建设监理是指针对工程项目建设，社会化、专业化的工程建设监理单位接受业主的委托和授权，根据国家批准的工程项目建设文件、有关工程建设的法律、法规和工程建设监理合同以及其他工程建设合同所进行的旨在实现项目投资目的的微观监督管理活动。

工程建设监理中，监理的对象不是工程本身，而是建设活动中有关单位的行为及其权利和义务的履行。工程监理必须由有符合资质的监理单位承担，具体由哪一家监理单位来实施监理，由建设单位根据自己的意愿和有关法律规定来进行选择，并与之签订工程建设监理合同并进行委托授权。

4.3.1　工程监理的原则

工程建设监理的原则主要有以下 8 个方面：

（1）依法监理原则

从事监理的单位，都要经有关主管部门进行资质审查并取得资质等级证书，没有证书的不得从事监理业务；取得证书的监理单位，必须依照资质等级规定或批准的监理范围承接监理业务，不得越级或者超范围实施监理。

（2）独立、公正、科学性原则

监理工程师必须在保证国家利益的前提下，为业主服务，维护业主的合法权益。监理工程师应遵照其职责，独立、公正地开展工作。为此，我国有关规定中吸收了国际通行的惯例和一些国际组织的公约，指出："监理单位的各级负责人和监理工程师，不得在政府机关或施工、设备制造、材料供应单位任职，不得是施工、设备制造和材料供应单位的合伙经营者或有经营隶属关系，不得承包施工和建筑材料销售业务。"监理单位从事监理业务时，必须遵照守法、诚信、公正、科学的基本职业道德。

监理工程师应在合同约定的权、责、利关系的基础上，协调双方的一致性。只有按合同的约定建成工程，业主才能实现投资的目的，承建单位才能实现自己生产的产品的价值，取得工程款和实现盈利。

（3）总监理工程师全权负责原则

总监理工程师是监理单位派出的履行监理委托合同的全权负责人。他根据监理委托合同赋予的权限，全权负责整个监理事务，并领导项目监理工作组的其他监理工程师开展工作。监理工作组的其他监理工程师具体履行监理职责，并向总监理工程师负责。要建立和健全总监理工程师负责制，就要明确权、责、利关系，健全项目监理机构，具有科学的运行制度、现代化的管理手段，形成以总监理工程师为首的高效能的决策指挥体系。

（4）有偿服务原则

监理工程师的服务属于专业技术咨询服务类，其投入或消耗应该得到合理的补偿。我国的监理取费是采取确定最低保护价与最高限价的原则，具体标准由有关双方根据监理工作的深度来确定。监理单位与业主协商确定的监理酬金，应在监理委托合同中加以明确。

（5）权责一致原则

监理工程师承担的职责应与业主授予的权限相一致。监理工程师的监理职权依赖于业主的授权。这种权力的授予，除体现在业主与监理单位之间签订的委托监理合同之中，还应作为业主与承建单位之间建设工程合同的合同条件。

（6）严格监理、热情服务原则

各级监理人员严格按照国家政策、法规、规范、标准和合同控制建设工程的目标，依照既定的程序和制度认真履行职责，对承建单位进行严格监理。

监理工程师还应为业主提供热情的服务，"应运用合理的技能，谨慎而勤奋地工作"。由于业主一般不熟悉建设工程管理与技术业务，监理工程师应按照委托监理合同的要求多方位、多层次地为业主提供良好的服务，维护业主的正当权益。但是，不能因此而一味向各承建单位转嫁风险，从而损害承建单位的正当经济利益。

（7）综合效益原则

建设工程监理活动既要考虑业主的经济效益，也必须考虑与社会效益和环境效益的有机统一。建设工程监理活动虽经业主的委托和授权才得以进行，但监理工程师应首先严格遵守国家的建设管理法律、法规、标准等，以高度负责的态度和责任感，既对业主负责，谋求最大的经济效益，又要对国家和社会负责，取得最佳的综合效益。只有在符合宏观经济效益、社会效益和环境效益的条件下，业主投资项目的微观经济效益才能得以实现。

（8）实事求是原则

监理工作中监理工程师应尊重事实，任何指令、判断应有事实依据，有证明、检验、试验资料，以理服人。

4.3.2 工程监理适用范围

《建筑法》第三十条规定，国务院可以规定实行强制监理的建筑工程的范围。根据《建设工程监理范围和规模标准规定》，必须实施监理的工程主要有 5 类，见表 4-3。

工程监理的范围 表 4-3

序号	名称	内容
1	国家重点建设工程	依据《国家重点建设项目管理办法》所确定的对国民经济和社会发展有重大影响的骨干项目
2	大中型公用事业工程	项目总投资额在 3000 万元以上的供水、供电、供气、供热等市政工程项目，科技、教育、文化等项目，体育、旅游、商业等项目，卫生、社会福利等项目及其他公共事业工程
3	成片开发建设的住宅小区工程	建筑面积 5 万 m^2 以上的项目必须监理，5 万 m^2 以下的项目可以监理
4	利用外国政府或者国际组织贷款、援助资金的工程	使用世界银行、亚洲开发银行等国际组织贷款资金的项目，使用国外政府及其机构贷款资金的项目，使用国际组织或者外国政府援助资金的项目
5	国家规定必须实行监理的其他工程	项目总投资额在 3000 万元以上关系社会公共利益、公众安全的基础设施项目，学校、影剧院、体育场馆项目

4.3.3 监理人员职责

监理机构中的监理人员主要有总监理工程师、专业监理工程师和监理员，他们各自的职责如下。

1. 总监理工程师职责

（1）确定项目监理机构人员及其岗位职责；

（2）组织编制监理规划，审批监理实施细则；

（3）根据工程进展情况安排监理人员进场，检查监理人员工作，调换不称职监理人员；

（4）组织召开监理例会；

（5）组织审核分包单位资格；

（6）组织审查施工组织设计、（专项）施工方案；

（7）审查工程开复工报审表，签发工程开工令、暂停令和复工令；

（8）组织检查施工单位现场质量、安全生产管理体系的建立及运行情况；

（9）组织审核施工单位的付款申请，签发工程款支付证书，组织审核竣工结算；

（10）组织审查和处理工程变更；

（11）调解建设单位与施工单位的合同争议，处理工程索赔；

（12）组织验收分部工程，组织审查单位工程质量检验资料；

（13）审查施工单位的竣工申请，组织工程竣工预验收，组织编写工程质量评估报告，参与工程竣工验收；

（14）参与或配合工程质量安全事故的调查和处理；

（15）组织编写监理月报、监理工作总结，组织整理监理文件资料。

2. 专业监理工程师职责

（1）参与编制监理规划，负责编制监理实施细则；

（2）审查施工单位提交的涉及本专业的报审文件，并向总监理工程师报告；

（3）参与审核分包单位资格；

（4）指导、检查监理员工作，定期向总监理工程师报告本专业监理工作实施情况；

（5）检查进场的工程材料、设备、构配件的质量；

（6）验收检验批、隐蔽工程、分项工程；

（7）处置发现的质量问题和安全事故隐患；

（8）进行工程计量；

（9）参与工程变更的审查和处理；

（10）填写监理日志，参与编写监理月报；

（11）收集、汇总、参与整理监理文件资料；

（12）参与工程竣工预验收和竣工验收。

3. 监理员职责

（1）检查施工单位投入工程的人力、主要设备的使用及运行状况；

（2）进行见证取样；

（3）复核工程计量有关数据；

（4）检查工序施工结果；

（5）发现施工作业中的问题，及时指出并向专业监理工程师报告。

4.3.4　工程建设监理工作程序

为加强对工程项目监理工作的管理，监理程序应逐步规范化和标准化，以保证工程监理工作的质量，提高监理工作的水平，因此工程监理工作应当遵循下列程序：

（1）编制工程建设监理规划；

（2）按工程建设进度分专业编制工程建设监理实施细则；

（3）按照建设监理细则进行建设监理；

（4）参与工程竣工预验收，签署建设监理意见；

（5）建设监理业务完成后，向项目法人提交工程建设监理档案资料。

4.3.5　工程建设监理工作内容

工程建设监理的工作内容是控制工程建设投资、建设工期和工程质量，进行工程建设合同管理，协调相关单位关系，各阶段工作内容如下。

1. 工程勘察设计阶段监理工作内容

（1）应协助建设单位编制工程勘察设计任务书和选择工程勘察设计单位，并应协助签订工程勘察设计合同。

（2）应审查勘察单位提交的勘察方案，提出审查意见，并应报建设单位；变更勘察方案时，应按原程序重新审查。

（3）应检查勘察现场及室内试验主要岗位操作人员的资格及所使用设备、仪器计量的检定情况。

（4）应检查勘察进度计划执行情况，督促勘察单位完成勘察合同约定的工作内容，审核勘察单位提交的勘察费用支付申请表，以及签发勘察费用支付证书，并应报建设单位。

（5）应检查勘察单位执行勘察方案的情况，对重要点位的勘探与测试应进行现场检查。

（6）应审查勘察单位提交的勘察成果报告，并应向建设单位提交勘察成果评估报告，同时应参与勘察成果验收。

（7）应依据设计合同及项目总体计划要求审查设计各专业、各阶段进度计划。

（8）应检查设计进度计划执行情况、督促设计单位完成设计合同约定的工作内容、审核设计单位提交的设计费用支付申请表，以及签认设计费用支付证书，并应报建设单位。

（9）应审查设计单位提交的设计成果，并应提出评估报告。

（10）审查设计单位提出的新材料、新工艺、新技术、新设备，应通过相关部门评审备案，必要时应协助建设单位组织专家评审。

（11）应审查设计单位提出的设计概算、施工图预算，提出审查意见，并应报建设单位。

（12）应分析可能发生索赔的原因，并应制定防范对策。

（13）应协助建设单位组织专家对设计成果进行评审。

（14）可协助建设单位向政府有关部门报审有关工程设计文件，并根据审批意见，督促设计单位予以完善。

2. 工程施工招标阶段监理工作内容

（1）拟定工程建设项目施工招标方案，并征得项目业主同意。

（2）准备工程建设项目施工招标条件。

（3）办理施工招标申请。

（4）编写施工招标文件。

（5）标底经项目业主认可后，报送所在地方建设主管部门审核。

（6）组织工程建设项目施工招标工作。

（7）组织现场勘察与答疑会，回答投标人提出的问题。

（8）组织开标、评标、决标工作。

（9）协助项目业主与中标单位商签承包合同。

3. 工程施工阶段监理工作内容

（1）施工阶段工程质量控制

1）工程开工前，项目监理机构应审查施工单位现场的质量管理机构、管理制度及专职管理人员和特种作业人员的资格。

2）总监理工程师应组织专业监理工程师审查施工单位报审的施工方案，主要对施工方案中编审程序是否符合相关规定，工程质量保证措施是否符合有关标准进行审查，符合要求后予以签认。

3）专业监理工程师应审查施工单位报送的新材料、新工艺、新技术、新设备的质量认证材料和相关验收标准的适用性，必要时，应要求施工单位组织专题论证，审查合格后报总监理工程师签认。

4）专业监理工程师应检查、复核施工单位报送的施工控制测量成果及保护措施，签署意见。专业监理工程师应对施工单位在施工过程中的施工测量放线成果进行查验。

5）专业监理工程师应检查施工单位为工程提供服务的试验室。

6）项目监理机构应审查施工单位报送的用于工程的材料、设备、构配件的质量证明文件，并按照有关规定或建设工程监理合同约定，对用于工程的材料进行见证取样、平行检验。

7）对已进场经检验不合格的工程材料、设备、构配件，项目监理机构应要求施工单位限期将其撤出施工现场。

8）专业监理工程师应要求施工单位定期提交影响工程质量的计量设备的检查和检定报告。

9）项目监理机构应根据工程特点和施工单位报送的施工组织设计，确定旁站的关键部位、关键工序，安排监理人员进行旁站，并应及时记录旁站情况。

10）项目监理机构应安排监理人员对工程施工质量进行巡视。

11）项目监理机构应根据工程特点、专业要求，以及建设工程监理合同约定，对施工质量进行平行检查。

12）项目监理机构应对施工单位的隐蔽工程、检验批、分项工程和分部工程进行验收，对验收合格的应给予签认；对验收不合格的应拒绝签认，同时应要求施工单位在指定的时间内调整并重新报验。

对已同意覆盖的工程隐蔽部位质量有疑问的，或发现施工单位私自覆盖工程隐蔽部位的，项目监理机构应要求施工单位对该隐蔽部位进行钻孔探测、剥离或其他方法进行重新检验。

13）项目监理机构发现施工存在质量问题的，或施工单位采用不适当的施工工艺，或施工不当，造成工程质量不合格，应及时签发监理通知单，要求施工单位整改。整改完毕后，项目监理机构应根据施工单位报送的监理通知回复单对整改情况进行复查，提出复查意见。

14）对需要返工处理或加固补强的质量缺陷，项目监理机构应要求施工单位报送质量事故调查报告和经设计等相关单位认可的处理方案，并对质量事故的处理过程进行跟踪检查，对处理结果进行验收。

15）对需要返工处理或加固补强的质量事故，项目监理机构应要求施工单位报送质量事故调查报告和经设计等相关单位认可的处理方案，并对质量事故的处理过程进行跟踪检查，对处理结果进行验收。

16）项目监理机构应审查施工单位提交的单位工程竣工验收报审表及竣工资料，组织工程竣工预验收。存在问题的，应要求施工单位及时整改；合格的，总监理工程师应签发单位工程竣工验收报审表。

17）工程竣工预验收合格后，项目监理机构应编写工程质量评估报告，经总监理工程师和工程监理单位技术负责人审核签字后报建设单位。

18）项目监理机构应参加由建设单位组织的竣工验收，对验收中提出的整改问题，督促施工单位及时整改。工程质量符合要求的，总监理工程师应在工程竣工验收报告中签署意见。

（2）施工阶段工程造价控制

1）项目监理机构应按下列程序进行工程计量和付款签证：

① 专业监理工程师对施工单位提交的工程款支付申请表中的工程量和支付金额进行复核，确定实际完成的工程量，提出到期应支付给施工单位的金额，并提出相应的支付性材料；

② 总监理工程师对专业监理工程师的审查意见进行审核，签认后报建设单位审批；

③ 总监理工程师根据建设单位的审批意见，向施工单位签发工程款支付证书。

2）项目监理机构应编制月完成工程量统计表，对实际完成量与计划完成量进行比较分析，发现偏差的，应提出调整建议，并应在监理月报中向建设单位报告。

3）项目监理机构应按下列程序进行竣工结算审核：

① 专业监理工程师审查施工单位提交的竣工结算申请，提出审查意见；

② 总监理工程师对专业监理工程师的审查意见进行审核，签认后报建设单位审批，同时抄送施工单位，并就工程竣工结算事宜与建设单位、施工单位协商，达成一致意见的，根据建设单位审批意见向施工单位签发竣工结算款支付证书；不能达成一致意见的，应按施工合同约定处理。

（3）施工阶段工程进度控制

1）项目监理机构应审查施工单位报审的施工总进度计划和阶段性施工进度计划，提出审查意见，并应由总监理工程师审核后报建设单位。

2）项目监理机构应检查进度计划实施情况，发现实际进度严重滞后于计划进度且影响合同工期时，应签发监理通知单，要求施工单位采取调整措施加快施工进度。总监理工程师应向建设单位报告工期延误风险。

3）项目监理机构应比较分析工程施工实际进度与计划进度，预测实际进度对工程总工期的影响，并应在监理月报中向建设单位报告工程实际进展情况。

（4）安全生产管理的监理工作

1）项目监理机构应根据法律法规、工程建设强制性标准，履行建设工程安全生产管理的监理职责，并应将安全生产管理的监理工作内容、方法和措施纳入监理规划及监理实施细则。

2）项目监理机构应审查施工单位现场安全生产规章制度的建立和实施情况，并应审查施工单位安全生产许可证及施工单位项目经理、专职安全生产管理人员和特种作业人员的资格，同时应审查施工机械和设施的安全许可验收手续。

3）项目监理机构应审查施工单位报审的专项施工方案，符合要求的，应由总监理工程师签认后报建设单位。超过一定规模的危险性较大的分部分项工程的专项施工方案，应检查施工单位组织专家进行论证、审查的情况，以及是否附具安全验算结果。项目监理机构应要求施工单位按已批准的专项施工方案组织施工。专项施工方案需要调整时，施工单位应按程序重新提交项目监理机构审查。

4）项目监理机构应巡视检查危险性较大的分部分项工程专项施工方案的实施情况。发现未按专项施工规范实施时，应签发监理通知单，要求施工单位按专项施工方案实施。

5）项目监理机构在实施监理过程中，发现工程存在安全事故隐患时，应签发监理通知单，要求施工单位整改；情况严重时，应签发工程暂停令，并应及时报告建设单位。施工单位拒不整改或不停工时，项目监理机构应及时向有关主管部门报送监理报告。

4. 工程保修阶段监理工作内容

（1）承担工程保修阶段的服务工作时，工程监理单位应定期回访。

（2）对建设单位或使用单位提出的工程质量缺陷，工程监理单位应安排监理人员进行检查和记录，并应要求施工单位予以修复，同时应监督实施，合格后予以签认。

（3）工程监理单位应对工程质量缺陷原因进行调查，并应与建设单位、施工单位协商确定责任归属。对非施工单位原因造成的工程质量缺陷，应核实施工单位申报的修复工程费，并应签认工程款支付证书，同时应报建设单位。

4.3.6　施工阶段监理资料的内容

施工阶段监理资料的内容包括：

（1）施工合同文件及委托监理合同；

（2）勘察设计文件；

（3）监理规划；

（4）监理实施细则；

（5）分包单位资格报审表；

（6）设计交底与图纸会审纪要；

（7）施工组织设计（方案）报审表；

（8）工程开工/复工报审表及工程停工令；

（9）测量核验资料；

（10）工程进度计划；

（11）工程材料、构配件、设备的质量证明文件；

（12）检查试验资料；

（13）工程变更资料；

（14）隐蔽工程验收资料；

（15）工程计量单和工程款支付证书；

（16）监理工程师通知单；

（17）监理工作联系单；

（18）报验申请表；

（19）会议纪要；

（20）往来函件；

（21）监理日记；

（22）监理月报；

（23）质量缺陷与事故的处理文件；

（24）分部工程、单位工程等验收资料；

（25）索赔文件资料；

（26）竣工结算审核意见书；

（27）工程项目施工阶段质量评估报告等专题报告；

（28）监理工作总结。

4.3.7 监理单位的权利和义务

1. 监理单位的权利

（1）监理人在委托人委托的工程范围内，享有以下权利：

1）选择工程总承包人的建议权。

2）选择工程分包人的认可权。

3）对工程建设有关事项包括工程规模、设计标准、规划设计、生产工艺设计和使用功能要求，向委托人的建议权。

4）对工程设计中的技术问题，按照安全和优化的原则，向设计人提出建议；如果拟提出的建议可能会提高工程造价或延长工期，应当事先征得委托人的同意。当发现工程设计不符合国家颁布的建设工程质量标准和设计合同约定的质量标准时，监理人应当书面报告委托人并要求设计人更正。

5）审批工程施工组织设计和技术方案，按照保质量、保工期和降低成本的原则向承包人提出建议，并向委托人提出书面报告。

6）主持工程建设有关协作单位的组织协调，重要协调事项应当事先向委托人报告。

7）征得委托人同意，监理人有权发布开工令、停工令、复工令，但应当事先向委托人报告。如在紧急情况下未能事先报告时，则应在 24h 内向委托人作出书面报告。

8）工程上使用的材料和施工质量的检验权。对于不符合设计要求和合同约定及国家质量标准的材料、构配件、设备，有权通知承包人停止使用；对于不符合规范和质量标准的工序、分部、分项工程和不安全施工作业，有权通知承包人停工整改、返工。承包人得到监理机构复工令后才能复工。

9）工程施工进度的检查、监督权以及工程实际竣工日期提前或超过工程施工合同规定的竣工期限的签订权。

10）在工程施工合同约定的工程价格范围内，工程款支付的审核和签订权，以及工程结算的复核确认权与否决权，未经总监理工程师签字确认，委托人不支付工程款。

（2）监理人在委托人授权下，可对任何承包人合同规定的义务提出变更。如果由此严重影响了工程费用、质量或进度，则这种变更须经委托人事先批准。在紧急情况下未能事先报委托人批准时，监理人所做的变更也应尽快通知委托人。在监理过程中如发现工程承包人员工作不力，监理机构可要求承包人调换有关人员。

（3）在委托的工程范围内，委托人或承包人对对方的任何意见和要求（包括索赔要求）均必须首先向监理机构提出，由监理机构研究处置意见，再同双方协商确定。当委托人和承包人发生争议时，监理机构应根据自己的职能，以独立的身份判断，公正地进行调解。当双方的争议由政府建设行政主管部门调解或仲裁机构仲裁时，应当提供佐证的事实材料。

2. 监理单位的义务

（1）监理人按合同约定派出监理工作需要的监理机构及监理人员，向委托人报送委派的总监理工程师及其监理机构主要成员名单、监理规划，完成监理合同专用条件中约定的监理工程范围内的监理业务。在履行合同义务期间，应按合同约定定期向委托人报告监理工作。

（2）监理人在履行本合同的义务期间，应认真、勤奋地工作，为委托人提供与其水平相适应的咨询意见，公正维护各方面的权益。

（3）监理人使用委托人提供的设施和物品属委托人的财产。在监理工作完成或中止时，应将其设施和剩余的物品按合同约定的时间和方式移交给委托人。

（4）在合同期内或合同终止后，未征得有关方同意，不得泄露与本工程、本合同业务有关的保密资料。

4.3.8　建设监理法律责任

建设监理的法律责任是指监理单位或者监理工程师违反现行法律法规、合同条款等规定，没有履行或没有适当履行其所规定的义务，而应承担的法律规定的不利后果。常见的建设监理法律责任见表4-4。

建设监理法律责任　　　　　　　　表4-4

序号	违法行为	法律责任
1	工程监理单位不按照委托监理合同的约定履行监理义务	对建设单位承担相应的赔偿责任
2	工程监理单位与承包单位串通，为承包单位谋取非法利益	与承包单位承担连带赔偿责任
3	工程监理单位与建设单位或者建筑施工企业串通，弄虚作假、降低工程质量	责令改正，处以罚款，降低资质等级或者吊销资质证书；有违法所得的，予以没收；造成损失的，承担连带赔偿责任；构成犯罪的，依法追究刑事责任
4	工程监理单位转让监理业务	责令改正，没收违法所得，处合同约定的监理酬金25%以上50%以下的罚款；可以责令停业整顿，降低资质等级；情节严重的，吊销资质证书
5	工程监理单位超越本单位资质等级承揽工程的	责令停止违法行为，处以监理酬金1倍以上2倍以下的罚款；情节严重的，吊销资质证书；有违法所得的，予以没收
6	未取得资质证书承揽工程的	予以取缔，处以罚款，有违法所得的，予以没收
7	以欺骗手段取得资质证书承揽工程的	吊销资质证书，处以罚款；有违法所得的，予以没收
8	工程监理单位允许其他单位或者个人以本单位名义承揽工程的	责令改正，没收违法所得，处以监理酬金1倍以上2倍以下的罚款；可以责令停业整顿，降低资质等级；情节严重的，吊销资质证书
9	与建设单位或者施工单位串通，弄虚作假、降低工程质量的	责令改正，处50万元以上100万元以下的罚款，降低资质等级或者吊销资质证书；有违法所得的，予以没收；造成损失的，承担连带赔偿责任
10	将不合格的建设工程、建筑材料、建筑构配件和设备按照合格签字	

4.4　建筑工程发包与承包

建筑工程发包，是建筑工程的建设单位（或总承包单位）将建筑工程任务通过招标发包或直接发包的方式，交付给具有法定从业资格的单位完成，并按照合同约定支付报酬的行为。建筑工程承包，则是具有法定从业资格的单位依法承揽建筑工程任务，通过签订合同确立双方的权利与义务，按照合同约定取得相应报酬，并完成建筑工程任务的行为。

4.4.1 建筑工程发包制度

建筑工程发包一般依据工程的投资性质、规模大小、技术的难易程度、工期的紧迫程度、工程的保密性等要求，分为招标发包和直接发包。在发包过程中，发包单位应当遵守以下规定：

（1）建筑工程实行招标发包的，发包单位应当将建筑工程发包给依法中标的承包单位。建筑工程实行直接发包的，发包单位应当将建筑工程发包给具有相应资质条件的承包单位。

（2）政府及其所属部门不得滥用行政权力，限定发包单位将招标发包的建筑工程发包给指定的承包单位。

（3）禁止将建筑工程肢解发包。

（4）按照合同约定，建筑材料、建筑构配件和设备由工程承包单位采购的，发包单位不得指定承包单位购入用于工程的建筑材料、建筑构配件和设备或者指定生产厂、供应商。

（5）禁止违法发包。

2019年住房和城乡建设部发布的《建筑工程施工发包与承包违法行为认定查处管理办法》进一步规定，存在下列情形之一的，属于违法发包：

（1）建设单位将工程发包给个人的；

（2）建设单位将工程发包给不具有相应资质的单位的；

（3）依法应当招标未招标或未按照法定招标程序发包的；

（4）建设单位设置不合理的招标投标条件，限制、排斥潜在投标人或者投标人的；

（5）建设单位将一个单位工程的施工分解成若干部分发包给不同的施工总承包或专业承包单位的。

2016年1月颁布的《国务院办公厅关于全面治理拖欠农民工工资问题的意见》中规定，在工程建设领域推行工程款支付担保制度，采用经济手段约束建设单位履约行为，预防工程款拖欠。加强对政府投资工程项目的管理，对建设资金来源不落实的政府投资工程项目不予批准。政府投资项目一律不得以施工企业带资承包的方式进行建设，并严禁将带资承包有关内容写入工程承包合同及补充条款。

全面推行施工过程结算，建设单位应按合同约定的计量周期或工程进度结算并支付工程款。工程竣工验收后，对建设单位未完成竣工结算或未按合同支付工程款且未明确剩余工程款支付计划的，探索建立建设项目抵押偿付制度，有效解决拖欠工程款问题。对长期拖欠工程款结算或拖欠工程款的建设单位，有关部门不得批准其新项目开工建设。

4.4.2 建筑工程承包制度

建筑工程承包制度包括总承包、共同承包、分包等制度。

1. 总承包

工程总承包是指从事工程总承包的企业受建设单位的委托，按照工程总承包合同的约定，对工程项目的勘察、设计、采购、施工、试运行等实行全过程或若干阶段的承包。工程总承包是国际通行的工程建设项目组织实施方式，有利于发挥具有较强技术力量和组织管理能力的大承包商的专业优势，综合协调工程建设中的各种关系，强化统一指挥和组织管理，保证工程质量和进度，提高投资效益。

《建筑法》规定，建筑工程的发包单位可以将建筑工程的勘察、设计、施工、设备采购一并发包给一个工程总承包单位，也可以将建筑工程勘察、设计、施工、设备采购的一项或者多项发包给一个工程总承包单位。

（1）工程总承包的主要形式

1）设计采购施工（EPC)/交钥匙总承包

设计采购施工总承包是指工程总承包企业按照合同约定，承担工程项目的设计、采购、施工、试运行服务等工作，并对承包工程的质量、安全、工期、造价全面负责。

交钥匙总承包是设计采购施工总承包业务和责任的延伸，最终是向建设单位提交一个满足使用功能、具备使用条件的工程项目。

2）设计—施工总承包（D-B）

设计—施工总承包是指工程总承包企业按照合同约定，承担工程项目设计和施工，并对承包工程的设计和施工的质量、安全、工期、造价负责。

3）设计—采购总承包（E-P）

设计—采购总承包是指工程总承包企业按照合同约定，承担工程项目设计和采购工作，并对工程项目设计和采购的质量、进度等负责。

4）采购—施工总承包（P-C）

采购—施工总承包是指工程总承包企业按照合同约定，承担工程项目的采购和施工，并对承包工程的采购和施工的质量、安全、工期、造价负责。

（2）总承包企业的资质管理

我国对工程总承包不设立专门的资质。当前，我国鼓励具有工程勘察、设计或施工总承包资质的勘察、设计和施工企业，通过改造和重组，建立与工程总承包业务相适应的组织机构、项目管理体系，充实项目管理专业人员，提高融资能力，发展成为具有设计、采购、施工（施工管理）综合功能的工程公司，在其勘察、设计或施工总承包资质等级许可的工程项目范围内开展工程总承包业务。工程勘察、设计、施工企业也可以组成联合体对工程项目进行联合总承包。

（3）总承包单位的责任

《建筑法》规定，建筑工程总承包单位按照总承包合同的约定对建设单位负责；分包单位按照分包合同的约定对总承包单位负责。总承包单位和分包单位就分包工程对建设单位承担连带责任。

《建设工程质量管理条例》进一步规定，建设工程实行总承包的，总承包单位应当对全部建设工程质量负责；建设工程勘察、设计、施工、设备采购的一项或者多项实行总承包的，总承包单位应当对其承包的建设工程或者采购的设备的质量负责。总承包单位依法将建设工程分包给其他单位的，分包单位应当按照分包合同的约定对其分包工程的质量向总承包单位负责，总承包单位与分包单位对分包工程的质量承担连带责任。

2. 共同承包

共同承包是指由两个以上具有承包资格的单位共同组成非法人的联合体，以共同的名义对工程进行承包的行为。《建筑法》规定，大型建筑工程或者结构复杂的建筑工程，可以由两个以上的承包单位联合共同承包。联合承包要遵循以下规则：

（1）资质要求

两个以上不同资质等级的单位实行联合共同承包的，应当按照资质等级低的单位的业务许可范围承揽工程。

（2）共同承包责任

联合体中标的，联合体各方应当共同与招标人签订承包合同，对承包合同的履行承担连带责任。

共同承包各方应签订联合承包协议，明确约定各方的权利、义务以及相互合作、违约责任承担等条款。各承包方就承包合同对建设单位承担连带责任。若出现赔偿责任，建设单位有权向共同承包的任一方请求赔偿，而被请求方不得拒绝，在其支付赔偿后，可依据联合承包协议及有关各方过错大小，有权对超过自己应赔偿的那部分份额向其他方进行追偿。

3. 建设工程分包

建设工程施工分包分为专业工程分包和劳务分包。建筑工程总承包单位可以将承包工程中的非主体、非关键工程，按照合同约定或者经招标人同意，发包给具有相应资质条件的分包单位。

（1）分包一般规定

1）分包单位应具有相应的资质，并不得再次分包。

2）禁止承包单位将其承包的全部建筑工程肢解以后以分包的名义分别转包给他人。

3）禁止主体结构分包。

4）严禁个人承揽分包工程业务。

（2）建设单位、总承包单位和分包单位的合同关系

对于建设单位、总承包单位和分包单位的合同关系，如图4-2所示。

总承包单位与分包单位对工程承担责任关系如下：

1）总承包单位依据总承包合同对建设单位负责。

2）分包单位和建设单位之间不存在合同关系。

3）总承包单位和分包单位就分包工程对建设单位承担连带责任。

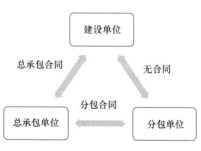

图4-2 建设单位、总承包单位和分包单位的合同关系示意图

（3）转包和违法分包

1）转包

存在以下情形之一的属于转包：

① 施工单位将其承包的全部工程转给其他单位或个人施工的；

② 施工总承包单位或专业承包单位将其承包的全部工程肢解以后，以分包的名义分别转给其他单位或个人施工的；

③ 施工总承包单位或专业承包单位未在施工现场设立项目管理机构或未派驻项目负责人、技术负责人、质量管理负责人、安全管理负责人等主要管理人员，不履行管理义务，未对该工程的施工活动进行组织管理的；

④ 施工总承包单位或专业承包单位不履行管理义务，只向实际施工单位收取费用，主要建筑材料、构配件及工程设备的采购由其他单位或个人实施的；

⑤ 劳务分包单位承包的范围是施工总承包单位或专业承包单位承包的全部工程，劳务分包单位计取的是除上缴给施工总承包单位或专业承包单位"管理费"之外的全部工程价款的；

⑥ 施工总承包单位或专业承包单位通过采取合作、联营、个人承包等形式或名义，直接或变相地将其承包的全部工程转给其他单位或个人施工的；

⑦ 法律法规规定的其他转包行为。

2）违法分包

存在以下情形之一的属于违法分包：

① 施工单位将工程分包给个人的；

② 施工单位将工程分包给不具备相应资质或安全生产许可的单位的；

③ 施工合同中没有约定，又未经建设单位认可，施工单位将其承包的部分工程交由其他单位施工的；

④ 施工总承包单位将房屋建筑工程的主体结构的施工分包给其他单位的，钢结构工程除外；

⑤ 专业分包单位将其承包的专业工程中非劳务作业部分再分包的；

⑥ 劳务分包单位将其承包的劳务再分包的；

⑦ 劳务分包单位除计取劳务作业费用外，还计取主要建筑材料款、周转材料款和大中型施工机械设备费用的；

⑧ 法律法规规定的其他违法分包行为。

4.4.3　建筑承发包法律责任

依据《建筑法》《建设工程质量管理条例》等法律法规，建筑承发包活动中的违法行为及其相应的法律责任见表 4-5。

建筑承发包法律责任　　　　　　　　　　　　　　表 4-5

序号	违法行为	法律责任
1	建设单位将建设工程发包给不具有相应资质等级的勘察、设计、施工单位或者委托给不具有相应资质等级的工程监理单位的	责令改正,处 50 万元以上 100 万元以下的罚款
2	建设单位将建设工程肢解发包的	责令改正,处工程合同价款 0.5% 以上、1% 以下的罚款
3	对全部或者部分使用国有资金的项目进行肢解发包的	暂停项目执行或者暂停资金拨付
4	超越本单位资质等级承揽工程的	责令停止违法行为,处以罚款;可以责令停业整顿,降低资质等级;情节严重的,吊销资质证书;有违法所得的,予以没收
5	未取得资质证书承揽工程的	予以取缔,并处罚款;有违法所得的,予以没收
6	建筑施工企业转让、出借资质证书或者以其他方式允许他人以本企业的名义承揽工程的	责令改正,没收违法所得,并处罚款;可以责令停业整顿,降低资质等级;情节严重的,吊销资质证书

序号	违法行为	法律责任
7	承包单位将承包的工程转包的，或者违法分包的	责令改正，没收违法所得，并处罚款；可以责令停业整顿，降低资质等级；情节严重的，吊销资质证书
8	对2年内发生2次转包、违法分包、挂靠、转让出借资质证书或者以其他方式允许他人以本单位的名义承揽工程的施工单位	责令其停业整顿6个月以上，停业整顿期间，不得承揽新的工程项目
9	对2年内发生3次转包、违法分包、挂靠、转让出借资质证书或者以其他方式允许他人以本单位的名义承揽工程的施工单位	资质审批机关降低其资质等级
10	在工程发包与承包中索贿、受贿、行贿	构成犯罪的，依法追究刑事责任；不构成犯罪的，分别处以罚款，没收贿赂的财物，对直接负责的主管人员和其他直接责任人员给予处分
11	在工程承包中行贿的承包单位	可以责令停业整顿，降低资质等级或者吊销资质证书

4.5　违反《建筑法》的法律责任

法律责任，是指当事人由于违反法律规定的义务而应承担的法律后果。法律责任一般可分为民事责任、刑事责任和行政责任。民事责任是指民事违法行为人没有按照法律规定履行自己的义务而应该承担的法律后果。刑事责任是指因实施犯罪行为而应承担的国家司法机关依照刑事法律对其犯罪行为及本人所作的否定性评价和谴责。行政责任是指当事人因为实施法律、法规、规章所禁止的行为而引起的行政上必须承担的法律后果。因违反《建筑法》而应承担的法律后果也包括民事责任、刑事责任和行政责任。

《建筑法》中共有9条涉及民事责任的承担，分别为：第六十六条规定转让、出借资质证书的民事责任；第六十七条规定转包、非法分包的民事责任；第六十九条规定降低工程质量标准的民事责任；第七十条规定擅自改变建筑主体或者承重结构的民事责任；第七十三条建筑设计违反建筑工程质量、安全标准进行设计的民事责任；第七十四条施工企业质量事故的民事责任；第七十五条施工企业不履行保修义务的民事责任；第七十九条有关主管部门滥用职权或玩忽职守、徇私舞弊的民事责任；第八十条建筑质量责任的赔偿责任。

《建筑法》中共有10条涉及刑事责任的承担，分别为：第六十五条规定诈骗的刑事责任；第六十八条规定索贿、受贿、行贿构成犯罪的追究刑事责任；第六十九条规定降低工程质量标准的刑事责任；第七十一条规定安全事故的刑事责任；第七十二条建设单位违反建筑工程质量、安全标准、降低工程质量的刑事责任；第七十三条规定建筑设计单位质量事故的刑事责任；第七十四条施工企业质量事故的刑事责任；第七十七条和第七十九条有关主管部门滥用职权或玩忽职守、徇私舞弊的刑事责任；第七十八条规定政府及有关主管部门限定招标单位的刑事责任。

《建筑法》中共有3条涉及行政责任的承担，分别为：第六十八条规定索贿、受贿、行贿构成犯罪的行政责任；第七十七条规定有关主管部门人员滥用职权或玩忽职守、徇私舞弊颁发资质等级证书的行政责任；第七十九条规定有关主管部门的人员滥用职权或玩忽职守、徇私舞弊颁发施工许可证或违法竣工验收的行政责任。

4.5.1　民事法律责任

违反《建筑法》应当承担的主要民事责任是赔偿损失。这种赔偿责任又可以分为民事主体之间的赔偿和国家有关行政机关对民事主体的赔偿两类。

1. 民事主体之间的赔偿

在下列情况下，违反《建筑法》的民事主体当事人应当承担赔偿责任：

（1）建筑施工企业转让、出借资质证书或者以其他方式允许他人以本企业的名义承揽工程的，对因该项承揽工程不符合规定的质量标准造成的损失，建筑施工企业与使用本企业名义的单位或者个人承担连带赔偿责任。

（2）承包单位将承包的工程转包的，或者违反规定进行分包的，对因转包工程或者违法分包的工程不符合规定的质量标准造成的损失，与接受转包或者分包的单位承担连带赔偿责任。

（3）工程监理单位与建设单位或者建筑施工企业串通，弄虚作假、降低工程质量的，对造成的损失应当承担连带赔偿责任。

（4）建设单位对于涉及建筑主体或者承重结构变动的装修工程必须严格按照规定进行施工。违反规定对涉及建筑主体或者承重结构变动的装修工程擅自施工，给他人财产造成损失的，建设单位应当赔偿受害人所受损失。

（5）建筑设计单位不按照建筑工程质量、安全标准进行设计，造成损失的，承担赔偿责任。

（6）建筑施工企业在施工中偷工减料，使用不合格的建筑材料、建筑构配件和设备的，或者有其他不按照工程设计图纸或者施工技术标准施工的行为，造成建筑工程质量不符合规定的质量标准，应当赔偿由此造成的损失。

（7）建筑施工企业违反规定，不履行保修义务或者拖延履行保修义务，应当对在保修期内因屋顶、墙面渗漏、开裂等质量缺陷造成的损失，承担赔偿责任。

（8）在建筑物的合理使用寿命内，因建筑工程质量不合格受到损害的，有权向责任者要求赔偿。受害人可以向业主、勘察、设计、施工、监理中的任何一方要求赔偿，也可要求各方共同赔偿。被要求赔偿方赔偿后，有权向责任者追索。

2. 国家有关行政机关对民事主体的赔偿

如果国家有关行政机关及其工作人员在建筑行政管理活动中，出现下列违法行政行为，给有关公民、法人、其他组织造成损失的，应当承担行政赔偿责任：

（1）负责颁发建筑工程施工许可证的部门及其工作人员对不符合施工条件的建筑工程颁发施工许可证的。

（2）负责工程质量监督检查或者竣工验收的部门及其工作人员对不合格的建筑工程出具质量合格文件或者按合格工程验收的。

3. 其他民事法律责任

除赔偿损失外，违反《建筑法》的民事主体还有可能承担其他民事责任。其中，有可能大量承担的是修理和返工。建筑施工企业在施工中偷工减料，使用不合格的建筑材料、建筑构配件和设备的，或者有其他不按照工程设计图纸或者施工技术标准施工的行为，造成建筑工程质量不符合规定的质量标准，应当负责返工、修理。

对于其他建筑工程不符合规定的质量标准、安全标准的情况，《建筑法》虽未明确规定应承担返工、修理的责任，但都规定了建设行政管理机关应当责令改正，其改正的措施主要就是返工和修理。如果责任人在被责令改正后仍不采取返工和修理等改正措施，受害人有权提起民事诉讼，要求责任人承担返工和修理的民事责任。

4.5.2 行政法律责任

行政法律责任是《建筑法》规定的主要法律责任，《建设工程质量管理条例》《建设工程安全生产管理条例》也对此作了明确的规定。

1. 涉及行政许可的行政责任

工程勘察、设计、施工单位超越本单位资质等级承揽工程的，责令停止违法行为，对工程勘察、设计单位处合同约定的勘察费、设计费1倍以上2倍以下的罚款，对施工单位处工程合同价款2%以上4%以下的罚款；可以责令停业整顿，降低资质等级；情节严重的，吊销资质证书；有违法所得的，予以没收。

未取得资质证书承揽工程的，予以取缔，依照上述规定处以罚款；有非法所得，予以没收。以欺骗手段取得资质证书承揽工程的，吊销资质证书，也依照上述规定处以罚款；有非法所得的，予以没收。

县级以上人民政府建设行政主管部门或者其他有关行政管理部门的工作人员，对不具备安全生产条件的施工单位颁发资质证书的，或者对没有安全施工措施的建设工程颁发施工许可证的，给予降级或者撤职的行政处分。

2. 转包、违法分包的行政责任

违反有关规定，工程勘察、设计、施工单位允许其他单位或者个人以本单位的名义承揽工程的，责令改正，没收非法所得，对工程勘察、设计单位处合同约定的勘察费、设计费1倍以上2倍以下的罚款，对施工单位处工程合同价款2%以上4%以下的罚款；可以责令停业整顿，降低资质等级；情节严重的，吊销资质证书。

工程勘察、设计、施工单位将承包的工程转包或者违法分包的，责令改正，没收违法所得，对工程勘察、设计单位处合同约定的勘察费、设计费25%以上50%以下的罚款，对施工单位处工程合同价款0.5%以上1%以下的罚款；可以责令停业整顿，降低资质等级；情节严重的，吊销资质证书。

3. 建设、勘察、设计、施工过程中过错行为的行政责任

（1）建设单位的行政责任

建设单位未提供建设工程安全生产作业环境及安全施工措施所需费用的，责令限期改正；逾期未改正的，责令该建设工程停止施工。建设单位未将保证安全施工的措施或者拆除工程的有关资料报送有关部门备案的，责令限期改正，给予警告。

建设单位对勘察、设计、施工、工程监理等单位提出不符合安全生产法律、法规和强制性标准规定的要求的，或者要求施工单位压缩合同约定的工期的，或者将拆除工程发包给不具有相应资质等级的施工单位的，责令限期改正，处20万元以上50万元以下的罚款。

（2）勘察、设计单位的行政责任

勘察、设计单位违反国家有关规定，有下列行为之一的，责令改正，处 10 万元以上 30 万元以下的罚款，情节严重的，责令停业整顿，降低资质等级，直至吊销资质证书：

1）勘察单位未按照工程建设强制性标准进行勘察的；

2）设计单位未根据勘察成果文件进行工程设计的；

3）设计单位指定建筑材料、建筑构配件的生产厂、供应商的；

4）设计单位未按工程建设强制性标准进行设计的；

5）采用新结构、新材料、新工艺的建设工程和特殊结构的建设工程，设计单位未在设计中提出保障施工作业人员安全和预防生产安全事故的措施建议的。

（3）工程监理单位的行政责任

工程监理单位未对施工组织设计中的安全技术措施或者专项施工方案进行审查的，或者发现安全事故隐患未及时要求施工单位整改或者暂时停止施工的，或者在施工单位拒不整改或者不停止施工时，未及时向有关主管部门报告的，或者未依照法律、法规和工程建设强制性标准实施监理的，责令限期改正；逾期未改正的，责令停业整顿，并处 10 万元以上 30 万元以下的罚款；情节严重的，降低资质等级，直至吊销资质证书。

（4）施工单位的行政责任

施工单位在施工中偷工减料，使用不合格的建筑材料、建筑构配件和设备的，或者有不按照工程设计图纸和施工技术标准施工的其他行为的，责令改正，处工程合同价款 2% 以上 4% 以下的罚款；情节严重的，责令停业整顿，降低资质等级或者吊销资质证书。

施工单位未对建筑材料、设备进行检验的行政责任。施工单位违反规定未对建筑材料、建筑构配件、设备和商品混凝土进行检验，或者未对涉及结构安全的试块、试件以及有关材料取样检测的，责令改正，处 10 万元以上 20 万元以下的罚款；情节严重的，责令停业整顿，降低资质等级或者吊销资质证书。

施工单位违反保修规定的行政责任。施工单位违反规定，不履行保修义务或者拖延履行保修义务的，责令改正，处 10 万元以上 20 万元以下的罚款。

4. 对提供机械设备和配件单位的处罚

为建设工程提供机械设备和配件的单位，未按照安全施工的要求配备齐全有效的保险、限位等安全设施和装置的，责令限期改正，处合同价款 1 倍以上 3 倍以下的罚款。出租单位出租未经安全性能检测或者经检测不合格的机械设备和施工机具及配件的，责令停业整顿，并处 5 万元以上 10 万元以下的罚款。

5. 有关人员个人的行政责任

违反规定，注册建筑师、注册结构工程师因过错造成质量事故的，责令停止执业 1 年；造成重大质量事故的，吊销执业资格证书，5 年以内不予注册；情节特别恶劣的，终身不予注册。注册执业人员未执行法律、法规和工程建设强制性标准的，责令停止执业 3 个月以上 1 年以下；情节严重的，吊销执业资格证书，5 年内不予注册；造成重大安全事故的，终身不予注册。

《建设工程质量管理条例》的规定，给予单位罚款处罚的，对单位直接负责的主管人员和其他直接责任人员处单位罚款数额 5% 以上 10% 以下的罚款。

建设、勘察、设计、施工单位的工作人员因调动工作、退休等原因离开该单位后，被发现在该单位工作期间违反国家有关建设工程质量管理规定，造成重大工程质量事故的，仍应当依法追究法律责任。

4.5.3　刑事责任

按照我国《刑法》的规定，建设单位、设计单位、施工单位违反国家规定，降低工程质量标准，造成重大安全事故，对直接责任人员处 5 年以下有期徒刑或者拘役，并处罚金；后果特别严重的，处 5 年以上 10 年以下有期徒刑，并处罚金。

《建筑法》《建设工程质量管理条例》《建设工程安全生产管理条例》等也规定了建设活动中各情形构成犯罪的，对直接责任人员，依照刑法有关规定追究刑事责任。

4.6　典型案例分析

案例 1

【案情概要】

在引例中，合同签订后，D 设计院按时将设计文件交给 E 建筑公司，E 建筑公司按图施工。在施工过程中，E 建筑公司将 C1 楼分包给了具有相应资质的 F 建筑公司。

工程竣工后，A 公司会同有关质量监督部门对 C1～C7 楼进行竣工验收，发现：C1 楼由于 D 设计院未对现场进行详细勘探就自行进行设计，导致设计不符合规范要求、设计不合理，从而产生了严重的质量问题，对 A 公司造成 800 万元损失。

就 C1 楼的质量问题，F 公司以与 A 公司没有合同关系为由拒绝承担责任，E 公司和 B 公司以自身不是设计人为由推卸责任，A 公司以 F 公司为被告向法院提起诉讼。法院受理后，追加 B 公司、D 公司和 E 公司为共同被告，判决 B 公司、D 公司、E 公司和 F 公司承担连带责任。

【案情分析】

(1) 本案中 B 公司存在着严重违法的转包行为。《建筑法》第二十八条规定："禁止承包单位将其承包的全部建筑工程转包给他人，禁止承包单位将其承包的全部建筑工程肢解以后以分包的名义分别转包给他人。"《建设工程质量管理条例》第七十八条进一步明确规定："本条例所称转包，是指承包单位承包建设工程后，不履行合同约定的责任和义务，将其承包的全部建设工程转给他人或者将其承包的全部建设工程肢解以后以分包的名义分别转给其他单位承包的行为。"

B 公司将工程全部转给其他公司，属于转包，是违法行为，因此其签订的合同无效。

(2) B 公司不仅应对该 C1 楼的质量问题依法承担连带赔偿责任，还应当接受相应的行政处罚。而 E 公司存在违法分包的行为，依据《建筑法》第六十七条规定："承包单位将承包的工程转包的，或者违反本法规定进行分包的，责令改正，没收违法所得，并处罚款，可以责令停业整顿，降低资质等级；情节严重的，吊销资质证书。承包单位有上述规定的违法行为的，对因转包工程或者违法分包的工程不符合规定的质量标准造成的损失，与接受转包或者分包的单位承担连带赔偿责任。"《建设工程质量管理条例》第六十二条进一步规定："违反本条例规定，承包单位将承包的工程转包或者违法分包的，责令改正，没收违法所得，……对施工单位处工程合同价款 0.5% 以上 1% 以下的罚款；可以责令停业整顿，降低资质等级；情节严重的，吊销资质证书。"

对 C1 楼工程质量问题，B 公司作为总承包人承担责任，D 公司、E 公司和 F 公司分别向 A 公司承担责任。总承包人不能以不是设计人为由推脱责任，分包人也不能以没有合同关系为由推卸责任，这都是不符合法律规定的。

案例 2

【案情概要】

2021 年 4 月 22 日，某水泥厂与某建设公司订立《建设施工合同》及《合同总纲》，双方约定：由某建筑公司承建水泥厂第一条生产线主厂房及烧成车间配套工程的土建项目。开工日期为 2021 年 5 月 15 日。建筑材料由水泥厂提供，建设公司垫资 150 万元人民币，在合同订立 15 日内汇入水泥厂账户。建设公司付给水泥厂 10 万元保证金，进场后再付 10 万元押图费，待图纸归还水泥厂后再予退还等。

合同订立后，建筑公司于同年 5 月前后付给水泥厂 103 万元，水泥厂退还 13 万元，实际占用 90 万元。其中 10 万元为押图费，80 万元为垫资款，比约定的垫资款少付 70 万元。同年 5 月建筑公司进场施工。从 5 月 24 日至 10 月 26 日建筑公司向水泥厂借款 173539 元。后因建设公司未按约支付全部垫资款及工程质量存在问题，双方产生纠纷；建设公司于同年 7 月停止施工。已完成的工程为：窑头基础混凝土、烟囱、窑尾、增温塔等。

水泥厂于同年 11 月向人民法院起诉。一审法院在审理中委托建设工程质量安全监督站对已建工程进行鉴定。结论为：窑头基础混凝土和烟囱不合格应予拆除。另查明，已建工程总造价为 2759391 元，窑头基础混凝土造价 84022 元，烟囱造价 20667 元，两项工程拆除费用为 52779 元，水泥厂投入工程建设的钢筋、水泥等建筑材料折合人民币 70738 元；合格工程定额利润为 5404 元；砂石由建设公司提供。还查明：水泥厂与建设公司订立合同和工程施工时，尚未取得建设用地规划许可证和建设工程规划许可证。

【案情分析】

《建筑法》正式确立了建筑工程施工许可制度。《建筑法》第七条规定："建筑工程开工前，建设单位应按照国家有关规定向工程所在地县级以上人民政府建设行政主管部门申请领取施工许可证；但是，国务院建设行政主管部门确定的限额以下的小型工程除外。按照国务院的权限和程序批准开工报告的建筑工程，不再领取施工许可证。"根据《建筑法》第八条的规定，取得施工许可证的前提是取得土地使用证、规划许可证。因此，工程建设项目施工必须"三证"齐全，即必须同时具备土地使用证、规划许可证、施工许可证。

本案中，由于发包人水泥厂没有依法取得建设用地规划许可证和建设工程规划许可证，属于违法建设，其签订的工程施工合同应属于无效合同。同时，尽管法律规定领取施工许可证是建设单位的责任，但施工单位不经审查而签订了合同，也要承担一定的过错责任。

本章小结

本章主要介绍了《建筑法》的主要结构及其内容，对建设工程施工许可制度，应熟悉其申领施工许可证的适用范围、条件和相应的法律责任；对建筑工程监理，熟悉其适用范围、权利和义务以及相应的法律责任；对工程的发包和承包要熟悉其遵守的重要规则，尤其是法律禁止的违法行为。

思考与练习题

一、单选题

4-1　建设施工企业确定后，在建筑工程开工前，建设单位应该按照国家有关规定向工程所在地县级以上人民政府建设行政主管部门申请领取（　　）。

A. 建设用地规划许可证　　　　　　B. 建设工程规划许可证

C. 施工许可证　　　　　　　　　　D. 安全生产许可证

4-2　关于城市、镇规划许可证的说法，正确的是（　　）。

A. 以划拨方式提供国有土地使用权的建设项目，建设单位在取得划拨土地之后，方可向城市、县人民政府城乡规划主管部门提出建设用地规划许可申请

B. 以出让方式取得国有土地使用权的建设项目，建设单位在取得建设用地规划许可证之后，才能取得国有土地使用权

C. 以划拨方式提供国有土地使用权的建设项目，建设单位在取得建设用地规划许可证后，方可向县级以上地方人民政府土地主管部门申请用地

D. 以出让方式取得国有土地使用权的建设项目，在签订国有土地使用权出让合同后，建设单位应当向城市、县人民政府建设行政主管部门领取建设用地规划许可证

4-3　以出让方式取得国有土地使用权的建设项目，建设单位应当持建设项目的批准、核准备案文件和国有土地使用权出让合同，向建设项目所在城市、县人民政府（　　）领取建设用地规划许可证。

A. 土地主管部门　　　　　　　　　B. 建设行政主管部门

C. 城乡规划主管部门　　　　　　　D. 授权的镇人民政府

4-4　关于建筑工程施工许可管理的说法，错误的是（　　）。

A. 申请施工许可证是取得建设用地规划许可证的前置条件

B. 保证工程质量和安全的施工措施须在申请施工许可证前编制完成

C. 只有法律和行政法规才有权设定施工许可证当的申领条件

D. 消防设计审核不合格，不予颁发施工许可证

4-5　（　　）在建筑工程开工前领取施工许可证。

A. 施工单位　　　　　　　　　　　B. 设计单位

C. 建设单位　　　　　　　　　　　D. 监理单位

4-6　某建设单位于2022年2月1日领取施工许可证，由于某种原因工程未能按期开工，该建设单位按照《建筑法》规定向发证机关申请延期，该工程最迟应当在（　　）开工。

A. 2022年3月1日　　　　　B. 2022年5月1日

C. 2022年8月1日　　　　　D. 2022年11月1日

4-7　根据《建筑法》，在建工程因故中止施工的，建设单位应当自中止施工之日起（　　）内，向施工许可证办法机关报告，并按照规定做好建筑工程的维护管理工作。

A. 15天　　　B. 1个月　　　C. 2个月　　　D. 3个月

4-8　建设工程因故中止施工两年者，恢复施工时，该建设单位应当（　　）。

A. 报发证机关核验施工许可证　　　B. 重新领取施工许可证

C. 向发证机关报告　　　D. 向发证机关备案

4-9　对于未取得施工许可且不符合开工条件的项目责令停止施工，应对（　　）处以罚款。

A. 勘察单位　　　B. 建设单位和施工企业

C. 设计单位　　　D. 建设单位和监理单位

4-10　根据《建设工程质量管理条例》，下列分包情形中，不属于违法分包的是（　　）。

A. 施工总承包合同中未有约定，承包单位又未经建设单位认可，就将其全部劳务作业交由劳务单位完成

B. 总承包单位将工程分包给不具备相应资质条件的单位

C. 施工总承包单位将工程主体结构的施工分包给其他单位

D. 分包单位将其承包的专业工程进行专业分包

4-11　甲公司与乙公司组成联合体共同承包了某大型建筑工程的施工，关于该联合体承包行为的说法，正确的是（　　）。

A. 乙按照承担施工内容即工程质量的比例对建设单位负责

B. 建设单位应当与甲、乙分别签订承包合同

C. 甲和乙就工程质量和安全对建设单位承担连带责任

D. 该行为属于肢解工程发包的违法行为

4-12　建筑施工企业出借资质证书允许他人以本企业的名义承揽工程，情节严重的，其可能受到的最严重的行政处罚是（　　）。

A. 吊销资质证书　　　B. 责令改正，没收违法所得

C. 降低资质等级　　　D. 处以罚款

4-13　乙施工企业和丙施工企业联合共同承包甲公司的建筑工程项目，由于联合体管理不善，造成该建筑项目损失。关于共同承包责任的说法，正确的是（　　）。

A. 甲公司有权请求乙施工企业与丙施工企业承担连带责任

B. 乙施工企业和丙施工企业对甲公司各承担一半责任

C. 甲公司应该向过错较大的一方请求赔偿

D. 对于超过自己应赔偿的那部分份额，乙施工企业和丙施工企业都不能进行追偿

4-14　关于建设工程共同承包的说法，正确的是（　　）。

A. 中小型工程但技术复杂的，可以采取联合共同承包

B. 两个不同资质等级的单位实行联合共同承包的，应当按照资质等级高的单位的业务许可范围承揽工程

C. 联合体各方应当与建设单位分别签订合同，就承包工程中各自负责的部分承担责任

D. 共同承包的各方就承包合同的履行对建设单位承担连带责任

4-15　分包工程发生质量、安全、进度等问题给建设单位造成损失的，关于承担的说法，正确的是（　　）。

A. 分包单位只对总承包单位负责

B. 建设单位只能向给其造成损失的分包单位主张权利

C. 总承包单位赔偿金额超过其应承担份额的，有权向有责任的分包单位追偿

D. 建设单位与分包单位无合同关系，无权向分包单位主张权利

4-16 关于建设工程分包的说法，正确的有（   ）。

A. 总承包单位可以按照合同约定将建设工程部分非主体、非关键性工作分包给其他企业

B. 总承包单位可以将全部建设工程拆分成若干部分后全部分包给其他施工企业

C. 总承包单位可以将建设工程主体结构中技术较为复杂的部分分包给其他企业

D. 总承包单位经建设单位同意后，可以将建设工程的关键性工作分包给其他企业

4-17 A 建筑公司承包 B 科技有限公司的办公楼扩建项目，根据《建筑法》有关建筑工程发承包的有关规定，该公司可以（   ）。

A. 把工程转让给 C 建筑公司

B. 把工程分为土建工程和安装工程，分别转让给两家有相应资质的建筑公司

C. 经 B 科技有限公司同意，把内墙抹灰工程发包给别的建筑公司

D. 经 B 科技有限公司同意，把主体结构的施工发包给别的建筑公司

二、多选题

4-18 下列工程不需要申请施工许可证的是（   ）。

A. 北京故宫修缮工程

B. 黄河汛期抢险工程

C. 工地临时职工宿舍

D. 某私人投资工程

E. 部队导弹发射塔

4-19 关于申请领取施工许可证的说法，正确的有（   ）。

A. 应当委托监理的工程已委托监理后才能申请领取施工许可证

B. 领取施工许可证是确定建筑施工企业的前提条件

C. 法律、行政法规和省、自治区、直辖市人民政府规章可以规定申请施工许可证的其他条件

D. 在申请领取施工许可证之前需要落实建设资金

E. 在城市、镇规划区的建筑工程，需要同时取得建设用地规划许可证和建设工程规划许可证后，才能申请办理施工许可证

4-20 根据《建筑法》，关于建筑工程分包的说法，正确的有（   ）。

A. 建筑工程的分包单位必须在其资质等级许可的业务范围内承揽工程

B. 资质等级较低的分包单位可以超越一个等级承接分包工程

C. 建设单位指定的分包单位，总承包单位必须采用

D. 严禁个人承揽分包工程业务

E. 劳务作业分包可不经建设单位认可

4-21 根据《建设工程质量管理条例》，下列分包的情形中，属于违法分包的有（   ）。

A. 总承包单位将部分工程分包给不具有相应资质的单位

B. 未经建设单位认可，施工总承包单位将劳务作业分包给有相应资质的劳务分包企业

C. 未经建设单位认可，承包单位将部分工程交由他人完成

D. 分包单位将其承包的工程再分包

E. 施工总承包单位将承包工程的主体结构分包给了具有先进技术的其他单位

4-22　根据《建设工程监理规范》，工程监理单位在工程保修阶段的服务内容包括（　　）。

A. 定期回访

B. 对建设单位提出的工程质量缺陷，工程监理单位应安排监理人员进行检查和记录

C. 工程监理单位应对工程质量缺陷原因进行调查

D. 审查施工单位的保修组织机构

E. 监督施工单位对工程质量缺陷的修复

三、案例题

4-23　甲施工公司中标了某大型建设项目的桩基工程施工任务，但该公司拿到桩基工程后，由于施工力量不足，就将该工程全部转交给了具有桩基施工资质的乙公司。双方还签订了《桩基工程施工合同》，就合同单价、暂定总价、工期、质量、付款方式、结算方式以及违约责任等作了约定。在合同签订后，乙公司组织实施并完成了该桩基工程施工任务。建设单位在组织竣工验收时，发现有部分桩基工程质量不符合规定的质量标准，便要求甲公司负责返工、修理，并赔偿因此造成的损失。但甲公司以该桩基工程已交由乙公司施工为由，拒不承担任何的赔偿责任。

问题：

（1）甲公司在该桩基工程的承包活动中有何违法行为？

（2）甲公司是否应对该桩基工程的质量问题承担赔偿责任？

第 5 章　建设工程安全生产法

【引例】

2022 年 8 月 20 日上午，某盾构工程正在进行的围护桩（冲孔桩）施工过程，三名工人（此处简称 A、B、C）在一个桩位进行桩护筒埋设的土方开挖。在开挖前，工人 A 将桩机冲击锤提升悬挂在两米左右的半空中，并将桩机制动锁锁住。其后工人 B 下到冲击锤下方的桩孔内进行开挖土坑，工人 A 在土坑旁边防护，工人 C 离开桩机到旁边休息。13：00 左右，在工人 B 挖土过程中，桩机制动锁失效滑动，致使桩锤突然落下，轧住了工人 B 的胯部，工人 A 发现此情况，立即启动桩机，将冲击锤升起，并与工人 C 一起将伤者抬到地面。事故发生后，现场人员立即向项目部报告了有关情况，项目部收到报告后，立即将伤者送往医院抢救。18：00 左右，院方告知伤者因失血过多，经抢救无效死亡。

事故发生后，经多方调查发现：①死者与桩机司机均属于新进场工人（2022 年 8 月 18 日进场，8 月 20 日即发生事故）；②项目部将围护结构工程进行了分包，分包之前未将分包单位的资质及分包合同上报监理、业主备案；③事故发生后施工单位没有将事故的情况报告业主和建设行政主管部门。直接原因：①桩机司机违章操作，在桩护筒施工阶段未将冲击锤置于桩护筒之外地面；②死者安全意识淡薄，在吊起的冲击锤下方作业；③桩机制动锁失灵，致使冲击锤滑落下来，击中下方作业人员。

5.1　绪论

　　安全生产是指管理者运用行政、经济、法律、法规、技术等各种手段，发挥决策、教育、组织、监察、指挥等各种职能，对人、物、环境等各种被管理对象施加影响和控制，排除不安全因素，以达到安全目的的活动。安全管理的中心问题是保护生产活动中劳动者的安全与健康，保证生产顺利进行。工程建设安全生产管理包括纵向、横向和施工现场三个方面的管理。纵向方面的管理主要是指建设行政主管部门及其授权的建筑安全监督管理机构对建筑安全生产的行业进行监督管理。横向方面的管理主要是指建筑生产有关各方如建设单位、设计单位、监理单位和建筑施工企业等的安全责任和义务。施工现场管理主要是指控制人的不安全行为和物的不安全状态，是建筑安全产管理的关键和集中体现。

　　工程建设的特点是产品固定、人员流动，而且多为露天高空作业，不安全因素较多，有些工作危险性较大，是事故多发性行业，近年来每年的施工死亡率为3‰左右，死亡人数仅次于矿山，居全国各行业的第二位。特别是一次死亡3人以上的重大事故经常发生，给人民的生命财产造成了巨大损失，也影响了社会的安定。加强建筑安全生产管理，预防和减少建筑业事故的发生，保障建筑职工及他人的人身安全和财产安全非常重要。无论是在经济方面还是在政治方而，加强建筑安全生产管理都具有重大意义。

　　为了加强安全生产监督管理，维护建筑市场秩序，保证建筑工程的质量和安全，促进建筑业健康发展，防止和减少生产安全事故，保障人民群众生命和财产安全，规范生产安全事故的报告和调查处理，落实生产安全事故责任追究制度，防止和减少生产安全事故，全国人大、国务院、原建设部相继制定了一系列工程建设安全生产法规和规范性文件，主要有：

　　1991年7月9日建设部令第013号《建筑安全生产监督管理规定》；

　　1992年1月1日建设部令第015号《建设工程施工现场管理规定》；

　　1997年11月1日主席令第091号《中华人民共和国建筑法》（以下简称《建筑法》）；

　　2001年4月21日国务院令第302号《国务院关于特大安全事故行政责任追究的规定》；

　　2002年6月29日主席令第070号《中华人民共和国安全生产法》（以下简称《安全生产法》），2009年8月27日第一次修正，2014年8月31日第二次修正，2021年6月10日第三次修正；

　　2003年11月24日国务院令第393号《建设工程安全生产管理条例》；

　　2004年1月13日国务院令第397号《安全生产许可证条例》，2013年7月18日第一次修正，2014年7月29日第二次修正；

　　2004年7月5日建设部令第128号《建筑施工企业安全生产许可证管理规定》，2015年1月22日修正；

　　2007年4月9日国务院令第493号《生产安全事故报告和调查处理条例》；

2008年1月28日建设部令第166号《建筑起重机械安全监督管理规定》；

2009年3月国家安监总局令〔2009〕第17号《生产安全事故应急预案管理办法》，2016年4月修正。

上述法律、法规、条例的颁布实施，加大了建筑安全生产管理方面的立法力度，对于加强建筑安全生产监督管理、保障人民群众生命和财产安全具有十分重要的意义。

我国《安全生产法》中规定：安全生产管理，坚持"安全第一、预防为主、综合治理"的方针，从源头上防范化解重大安全风险。

所谓"安全第一"，就是指在生产经营活动中，在处理保证安全与实现生产经营活动的其他各项目标的关系上，要始终把安全，特别是从业人员和其他人员的人身安全放在首要的位置，实现"安全优先"的原则，在确保安全的前提下，再来努力实现生产经营的其他目标。

所谓"预防为主"，就是指对安全生产的管理，主要不是放在发生事故后去组织抢救、进行事故调查，找原因、追究责任、堵漏洞，而是要谋事在先、尊重科学、探索规律，采取有效事前控制措施，千方百计预防事故的发生，做到防患于未然，将事故消灭在萌芽状态。虽然人类在生产活动中还不可能完全杜绝安全事故的发生，但只要思想重视、预防措施得当，事故特别是重大事故的发生还是可以大大减少的。

所谓"综合治理"，是贯彻落实科学发展观的具体体现，秉承"安全发展"的理念，从遵循和适应安全生产的规律出发，综合运用法律、经济、行政等手段，人管、法管、技防等多管齐下，并充分发挥社会、职工、舆论的监督作用，从责任、制度、培训等多方面着力，形成标本兼治、齐抓共管的格局。

为保证"安全第一、预防为主、综合治理"方针的落实，《安全生产法》及其他相关法规，还具体规定了安全生产责任制度、安全生产教育培训制度、安全生产检查监督制度、安全生产劳动保护制度、安全生产的市场准入制度及安全生产事故责任追究制度等基本制度。

5.2　工程建设安全生产责任制度

安全生产责任制度，是指由企业主要负责人应负的安全生产责任，其他各级管理人员、技术人员和各职能部门应负的安全生产责任，直到各岗位操作人员应负的岗位安全生产责任所构成的企业安全生产制度。只有从企业主要负责人到各岗位操作人员，人人都明确各自的安全生产责任，人人都按照自己的职责做好安全生产工作，企业的安全生产才能落到实处，从而得到充分保障。

施工单位是工程建设活动的重要主体之一，在施工安全中居于核心地位，是绝大部分生产安全事故的直接责任方。

安全生产责任制主要包括三个方面的内容：一是生产经营单位的各级负责生产和经营的管理人员，在完成生产或经营任务的同时，对保证生产安全负责；二是各职能部门的人员，对自己业务范围内有关的安全生产负责；三是所有的从业人员应在自己本职工作范围内做到安全生产。

5.2.1　施工单位的安全生产责任制度

1. 施工单位主要负责人和项目负责人的安全责任

施工单位主要负责人和项目负责人的安全素质直接关系到施工安全，必须将其应负的施工安全责任法律化。《建设工程安全生产管理条例》第二十一条规定：

（1）施工单位主要负责人依法对本单位的安全生产工作全面负责。其主要职责包括：

1）建立健全安全生产责任制；

2）建立健全安全教育培训制度；

3）制定安全生产规章制度和操作规程；

4）保证本单位安全生产所需资金的投入；

5）对所承担的建设工程进行定期和专项安全检查，并做好安全检查记录。

（2）施工单位的项目负责人（项目经理）对建设工程项目的安全施工负责，并应当由取得相应执业资格的人员担任。其主要职责包括：

1）落实安全生产责任制；

2）落实安全生产规章制度和操作规程；

3）确保安全生产费用的有效使用；

4）根据工程的特点组织制定安全施工措施，消除安全事故隐患；

5）及时、如实报告生产安全事故。

施工单位的项目负责人在施工活动中占有非常重要的地位，代表施工企业法人对项目组织实施中劳动力的调配、资金的使用、建筑材料的购进等行使决策权。因此，项目负责人是本项目安全生产的第一责任人。

2. 施工单位专职安全生产管理人员的职责

《建设工程安全生产管理条例》第二十三条规定："施工单位应当设立安全生产管理机构，配备专职安全生产管理人员。专职安全生产管理人员负责对安全生产进行现场监督检查。发现安全事故隐患，应当及时向项目负责人和安全生产管理机构报告；对违章指挥、违章操作的，应当立即制止。"

所谓安全生产管理机构是指建筑施工企业设置的负责安全生产管理工作的独立职能部门。所谓专职安全管理人员是指经建设主管部门或其他有关部门安全生产考核合格取得安全生产考核合格证书，并在建筑施工企业及其项目从事安全生产管理工作的专职人员。

根据《建筑施工企业安全生产管理机构设置及专职安全生产管理人员配备办法》第十二条规定，项目专职安全生产管理人员具有以下主要职责：

（1）负责施工现场安全生产日常检查并做好检查记录；

（2）现场监督危险性较大工程安全专项施工方案实施情况；

（3）对作业人员违规违章行为有权予以纠正或查处；

（4）对施工现场存在的安全隐患有权责令立即整改；

（5）对于发现的重大安全隐患，有权向企业安全生产管理机构报告；

（6）依法报告生产安全事故情况。

5.2.2 建设单位的安全责任制度

建设单位是建设工程的投资主体,在整个建设活动中居于主导地位。作为业主和甲方,建设单位有权选择勘察、设计、施工、工程监理的单位,可以自行选购施工所需的主要建筑材料,检查工程质量、控制进度、监督工程款使用,对施工的各个环节实行综合管理,因此,建设单位的市场行为对施工现场的安全起着决定性作用。

针对建设单位的不规范行为,《建设工程安全生产管理条例》从以下六个方面作出了严格规定。

1. 建设单位应当如实向施工单位提供有关施工资料

作为负责建设工程整体工作的一方,提供真实、准确、完整的建设工程各个环节所需的基础资料,是建设单位的基本义务。《建设工程安全生产管理条例》第六条规定:"建设单位应当向施工单位提供施工现场及毗邻区域内供水、供电、供气、供热、通信、广播电视等地下管线资料,气象和水文观测资料,相邻建筑物和构筑物、地下工程的有关资料,并保证资料的真实、准确、完整。建设单位因建设工程需要,向有关部门或者单位查询前款规定的资料时,有关部门或者单位应当及时提供。"

2. 建设单位不得向有关单位提出非法要求,不得压缩合同工期

《建设工程安全生产管理条例》第七条规定:"建设单位不得对勘察、设计、施工、工程监理等单位提出不符合建设工程安全生产法律、法规和强制性标准规定的要求,不得压缩合同约定的工期。"

遵守建设工程安全生产法律、法规和安全标准,是建设单位的法定义务。勘察、设计、施工、工程监理等单位违法从事有关活动,必然会给建设工程带来重大结构性的安全隐患和施工中的安全隐患,容易造成事故。压缩合同工期,迫使施工单位增加人力、物力,其结果是盲目赶工期、简化工序和违规操作,必然带来事故隐患,必须禁止。

3. 必须保证必要的安全投入

《建设工程安全生产管理条例》第八条规定:"建设单位在编制工程概算时,应当确定建设工程安全作业环境及安全施工所需要的费用。"

4. 不得明示或暗示施工单位购买不符合安全要求的设备、设施、器材和用具

《建设工程安全生产管理条例》第九条规定:"建设单位不得明示或者暗示施工单位购买、租赁、使用不符合安全施工要求的安全防护用具、机械设施机具及配件、消防设施和器材。"

5. 开工前报送有关安全施工措施的资料

《建设工程安全生产管理条例》第十条规定:"建设单位在申请领取施工许可证时,应当提供建设工程有关安全施工措施的资料。依法批准开工报告的建设工程,建设单位应当自开工报告批准之日起15日内,将保证安全施工的措施报送建设工程所在地的县级以上人民政府建设行政主管部门或其他有关部门备案。"

6. 关于拆除工程的特殊规定

根据《建设工程安全生产管理条例》第十一条规定,建设单位应当将拆除工程发包给具有相应资质等级的施工单位;建设单位应当在拆除工程施工15日前,将下列资料报送建设工程所在地县级以上人民政府建设行政主管部门或其他有关部门备案:

(1)施工单位资质等级证明;

(2)拟拆除建筑物、构筑物及可能危及毗邻建筑的说明;

（3）拆除施工组织方案；

（4）堆放、清除废弃物的措施。

实施爆破作业的，应当遵守国家有关民用爆炸物品管理的规定。根据《中华人民共和国民用爆炸物品管理条例》第三十条规定，进行大型爆破作业，或在城镇与其他居民聚居的地方、风景名胜区和重要工程设施附近进行控制爆破作业，施工单位必须事先将爆破作业方案报县、市以上主管部门批准，并征得所在地县、市公安局同意，方准爆破作业。

5.2.3　勘察、设计、工程监理及其他有关单位的安全责任

勘察、设计、工程监理以及为施工提供机械设备、安装拆卸等单位的活动，都是围绕工程建设进行的，都对施工安全产生影响。因此，有必要对它们的安全责任作出明确规定。

1. 勘察单位的安全责任

《建设工程安全生产管理条例》第十二条规定：

（1）勘察单位应当按照法律、法规和工程建设强制性标准进行勘察，提供的勘察文件应当真实、准确，满足建设工程安全生产的需要。

（2）勘察单位在勘察作业时，应当严格执行操作规程，采取措施保证各类管线、设施和周边建筑物、构筑物的安全。

2. 设计单位的安全责任

《建设工程安全生产管理条例》第十三条规定：

（1）设计单位应当按照法律、法规和工程建设强制性标准进行设计，防止因设计不合理导致生产安全事故的发生。

（2）设计单位应当考虑施工安全操作和防护的需要，对涉及施工安全的重点部位和环节在设计文件中注明，并对防范生产安全事故提出指导意见。

（3）采用新结构、新材料、新工艺的建设工程和特殊结构的建设工程，设计单位应当在设计中提出保障施工作业人员安全和预防生产安全事故的措施建议。

（4）设计单位和注册建筑师等注册执业人员应当对其设计负责。

3. 工程监理单位的安全责任

《建设工程安全生产管理条例》第十四条规定：

（1）工程监理单位应当审查施工组织设计中的安全技术措施或者专项施工方案是否符合工程程建设强制性标准。

（2）工程监理单位在实施监理过程中，发现存在安全事故隐患的，应当要求施工单位整改；情况严重的，应当要求施工单位暂时停止施工，并及时报告建设单位；施工单位拒不整改或者不停止施工的，工程监理单位应当及时向有关主管部门报告。

（3）工程监理单位和监理工程师应当按照法律、法规和工程建设强制性标准实施监理，并对建设工程安全生产承担监理责任。

5.3　施工安全生产许可证制度

2019年修正的《中华人民共和国行政许可法》第十二条规定：直接涉及国家安全、公共安全、经济宏观调控、生态环境保护以及直接关系人身健康、生命财产安全等特定活

动，需要按照法定条件予以批准的事项，可以设定行政许可。

2014 年 7 月经修改后发布并实施的《安全生产许可证条例》第二条规定："国家对矿山企业、建筑施工企业和危险化学品、烟花爆竹、民用爆破器材生产企业（以下统称企业）实行安全生产许可制度。企业未取得安全生产许可证的，不得从事生产活动。"

5.3.1　申请领取安全生产许可证的条件

根据《建筑施工企业安全生产许可证管理规定》第四条规定，建筑施工企业取得安全生产许可证，应当具备下列安全生产条件：

（1）建立、健全安全生产责任制，制定完备的安全生产规章制度和操作规程；

（2）保证本单位安全生产条件所需资金的投入；

（3）设置安全生产管理机构，按照国家有关规定配备专职安全生产管理人员；

（4）主要负责人、项目负责人、专职安全生产管理人员经建设主管部门或者其他有关部门考核合格；

（5）特种作业人员经有关业务主管部门考核合格，取得特种作业操作资格证书；

（6）管理人员和作业人员每年至少进行一次安全生产教育培训并考核合格；

（7）依法参加工伤保险，依法为施工现场从事危险作业的人员办理意外伤害保险，为从业人员缴纳保险费；

（8）施工现场的办公、生活区及作业场所和安全防护用具、机械设备、施工机具及配件符合有关安全生产法律、法规、标准和规程的要求；

（9）有职业危害防治措施，并为作业人员配备符合国家标准或者行业标准的安全防护用具和安全防护服装；

（10）有对危险性较大的分部分项工程及施工现场易发生重大事故的部位、环节的预防、监控措施和应急预案；

（11）有生产安全事故应急救援预案、应急救援组织或者应急救援人员，配备必要的应急救援器材、设备；

（12）法律、法规规定的其他条件。

5.3.2　安全生产许可证的申请与颁发

1. 安全生产许可证的申请

建筑施工企业从事建筑施工活动前，应当依照《建筑施工企业安全生产许可证管理规定》向省级以上建设主管部门申请领取安全生产许可证。《安全生产许可证条例》第四条规定："省、自治区、直辖市人民政府建设主管部门负责建筑施工企业安全生产许可证的颁发和管理，并接受国务院建设主管部门的指导和监督。"

建筑施工企业申请安全生产许可证时，应当向建设主管部门提供下列材料：

（1）建筑施工企业安全生产许可证申请表；

（2）企业法人营业执照；

（3）与申请安全生产许可证应当具备的安全生产条件相关的文件、材料。

建筑施工企业申请安全生产许可证，应当对申请材料实质内容的真实性负责，不得隐瞒有关情况或者提供虚假材料。

2. 安全生产许可证的有效期

安全生产许可证的有效期为 3 年。安全生产许可证有效期满需要延期的，企业应当于期满前 3 个月向原安全生产许可证颁发管理机关申请办理延期手续。

3. 安全生产许可证的变更与注销

建筑施工企业变更名称、地址、法定代表人等，应当在变更后 10 日内，到原安全生产许可证颁发管理机关办理安全生产许可证变更手续。建筑施工企业破产、倒闭、撤销的，应当将安全生产许可证交回原安全生产许可证颁发管理机关予以注销。

5.3.3　安全生产许可证的监督管理

建设主管部门在审核发放施工许可证时，应当对已经确定的建筑施工企业是否有安全生产许可证进行审查，对没有取得安全生产许可证的，不得颁发施工许可证。建筑施工企业取得安全生产许可证后，不得降低安全生产条件，并应当加强日常安全生产管理，接受建设主管部门的监督检查。安全生产产许可证颁发管理机关发现企业不再具备安全生产条件的，应当暂扣或者吊销安全生产许可证。

根据《建筑施工企业安全生产许可证管理规定》第十六条规定，安全生产许可证颁发管理机关或者其上级行政机关发现有下列情形之一的，可以撤销已经颁发的安全生产许可证：

（1）安全生产许可证颁发管理机关工作人员滥用职权、玩忽职守颁发安全生产许可证的；

（2）超越法定职权颁发安全生产许可证的；

（3）违反法定程序颁发安全生产许可证的；

（4）对不具备安全生产条件的建筑施工企业颁发安全生产许可证的；

（5）依法可以撤销已经颁发的安全生产许可证的其他情形。

依照上述规定撤销安全生产许可证，建筑施工企业的合法权益受到损害的，建设主管部门应当依法给予赔偿。

5.4　工程建设安全生产的教育培训制度

安全生产教育和培训是安全生产管理工作的一个重要组成部分，是实现安全生产的一项重要的基础性工作。生产安全事故的发生不外乎人的不安全行为和物的不安全状态两种原因，而在我国由于人的不安全行为所导致的生产安全事故数量在事故总数中占很大比重。因而对从业人员进行安全生产教育和培训，控制人的不安全行为，对减少安全生产事故是极为重要的。通过安全生产教育和培训，可以使广大劳动者正确按规章办事，严格执行安全生产操作规程，认识和掌握生产中的危险因素和生产安全事故的发生规律，并正确运用科学技术知识加以治理和预防，及时发现和消除隐患，保证安全生产。

安全生产教育和培训的内容，《安全生产法》及相关法规也作出了规定，主要有如下四个方面的教育培训：

（1）安全生产的方针、政策、法律、法规以及安全生产规章制度的教育培训。对所有从业人员都要进行经常性的教育，对于企业各级领导干部和安全管理干部，更要定期轮训，使其提高政策、思想水平，熟悉安全生产技术及相关业务，做好安全工作。

（2）安全操作技能的教育与培训。对安全操作技能的教育与培训，我国目前一般采用入厂教育、车间教育和现场教育多环节的方式进行。对于新工人（包括合同工、临时工、学徒工、实习和代培人员）必须进行入厂（公司）安全教育。教育内容包括安全技术知识、设备性能、操作规程、安全制度和严禁事项，并经考试合格后，方可进入操作岗位。

（3）特种作业人员的安全生产教育和培训。特种工作，是指容易发生人员伤亡事故，对操作者本人、他人及周围设施的安全有重大危害的作业。根据现行规定，大致包括电工、金属焊接切割、起重机械、机动车辆驾驶、登高架设、锅炉（含水质化验）、压力容器操作、制冷、爆破等作业。特种作业人员的工作存在的危险因素很多，很容易发生安全事故，因此，对他们必须进行专门的培训教育，提高其认识，增强其技能，以减少其失误，这对防止和减少生产安全事故具有重要意义。相关法规规定：电工、焊工、架子工、司炉工、爆破工、机操工及起重工，打桩机和各种机动车辆司机等特殊工种工人，除进行一般安全教育外，还要经过本工种的安全技术教育，经考试合格发证，方可获准独立操作。每年还要进行一次复查。

（4）采用新工艺、新技术、新材料、新设备时的教育与培训。在采用新工艺、新技术、新材料、新设备时，如对其原理、操作规程、存在的危险因素、防范措施及正确处理方法没有了解清楚，就极易发生安全生产事故，且一旦发生事故也不能有效控制，从而导致损失扩大。因此，必须进行事先的培训，使相关人员了解和掌握其安全技术特征，以采取有效的安全防护措施，防止和减少安全生产事故的发生。相关法规规定：采用新工艺、新技术、新材料、新设备施工和调换工作岗位时，要对操作人员进行新技术操作和新岗位的安全教育，未经教育不得上岗操作。

5.5　工程建设安全生产的监督管理制度

5.5.1　安全生产监督管理体制

1. 各级人民政府在安全生产方面的职责

《安全生产法》第八条、第九条规定：

（1）国务院和县级以上地方各级人民政府应根据国民经济和社会发展规划制定安全生产规划，并组织实施。安全生产规划应当与国土空间规划等相关规划相衔接。

（2）国务院和县级以上地方各级人民政府应当加强对安全生产工作的领导，建立健全安全生产工作协调机制，支持、督促各有关部门依法履行安全生产监督管理职责，及时协调、解决安全生产监督管理中存在的重大问题。

（3）乡、镇人民政府以及街道办事处、开发区管理机构等地方人民政府的派出机关应按照职责，加强对本行政区域内生产经营单位安全生产状况的监督检查，协助上级人民政府有关部门依法履行安全生产监督管理职责。

2. 安全生产监督管理体制

我国实行安全生产综合监督管理与专项监督管理相结合的安全生产监督管理体制。《安全生产法》第十条规定：

（1）国务院应急管理部门依照《安全生产法》，对全国安全生产工作实施综合监督管理；县级以上地方各级人民政府应急管理部门依照《安全生产法》，对本行政区域内安全生产工作实施综合监督管理。

（2）国务院有关部门依照《安全生产法》和其他有关法律、行政法规的规定，在各自的职责范围内对有关行业、领域的安全生产工作实施监督管理；县级以上地方各级人民政府有关部门依照《安全生产法》和其他有关法律、法规的规定，在各自的职责范围内对有关行业、领域的安全生产工作实施监督管理。

上述应急管理部门和对有关行业、领域的安全生产工作实施监督管理的部门，统称负有安全生产监督管理职责的部门。

《建设工程安全生产管理条例》第三十九条、第四十条规定，国务院负责应急管理的部门对全国建设工程安全生产工作实施综合监督管理；国务院建设行政主管部门对全国建设工程安全生产实施监督管理。国务院交通、水利等有关部门按照国务院的职责分工，负责有关专业建设工程安全生产的监督管理。

《建设工程安全生产管理条例》第四十四条规定："建设行政主管部门或者其他有关部门可以将施工现场的监督检查委托给建设工程安全监督机构具体实施。"

5.5.2　安全生产监督管理规定

《安全生产法》第六十三条规定，负有安全生产监督管理职责的部门应严格依法审批涉及安全生产的事项并及时进行监督检查：

（1）对涉及安全生产的事项需要审查批准（包括批准、核准、许可、注册、认证、颁发证照等，下同）或者验收的，必须严格依照有关法律、法规和国家标准或者行业标准规定的安全生产条件和程序进行审查；不符合有关法律、法规和国家标准或者行业标准规定的安全生产条件的，不得批准或者验收通过。

（2）对未依法取得批准或者验收合格的单位擅自从事有关活动的，负责行政审批的部门发现或者接到举报后应当立即予以取缔，并依法予以处理。

（3）对已经依法取得批准的单位，负责行政审批的部门发现其不再具备安全生产条件的，应当撤销原批准。

《建设工程安全生产管理条例》第四十二条规定："建设行政主管部门在审核发放施工许可证时，应当对建设工程是否有安全施工措施进行审查，对没有安全施工措施的，不得颁发施工许可证。"

5.5.3　安全生产监督管理部门的职权

《安全生产法》第六十五条规定，应急管理部门和其他负有安全生产监督管理职责的部门依法开展安全生产行政执法工作，对生产经营单位执行有关安全生产的法律、法规和国家标准或者行业标准的情况进行监督检查，行使以下职权：

（1）进入生产经营单位进行检查，调阅有关资料，向有关单位和人员了解情况；

（2）对检查中发现的安全生产违法行为，当场予以纠正或者要求限期改正；对依法应当给予行政处罚的行为，依照本法和其他有关法律、行政法规的规定作出行政处罚决定；

（3）对检查中发现的事故隐患，应当责令立即排除；重大事故隐患排除前或者排除过程中无法保证安全的，应当责令从危险区域内撤出作业人员，责令暂时停产停业或者停止使用相关设施、设备；重大事故隐患排除后，经审查同意，方可恢复生产经营和使用；

（4）对有根据认为不符合保障安全生产的国家标准或者行业标准的设施、设备、器材以及违法生产、储存、使用、经营、运输的危险物品予以查封或者扣押，对违法生产、储存、使用、经营危险物品的作业场所予以查封，并依法作出处理决定。

《建设工程安全生产管理条例》第四十三条规定，县级以上人民政府负有建设工程安全生产监督管理职责的部门在各自的职责范围内履行安全监督检查职责时，有权采取下列措施：

（1）要求被检查单位提供有关建设工程安全生产的文件和资料；

（2）进入被检查单位施工现场进行检查；

（3）纠正施工中违反安全生产要求的行为；

（4）对检查中发现的安全事故隐患，责令立即排除；重大安全事故隐患排除前或者排除过程中无法保证安全的，责令从危险区域内撤出作业人员或者暂时停止施工。

建设行政主管部门或者其他有关部门可以将施工现场的监督检查委托给建设工程安全监督机构（以下简称"安全监督机构"）具体实施。所谓安全监督机构是指经县级以上人民政府批准成立，受建设行政主管部门委托，依据有关法律、法规和工程建设强制性标准，对建设工程各有关单位的安全生产行为及施工现场安全生产情况进行监督管理，具有独立法人资格的单位或部门。

生产经营单位对负有安全生产监督管理职责的部门的监督检查人员依法履行监督检查职责，应当予以配合，不得拒绝、阻挠。

5.6 工程建设安全生产的劳动保护制度

5.6.1 从业人员的权力

从业人员往往直接面对生产经营活动中的不安全因素，生命健康安全最易受到威胁，而生产经营单位是从追求利益最大化的立场出发，往往容易忽略甚至故意减少对从业人员人身安全的保障。为使从业人员人身安全得到切实保护，法律特别赋予从业人员以自我保护的权利。

1. 签订合法劳动合同权

生产经营单位与从业人员订立的劳动合同，应当载明有关保障从业人员劳动安全，防止职业危害的事项，以及依法为从业人员办理工商社会保险的事项，生产经营单位不得以任何方式与从业人员订立协议，免除或减轻其对从业人员因生产安全事故伤亡依法应承担的责任。

2. 知情权

生产经营单位的从业人员有权了解其作业场所和工作岗位存在的危险因素、防范措施及事故应急措施，生产经营单位应主动告知有关实情。

3. 建设、批评、检举、控告权

安全生产与从业人员的生命安全与健康息息相关，因此从行业人员有权参与本单位生产安全方面的民主管理与民主监督。对本单位的安全生产工作提出意见和建议，对本单位安全生产中存在的问题提出批评、检举和控告，生产经营单位不得因此而降低其工资、福利待遇或解除与其订立的劳动合同。

4. 对违章指挥，强令冒犯作业的拒绝权

对于生产经营单位的负责人，生产管理人员和工程技术人员违反规章制度，不顾从业人员的生命安全与健康，指挥从业人员进行活动的行为，以及在存有危及人身安全的危险因素而又无相应安全保护措施的情况下，强迫命令从业人员冒险进行作业的行为，从业人员都依法享有拒绝服从指挥和命令的权利。生产经营单位不得因此而采取降低工资、福利待遇、解除劳动合同等惩罚、报复手段。

5. 停止作业及紧急撤离权

从业人员发现直接危及人身安全的紧急情况时，有权停止作业或在采取可能的应急措施后撤离作业场所。生产经营单位不得因此而降低其工资、福利待遇或解除其劳动合同。

6. 依法获得赔偿权

《安全生产法》规定，因生产安全事故受到损害的从业人员，除依法享有工伤保险外，依有关民事法律尚有获得赔偿的权利，还有权向本单位提出赔偿要求，生产单位应依法予以赔偿。

5.6.2　工会对从业人员生产安全权利的保护

工会是职工依法组成的工人阶级的群众组织，《中华人民共和国工会法》规定，维护职工合法权益是工会的基本职责。《安全生产法》从安全生产的角度进一步明确了工会维护职工生命健康与安全的相关权利。

工会对生产经营单位违反安全生产法律、法规，侵犯从业人员合法权益的行为，有权要求纠正；发现生产经营单位违章指挥，强令冒险作业或发现事故隐患时，有权提出解决的建议，生产经营单位应及时研究答复；发现危及从业人员生命安全的问题时，有权向生产经营单位建议组织从业人员撤离危险场所，生产经营单位必须立即作出处理。生产经营单位在劳动保护方面的职责如下：

（1）提供劳动保护用品

劳动保护用品是保护职工安全的必不可少的辅助措施，在某种意义上说，它是劳动者防止职业伤害的最后一道屏障，因此，《安全生产法》规定，生产经营单位必须为从业人员提供符合国家标准或行业标准的劳动保护用品，并监督、教育从业人员按照使用规则佩戴、使用。明确要求生产经营单位应当安排用于配备劳动保护用品和进行安全生产培训的经费。

（2）参加工伤社会保险

社会保险是国家和用人单位依照法律规定或合同的约定，对与用人单位存在劳动关系的劳动者在暂时或永久丧失劳动能力以及暂时失业时为保证其基本生活需要，给予物质帮助的一种社会保障制度，它是社会保障体系的一个重要组成部分。我国目前已建立起的社会保险包括养老保险、失业保险以及工伤保险等，其中工伤保险是指职工在劳动过程中因生产安全事故或患职业病、暂时或永久丧失劳动能力时，在医疗和生活上获得物质帮助的社会保险制度。《安全生产法》规定，生产经营单位必须依法参加工伤社会保险，为从业人员缴纳保险费。

《建筑法》还规定：建筑施工企业必须为从事危险作业的职工办理意外伤害保险，支付保险费。这就是说，只要是从事危险作业的人员，不论是固定工，还是合同工，不论是正式工，还是农民工，其所在的建筑施工企业都必须为其办理意外伤害保险，并支付保险费。这种保险是强制的，它从法律上保障了职工的意外伤害经济补偿权利。

（3）日常生产经营活动中的劳动保护

生产经营单位必须切实加强管理，保证职工在生产过程中的安全和健康，促进生产的发展。企业要努力改善劳动条件，注意劳逸结合，制定以防止工伤事故、职工中毒和职业病为内容的安全技术措施长远规划和年度计划，并组织实施。要加强季节性劳动保护工作。夏季要防暑降温；冬季要防寒防冻，防止煤气中毒；雨季和台风来临之前，应对临时设施和电气设备进行检修，沿河流域的工地要做好防洪抢险准备；雨雪过后要采取防滑措施。

建筑施工企业在施工过程中，应遵循有关安全生产的法律、法规和建筑行业安全规章、规程。企业法定代表人、项目经理、生产管理人员和工程技术人员不得违章指挥，强令作业人员违章作业，如因违章指挥，强令职工冒险作业，而发生重大伤亡事故或造成其他严重后果的，要依法追究其刑事责任。

（4）加强对女职工和未成年工的特殊保护

生产经营单位应根据女职工的不同生理特点和未成年工的身体发育情况，进行特殊保护。我国《劳动法》禁止安排女职工从事矿山井下，国家规定的第四级体力劳动强度的劳动和其他禁忌从事的劳动。不得安排女职工在经期从事高处、低温、冷水作业和国家规定的第三级体力劳动强度的劳动。不得安排女职工在怀孕期间从事国家规定的第三级体力劳动强度的劳动和孕期禁忌从事的劳动。对怀孕七个月以上的女职工，不得安排其延长工作时间和夜班劳动。女职工生育享受不少于 90 天的产假。不得安排女职工在哺乳未满一周岁的婴儿期间从事国家规定的第三级体力劳动强度的劳动和哺乳期间禁忌从事的其他活动，不得安排其延长工作时间和夜班劳动。

我国法律严禁雇佣未满 16 周岁的童工。对于已满 16 周岁但尚未成年的职工，不得安排其从事矿山井下、有毒有害、国家规定的第四级体力劳动强度的劳动和其他禁忌从事的劳动。用人单位应当对其定期进行定期检查。

【案例 1】　2021 年 7 月 6 日，某施工现场为了浇筑钻孔桩而钻了 10 处深 15m、直径约 1.5m 的孔。为了避免有人掉入孔中，在孔旁设立了明显的警示标志。但是，当晚这些警示标志被当地居民盗走。工人李某看到孔旁没有了警示标志，感到缺少了警示标志后容易出现安全事故，于是通告了自己宿舍的工友，提醒他们路过这些孔时要小心一些。次日晚，有工人落入孔中，造成重伤。李某对此是否应承担一定责任？

【案例分析】　李某应当对此事承担一定责任，安全生产从业人员有危险报告的义务。《安全生产法》第五十九条规定："从业人员发现事故隐患或者其他不安全因素，应当立即向现场安全生产管理人员或者本单位负责人报告；接到报告的人员应当及时予以处理。"

5.7　建设工程安全事故调查处理制度

为了规范生产安全事故的报告和调查处理，落实生产安全事故责任追究制度，防止和减少生产安全事故，根据《安全生产法》和有关法律，国务院 2007 年通过了《生产安全事故报告和调查处理条例》，生产经营活动中发生的造成人身伤亡或者直接损失的生产安全事故的报告和调查处理，均适用于该条例。

5.7.1　建设工程伤亡事故的分类

根据生产安全事故（以下简称事故）造成的人员伤亡或者直接经济损失，事故一般分为以下等级：

（1）特别重大事故：指造成 30 人以上死亡，或者 100 人以上重伤（包括急性工业中毒，下同），或者 1 亿元以上直接经济损失的事故。

（2）重大事故：指造成 10 人以上 30 人以下死亡，或者 50 人以上 100 人以下重伤，或者 5000 万元以上 1 亿元以下直接经济损失的事故。

（3）较大事故：指造成 3 人以上 10 人以下死亡，或者 10 人以上 50 人以下重伤，或者 1000 万元以上 5000 万元以下直接经济损失的事故。

（4）一般事故：指造成 3 人以下死亡，或者 10 人以下重伤，或者 1000 万元以下直接经济损失的事故。

其中"以上"包括本数，"以下"不包括本数。国务院应急管理部门可以会同国务院有关部门，制定事故等级划分的补充性规定。

5.7.2　工程安全事故处理程序

1. 事故应急处理预案

《国务院关于特大安全事故行政责任追究的规定》（国务院令第 302 号）规定了特大安全事故的处理预案制度。重大安全事故的应急处理预案，是指县级以上地方人民政府或者人民政府建设行政主管部门针对本行政区域容易发生的重大事故，预先制定出一整套如何处理事故的具体方案，以便在事故发生以后能够按照较为科学的程序和步骤进行处理。事故应急处理预案是安全事故处理的一项重要制度，是保证事故正确处理、减少事故损失的重要措施。

2. 事故报告

工程安全事故发生后，事故现场有关人员应当立即报告本单位负责人。负有安全生产管理责任的部门接到事故报告后，应当立即按照国家有关规定上报事故情况。重大事故发生后，事故发生单位必须以最快方式，将事故的简要情况向上级主管部门和事故发生地的市、县级建设行政主管部门及检查、劳动（如有人员伤亡）部门报告；事故发生单位属于国务院部委的，应同时向国务院有关主管部门报告。

重大事故发生后，事故发生单位应当在 24h 内写出书面报告，按上述程序和部门逐级上报。重大事故书面报告应包括以下内容：

（1）事故发生的时间、地点、工程项目、企业名称；

（2）事故发生的简要经过、伤亡人数和直接经济损失的初步估计；

（3）事故发生原因的初步判断；

（4）事故发生后此案采取的措施及事故控制情况；

（5）事故报告单位。

重大事故发生单位所在地人民政府接到重大事故报告后，应当立即通知公安部门、人民检察院和工会。重大事故发生后，省、自治区、直辖市人民政府应当按照国家有关规定迅速、如实发布事故信息。

【案例2】 某施工现场发生了安全生产事故，堆放石料的料堆坍塌，将一些正在工作的工人掩埋，最终导致了4名工人死亡。工人张某在现场目睹了整个事故的全过程，于是立即向本单位负责人报告。由于张某看到的是掩埋了5名工人，他就推测这五名工人均已经死亡。于是向本单位负责人报告说5名工人遇难。此数字与实际数字不符，你认为该工人是否违法？

【案例分析】 该工人不违法。依据《安全生产法》，事故现场有关人员应当立即报告本单位负责人，但并不要求如实报告。因为，在进行报告的时候，报告人未必能准确知道伤亡人数，所以，即使报告数据与实际数据不符，也并不违法。但是，如果报告人不及时报告，就会涉嫌违法。因为可能由于其报告不及时而使得救援迟缓，伤亡扩大。

3. 迅速抢救伤员，并保护事故现场

有关地方人民政府和负有安全生产监督管理责任部门的负责人接到重大事故报告后，应立即赶到事故现场，组织事故抢救。事故发生后，现场人员应当在统一指挥下，有组织地进行抢救伤员和排除工作，采取有效措施，防止事故扩大和蔓延。同时要严格保护事故现场。

因抢救人员、疏导交通等原因，需要移动现场物件时，应当作出标志，绘制现场简图并作书面记录，妥善保存现场重要痕迹、物证，有条件的可以拍照或录像。

4. 安全事故的调查处理

（1）组成事故调查组。发生人员轻伤、重伤事故，由企业负责人或指定的人员组成施工生产、技术、安全、劳资和工会等有关人员组成事故调查组，进行调查。

死亡事故由企业主管部门会同事故发生地的市（或区）劳动部门，公安部门、人民检察院、工会组成事故调查组进行调查。

重大伤亡事故应按照企业隶属关系，由省、自治区、直辖市企业主管部门或国务院有关部门、公安、监察、检查部门、工会组成事故调查组进行调查，也可以邀请有关专家和技术人员参加。

特大事故发生后按照事故发生单位的隶属关系，由省、自治区、直辖市企业主管部门或国务院归口管理部门组织特大事故调查组，负责事故的调查工作。根据所发生事故的具体情况，特大事故调查组由事故发生单位归口管理部门、公安部门、检察部门、计划综合部门、劳动部门等单位派员组成，并应邀请人民检察机关和工会派员参加。必要时，调查组可以聘请有关方面的专家协助进行技术鉴定，事故分析和财产损失的评估工作。

事故调查组的成员应当具有事故调查所需要的某一方面的专长，并与所发生的事故没有直接的利害关系。

（2）事故调查组的职责，事故调查组在调查过程中应履行以下职责：

1）查明事故发生的原因、过程、人员伤亡及财产损失情况；

2）查明事故的性质、责任单位和主要责任者；

3）提出事故处理意见及防止类似事故再次发生所应采取措施的建议；

4）提出对事故责任者的处理意见；

5）写出事故调查报告。

调查组在调查工作结束后 10 日内，应当将调查报告送批准组成调查组的人民政府和建设行政主管部门。经组织调查的部门同意，调查工作即告结束，特大事故调查工作应当自事故发生之日起 60 日内完成，并由调查组写出调查报告。

（3）现场勘查，调查组成立后，应立即对事故现场进行勘查，勘查必须及时、全面、细致、准确、客观的反映原始面貌，其具体内容包括实物拍照，做笔录和现场绘图等。

（4）事故调查分析和结论，通过详细调查，查明事故发生的经过并澄清造成事故的各种因素，然后分析事故发生的原因，作出事故性质认定；并根据事故发生的原因，找出防止类似事故发生的具体措施；最后得出事故调查结论。如果对事故的分析和事故责任者的处理不能取得一致意见，劳动部门有权提出结论性意见；如有任何不同意见，应当报上劳动部门或者有关部门；仍不能达成一致意见的报同级人民政府裁决，但不得超过事故处理的工作时限。《生产安全事故报告和调查处理条例》规定，事故调查组应当自事故发生之日起 60 日内提交事故调查报告；特殊情况下，经负责事故调查的人民政府批准，提交事故调查报告的期限可以适当延长。但延长的期限最长不超过 60 日。

5.7.3　安全事故调查处理的原则

根据《国务院关于特大安全事故行政责任追究的规定》和相关法律规定，对生产安全事故的调查处理，应当坚持以下原则：

（1）事故调查处理应当按照实事求是、尊重科学的原则，及时、准确地查清事故原因，查明事故性质和责任，总结经验教训，提出整改措施，并对事故责任者提出处理意见。

（2）"四不放过"原则。凡已经发生的生产安全事故，要按照"四不放过"（即事故原因没查清不放过、责任人员没处理不放过、整改措施没落实不放过、有关人员没受到教育不放过）原则，一查到底，严厉追究有关人员的责任，构成犯罪的依法追究其刑事责任。

（3）责任追究原则。凡因政府工作人员失职、渎职导致重特大事故的，要严肃追究其行政责任。

（4）任何单位和个人不得阻挠和干涉对事故依法调查处理的原则。

（5）综合整治的原则。要加大对县乡领导行政责任的追究力度，把落实县乡领导责任作为落实安全生产责任的重点来抓。要把安全生产责任追究与打黑邪恶、惩治腐败、社会治安综合治理紧密结合起来，坚决打击和严惩犯罪活动。

5.7.4　工程安全事故处理

（1）事故调查组提出的事故处理意见和防范措施建议，由发生事故的企业及其主管部门负责处理。

（2）因忽视安全生产、违章指挥、违章作业、玩忽职守或者发现事故隐患及危害情况而不采取有效措施造成伤亡事故的，由企业主管部门或者企业按照国家有关规定，对企业负责人和直接负责人员给予行政处分；构成犯罪的，由司法机关依法追究刑事责任。

（3）违反规定，在伤亡事故发生后隐患不报、谎报、故意延迟不报、故意破坏事故现场或者无正当理由拒绝接受调查以及拒绝提供有关情况和资料的，由有关部门按照国家有关规定对有关单位负责人和直接负责人员给予行政处分；构成犯罪的，由司法机关依法追究刑事责任。

（4）在调查、处理伤亡事故中玩忽职守、徇私舞弊或者打击报复的，由其所在单位按照国家有关规定给予行政处分；构成犯罪的，由司法机关依法追究刑事责任。

（5）伤亡事故处理工作应当在 90 日内结案，特殊情况不得超过 180 日。伤亡事故处理结案后应当公开宣布处理结果。对于特大安全事故，省、自治区、直辖市人民政府应当自调查报告提交之日起 30 日内，对有关责任人作出处理决定；必要时，国务院可以对特大安全事故的有关责任人员作出处理。

（6）住房和城乡建设部对事故的审理和结案的要求如下：

1）事故调查处理结论得出后，须经当地有审批权限的有关机关审批后方能结案，并要求伤亡事故处理的工作在 90 日内结案，特殊情况不得超过 180 日；

2）对事故责任者，应根据事故情节轻重、损失大小、责任轻重加以区分，依法严肃处理；

3）理资料进行专案存档，事故调查和处理资料是用鲜血和教训换来的，是对职工进行教育的宝贵资料，也是伤亡人员和受到处罚人员的历史资料，因此应保存完整；

4）存档的主要内容有：职工伤亡事故登记表；职工重伤、死亡事故调查报告书；现场勘查资料记录，图纸、照片等；技术鉴定和试验报告；物证、人证调查资料；医疗部门对死亡者的诊断及影印件；事故调查组的调查报告；企业或主管部门针对事故所写的结案申请报告，受理人员的检查材料。

5.8 典型案例分析

【案情概要】

2021 年 8 月，某建筑公司按合同约定对其施工并已完工的路面进行维修，路面经铲挖后形成凹凸和小沟，路边堆有砂石料，但在施工路面和路两头均未设置任何提示过往行人及车辆注意安全的警示标志。2021 年 8 月 16 日，张某骑摩托车经过此路段时，因不明路况，摩托车碰到路面上的施工材料而翻倒，造成 10 级伤残。张某受伤后多次要求该建筑公司赔偿，但建筑公司认为张某受伤与己方无关。张某将建筑公司起诉至人民法院。

（1）本案中的建筑公司是否存在违法施工行为？

（2）该建筑公司是否应当承担民事赔偿责任？

【案情分析】

（1）《建设工程安全生产管理条例》第二十八条规定："施工单位应当在施工现场入口处、施工起重机械、临时用电设施、脚手架、出入通道口、楼梯口、电梯井口、孔洞口、桥梁口、隧道口、基坑边沿、爆破物及有害危险气体和液体存放处等危险部位，设置明显的安全警示标志。安全警示标志必须符合国家标准。"本案中的某建筑公司在施工时未设置任何提示过往行人及车辆注意安全的警示标志，明显违反了上述规定。

（2）法院经审理后认为，某建筑公司在进行路面维修时，致使路面凹凸不平，并未设置明显警示标志和采取安全措施，造成原告伤残，按照《民法典》第一千二百五十六条规定："在公共道路上堆放、倾倒、遗撒妨碍通行的物品造成他人损害的，由行为人承担侵权责任。"判决建筑公司作为施工方应当承担民事赔偿责任。

本章小结

本章介绍了工程建设安全生产的内容，并重点介绍了建设工程安全生产基本制度、施工安全生产许可证制度、工程建设安全生产的教育培训制度、工程建设安全生产的监督管理制度及建设工程安全事故调查处理等内容。

在市场经济条件下，从事生产经营活动的市场主体以营利为目的，努力追求利润的最大化，这是无可厚非的。但生产经营主体追求自身利益的最大化，决不能以牺牲从业人员甚至公众的生命财产安全为代价。

建设工程施工多为露天、高处作业，施工环境和作业条件较差，不安全因素较多，历来属高风险和事故多发行业之一。建设工程安全生产还直接关系到公众生命财产安全，关系到社会稳定、和谐发展。因此，建设工程安全生产必须贯彻"安全第一、预防为主、综合治理"的方针，依法建立和落实安全生产责任制，加强安全生产培训教育和施工现场安全防护，并建立施工安全事故的应急救援机制。

思考与练习题

5-1　通过互联网、学校图书馆等渠道收集一些典型的在全国、本省有影响的建设工程安全生产方面的案例材料，将其改写成规范的建设法规案例，应包括案情概要、法理分析（案件焦点和主要法律问题分析）、案例启示等。在条件许可情况下，可以小组为单位共同完成案例编写工作，并向老师和其他同学汇报工作成果。

5-2　2017年9月，某建筑安装公司（简称"建安公司"）与某设备租赁公司（简称"租赁公司"）签订一份租赁合同，由租赁公司向建安公司提供QTZ80A塔式起重机（简称塔吊）一台，并约定了租赁期限、租金标准及支付办法。此外，在合同中还约定：设备在运输、装拆过程中因违章作业所造成的事故由建安公司负责，其间发生机械损伤由建安公司赔偿；设备在使用过程中，建安公司不得违章指挥，不得强令司机违章作业，并对上述行为产生的后果负全责，租赁公司应派随机司机2名，工资由建安公司负责；设备的运输、安装均由建安公司负责，建安公司必须具备或委托具备塔机装拆专项资质的单位进行装拆活动，人员必须持证上岗；双方对各自派出的人员负责，各自对违章作业引发的后果或损失负责。

签约后，租赁公司派出了刘某和穆某两名塔吊司机。建安公司将该设备实际用于其承建的某市住宅工程工地。2017年12月20日，刘某因其他工作离开该工地，并推荐同行业另一名塔吊司机顾某接替其工作，但未通知租赁公司。

2018年7月3日，监理公司在安全检查时发现该塔吊的垂直偏差已超出规范的允许范围，即发出《监理工程师通知单》，要求立即停止使用该塔吊。建安公司准备次日上午派人到工地对该塔吊进行纠偏。2018年7月3日上午9时许，在纠偏人员尚未到达工地的情况下，顾某与工地另一名塔吊司机唐某擅自违规对该塔吊进行垂直度纠偏。导致该塔吊整体倾覆在工地的10号楼房顶上，造成1名工人死亡、3名工人轻伤以及塔吊报废的事故。

问题：

（1）在这起事故中应当如何认定责任？

（2）事故责任者应当承担哪些法律责任？

5-3　某商务中心高层建筑，总建筑面积约 15 万 m^2，地下 2 层，地上 22 层。业主与施工单位签订了施工总承包合同，并委托监理单位进行工程监理。开工前，施工单位进行了三级安全教育。在地下桩基施工中，由于是深基坑工程，项目经理部按照设计文件和施工技术标准编制了基坑支护及降水工程专项施工组织方案，经项目经理签字后组织施工。同时，项目经理安排负责质量安检的人员兼任安全工作。当土方开挖至坑底设计标高时，监理工程师发现基坑四周地表出现大量裂纹，坑边部分土石有滑落现象，即向现场作业人员发出口头通知，要求停止施工，撤离相关作业人员。但施工作业人员担心拖延施工进度，对监理通知不予理睬，继续施工。随后，基坑发生大面积坍塌，基坑下 6 名作业人员被埋，造成 3 人死亡、2 人重伤、1 人轻伤。事故发生后，经查施工单位未办理意外伤害保险。

问题：本案中，施工单位有哪些违法行为？

5-4　背景：2020 年 10 月 25 日，某建筑公司承建的某市电视台演播中心裙楼工地发生一起施工安全事故。大演播厅舞台在浇筑顶部混凝土施工中，因模板支撑系统失稳导致屋盖坍塌，造成在现场施工的民工和电视台工作人员 6 人死亡，35 人受伤（其中重伤 11 人），直接经济损失 70 余万元。

事故发生后，该建筑公司项目经理部向有关部门紧急报告事故情况。闻讯赶到的有关领导，指挥公安民警、武警战士和现场工人实施了紧急抢险工作，将伤者立即送往医院进行救治。

问题：

（1）本案中的施工安全事故应定为哪种等级的事故？

（2）事故发生后，施工单位应采取哪些措施？

第6章 建设工程质量管理法律制度

本章要点及学习目标

本章要点：

(1) 各工程建设行为主体的质量责任；

(2) 政府对工程质量的监督、检测管理制度；

(3) 工程建设的标准化管理以及工程建设竣工验收和质量保修制度。

学习目标：

(1) 了解建设工程质量、建设工程质量管理体系的概念以及建设工程质量法规现状；

(2) 掌握各工程建设行为主体的质量责任；

(3) 熟悉政府对工程质量的监督、检测管理；

(4) 掌握工程建设的标准化管理以及工程建设竣工验收和质量保修制度。

【引例】

某施工单位承担了一栋办公楼的施工任务。在进行二层楼面施工时，施工单位在楼面钢筋、模板分项工程完工并自检后，准备报请监理方进行钢筋隐蔽工程验收。由于其楼面钢筋中有一种用量较少的钢筋复检结果尚未出来，监理方的隐蔽验收便未通过。因为建设单位要求赶工期，在建设单位和监理单位的同意下，施工单位浇筑了混凝土，进行了钢筋隐蔽。事后，建设工程质量监督机构要求施工单位破除楼面，进行钢筋隐蔽验收，监理单位也提出了同样的要求，与此同时，待检的少量钢筋复检结果显示钢筋质量不合格，显然，该钢筋隐蔽工程存在质量问题。后经设计验算，提出用碳纤维进行楼面加固，造成直接经济损失约 80 万元，为此，有关方对损失的费用由谁承担发生了争议。

6.1 建设工程质量监督制度

为了确保建设工程质量，保障公共安全和人民生命财产安全，政府必须加强对建设工程质量的监督管理，因此《建设工程质量管理条例》规定，国家实行建设工程质量监督管理制度。

6.1.1 建设工程质量监督管理体制

《建设工程质量管理条例》规定，国务院建设行政主管部门对全国的建设工程质量实施统一监督管理。国务院铁路、交通、水利等有关部门按照国务院规定的职权分工负责对全国的有关专业建设工程质量的监督管理。国务院发展计划部门按照国务院规定的职责,组织稽查特派员,对国家出资的重大建设项目实施监督检查。国务院经济贸易主管部门按照国务院规定的职责,对国家重大技术改造项目实施监督检查。县级以上地方人民政府建设行政主管部门对本行政区域内的建设工程实施监督管理。县级以下地方人民政府交通、水利等有关本行政区域内的专业建设工程质量的监督管理部门在各自的职责范围内,负责对本行政区域内的专业建设工程质量的监督管理。

6.1.2 建筑工程质量监督机构

建设工程质量监督管理,可以由建设行政主管部门或者其他有关部门委托的建设工程质量监督机构具体实施。从事房屋建筑工程和市政基础设施工程质量监督的机构,必须按照国家有关规定经国务院建设行政主管部门或者省、自治区、直辖市人民政府建设行政主管部门考核;从事专业建设工程质量监督的机构,必须按照国家有关规定经国务院有关部门或者省、自治区、直辖市人民政府有关部门考核;经考核合格后,才可实施质量监督。在政府加强监督的同时,还要发挥社会监督的巨大作用,即任何单位和个人对建设工程的质量事故、质量缺陷都有权检举、控告、投诉。

1. 质量监督的机构

各类新建扩建和改建的工业交通、民用、市政公用工程及建筑构配件,均应按照《建筑法》《建筑工程质量管理条例》以及其他相关国家规定接受建设工程质量监督机构的监督。

建筑工程质量监督工作的主管部门,在国家层面为住房和城乡建设部,在地方层面为各级人民政府的建设行政机构,省、自治区、直辖市建设行政主管部门可根据实际需要,设置从事管理工作的工程质量监督总站。

2. 监督站的权限与责任

监督站有以下权限:

(1)对工程质量优良的单位,提请当地建设主管部门给予奖励;

(2)对不按技术标准和有关文件要求设计和施工的单位,给予警告或通报批评;

(3)对发生严重工程质量问题的单位责令其及时妥善处理,情节严重的按有关规定进行罚款,在施工过程令其停工整顿;

(4)对于检验不合格的工程,作出返修加固的决定,直至达到合格,方准交付使用;

(5)对于造成重大质量事故的单位,按住房和城乡建设部颁布的《工程建设重大事故报告和调查程序规定》办理。

3. 质量监督人员

监督站实行站长负责制,站长对监督站的工作全面负责,监督员对受监工程负责,监督站长、监督员也要合理配套其中,技术人员不得少于该站人员总数的70%。

监督站长、监督员应具备下列条件:

(1)监督站站长应由取得建筑类工程师以上职称的技术人员担任,其中,特大城市和负责大中型工业、交通项目的监督站站长应由高级工程师担任,技术力量薄弱的县监督站站长可以由助理工程师担任;

(2)监督站应由具备相应建筑类中专以上学历并从事设计或施工5年以上的技术人员

担任；技术力量薄弱的县也可以由具备相当于高中毕业文化程度且具有 5 年以上施工经验的人员担任。

监督员必须经过省、自治区、直辖市建委（建设厅、国务院工业、交通各部门）的建设司法考核合格并领得证书后，才可从事质量监督工作；监督站的监督人员数量按监督工作量配备，房屋建筑工程按施工面积每 3 万～5 万 m^2 配备 1 名监督员，工业、交通及市政公用工作监督人员的配备由有关建设主管部门根据各自的特点确定。

6.1.3　工程质量监督检查的内容与措施

《建设工程质量管理条例》第四十四条规定："国务院建设行政主管部门和国务院铁路、交通、水利等有关部门应当加强对有关建设工程质量的法律、法规和强制性标准执行情况的监督检查。"

（1）县级以上人民政府建设行政主管部门和其他有关部门履行监督检查职责时，有权采取下列措施：

1）要求被检查的单位提供有关工程质量的文件和资料；

2）进入被检查单位的施工现场进行检查；

3）发现有影响工程质量的问题时，责令改正。

建设单位在开工前 1 个月，应到监督站办理监督手续，提交勘察设计资料等有关文件。监督站在接到文件资料的 2 周内，确定该工程的监督员，通知建设、勘察设计、施工单位，并提出监督设计。

（2）监督工作的主要内容是：

1）工程开工前，监督员对受监工程的勘察设计和施工单位的资质等级及营业范围进行核查，凡不符合规定要求的不得开工；施工图设计质量监督，主要审查建筑结构安全、防火和卫生等，使之符合相应标准的要求；

2）工程施工中，监督员必须按照监督计划对工程质量进行抽查，房屋工程的抽查重点是地基基础主体结构和决定使用功能、安全性能的重点部位；其他工程的监督重点视工程性质确定，建筑构配件质量的监督重点是检查生产许可证、检测手段和构配件质量；

3）工程完工后，监督站在施工单位验收的基础上对工程质量等级进行核验，有关单位和个人对县级以上人民政府建设行政主管部门和其他有关部门进行的监督检查应当支持与配合，不得拒绝或者阻碍建设工程质量监督检查人员依法执行职务。

6.1.4　工程质量监督的禁止行为

《建设工程质量管理条例》第五十一条规定："供水、供电、供气、公安消防等部门或者单位不得明示或者暗示建设单位、施工单位购买其指定的生产供应单位的建筑材料、建筑构配件和设备。"目前，有关部门或单位利用其管理职能或垄断地位指定生产厂家或产品的现象较多，如果建设单位或施工单位不采用，就在竣工验收时故意刁难或不予验收，不准投入使用，政府有关部门这种滥用职权的行为是法律所不允许的。

监督站及其监督员对受监工程承担监督责任。监督站只收费不监督的，要退还收取的监督费；监督人员因失职、失误、渎职而出现重大质量事故或在核验工程质量时弄虚作假的，由主管部门视情节轻重，给予批评、警告记过直至撤职处分，触犯刑法的，移交司法机关追究刑事责任。

6.1.5 建设工程质量事故报告制度

《建设工程质量管理条例》第五十二条规定，建设工程发生质量事故，有关单位应当在 24h 内向当地建设行政主管部门和其他有关部门报告。对于重大质量事故，事故发生地的建设行政主管部门和其他有关部门应当按照事故类别和等级向当地人民政府和上级建设行政主管部门和其他有关部门报告，特别重大质量事故的调查程序按照国务院有关规定办理。

6.2 建设工程质量检测制度

6.2.1 建设工程质量检测概念

建设工程质量检测（以下简称质量检测），是指在新建、扩建、改建房屋建筑和市政基础设施工程活动中，建设工程质量检测机构接受委托，依据国家有关法律、法规和标准，对建设工程涉及结构安全、主要使用功能的检测项目，进入施工现场的建筑材料、建筑构配件、设备，以及工程实体质量等进行的检测。

1. 适用范围

从事建设工程质量检测相关活动及其监督管理，应当遵守《建设工程质量检测管理办法》。

2. 质量检测管理部门

国务院住房和城乡建设主管部门负责全国建设工程质量检测活动的监督管理。

县级以上地方人民政府住房和城乡建设主管部门负责本行政区域内的建设工程质量检测活动的监督管理，可以委托所属的建设工程质量监督机构具体实施。

6.2.2 检测机构资质管理

1. 检测机构资质类别

检测机构资质分为综合类资质、专项类资质。

（1）综合资质

综合资质是指包括全部专项资质的检测机构资质。

标准要求如下：

1）资历及信誉

① 有独立法人资格的企业、事业单位，或依法设立的合伙企业，且均具有 15 年以上质量检测经历；

② 具有建筑材料及构配件（或市政工程材料）、主体结构及装饰装修、建筑节能、钢结构、地基基础 5 个专项资质和其他 2 个专项资质；

③ 具备 9 个专项资质全部必备检测参数；

④ 社会信誉良好，近 3 年未发生过一般及以上工程质量安全责任事故。

2）主要人员

① 技术负责人应具有工程类专业正高级技术职称，质量负责人应具有工程类专业高级及以上技术职称，且均具有 8 年以上质量检测工作经历；

② 注册结构工程师不少于 4 名（其中，一级注册结构工程师不少于 2 名），注册土木工程师（岩土）不少于 2 名，且均具有 2 年以上质量检测工作经历；

③ 技术人员不少于 150 人，其中具有 3 年以上质量检测工作经历的工程类专业中级及以上技术职称人员不少于 60 人、工程类专业高级及以上技术职称人员不少于 30 人。

3）检测设备及场所

① 质量检测设备设施齐全，检测仪器设备功能、量程、精度，配套设备设施满足 9 个专项资质全部必备检测参数要求；

② 有满足工作需要的固定工作场所及质量检测场所。

4）管理水平

① 有完善的组织机构和质量管理体系，并满足《检测和校准实验室能力的通用要求》GB/T 27025—2019 要求；

② 有完善的信息化管理系统，检测业务受理、检测数据采集、检测信息上传、检测报告出具、检测档案管理等质量检测活动全过程可追溯。

（2）专项资质

专项资质包括：建筑材料及构配件、主体结构及装饰装修、钢结构、地基基础、建筑节能、建筑幕墙、市政工程材料、道路工程、桥梁及地下工程 9 个检测机构专项资质。

1）资历及信誉

① 有独立法人资格的企业、事业单位，或依法设立的合伙企业；

② 主体结构及装饰装修、钢结构、地基基础、建筑幕墙、道路工程、桥梁及地下工程 6 项专项资质，应当具有 3 年以上质量检测经历；

③ 具备所申请专项资质的全部必备检测参数；

④ 社会信誉良好，近 3 年未发生过一般及以上工程质量安全责任事故。

2）主要人员

① 技术负责人应具有工程类专业高级及以上技术职称，质量负责人应具有工程类专业中级及以上技术职称，且均具有 5 年以上质量检测工作经历；

② 主要人员数量不少于《主要人员配备表》规定要求。

3）检测设备及场所

① 质量检测设备设施基本齐全，检测设备仪器功能、量程、精度，配套设备设施满足所申请专项资质的全部必备检测参数要求；

② 有满足工作需要的固定工作场所及质量检测场所。

4）管理水平

① 有完善的组织机构和质量管理体系，有健全的技术、档案等管理制度；

② 有信息化管理系统，质量检测活动全过程可追溯。

综合资质承担全部专项资质中已取得检测参数的检测业务，专项资质承担所取得专项资质范围内已取得检测参数的检测业务。检测机构资质不分等级。

2. 资质申请

申请检测机构资质的单位应当是具有独立法人资格的企业、事业单位，或者依法设立的合伙企业，并具备相应的人员、仪器设备、检测场所、质量保证体系等条件。

申请检测机构资质应当向登记地所在省、自治区、直辖市人民政府住房和城乡建设主管部门提出，并提交下列材料：

（1）检测机构资质申请表；

（2）主要检测仪器、设备清单；

（3）检测场所不动产权属证书或者租赁合同；

（4）技术人员的职称证书；

（5）检测机构管理制度以及质量控制措施。

资质许可机关受理申请后，应当进行材料审查和专家评审，在20个工作日内完成审查并作出书面决定。对符合资质标准的，自作出决定之日起10个工作日内颁发检测机构资质证书，并报国务院住房和城乡建设主管部门备案。专家评审时间不计算在资质许可期限内。

3. 资质管理

（1）检测机构资质证书实行电子证照，由国务院住房和城乡建设主管部门制定格式。资质证书有效期为5年；

（2）检测机构需要延续资质证书有效期的，应当在资质证书有效期届满30个工作日前向资质许可机关提出资质延续申请；

（3）检测机构在资质证书有效期内名称、地址、法定代表人等发生变更的，应当在办理营业执照或者法人证书变更手续后30个工作日内办理资质证书变更手续。资质许可机关应当在2个工作日内办理完毕。

6.2.3　建设工程质量检测管理

（1）从事建设工程质量检测活动，应当遵守相关法律、法规和标准，相关人员应当具备相应的建设工程质量检测知识和专业能力；

（2）检测机构与所检测建设工程相关的建设、施工、监理单位，以及建筑材料、建筑构配件和设备供应单位不得有隶属关系或者其他利害关系。检测机构及其工作人员不得推荐或者监制建筑材料、建筑构配件和设备；

（3）委托方应当委托具有相应资质的检测机构开展建设工程质量检测业务。检测机构应当按照法律、法规和标准进行建设工程质量检测，并出具检测报告；

（4）建设单位应当在编制工程概预算时合理核算建设工程质量检测费用，单独列支并按照合同约定及时支付；

（5）建设单位委托检测机构开展建设工程质量检测活动的，建设单位或者监理单位应当对建设工程质量检测活动实施见证。见证人员应当制作见证记录，记录取样、制样、标识、封志、送检以及现场检测等情况，并签字确认；

（6）提供检测试样的单位和个人，应当对检测试样的符合性、真实性及代表性负责。检测试样应当具有清晰的、不易脱落的唯一性标识、封志。建设单位委托检测机构开展建设工程质量检测活动的，施工人员应当在建设单位或者监理单位的见证人员监督下现场取样；

（7）现场检测或者检测试样送检时，应当由检测内容提供单位、送检单位等填写委托单。委托单应当由送检人员、见证人员等签字确认。检测机构接收检测试样时，应当对试样状况、标识、封志等符合性进行检查，确认无误后方可进行检测；

（8）检测报告经检测人员、审核人员、检测机构法定代表人或者其授权的签字人等签署，并加盖检测专用章后方可生效。检测报告中应当包括检测项目代表数量（批次）、检测依据、检测场所地址、检测数据、检测结果、见证人员单位及姓名等相关信息。非建设单位委托的检测机构出具的检测报告不得作为工程质量验收资料；

（9）检测机构应当建立建设工程过程数据和结果数据、检测影像资料及检测报告记录与留存制度，对检测数据和检测报告的真实性、准确性负责。任何单位和个人不得明示或暗示检测机构出具虚假检测报告，不得篡改或伪造检测报告；

（10）检测机构在检测过程中发现建设、施工、监理单位存在违反有关法律法规规定和工程建设强制性标准等行为，以及检测项目涉及结构安全、主要使用功能检测结果不合格的，应当及时报告建设工程所在地县级以上地方人民政府住房和城乡建设主管部门；

（11）检测结果利害关系人对检测结果存在争议的，可以委托共同认可的检测机构复检；

（12）检测机构应当建立档案管理制度。检测合同、委托单、检测数据原始记录、检测报告按照年度统一编号，编号应当连续，不得随意抽撤、涂改。检测机构应当单独建立检测结果不合格项目台账；

（13）检测机构应当建立信息化管理系统，对检测业务受理、检测数据采集、检测信息上传、检测报告出具、检测档案管理等活动进行信息化管理，保证建设工程质量检测活动全过程可追溯；

（14）检测机构应当保持人员、仪器设备、检测场所、质量保证体系等方面符合建设工程质量检测资质标准，加强检测人员培训，按照有关规定对仪器设备进行定期检定或者校准，确保检测技术能力持续满足所开展建设工程质量检测活动的要求；

（15）检测机构跨省、自治区、直辖市承担检测业务的，应当向建设工程所在地的省、自治区、直辖市人民政府住房和城乡建设主管部门备案。

6.2.4　检测机构和检测人员禁止行为

检测机构不得有下列行为：

（1）超出资质许可范围从事建设工程质量检测活动；

（2）转包或者违法分包建设工程质量检测业务；

（3）涂改、倒卖、出租、出借或者以其他形式非法转让资质证书；

（4）违反工程建设强制性标准进行检测；

（5）使用不能满足所开展建设工程质量检测活动要求的检测人员或者仪器设备；

（6）出具虚假的检测数据或者检测报告。

检测人员不得有下列行为：

（1）同时受聘于两家或者两家以上检测机构；

（2）违反工程建设强制性标准进行检测；

（3）出具虚假的检测数据；

（4）违反工程建设强制性标准进行结论判定或者出具虚假判定结论。

6.2.5 监督管理

县级以上地方人民政府住房和城乡建设主管部门应当加强对建设工程质量检测活动的监督管理，建立建设工程质量检测监管信息系统，提高信息化监管水平。

（1）县级以上人民政府住房和城乡建设主管部门应当对检测机构实行动态监管，通过"双随机、一公开"等方式开展监督检查。

（2）实施监督检查时，有权采取下列措施：

1）进入建设工程施工现场或者检测机构的工作场地进行检查、抽测；

2）向检测机构、委托方、相关单位和人员询问、调查有关情况；

3）对检测人员的建设工程质量检测知识和专业能力进行检查；

4）查阅、复制有关检测数据、影像资料、报告、合同以及其他相关资料；

5）组织实施能力验证或者比对试验；

6）法律、法规规定的其他措施。

（3）县级以上地方人民政府住房和城乡建设主管部门应当加强建设工程质量监督抽测。建设工程质量监督抽测可以通过政府购买服务的方式实施。

（4）检测机构取得检测机构资质后，不再符合相应资质标准的，资质许可机关应当责令其限期整改并向社会公开。检测机构完成整改后，应当向资质许可机关提出资质重新核定申请。重新核定符合资质标准前出具的检测报告不得作为工程质量验收资料。

（5）县级以上地方人民政府住房和城乡建设主管部门对检测机构实施行政处罚的，应当自行政处罚决定书送达之日起 20 个工作日内告知检测机构的资质许可机关和违法行为发生地省、自治区、直辖市人民政府住房和城乡建设主管部门。

（6）县级以上地方人民政府住房和城乡建设主管部门应当依法将建设工程质量检测活动相关单位和人员受到的行政处罚等信息予以公开，建立信用管理制度，实行守信激励和失信惩戒。

（7）对建设工程质量检测活动中的违法违规行为，任何单位和个人有权向建设工程所在地县级以上人民政府住房和城乡建设主管部门投诉、举报。

6.2.6 法律责任

（1）未取得相应资质、资质证书已过有效期或者超出资质许可范围从事建设工程质量检测活动的，其检测报告无效，由县级以上地方人民政府住房和城乡建设主管部门处 5 万元以上 10 万元以下罚款；造成危害后果的，处 10 万元以上 20 万元以下罚款；构成犯罪的，依法追究刑事责任。

（2）检测机构隐瞒有关情况或者提供虚假材料申请资质，资质许可机关不予受理或者不予行政许可，并给予警告；检测机构 1 年内不得再次申请资质。

（3）以欺骗、贿赂等不正当手段取得资质证书的，由资质许可机关予以撤销；由县级以上地方人民政府住房和城乡建设主管部门给予警告或者通报批评，并处 5 万元以上 10 万元以下罚款；检测机构 3 年内不得再次申请资质；构成犯罪的，依法追究刑事责任。

（4）检测机构未按照《建设工程质量检测管理办法》规定办理检测机构资质证书变更手续的，由县级以上地方人民政府住房和城乡建设主管部门责令限期办理；逾期未办理的，处5000元以上1万元以下罚款。

（5）检测机构违反《建设工程质量检测管理办法》规定的，由县级以上地方人民政府住房和城乡建设主管部门责令改正，处5万元以上10万元以下罚款；造成危害后果的，处10万元以上20万元以下罚款；构成犯罪的，依法追究刑事责任。

（6）检测机构违反《建设工程质量检测管理办法》规定，有下列行为之一的，由县级以上地方人民政府住房和城乡建设主管部门责令改正，处1万元以上5万元以下罚款：

1）与所检测建设工程相关的建设、施工、监理单位，以及建筑材料、建筑构配件和设备供应单位有隶属关系或者其他利害关系的；

2）推荐或者监制建筑材料、建筑构配件和设备的；

3）未按照规定在检测报告上签字盖章的；

4）未及时报告发现的违反有关法律法规规定和工程建设强制性标准等行为的；

5）未及时报告涉及结构安全、主要使用功能的不合格检测结果的；

6）未按照规定进行档案和台账管理的；

7）未建立并使用信息化管理系统对检测活动进行管理的；

8）不满足跨省、自治区、直辖市承担检测业务的要求开展相应建设工程质量检测活动的；

9）接受监督检查时不如实提供有关资料、不按照要求参加能力验证和比对试验，或者拒绝、阻碍监督检查的。

（7）违反《建设工程质量检测管理办法》规定，建设、施工、监理等单位有下列行为之一的，由县级以上地方人民政府住房和城乡建设主管部门责令改正，处3万元以上10万元以下罚款；造成危害后果的，处10万元以上20万元以下罚款；构成犯罪的，依法追究刑事责任：

1）委托未取得相应资质的检测机构进行检测的；

2）未将建设工程质量检测费用列入工程概预算并单独列支的；

3）未按照规定实施见证的；

4）提供的检测试样不满足符合性、真实性、代表性要求的；

5）明示或者暗示检测机构出具虚假检测报告的；

6）篡改或者伪造检测报告的；

7）取样、制样和送检试样不符合规定和工程建设强制性标准的。

（8）县级以上地方人民政府住房和城乡建设主管部门工作人员在建设工程质量检测管理工作中，有下列情形之一的，依法给予处分；构成犯罪的，依法追究刑事责任：

1）对不符合法定条件的申请人颁发资质证书的；

2）对符合法定条件的申请人不予颁发资质证书的；

3）对符合法定条件的申请人未在法定期限内颁发资质证书的；

4）利用职务上的便利，索取、收受他人财物或者谋取其他利益的；

5）不依法履行监督职责或者监督不力，造成严重后果的。

6.3 建筑材料使用许可制度

建筑材料使用许可制度，是为了保证在建设工程中使用的建筑材料性能符合国家标准和设计要求而制定的，包括建筑材料产品认证制度、建筑材料产品推荐使用制度及建材进场检验制度等。

6.3.1 建筑材料产品认证制度

1. 质量体系认证制度

企业质量体系认证制度质量管理体系是指为实施质量管理所需的组织机构、职责、程序、过程和资源。企业产品质量体系认证是指认证机构根据企业申请，对企业的产品质量保证能力和质量管理水平所进行的综合性检查和评定，并对符合质量体系认证标准的企业颁发认证证书的活动。

2. 质量保证体系认证

1987年3月国际标准化组织（ISO）正式发布ISO 9000《质量管理和质量保证》系列标准，受到世界各国欢迎，已为各国广泛采用。

1992年，我国也发布了等同采用国际标准的《质量管理和质量保证》系列标准，这些标准既可作为生产企业质量保证工作的依据，也是企业申请质量体系认证的认证标准。

现行我国等同采用ISO 9000系列标准的标准如下：

（1）GB/T 19000—2016《质量管理体系——基础和术语》；

（2）GB/T 19001—2016《质量管理体系——要求》；

（3）GB/T 19002—2018《质量管理体系——GB/T 19001—2016应用指南》；

（4）GB/T 19004—2020《质量管理 组织的质量 实现持续成功指南》。

我国的质量管理系列标准是从总结国际成功经验的质量管理的共性出发，阐述了质量管理工作的基本原则、基本规律和质量体系要素的基本构成，它适用于不同体制、不同行业、服务企业开展质量管理工作，同样它也适用于建筑企事业单位的质量管理工作。

3. 质量保证体系认证的申请和认证

从事建筑活动的单位根据自愿的原则，可以向国务院产品质量监督部门或者国务院产品监督管理部门授权的部门认可的机构申请质量体系认证。

6.3.2 建筑材料产品推荐使用制度

对于一些重要的建筑材料产品，国家规定生产企业必须具备相应的生产条件、技术设备等，并具有建筑材料生产许可证才能生产的制度。

对尚未经过产品认证的建筑材料，各省、自治区、直辖市建设行政主管部门可以推荐使用。

6.3.3 建材进场检验制度

由于建设工程属于特殊产品，其质量隐蔽性强、终检局限性大，在施工全过程质量控制中，必须严格执行法定的检验、检测制度，否则将给建设工程造成难以逆转的先天性质量隐患，甚至导致质量安全事故。依法对建筑材料、设备等进行检验检测，是施工单位的一项重要法定义务。

《建设工程质量管理条例》第二十九条规定："施工单位必须按照工程设计要求、施工技术标准和合同约定，对建筑材料、建筑构配件、设备和商品混凝土进行检验，检验应当有书面记录和专人签字；未经检验或者检验不合格的，不得使用。"施工单位对进入施工现场的建筑材料、建筑构配件、设备和商品混凝土实行检验制度，是施工单位质量保证体系的重要组成部分，也是保证施工质量的重要前提。施工单位应当严把两道关，一是谨慎选择生产供应厂商；二是实行进场二次检验。

施工单位的检验要依据工程设计要求、施工技术标准和合同约定。合同若有其他约定的，检验工作还应满足合同相应条款的要求。检验结果要按规定的格式形成书面记录，并由相关人员签字，这是为了促使检验工作严谨认真，以及未来必要时有据可查、方便管理、明确责任。

对于未经检验或检验不合格的，不得在施工中用于工程。否则，要追究擅自使用或批准使用人的责任。此外，对于混凝土构件和商品混凝土的生产厂家，还应当满足《混凝土预制构件和商品混凝土生产企业资质管理规定（试行）》的要求，如果没有资质或相应资质等级的，其提供的产品应视为不合格产品。

6.4　建设行为主体的质量控制义务与责任

6.4.1　建设单位相关的质量责任和义务

建设单位作为建设工程的投资人，是建设工程的重要责任主体，建设单位有权选择承包单位，有权对建设过程进行检查、控制，对建设工程进行验收，并要按时支付工程款和费用等，在整个建设活动中居于主导地位，因此，要确保建设工程的质量，首先就要对建设单位的行为进行规范，对其质量责任予以明确。

1. 依法发包工程

《建设工程质量管理条例》规定，建设单位应当将工程发包给具有相应资质等级的单位，建设单位不得将建设工程肢解发包，建设单位应当依法对工程建设项目的勘察、设计、施工、监理以及与工程建设有关的重要设备、材料等的采购进行招标。

工程建设活动不同于一般的经济活动，从业单位的素质高低直接影响建设工程质量，企业资质等级反映了企业从事某项工程建设活动的资格和能力，是国家对建筑市场准入管理的重要手段，将工程发包给具有相应资质等级的单位来承担，是保证建设工程质量的基本前提。

因此，从事工程建设活动必须严格符合资质条件，住房和城乡建设部颁布的《建设工程勘察设计资质管理规定》《建筑业企业资质管理规定》《工程监理企业资质管理规定》等，对工程勘察单位、工程设计单位、施工企业和工程监理单位的资质等级、资质标准、业务范围等作出了明确规定。

建设单位发包工程时，应该根据工程特点，以有利于工程的质量、进度、成本控制为原则合理划分标段，但不得肢解发包工程。

建设单位还要依照《招标投标法》等有关规定，对必须实行招标的工程项目进行招标，择优选定工程勘察、设计、施工、监理单位以及采购重要设备材料等。

2. 依法向有关单位提供原始资料

《建设工程质量管理条例》第九条规定，建设单位必须向有关的勘察、设计、施工、工程监理等单位提供与建设工程有关的原始资料。原始资料必须真实、准确、齐全。

原始资料是工程勘察、设计、施工、监理等单位赖以进行有关工程建设的基础性材料。建设单位作为建设活动的总责任方，向有关单位提供原始资料，并保证这些资料的真实、准确、齐全，是其基本的责任和义务。

在工程实践中，建设单位根据委托任务必须向勘察单位提供如勘察任务书、项目规划总平面图、地下管线、地形地貌等在内的基础资料；向设计单位提供政府有关部门批准的项目建议书、可行性研究报告等其他基础资料；向施工单位提供概算批准文件，建设项目正式列入国家、部门或地方的年度固定资产投资计划，建设用地的征用资料，施工图纸及技术资料，建设资金和主要建筑材料、设备的来源落实资料，建设项目所在规划部门批准文件，施工现场完成"三通一平"的平面图等资料；向监理单位提供原始资料，除包括给施工单位的资料外，还要有建设单位与施工单位签订的承包合同文本。

3. 限制不合理的干预行为

《建筑法》第五十四条规定，建设单位不得以任何理由，要求建筑设计单位或者建筑施工企业在工程设计或施工作业中，违反法律、行政法规和建筑工程质量、安全标准，降低工程质量。建筑设计单位和建筑施工企业对建设单位违反前款规定提出的降低工程质量的要求，应当予以拒绝。

《建设工程质量管理条例》第十条进一步规定，建设工程发包单位，不得迫使承包方以低于成本的价格竞标，不得任意压缩合理工期。建设单位不得明示或者暗示设计单位或者施工单位违反工程建设强制性标准降低建设工程质量。

成本是构成价格的主要部分，是承包方估算投标价格的依据和最低的经济底线，如果建设单位一味强调降低成本、节约开支而压级压价，迫使承包方相互压价，以低于成本的价格中标，势必会导致中标单位在承包工程后，为了减少开支、降低成本而采取偷工减料、以次充好、粗制滥造等手段，最终导致建设工程出现质量问题，影响投资效益的发挥。

建设单位也不得任意压缩合理工期，更不得以任何理由违反强制性标准的规定。因为，合理工期是指在正常条件下，采取科学合理的施工工艺和管理方法，以现行的工期定额为基础，结合工程项目建设实际，经合理测算和平等协商而确定的使参与各方均获满意的经济效益的工期，而强制性标准是保证建设工程安全可靠的基础性要求，如果盲目要求赶工期，势必会简化工序，不按规程操作，违反强制性标准，从而导致建设工程出现质量等诸多问题。

4. 依法报审施工图设计文件

《建设工程质量管理条例》规定，建设单位应当将施工图设计文件报县级以上人民政府建设行政主管部门或者其他有关部门审查，施工图设计文件未经批准的，不得使用。

施工图设计文件是设计文件的重要内容，是编制施工图预算、安排材料、设备订货和非标准设备制作、进行施工、安装工程验收等工作的依据，施工图设计文件一经完成，建设工程最终所要达到的质量，尤其是地基基础和结构的安全性就有了约束。因此，施工图设计文件的质量将直接影响建设工程的质量。

建立和实施施工图设计文件审查制度，是许多发达国家确保建设工程质量的成功做法，我国于1998年开始进行建筑工程项目施工图设计文件审查试点工作，在节约投资、发现设计质量隐患和避免违法违规行为等方面都有明显的成效，通过开展对施工图设计文件的审查，既可以对设计单位的成果进行质量控制，也能纠正参与建设活动各方特别是建设单位的不规范行为。

5. 依法实行工程监理

《建设工程质量管理条例规定》，实行监理的建设工程，建设单位应当委托具有相应资质等级的工程监理单位进行监理，也可以委托具有工程监理相应资质等级并与被监理工程的施工承包单位没有隶属关系或者其他利害关系的该工程的设计单位进行监理。

监理工作要求监理人员具有较高的技术水平和较丰富的工程经验，因此国家对开展工程监理工作的单位实行资质许可，工程监理单位的资质反映了该单位从事某项监理工作的资格和能力，为了保证监理工作的质量，建设单位必须将需要监理的工程委托给具有相应资质等级的工程监理单位进行监理。

目前，我国的工程监理主要是对工程的施工过程进行监督，而该工程的设计人员对设计意图比较了解，对设计中各专业如结构、设备等在施工中可能发生的问题也比较清楚，因此，由具有监理资质的设计单位对自己设计的工程进行监理，对保证工程质量是十分有利的。但是，设计单位与承包该工程的施工单位不得有行政隶属关系，也不得存在可能直接影响设计单位实施监理公正性的非常明显的经济或其他利益关系。

《建设工程质量管理条例》还规定，下列建设工程必须实施监理：①国家重点建设工程；②大中型公用事业工程；③成片开发建设的住宅小区工程；④利用外国政府或者国际组织贷款、援助资金的工程；⑤国家规定必须实行监理的其他工程。

6. 依法办理工程质量监督手续

《建设工程质量管理条例》第十三条规定，建设单位在开工前，应当按照国家有关规定办理工程质量监督手续，工程质量监督手续可以与施工许可证或者开工报告合并办理。

办理工程质量监督手续是法定程序，不办理质量监督手续的，不发施工许可证，工程不得开工。因此，建设单位在领取施工许可证或者提交开工报告之前，应当依法到建设行政主管部门或铁路交通、水利等有关管理部门，或者委托的工程质量监督机构办理工程质量手续，接受政府主管部门的工程质量监督。

建设单位办理工程质量监督手续，应提供以下文件和资料：

（1）工程规划许可证；

（2）设计单位资质等级证书；

（3）监理单位资质证书，监理合同及《工程项目监理登记表》；

（4）施工单位资质等级证书及营业执照副本；

（5）工程勘察设计文件；

（6）中标通知书及施工承包合同等。

7. 依法保证建筑材料等符合要求

《建设工程质量管理条例》第十四条规定，按照合同约定，由建设单位采购建筑材料、建筑构配件和设备的，建设单位应当保证建筑材料、建筑构配件和设备符合设计文件和合同要求。建设单位不得明示或者暗示施工单位使用不合格的建筑材料、建筑构配件和设备。

在工程实践中，根据工程项目设计文件和合同要求的质量标准，哪些材料和设备由建设单位采购，哪些材料和设备由施工单位采购，应该在合同中明确约定，并且是谁采购、谁负责，所以，建设单位采购建筑材料、建筑构配件和设备的，建设单位必须保证建筑材料、建筑构配件和设备符合设计文件和合同要求。对于建设单位负责供应的材料设备，在使用前施工单位应当按照规定对其进行检验和试验，如果不合格，不得在工程上使用，并应通知建设单位予以退换。

有些建设单位为了赶进度或降低采购成本常常以各种明示或暗示的方式，要求施工单位降低标准而在工程上使用不合格的建筑材料、建筑构配件和设备，此类行为不仅严重违法，而且危害极大。

8. 依法进行装修工程

随意拆改建筑主体结构和承重结构等，会危及建设工程安全和人民生命财产安全，因此《建设工程质量管理条例》第十五条规定，涉及建筑主体和承重结构变动的装修工程，建设单位应当在施工前委托原设计单位或者具有相应资质等级的设计单位提出设计方案；没有设计方案的，不得施工。房屋使用者在装修过程中，不得擅自变动房屋建筑主体和承重结构。

建筑设计方案是根据建筑物的功能要求，具体确定建筑标准、结构形式、建筑物的空间和平面布置以及建筑群体的安排。对于涉及主体和承重结构变动的装修工程，设计单位会根据结构形式和特点，对结构受力进行分析，对构件的尺寸、位置、配筋等重新进行计算和设计。因此，建设单位应当委托该建筑工程的原设计单位或者具有相应资质等级的设计单位提出装修工程的设计方案，如果没有设计方案就擅自施工，则将留下质量隐患，甚至造成质量事故，后果严重。

房屋使用者在装修过程中也不得擅自变动房屋建筑主体和承重结构，如拆除隔墙、窗洞改门洞等，都是不允许的。

9. 建设单位质量违法行为应承担的法律责任

《建筑法》第七十二条规定，建设单位违反本法规定，要求建筑设计单位或者建筑施工企业违反建筑工程质量、安全标准，降低工程质量的，责令改正，可以处以罚款；构成犯罪的依法追究刑事责任。

《建设工程质量管理条例》规定，建设单位有下列行为之一的，责令改正，处 20 万元以上 50 万元以下的罚款：

（1）迫使承包商以低于成本的价格竞标的；

（2）任意压缩合理工期的；

（3）明示或者暗示设计单位或者施工单位违反工程建设强制性标准，降低工程质量的；

（4）施工图设计文件未经审查或审查不合格，擅自施工的；

（5）建设项目必须实行工程监理而未实行工程监理的；

（6）未按照国家规定办理工程质量监督手续的；

（7）明示或者暗示施工单位使用不合格的建筑材料、建筑构配件和设备的；

（8）未按照国家规定将竣工验收报告、有关认可文件或者准许使用文件报送备案的。

6.4.2　施工单位的质量责任和义务

1. 施工质量负责和总分包单位的质量责任

《建筑法》第五十五条规定，建筑工程实行总承包的，工程质量由工程总承包单位负责，总承包单位将建筑工程分包给其他单位的，应当对分包工程的质量与分包单位承担连带责任。分包单位应当接受总承包单位的质量管理。当分包工程发生质量问题时，建设单位或其他受害人既可以向分包单位请求赔偿，也可以向总承包单位请求赔偿；进行赔偿的一方，有权依据分包合同的约定，对不属于自己责任的那部分赔偿向对方追偿。

2. 按照工程设计图纸和施工技术标准施工的规定

《建筑法》第五十八条规定，建筑施工企业必须按照工程设计图纸和施工技术标准施工，不得偷工减料。工程设计的修改由原设计单位负责，建筑施工企业不得擅自修改工程设计。

《建设工程质量管理条例》第二十八条进一步规定，施工单位必须按照工程设计图纸和施工技术标准施工。不得擅自修改工程设计，不得偷工减料。施工单位在施工过程中发现设计文件和图纸有差错的，应当及时提出意见和建议。

遵守标准、按图施工、不得擅自修改设计，是施工单位保证工程质量的最基本要求。

此外，从法律的角度来看，工程设计图纸和施工技术标准都属于合同文件的组成部分，如果施工单位不按照工程设计图纸和施工技术标准施工，则属于违约行为，应该对建设单位承担违约责任。

3. 对建筑材料、设备等进行检验检测的规定

《建设工程质量管理条例》第二十九条进一步规定，施工单位必须按照工程设计要求、施工技术标准和合同约定，对建筑材料、建筑构配件、设备和商品混凝土进行检验，检验应当有书面记录和专人签字；未经检验或者检验不合格的，不得使用。

（1）建筑材料、建筑构配件、设备和商品混凝土的检验制度

施工单位对进入施工现场的建筑材料、建筑构配件、设备和商品混凝土实行检验制度，其是施工单位质量保证体系的重要组成部分，也是保证施工质量的重要前提。施工单位应当严把两道关：一是谨慎选择生产供应厂商；二是实行进场二次检验。

（2）施工检测的见证取样和送检制度

《建设工程质量管理条例》第三十一条规定，施工人员对涉及结构安全的试块、试件以及有关材料，应当在建设单位或者工程监理单位监督下现场取样，并送具有相应资质等级的质量检测单位进行检测。

所谓见证取样和送检，是指在建设单位或工程监理单位人员的见证下，由施工单位的现场试验人员对工程中涉及结构安全的试块、试件和材料在现场取样，并送至具有法定资格的质量检测单位进行检测的活动。根据《房屋建筑工程和市政基础设施工程实行见证取样和送检的规定》中规定，涉及结构安全的试块、试件和材料见证取样和送检的比例不得低于有关技术标准中规定应取样数量的30%。下列试块、试件和材料必须实施见证取样和送检：

1）用于承重结构的混凝土试块；

2）用于承重墙体的砌筑砂浆试块；

3）用于承重结构的钢筋及连接接头试件；

4）用于承重墙的砖和混凝土小型砌块；

5）用于拌制混凝土和砌筑砂浆的水泥；

6）用于承重结构的混凝土中使用的掺加剂；

7）地下、屋面、厕浴间使用的防水材料；

8）国家规定必须实行见证取样和送检的其他试块、试件和材料。

见证人员应由建设单位或该工程的监理单位中具备施工试验知识的专业技术人员担任，并由建设单位或该工程的监理单位书面通知施工单位、检测单位和负责该项工程的质量监督机构。在施工过程中，见证人员应按照见证取样和送检计划，对施工现场的取样和送检进行见证。取样人员应在试样或其包装上作出标识、封志。标识和封志应标明工程名称、取样部位、取样日期、样品名称和样品数量，并由见证人员和取样人员签字。见证人员和取样人员应对试样的代表性和真实性负责。

4. 施工质量检验和返修的规定

（1）施工质量检验制度

《建设工程质量管理条例》第三十条规定，施工单位必须建立、健全施工质量的检验制度，严格工序管理，做好隐蔽工程的质量检查和记录。隐蔽工程在隐蔽前，施工单位应当通知建设单位和建设工程质量监督机构。施工质量检验，通常是指工程施工过程中的工序质量检验（或称为过程检验），包括预检、自检、交接检、专职检、分部工程中间检验以及隐蔽工程检验等。

1）严格工序质量检验和管理

施工工序也可以称为过程，各个工序或过程之间横向和纵向的联系形成了施工过程网络。任何一项工程的施工，都是通过由许多工序或过程组成的工序或过程网络来实现的。网络上的关键工序或过程都有可能对工程最终的施工质量产生决定性的影响，如焊接点的破坏就可能引起桁架破坏，从而导致屋面坍塌。所以，施工单位要加强对施工工序或过程的质量控制，特别是要加强影响结构安全的地基和结构等关键施工过程的质量控制。

完善的检验制度和严格的工序管理是保证工序或过程质量的前提，只有工序或过程网络上的所有工序或过程的质量都受到严格控制，整个工程的质量才能得到保证。

2）强化隐蔽工程质量检查

隐蔽工程，是指在施工过程中某一道工序所完成的工程实物被后一工序形成的工程实物所隐蔽，而且不可以逆向作业的那部分工程。例如，钢筋混凝土工程施工中，钢筋被混凝土所覆盖，前者即为隐蔽工程。

《民法典》第七百九十八条规定，隐蔽工程在隐蔽以前，承包人应当通知发包人检查。发包人没有及时检查的，承包人可以顺延工程日期，并有权请求赔偿停工、窝工等损失。

（2）建设工程的返修

《建筑法》第六十条规定，对已发现的质量缺陷，建筑施工企业应当修复。《建设工程质量管理条例》第三十二条进一步规定，施工单位对施工中出现质量问题的建设工程或者竣工验收不合格的建设工程，应当负责返修。

《民法典》第八百零二条规定，因承包人的原因致使建设工程在合理使用期限内造成人身损害和财产损失的，承包人应当承担赔偿责任。如果因施工人的原因导致工程质量不符合约定的，发包人可以请求施工人在合理期限内无偿对工程进行修理或者返工、改建以使工程达到约定的质量要求。

返修作为施工单位的法定义务，其返修包括施工过程中出现质量问题的建设工程和竣工验收不合格的建设工程两种情形，对于非施工单位原因造成的质量问题，施工单位也应当负责返修，但是因此而造成的损失及返修费用由责任方负责。

5. 建立健全职工教育培训制度的规定

《建设工程质量管理条例》第三十三条规定，施工单位应当建立、健全教育培训制度，加强对职工的教育培训；未经教育培训或者考核不合格的人员，不得上岗作业。

施工单位的教育培训通常包括各类质量教育和岗位技能培训等。先培训、后上岗。特别是与质量工作有关的人员，如总工程师、项目经理、质量体系内审员、质量检查员、施工人员、材料试验及检测人员，关键技术工种如焊工、钢筋工、混凝土工等，未经培训或者培训考核不合格的人员，不得上岗工作或作业。

6. 违法行为应承担的法律责任

施工单位质量违法行为应承担的主要法律责任如下：

（1）违反资质管理规定和转包、违法分包造成质量问题应承担的主要法律责任

《建筑法》第六十六条、六十七条规定，建筑施工企业转让、出借资质证书或者以其他方式允许他人以本企业的名义承揽工程的，对因该项承揽工程不符合规定的质量标准造成的损失，建筑施工企业与使用本企业名义的单位或者个人承担连带赔偿责任的。承包单位将承包的工程转包或者违法分包的，对因转包工程或者违法分包的工程不符合规定的质量标准造成的损失，与接受转包或者分包的单位承担连带赔偿责任。

（2）偷工减料等违法行为应承担的法律责任

《建筑法》第七十四条规定，建筑施工企业在施工中偷工减料的，使用不合格的建筑材料、建筑构配件和设备的，或者有其他不按照工程设计图纸或者施工技术标准施工的行为，责令改正，处以罚款；情节严重的，责令停业整顿，降低资质等级或者吊销资质证书；造成建筑工程质量不符合规定的质量标准的，负责返工、修理，并赔偿因此造成的损失；构成犯罪的，依法追究刑事责任。

《建设工程质量管理条例》第六十四条规定，施工单位在施工中偷工减料的使用不合格的建筑材料、建筑构配件和设备的，或者有不按照工程设计图纸或者施工技术标准施工的其他行为的，责令改正，处工程合同价款 2% 以上 4% 以下的罚款；造成建设工程质量不符合规定的质量标准的，负责返工、修理，并赔偿因此造成的损失；情节严重的，责令停业整顿，降低资质等级或者吊销资质证书。

（3）检验检测违法行为应承担的法律责任

《建设工程质量管理条例》第六十五条规定，施工单位未对建筑材料、建筑构配件、设备和商品混凝土进行检验，或者未对涉及结构安全的试块、试件以及有关材料取样检测的，责令改正，处 10 万元以上 20 万元以下的罚款；情节严重的，责令停业整顿，降低资质等级或者吊销资质证书；造成损失的，依法承担赔偿责任。

（4）构成犯罪的追究刑事责任

建设、勘察、设计、施工、工程监理单位的工作人员因调动工作、退休等原因离开该单位后，被发现在该单位工作期间违反国家有关建设工程质量管理规定，造成重大工程质量事故的，仍应当依法追究法律责任。

《中华人民共和国刑法》第一百三十七条规定，建设单位、设计单位、施工单位、工程监理单位违反国家规定，降低工程质量标准，造成重大安全事故的，对直接责任人员处5年以下有期徒刑或者拘役，并处罚金；后果特别严重的，处5年以上10年以下有期徒刑，并处罚金。

7. 勘察、设计单位相关的质量责任和义务

（1）勘察设计质量责任主体的划分

《建设工程质量管理条例》第十九条进一步规定，勘察、设计单位必须按照工程建设强制性标准进行勘察、设计，并对其勘察、设计的质量负责。注册建筑师、注册结构工程师等注册执业人员应当在设计文件上签字，对设计文件负责。

（2）依法承揽工程的勘察、设计业务

《建设工程质量管理条例》第十八条规定，从事建设工程勘察、设计的单位应当依法取得相应等级的资质证书，并在其资质等级许可的范围内承揽工程。禁止勘察、设计单位超越其资质等级许可的范围或者以其他勘察、设计单位的名义承揽工程。禁止勘察、设计单位允许其他单位或者个人以本单位的名义承揽工程。勘察、设计单位不得转包或者违法分包所承揽工程。

（3）勘察、设计必须执行强制性标准

《建设工程质量管理条例》第十九条规定，勘察、设计单位必须按照工程建设强制性标准进行勘察、设计，并对其勘察、设计质量负责。其真实准确与否直接影响到设计、施工质量，因而成果必须真实可靠。

（4）勘察单位提供的勘察成果必须真实、准确

《建设工程质量管理条例》第二十条规定，勘察单位提供的地质、测量、水文等勘察成果必须真实、准确。

（5）设计依据和设计深度的规定

《建设工程质量管理条例》第二十一条规定，设计单位应当根据勘察成果文件进行建设工程设计，设计文件应当符合国家规定的设计深度要求，注明工程合理使用年限。它与《建筑法》中的"建筑物合理寿命年限"在概念上是一致的。

（6）依法规范设计对建筑材料等的选用

《建筑法》《建设工程质量管理条例》都规定，设计单位在设计文件中选用的建筑材料、建筑构配件，应当注明规格、型号、性能等技术指标，其质量要求必须符合国家规定的标准。除有特殊要求的建筑材料、专业设备、工艺生产线等外，设计单位不得指定生产厂、供应商。

（7）依法对设计文件进行技术交底

《建设工程质量管理条例》第二十三条规定，设计单位应当就审查合格的施工图设计文件向施工单位作出详细说明。

设计文件的技术交底，通常的做法是设计文件完成后，通过建设单位发给施工单位，

再由设计单位将设计的意图、特殊的工艺要求，以及建筑、结构、设备等各专业在施工中的难点、疑点和容易发生的问题等向施工单位作详细说明，并负责解释施工单位对设计图纸的疑问。对设计文件进行技术交底是设计单位的重要义务，对确保工程质量有重要意义。

（8）依法参与建设工程质量事故分析

《建设工程质量管理条例》第二十四条规定，设计单位应当参与建设工程质量事故分析，并对因设计造成的质量事故，提出相应的处理方案。

工程质量的好坏，在一定程度上就是工程建设是否准确贯彻了设计意图。因此，一旦发生了质量事故，该工程的设计单位最有可能在短时间内发现存在的问题，对事故的分析具有权威性。这对及时进行事故处理十分有利，对因设计造成的质量事故，原设计单位必须提出相应的技术处理方案，这是设计单位的法定义务。

（9）勘察、设计单位质量违法行为应承担的法律责任

《建筑法》第七十三条规定，建筑设计单位不按照建筑工程质量、安全标准进行设计的，责令改正，处以罚款；造成损失的，承担赔偿责任；构成犯罪的，依法追究刑事责任。

《建设工程质量管理条例》规定，勘察设计单位有下列行为之一的，责令改正，处10万元以上30万元以下的罚款：

1）勘察单位未按照工程建设强制性标准进行勘察的；

2）设计单位未根据勘察成果文件进行工程设计的；

3）设计单位制定建筑材料、建筑构配件的生产厂、供应商的；

4）设计单位未按照工程建设强制性进行设计的。

有以上所列行为，造成工程质量事故的，责令停业整顿，降低资质等级；情节严重的，吊销资质证书；造成损失的，依法承担赔偿责任。

6.4.3　工程监理单位的质量责任和义务

工程监理单位接受建设单位的委托，代表建设单位对建设工程进行监督管理。因此，工程监理单位也是工程质量的责任主体之一。

1. 依法承担工程监理业务

《建筑法》和《建设工程质量管理条例》规定，工程监理单位应当依法取得相应等级的资质证书，并在其资质等级许可的范围内承担工程监理业务。工程监理不得转让工程监理业务。

禁止工程监理单位超越本单位资质等级许可的范围或者以其他工程监理单位的名义承担工程监理业务。禁止工程监理单位允许其他单位或者个人以本单位的名义承担工程监理业务。

2. 对有隶属关系或其他利害关系的回避

《建筑法》《建设工程质量管理条例》规定，工程监理单位与被监理工程的施工承包单位以及建筑材料、建筑构配件和设备供应单位有隶属关系或者其他利害关系的不得承担该项建设工程的监理业务。

由于工程监理单位与被监理工程的承包单位以及建筑材料、建筑构配件和设备供应单位之间是监督与被监督的关系，为了保证客观、公正执行监理任务，工程监理单位与上述

单位不能有隶属关系或者其他利害关系。如果有这种关系，工程监理单位在接受监理委托前，应当自行回避；对于没有回避而被发现的，建设单位可以依法解除委托关系。

3. 监理工作的依据和监理责任

《建设工程质量管理条例》第三十六条规定，工程监理单位应当依据法律、法规以及有关技术标准、设计文件和建设工程承包合同，代表建设单位对施工质量实施监理，并对施工质量承担监理责任。

工程监理的依据：①法律、法规，如《建筑法》《建设工程质量管理条例》等；②有关技术标准，如建设工程承包合同中确认采用的推荐性标准等；③设计文件、施工组织设计等既是施工的依据，也是监理单位对施工活动进行监督管理的依据；④建设工程承包合同，监理单位据此监督施工单位是否全面履行合同约定的义务。

监理单位对施工质量承担监理责任，包括违约责任和违法责任两个方面：①违约责任，如果监理单位不按照监理合同约定履行监理义务，给建设单位或其他单位造成损失的，应当承担相应的赔偿责任；②违法责任，如果监理单位违法监理或者降低工程质量标准，造成质量事故的，要承担相应的法律责任。

4. 工程监理的职责和权限

《建设工程质量管理条例》第三十七条规定，工程监理单位应当选派具备相应资格的总监理工程师和监理工程师进驻施工现场。未经监理工程师签字，建筑材料、建筑构配件和设备不得在工程上使用或者安装，施工单位不得进入下一道工序的施工。未经总监理工程师签字，建设单位不拨付工程款，不进行竣工验收。

监理单位应根据所承担的监理任务，组建驻地监理机构。监理机构一般由总监理工程师、监理工程师和其他监理人员组成，监理工程师拥有对建筑材料、建筑构配件和设备以及每道施工工序的检查权，对检查不合格的，有权决定是否允许在工程上使用或进行下道工序的施工，工程监理实施总工程师负责制，总监理工程师依法在授权范围内可以发布有关指令，全面负责受委托的监理工程。

5. 工程监理的形式

《建设工程质量管理条例》第三十八条规定，监理工程师应当按照工程监理规范的要求，采取旁站、巡视和平行检验等形式，对建设工程实施监理。

所谓旁站，是指对工程中有关地基和结构安全的关键工序和关键施工过程，进行连续不断地监督检查或检验的监理活动，有时甚至要连续跟班监理。所谓巡视，主要是除强调关键点的质量控制外，监理工程师还应对监理单位对应的施工现场进行面上的巡视监理。所谓平行检验，是指一方是承包单位，对自己负责施工的工程项目进行检查验收；而另一方是监理机构，它是受建设单位的委托，在施工单位自检的基础上按照一定的比例对工程项目进行独立检查和验收。也就是对同一被检验项目的性能在规定的时间内进行的两次检查验收。对于关键性、较大体量的工程实物，采取分段后平行检验的方式，有利于及时发现质量问题，及时采取措施予以纠正。

6. 工程监理单位质量违法行为应承担的法律责任

《建筑法》第六十九条规定，工程监理单位与建设单位或者建筑施工企业串通，弄虚作假、降低工程质量的，责令改正，处以罚款，降低资质等级或者吊销资质证书；有违法所得的，予以没收；造成损失的，承担连带赔偿责任；构成犯罪的，依法追究刑事责任。

《建设工程质量管理条例》第六十七条规定，工程监理单位有下列行为之一的，责令改正，处 50 万元以上 100 万元以下的罚款，降低资质等级或者吊销资质证书；有违法所得的，予以没收；造成损失的，承担连带赔偿责任：①与建设单位或者施工单位串通，弄虚作假、降低工程质量的；②将不合格的建设工程、建筑材料、建筑构配件和设备按照合格签字的。

6.5　建设工程竣工验收制度

工程项目的竣工验收是施工全过程的最后一道工序，是建设投资成果转入生产或使用的标志，也是全面考核投资效益、检验设计和施工质量的重要环节。

6.5.1　竣工验收的主体和法定条件

1. 建设工程竣工验收的主体

《建设工程质量管理条例》第十六条规定，建设单位收到建设工程竣工报告后，应当组织设计、施工、工程监理等有关单位进行竣工验收。

对工程进行竣工检查和验收，是建设单位法定的权利和义务。在建设工程完工后，承包单位应当向建设单位提供完整的竣工资料和竣工验收报告，提请建设单位组织竣工验收。建设单位收到竣工验收报告后，应及时组织有设计、施工、工程监理等有关单位参加的竣工验收，检查整个工程项目是否已按照设计要求和合同约定全部建设完成，并符合竣工验收条件。

2. 竣工验收应当具备的法定条件

《建筑法》第六十一条规定，交付竣工验收的建筑工程，必须符合规定的建筑工程质量标准，有完整的工程技术经济资料和经签署的工程保修书，并具备国家规定的其他竣工条件。建筑工程竣工经验收合格后，方可交付使用；未经验收或者验收不合格的，不得交付使用。

《建设工程质量管理条例》第十六条进一步规定，建设工程竣工验收应当具备下列条件：

（1）完成建设工程设计和合同约定的各项内容

建设工程设计和合同约定的内容，主要是指设计文件所确定的以及承包合同"承包人承揽工程项目一览表"中载明的工作范围，也包括监理工程师签发的变更通知单中所确定的工作内容。承包单位必须按合同约定，按质、按量、按时完成上述工作内容，使工程具有正常的使用功能。

（2）有完整的技术档案和施工管理资料

工程技术档案和施工管理资料是工程竣工验收和质量保证的重要依据之一，主要包括以下档案和资料：①工程项目竣工验收报告；②分项、分部工程和单位工程技术人员名单；③图纸会审和技术交底记录；④设计变更通知单，技术变更核实单；⑤工程质量事故发生后调查和处理资料；⑥隐蔽验收记录及施工日志；⑦竣工图；⑧质量检验评定资料等；⑨合同约定的其他资料。

（3）有工程使用的主要建筑材料、建筑构配件和设备的进场试验报告对建设工程使用的主要建筑材料、建筑构配件和设备，除须具有质量合格证明资料外，还应当有进场试验、检验报告，其质量要求必须符合国家规定的标准。

（4）有勘察、设计、施工、工程监理等单位分别签署的质量合格文件

勘察、设计、施工、工程监理等有关单位要依据工程设计文件及承包合同所要求的质量标准，对竣工工程进行检查评定，符合规定的，应当签署合格文件。

（5）有施工单位签署的工程保修书

施工单位同建设单位签署的工程保修书，也是交付竣工验收的条件之一；凡是没有经过竣工验收或者经过竣工验收确定为不合格的建设工程，不得交付使用。如果建设单位为提前获得投资效益，在工程未经验收就提前投产或使用，由此而发生的质量等问题，建设单位要承担责任。

6.5.2 施工单位应提交的档案资料

《建设工程质量管理条例》第十七条规定，建设单位应当严格按照国家有关档案管理的规定，及时收集、整理建设项目各环节的文件资料，建立、健全建设项目档案，并在建设工程竣工验收后，及时向建设行政主管部门或者其他有关部门移交建设项目档案。

建设工程是百年大计。一般的建筑物设计年限都在50～70年，重要的建筑物达百年以上。在建设工程投入使用之后，还要进行检查、维修、管理，还可能会遇到改建、扩建或拆除活动，以及在其周围进行建设活动。这些都需要参考原始的勘察、设计、施工等资料。建设单位是建设活动的总负责方，应当在合同中明确要求勘察、设计、施工、监理等单位分别提供工程建设各环节的文件资料，及时收集整理，建立、健全建设项目档案。

按照住房和城乡建设部《城市建设档案管理规定》的规定，建设单位应当在工程竣工验收后3个月内，向城建档案馆报送一套符合规定的建设工程档案。凡建设工程档案不齐全的，应当限期补充。对改建、扩建和重要部位维修的工程，建设单位应当组织设计、施工单位据实修改、补充和完善原建设工程档案。

施工单位应当按照归档要求制定统一目录，有专业分包工程的，分包单位要按照总承包单位的总体安排做好各项资料整理工作，最后再由总承包单位进行审核、汇总。施工单位一般应当提交的档案资料是：①工程技术档案资料；②工程质量保证资料；③工程检验评定资料；④竣工图等。

6.5.3 规划、消防、节能、环保等验收的规定

《建设工程质量管理条例》第四十九条规定，建设单位应当自建设工程竣工验收合格之日起15日内，将建设工程竣工验收报告和规划、公安消防、环保等部门出具的认可文件或者准许使用文件报建设行政主管部门或者其他有关部门备案。

1. 建设工程竣工规划验收

《城乡规划法》第四十五条规定，县级以上地方人民政府城乡规划主管部门按照国务院规定对建设工程是否符合规划条件予以核实。未经核实或者经核实不符合规划条件的，建设单位不得组织竣工验收。建设单位应当在竣工验收后6个月内向城乡规划主管部门报送有关竣工验收资料。

建设工程竣工后，建设单位应当依法向城乡规划行政主管部门提出竣工规划验收申请，由城乡规划行政主管部门按照选址意见、建设用地规划许可证、建设工程规划许可证、乡村建设规划许可证及其有关规划的要求，对建设工程进行规划验收，包括对建设用地范围内的各项工程建设情况、建筑物的使用性质、位置、间距、层数、标高、平面、立面、外墙装饰材料和色彩、各类配套服务设施、临时施工用房、施工场地等进行全面核查，并作出验收记录。对于验收合格的，由城乡规划行政主管部门出具规划认可文件或核发建设工程竣工规划验收合格证。

《城乡规划法》第六十七条还规定，建设单位未在建设工程竣工验收后6个月内向城乡规划主管部门报送有关竣工验收资料的，由所在地城市、县人民政府城乡规划主管部门责令限期补报；逾期不补报的，处1万元以上5万元以下的罚款。

2. 建设工程竣工消防验收

《消防法》规定，按照国家工程建设消防技术标准需要进行消防设计的建设工程竣工，依照下列规定进行消防验收、备案：

（1）国务院公安部门规定的大型的人员密集场所和其他特殊建设工程，建设单位应当向公安机关消防机构申请消防验收。

（2）其他建设工程，建设单位在验收后应当报公安机关消防机构备案，公安机关消防机构应当进行抽查。依法应当进行消防验收的建设工程，未经消防验收或者消防验收不合格的，禁止投入使用；其他建设工程经依法抽查不合格的，应当停止使用。

《建设工程消防监督管理规定》进一步规定，建设单位申请消防验收应当提供下列材料：①建设工程消防验收申报表；②工程竣工验收报告；③消防产品质量合格证明文件；④有防火性能要求的建筑构件、建筑材料、室内装修装饰材料符合国家标准或者行业标准的证明文件、出厂合格证；⑤消防设施、电气防火技术检测合格证明文件；⑥施工、工程监理、检测单位的合法身份证明和资质等级证明文件；其他依法需要提供的材料。

公安机关消防机构应当自受理消防验收申请之日起20日内组织消防验收，并出具消防验收意见。公安机关消防机构对申报消防验收的建设工程，应当依照建设工程消防验收评定标准对已经消防设计审核合格的内容组织消防验收。对综合评定结论为合格的建设工程，公安机关消防机构应当出具消防验收合格意见；对综合评定结论为不合格的，应当出具消防验收不合格意见，并说明理由。

对于依法应当进行消防验收的建设工程，未经消防验收或者消防验收不合格，擅自投入使用的，《消防法》规定，由公安机关消防机构责令停止施工，停止使用或者停产停业，并处3万元以上30万元以下罚款。

3. 建设工程竣工环保验收

国务院令第682号颁布的《建设项目环境保护管理条例》对环保验收规定如下：

（1）编制环境影响报告书、环境影响报告表的建设项目竣工后，建设单位应当按照国务院生态环境主管部门规定的标准和程序，对配套建设的环境保护设施进行验收，编制验收报告。建设单位在环境保护设施验收过程中，应当如实查验、监测、记载建设项目环境保护设施的建设和调试情况，不得弄虚作假。除按照国家规定需要保密的情形外，建设单位应当依法向社会公开验收报告。

（2）分期建设、分期投入生产或者使用的建设项目，其相应的环境保护设施应当分期验收。

（3）编制环境影响报告书、环境影响报告表的建设项目，其配套建设的环境保护设施经验收合格，方可投入生产或者使用；未经验收或者验收不合格的，不得投入生产或者使用。上述规定的建设项目投入生产或者使用后，应当按照国务院生态环境主管部门的规定开展环境影响后评价。

《建设项目环境保护管理条例》规定的法律责任如下：

（1）建设单位编制建设项目初步设计未落实防治环境污染和生态破坏的措施以及环境保护设施投资概算，未将环境保护设施建设纳入施工合同，或者未依法开展环境影响后评价的，由建设项目所在地县级以上生态环境主管部门责令限期改正，处5万元以上20万元以下的罚款；逾期不改正的，处20万元以上100万元以下的罚款。

（2）违反本条例规定，需要配套建设的环境保护设施未建成、未经验收或者验收不合格，建设项目即投入生产或者使用，或者在环境保护设施验收中弄虚作假的，由县级以上生态环境主管部门责令限期改正，处20万元以上100万元以下的罚款；逾期不改正的，处100万元以上200万元以下的罚款；对直接负责的主管人员和其他责任人员，处5万元以上20万元以下的罚款；造成重大环境污染或者生态破坏的，责令停止生产或者使用，或者报经有批准权的人民政府批准，责令关闭。

（3）违反本条例规定，技术机构向建设单位、从事环境影响评价工作的单位收取费用的，由县级以上生态环境主管部门责令退还所收费用，处所收费用1倍以上3倍以下的罚款。

（4）从事建设项目环境影响评价工作的单位，在环境影响评价工作中弄虚作假的，由县级以上生态环境主管部门处所收费用1倍以上3倍以下的罚款。

（5）生态环境主管部门的工作人员徇私舞弊、滥用职权、玩忽职守，构成犯罪的，依法追究刑事责任；尚不构成犯罪的，依法给予行政处分。

4. 建设工程节能验收

《中华人民共和国节约能源法》（以下简称《节约能源法》）第三十五条规定，不符合建筑节能标准的建筑工程，建设主管部门不得批准开工建设；已经开工建设的，应当责令停止施工、限期改正；已经建成的，不得销售或者使用。

国务院《民用建筑节能条例》第十七条进一步规定，建设单位组织竣工验收，应当对民用建筑是否符合民用建筑节能强制性标准进行查验；对不符合民用建筑节能强制性标准的，不得出具竣工验收合格报告。建筑节能工程施工质量的验收，应按照国家标准《建筑节能工程施工质量验收标准》GB 50411以及《建筑工程施工质量验收统一标准》GB 50300、各专业工程施工质量验收规范等执行。单位工程竣工验收应在建筑节能分部工程验收合格后进行。

建筑节能工程为单位建筑工程的一个分部工程，并按规定划分为分项工程和检验批。建筑节能工程应按照分项工程进行验收，如墙体节能工程、幕墙节能工程、门窗节能工程、屋面节能工程、地面节能工程、采暖节能工程、通风与空气调节节能工程、配电与照明节能工程等。当建筑节能分项工程的工程量较大时，可以将分项工程划分为若干个检验批进行验收。当建筑节能工程验收无法按照要求划分分项工程或检验批时，可由建设、施工、监理等各方协商进行划分，但验收项目、验收内容，验收标准和验收记录均应遵守规范的规定。

（1）建筑节能分部工程进行质量验收的条件

建筑节能分部工程的质量验收，应在检验批、分项工程全部合格的基础上，进行建筑围护结构的外墙节能构造实体检验，严寒、寒冷和夏热冬冷地区的外窗气密性现场检测，以及系统节能性能检测和系统联合试运转与调试，确认建筑节能工程质量达到验收的条件后方可进行。

（2）建筑节能分部工程验收的组织

建筑节能工程验收的程序和组织应遵守《建筑工程施工质量验收统一标准》GB 50300 的要求，并符合下列规定：①节能工程的检验批验收和隐蔽工程验收应由监理工程师主持，施工单位相关专业的质量检查员与施工员参加；②节能分项工程验收应由监理工程师主持，施工单位项目技术负责人和相关专业的质量检查员、施工员参加，必要时可邀请设计单位相关专业的人员参加；③节能分部工程验收应由总监理工程师（建设单位项目负责人）主持，施工单位项目经理、项目技术负责人和相关专业的质量检查员、施工员参加，施工单位的质量或技术负责人应参加，设计单位节能设计人员应参加。

（3）建筑节能工程验收的程序

1）施工单位自检评定

建筑节能分部工程施工完成后，施工单位对节能工程质量进行检查，确认符合节能设计文件要求后，填写《建筑节能分部工程质量验收表》，并由项目经理和施工单位负责人签字。

2）监理单位进行节能工程质量评估

监理单位收到《建筑节能分部工程质量验收表》后，应全面审查施工单位的节能工程验收资料并整理资料，对节能各分项工程进行质量评估，监理工程师及项目总监在《建筑节能分部质量验收表》中签字确认验收结论。

3）建设节能分部工程验收

建筑节能质量监督管理部门的验收监督人员到施工现场对节能工程验收的组织形式、验收程序、执行验收标准等情况进行现场监督，发现有违反规定程序、执行标准或评定结果不准确的，应要求有关单位改正或停止验收。对未达到国家验收标准合格要求的质量问题，签发监督文书。

4）施工单位按验收意见进行整改

施工单位按照验收各方提出的整改意见进行整改；整改完毕后，建设、监理、设计、施工单位对节能工程的整改结果进行确认。对建筑节能工程存在重要整改内容的项目，质量监督人员参加复查。

5）节能工程验收结论

符合建筑节能工程质量验收规范的工程为验收合格，即通过节能分部工程质量验收。

对节能工程验收不合格工程，按《建筑节能工程施工质量验收标准》和其他验收标准的要求整改完后，重新验收。

6）验收资料归档

建筑节能工程施工质量验收合格后，相应的建筑节能分部工程验收资料应作为建设工程竣工验收资料中的重要组成部分进行归档。

（4）建筑节能工程专项验收应注意事项

建筑节能工程验收重点是检查建筑节能工程效果是否满足设计及规范要求，监理和施工单位应加强和重视节能验收工作，对验收中发现的工程实体质量问题及时解决。

1）工程项目存在以下问题之一的，监理单位不得组织节能工程验收：

① 未完成建筑节能工程设计内容的；

② 隐蔽验收记录等技术档案和施工管理资料不完整的；

③ 工程使用的主要建筑材料、建筑构配件和设备未提供进场检验报告的，未提供相关的节能性检测报告的；

④ 工程存在违反强制性条文的质量问题而未整改完毕的；

⑤ 对监督机构发出的责令整改内容未整改完毕的；

⑥ 存在其他违反法律、法规行为而未处理完毕的。

2）工程项目验收存在以下问题之一的，应重新组织建筑节能工程验收：

① 验收组织机构不符合法规及规范要求的；

② 参加验收人员不具备相应资格的；

③ 参加验收各方主体验收意见不一致的；

④ 验收程序和执行标准不符合要求的；

⑤ 各方提出的问题未整改完毕的。

单位工程在办理竣工备案时应提交建筑节能相关资料，不符合要求的不予备案。

（5）建筑工程节能验收违法行为应承担的法律责任

《民用建筑节能条例》第三十八条规定，建设单位对不符合民用建筑节能强制性标准的民用建筑项目出具竣工验收合格报告的，由县级以上地方人民政府建设主管部门责令改正，处民用建筑项目合同价款 2% 以上 4% 以下的罚款；造成损失的，依法承担赔偿责任。

6.5.4　竣工验收报告备案的规定

《建设工程质量管理条例》第四十九条规定，建设单位应当自建设工程竣工验收合格之日起 15 日内，将建设工程竣工验收报告和规划、公安消防、环保等部门出具的认可文件或者准许使用文件报建设行政主管部门或者其他有关部门备案。建设行政主管部门或者其他有关部门发现建设单位在竣工验收过程中有违反国家有关建设工程质量管理规定行为的，责令停止使用，重新组织竣工验收。

1. 竣工验收备案的时间及须提交的文件

《房屋建筑工程和市政基础设施工程竣工验收备案管理暂行办法》第四条规定，建设单位应当自工程竣工验收合格之日起 15 日内，依照本办法规定，向工程所在地的县级以上地方人民政府建设主管部门（以下简称备案机关）备案。

建设单位办理工程竣工验收备案应当提交下列文件：

（1）工程竣工验收备案表；

（2）工程竣工验收报告，应当包括工程报建日期、施工许可证号、施工图设计文件审查意见，勘察、设计、施工、工程监理等单位分别签署的质量合格文件及验收人员签署的竣工验收原始文件，市政基础设施的有关质量检测和功能性试验资料以及备案机关认为需要提供的有关资料；

（3）法律、行政法规规定应当由规划、环保等部门出具的认可文件或者准许使用文件；

（4）法律规定应当由公安消防部门出具的对大型的人员密集场所和其他特殊建设工程验收合格的证明文件；

（5）施工单位签署的工程质量保修书；

（6）法规、规章规定必须提供的其他文件；住宅工程还应当提交《住宅质量保证书》和《住宅使用说明书》。

2. 竣工验收备案文件的签收和处理

工程质量监督机构应当在工程竣工验收之日起 5 日内，向备案机关提交工程质量监督报告。备案机关发现建设单位在竣工验收过程中有违反国家有关建设工程质量管理规定行为的，应当在收讫竣工验收备案文件 15 日内，责令停止使用，重新组织竣工验收。

3. 竣工验收备案违反规定的处罚

《房屋建筑工程和市政基础设施工程竣工验收备案管理暂行办法》第九条规定，建设单位在工程竣工验收合格之日起 15 日内未办理工程竣工验收备案的，备案机关责令限期改正，处 20 万元以上 50 万元以下罚款。

6.6　建设工程质量保修制度

《建筑法》第六十二条、《建设工程质量管理条例》第三十九条均明确规定，建筑工程实行质量保修制度。所谓质量保修制度，是指对建筑工程在交付使用后的一定期限内发现的工程质量缺陷，由施工企业承担修复责任的制度，质量缺陷是指建筑工程的质量不符合工程建设强制性标准以及合同的约定，建筑工程作为一种特殊的耐用消费品，一旦建成后将长期使用，建筑工程在建设中存在的质量问题，在工程竣工验收时被发现的，必须经修复完好后，才能作为合格工程交付使用；有些质量问题在竣工验收时未被发现，而在使用过程中的一定期限内逐渐暴露出来的，施工企业应根据"质量保修制度"的要求无偿予以修复，以维护用户的利益，建设工程质量保修制度对于促进建设参建各方加强质量管理有着重要意义。

6.6.1　建设工程质量保修制度

1. 建筑工程质量保修的范围

（1）地基基础工程和主体结构工程，这两项工程的质量问题直接关系建筑物的安危，不允许存在质量隐患，一旦发现质量问题，也很难通过修复的方法解决，规定对这两项工程实行保修制度，实际上要求施工企业必须确保其质量；

（2）屋面防水工程，由于房屋建筑工程中的屋面漏水问题很常见，也很突出，所以法律中将此项工程单独列出；

（3）其他土建工程，指除屋面防水工程以外的其他土建工程，如地面楼面、门窗工程等；

（4）电气管线、上下水管线的安装工程，包括电气线路、开关、电表的安装，电气照明器具的安装，给水管道、排水管道的安装等；

(5) 供热供冷系统工程，包括暖气管道及设备、中央空调设备等的安装工程；

(6) 装修工程是指建筑过程中的装修，属于房屋建造活动的组成部分；

(7) 其他应当保修的项目范围。

2. 建筑工程质量保修的期限

根据《建设工程质量管理条例》第四十条规定，下列工程的最低保修期限为：

(1) 基础设施工程、房屋建筑的地基基础工程和主体结构工程，为设计文件规定的该工程的合理使用年限；

(2) 屋面防水工程、有防水要求的卫生间、房间和外墙面的防渗漏，为5年；

(3) 供热与供冷系统，为2个采暖期、供冷期；

(4) 电气管线、给水排水管道、设备安装和装修工程，为2年；

(5) 其他项目的保修期限由发包方与承包方约定。

质量保修期从工程竣工验收合格之日起计算。

3. 保修的实施

建筑工程在保修期内出现质量缺陷，建设单位或者房屋建筑所有人应当向施工单位发出保修通知，如果发生涉及结构的安全的质量缺陷，建设单位或者房屋建筑所有人还应立即向当地建设行政主管部门报告，并采取安全防范措施。对于一般的质量缺陷，施工单位接到保修通知后，应当到现场核查情况，在保修书约定的时间内予以保修；对于涉及结构安全，严重影响使用功能的紧急抢修事故，施工单位接到保修通知后，应当立即到达现场抢修；对其他涉及结构安全的无须紧急抢修的质量缺陷，应由原设计单位或者具有相应资质等级的设计单位提出保修方案，施工单位实施保修，原工程质量监督机构负责监督。保修完成后，由建设单位或者房屋建筑所有人组织验收。涉及结构安全的，应当报告当地建设行政主管部门备案。施工单位不按工程质量保修书约定保修的，建设单位或房屋建筑所有人可以另行委托其他单位保修，施工单位承担相应责任。

4. 超过合理使用年限后需要继续使用的规定

《建设工程质量管理条例》第四十二条规定："建设工程在超过合理使用年限后需要继续使用的，产权所有人应当委托具有相应资质等级的勘察、设计单位鉴定，并根据鉴定结果采取加固、维修等措施，重新界定使用期。"各类工程根据其重要程度、结构类型、质量要求和使用性能等所确定的使用年限是不同的，确定建设工程的合理使用年限，并不意味着超过合理使用年限后，建设工程就一定要报废、拆除。建设工程经具有相应资质等级的勘察、设计单位鉴定，提出技术加固措施，在设计文件中重新界定使用期，并经有相应资质等级的施工单位进行加固、维修和补强，达到能继续使用条件的可以继续使用，否则，如果违法继续使用所产生的后果由产权所有人负责。

6.6.2 质量保修书和保修起始日期

1. 质量保修书

《建设工程质量管理条例》第三十九条规定："建设工程承包单位在向建设单位提交工程竣工验收报告时，应当向建设单位出具质量保修书，质量保修书中应当明确建设工程的保修范围、保修期限和保修责任等。"

建设工程质量保修的承诺，应当由承包单位以建设工程质量保修书这一书面形式来体现。建设工程质量保修书是一项保修合同，是承包合同所约定双方权利义务的延续，也是施工单位对竣工验收的建设工程承担保修责任的法律文本。

建设工程承包单位应当依法在向建设单位提交工程竣工验收报告资料时，向建设单位出具工程质量保修书。工程质量保修书包括如下主要内容：

（1）质量保修范围：不同类型的建设工程，其保修范围有所不同；

（2）质量保修期限：双方单位经平等协商另行签订保修合同的，其保修期限可以高于法定的最低保修期限，但不能低于最低保修期限，否则视为无效；

（3）承诺质量保修责任：主要是施工单位向建设单位承诺保修范围、保修期限和有关具体实施保修的措施，如保修的方法、人员及联络办法，保修答复和处理时限，不履行保修责任的罚则等。施工单位在建设工程质量保修书中，应当对建设单位合理使用建设工程有所提示，如果是因建设单位或用户使用不当或擅自改动结构、设备位置以及不当装修等造成质量问题的施工单位不承担保修责任；由此而造成的质量受损或其他用户损失应当由责任人承担。

2. 保修起始日期

建设工程保修期的起始日是竣工验收合格之日。按照《建设工程质量管理条例》第四十九条的规定："建设行政主管部门或者其他有关部门发现建设单位在竣工验收过程中有违反国家有关建设工程质量管理规定行为的，责令停止使用，重新组织竣工验收。"对于重新组织竣工验收的工程，其保修期为各方都认可的重新组织竣工验收的日期。

按照《最高人民法院关于审理建设工程施工合同纠纷案件适用法律问题的解释（一）》（法释〔2020〕25号），当事人对建设工程实际竣工日期有争议的，按照以下情形分别处理：

（1）建设工程经竣工验收合格的，以竣工验收合格之日为竣工日期；

（2）承包人已经提交验收报告，发包人拖延验收的，以承包人提交验收报告之日为竣工日期；

（3）建设工程未经竣工验收，发包人擅自使用的，以转移占有建设工程之日为竣工日期。

6.6.3　质量责任的损失赔偿

《建设工程质量管理条例》第四十一条规定，建设工程在保修范围和保修期限内发生质量问题的，施工单位应当履行保修义务，并对造成的损失承担赔偿责任。

1. 保修义务的责任落实与损失赔偿责任的承担

履行保修义务，导致建筑物损毁或者造成人身财产，《最高人民法院关于审理建设工程施工合同纠纷案件适用法律问题的解释（一）》规定，因保修人未及时履行保修义务，导致建筑物损毁或者造成人身财产损害的，保修人应当承担赔偿责任。保修人与建筑物所有人或者发包人对建筑物毁损均有过错的，各自承担相应的责任。

建设工程保修的质量问题是在保修范围和保修期限内的质量问题。对于保修义务的承担和维修的经济责任承当应当按下述原则处理：

（1）施工单位未按国家有关标准规范和设计要求施工所造成的质量缺陷，由施工单位负责返修并承托经济责任；

（2）由于设计问题造成的质量缺陷，先由施工单位负责维修，其经济责任按有关规定通过建设单位向设计单位索赔；

（3）因建筑材料、构配件和设备质量不合格引起的质量缺陷，先由施工单位负责维修，其经济责任属于施工单位采购的或经其验收同意的，由施工单位承担经济责任；属于建设单位采购的，由建设单位承担经济责任；

（4）因建设单位（含监理单位）错误管理造成的质量缺陷，先由施工单位负责维修，其经济责任由建设单位承担；如属监理单位责任，则由建设单位向监理单位索赔；

（5）因使用单位使用不当造成的损坏问题，先由施工单位负责维修，其经济责任由使用单位自行负责；

（6）因地震台风、洪水等自然灾害或其他不可抗拒原因造成的损坏问题，先由施工单位负责维修，建设参与各方再根据国家具体政策分担经济责任。

2. 建设工程质量保证金

《建设工程质量保证金管理暂行办法》规定，建设工程质量保证金（保修金）（以下简称保证金）是指发包人与承包人在建设过程承包合同中约定，从应付工程款中预留，用以保证承包人在缺陷责任内对建设工程中出现的缺陷进行维修的资金。

（1）缺陷责任期的确定

所谓缺陷，是指建设工程质量不符合工程建设强制性标准、设计文件以及承包合同的约定，缺陷责任期一般为 6 个月、12 个月或 24 个月，具体可由发承包双方在合同中约定。

缺陷责任期从工程通过竣（交）工验收之日起计，由于发包人原因导致工程无法按规定期限进行竣（交）工验收的，缺陷责任期从实际通过竣（交）工验收之日起计，由于发包人原因导致工程无法按规定期限进行竣（交）工验收的，在承包人提交竣（交）工验收报告 90 天后，工程自动进入缺陷责任期。

（2）预留保证金的比例

全部或者部分使用政府投资的建设项目，按工程价款结算总额 5% 左右的比例预留保证金。社会投资项目采用预留保证金方式的，预留保证金的比例可参照执行。缺陷责任期内，由承包人原因造成的缺陷，承包人负责维修，并承担鉴定及维修费用，如承包人不维修也不承担费用，发包人可按合同约定扣除保证金，并由承包人承担违约责任，承包人维修并承担相应费用后，不免除对工程的一般损失赔偿责任。由他人原因造成的缺陷，发包人负责维修，承包人不承担此项，且发包人不得从保证金中扣除费用。

（3）质量保证金的返还

缺陷责任期内，承包人认真履行合同约定的责任，到期后，承包人向发包人申请返还保证金。

发包人在接到承包人返还保证金申请后，应于 14 日内会同承包人按照合同约定的内容进行核实。如无异议，发包人应当在核实后 14 日内将保证金返还给承包人，逾期支付的，从逾期之日起，按照同期银行贷款利率计算利息，并承担违约责任；发包人在接到承包人返还保证金申请后 14 日内不予答复，经催告后 14 日内仍不予答复，视同认可承包人的返还保证金申请。

发包人与承包人对保证金预留、返还以及工程维修质量、费用有争议的，按承包合同约定的争议和纠纷解决程序处理。

6.6.4　违法行为应承担的法律责任

《建筑法》第七十五条规定，建筑企业违反本法规定，不履行保修义务或者拖延履行保修义务的，责令改正，可以处以罚款，并对在保修期内因屋顶、墙面渗漏、开裂等质量缺陷造成的损失，承担赔偿责任。

《建设工程质量管理条例》第六十六条规定，施工单位不履行保修义务或者拖延履行保修义务的，责令改正，处 10 万元以上 20 万元以下的罚款，并对在保修期内因质量缺陷造成的损失承担赔偿责任。

《建设工程质量保证金管理暂行办法》第八条规定，缺陷责任期内，由承包人原因造成的缺陷，承包人应负责维修，并承担鉴定及维修费用。如承包人不维修也不承担费用，发包人可按合同约定扣除保证金，并由承包人承担违约责任。承包人维修并承担相应费用后，不免除对工程的一般损失赔偿责任。

《建筑业企业资质管理规定》第二十三条规定，建筑业企业申请资质升级或者资质增项，在申请之日前 1 年至资质许可决定作出前有未履行保修义务或拖延履行保修义务的，资质许可机关不予批准。

6.7　典型案例分析

【案情概要】

2008 年 4 月，某大学为建设学生公寓，与某建筑公司签订了一份建设工程合同。合同约定：工程采用固定总价合同形式，主体工程和内外承重砖一律使用国家标准砌块，每层加水泥圈梁；某大学可预付工程款（合同价款的 10%）；工程的全部费用在验收合格后一次付清；交付使用后，如果 6 个月内发生严重质量问题，由承包人负责修复等。1 年后，学生公寓如期完工，在某大学和某建筑公司共同进行竣工验收时，某大学发现工程3～5 层的承重墙体裂缝较多，要求某建筑公司修复后再验收，某建筑公司认为不影响使用而拒绝修复。因为很多新生等待入住，某大学接收了宿舍楼。在使用了 8 个月之后，公寓楼 5 层的内承重墙倒塌，致使 1 人死亡，3 人受伤，其中 1 人致残。受害者与某大学要求某建筑公司赔偿损失，并修复倒塌工程。某建筑公司以使用不当且已过保修期为由拒绝赔偿。无奈之下，受害者与某大学诉至法院，请法院主持公道。

【案情分析】

《建设工程质量管理条例》第四十条规定，在正常使用条件下，建设工程最低保修期限为：

（1）基础设施工程、房屋建筑的地基基础工程和主体结构工程，为设计文件规定的该工程的合理使用年限；

（2）屋面防水工程，有防水要求的卫生间、房间和外墙面的防渗漏，为 5 年；

（3）供热与供冷系统，为 2 个采暖期、供冷期；

（4）电器管线、给水排水管道、设备安装和装修工程，为 2 年。

其他项目的保修期限由发包方与承包方约定。建设工程的保修期，由竣工验收合格之日起计算。

　　根据上述法律规定，建设工程的保修期限不能低于国家规定的最低保修期限，其中，对地基基础工程、主体结构工程实际规定为终身保修。在本案中，某大学与某建筑公司虽然在合同中双方约定保修期限为 6 个月，但这一期限远远低于国家规定的最低期限，尤其是承重墙属于主体结构，其最低保修期限依法应终身保修。双方的质量期限条款违反了国家强制性法律规定，因此是无效的。某建筑公司应当向受害者承担损害赔偿责任。承包人损害赔偿责任的内容应当包括：医疗费、因误工减少的收入、残废者生活补助费等。造成受害人死亡的，还应支付丧葬费、抚恤费、死者生前抚养的人必要的生活费用等。此外，某建筑公司在施工中偷工减料，造成质量事故，有关主管部门应当依照《建筑法》第七十四条的有关规定对其进行法律制裁。

　　鉴于此，法院对某建筑公司以保修期已过为由拒绝赔偿的主张不予支持，判决某建筑公司应当向受害者承担赔偿责任，并负责修复倒塌的部分工程。

本章小结

　　本章主要介绍了施工单位的质量责任和义务、建设单位及相关单位的质量责任和义务、建设工程竣工验收制度、建设工程质量保修制度等建设工程质量法律制度。

　　建筑施工企业对工程的施工质量负责。建设工程实行总承包的，工程质量由总承包商负责，总承包单位将建筑工程分包给其他单位的，应对分包工程的质量与分包单位承担连带责任。施工企业必须按照工程设计图纸和施工技术标准施工，必须按照工程设计要求、施工技术标准和合同的约定，对建筑材料、建筑构配件和设备进行检验。

　　对工程进行竣工检查和验收，是建设单位法定的权利和义务。交付竣工验收的建筑工程，必须符合规定的建筑工程质量标准，有完整的工程技术资料和经签署的工程保修书，并具备国家规定的其他竣工条件。

　　建设工程承包单位在向建设单位提交工程竣工验收报告时，应当向建设单位出具质量保修书，质量保修书中应当明确建设工程的保修范围、保修期限和保修责任等。建设工程在保修范围和保修期限内发生质量问题的，施工单位应当履行保修义务，并对造成的损失承担赔偿责任。

思考与练习题

一、单选题

6-1　根据《建设工程质量管理条例》规定，下列要求不属于建设单位质量责任与义务的是（　　）。

A. 建设单位应当依法对工程建设项目的勘察、设计、施工、监理以及工程建设有关的重要设备、材料等的采购进行招标

B. 涉及建筑主体和承重结构变动的装修工程，建设单位要有设计方案

C. 施工人员对涉及结构安全的试块、试件以及有关材料，应在建设单位或工程监理企业监督下现场取样，并送具有相应资质等级的质量检测单位进行检测

D. 建设单位应按照国家有关规定组织竣工验收，建设工程验收合格的，方可交付使用

6-2 施工人员对涉及结构安全的试块、试件及有关材料，应在（　　）监督下现场取样，并送具有相应资质等级的质量检测单位进行检测。

A. 监督机构 　　　　　　　　　　B. 工程监理企业或建设单位

C. 工程监理企业或上级主管部门 　　D. 施工管理人员

6-3 根据《建设工程质量管理条例》规定，在正常使用条件下，下列关于建设工程最低保修期限正确的表述是（　　）。

A. 基础设施工程、房屋建筑的地基基础和主体结构工程为70年

B. 屋面防水工程、有防水要求的卫生间、房间和外墙面的防渗漏为5年

C. 电气管线、给水排水管道、设备安装和装修工程为5年

D. 基础设施工程为100年，房屋建筑的地基基础和主体结构工程为70年

6-4 建设工程承包单位在向建设单位提交竣工验收报告时，应当向建设单位出具（　　）。

A. 质量保证书 　　　　　　　　　B. 咨询评估书

C. 使用说明书 　　　　　　　　　D. 质量保修书

6-5 关于工程监理企业的质量责任和义务不正确的是（　　）。

A. 在资质等级许可的范围内承揽工程监理任务，可以像施工单位一样，将部分工程分包出去

B. 不得与施工承包单位以及建筑材料、建筑构配件和设备供应单位有隶属关系

C. 代表建设单位对施工质量实施监理

D. 对施工质量承担监理责任

6-6 某工程施工过程中，监理工程师以施工质量不符合施工合同约定为由要求施工单位返工，但是施工单位认为施工合同是由建设单位与施工单位签订的，监理单位不是合同当事人，不属于监理的依据。对此，正确的说法是（　　）。

A. 监理工程师应根据国家标准监理，而不能以施工合同为依据监理

B. 施工合同是监理工程师实施监理的依据

C. 施工合同是否作为监理依据，要根据建设单位的授权

D. 施工合同是否作为监理依据，要根据上级建设行政主管部门的意见确定

6-7 在施工监理过程中，工程监理单位发现存在重大安全事故隐患，要求施工单位停工整改，而施工单位拒不整改或者不停止施工，监理单位应当（　　）。

A. 继续要求施工单位整改 　　　　B. 要求施工单位停工

C. 及时向有关主管部门报告 　　　D. 协助施工单位消除隐患

6-8 《建设工程质量管理条例》强调了工程质量必须实行（　　）监督管理。

A. 政府 　　　　　　　　　　　　B. 监理企业

C. 建设单位 　　　　　　　　　　D. 建筑行业

6-9 某工程分为Ⅰ、Ⅱ、Ⅲ号单体建筑，Ⅰ号建筑竣工后未经验收发包人提前使用。整个工程一并验收时，发现Ⅰ号建筑存在质量缺陷。下列说法错误的是（　　）。

A. 发包人可以主张整体工程质量不合格

B. 施工单位应在合理使用寿命内对地基基础和主体结构负责

C. 合理使用寿命为设计文件规定的合理年限

D. 发包人的行为视为对Ⅰ号楼质量认可

6-10 建设单位应当在工程竣工验收合格后的（   ）内到县级以上人民政府建设主管部门或其他有关部门备案。

A. 7 天   B. 15 天

C. 45 天   D. 60 天

二、多选题

6-11 根据《建设工程质量管理条例》，（   ）是建设单位办理工程竣工验收备案应提交的材料。

A. 工程竣工验收备案表   B. 工程竣工验收报告

C. 施工单位签署的工程质量保修书 D. 住宅质量保证书

E. 住宅使用说明书

6-12 根据《建设工程质量管理条例》，下列选项中（   ）符合勘察、设计单位质量责任和义务的规定。

A. 勘察、设计单位应当依法取得相应资质等级的证书，并在其资质等级许可的范围内承揽工程

B. 勘察、设计单位必须按照工程建设强制性标准进行勘察、设计

C. 注册执业人员应当在设计文件上签字，对设计文件负责

D. 任何情况下设计单位均不得指定生产厂、供应商

E. 设计单位应当根据勘察成果文件进行建设工程设计

6-13 根据《建设工程质量管理条例》，下列选项中（   ）符合工程监理单位质量责任和义务的规定。

A. 工程监理单位应当依法取得相应资质等级的证书，并在其资质等级许可内的范围内承担工程监理业务

B. 工程监理单位不得转让工程监理业务

C. 工程监理单位代表建设单位对施工质量实施监理

D. 工程监理单位代表施工单位对施工质量实施监理

E. 工程监理单位不得与被监理工程的施工承包单位有非正常的联系

6-14 建设工程承包单位在向建设单位提交工程竣工验收报告时，应当向建设单位出具质量保修书。质量保修书中应当明确建设工程的（   ）等。

A. 保修范围   B. 保修期限

C. 保修责任   D. 保修内容

E. 保修质量

6-15 根据《建设工程质量管理条例》，下列选项中（   ）符合建设单位质量责任和义务的规定。

A. 建设单位应当依法对工程建设项目的勘察、设计、施工、监理以及与工程建设有关的重要设备、材料等的采购进行招标

B. 建设单位在领取施工许可证或者开工报告之前，应当按照国家有关规定办理工程

质量监督手续

C. 建设单位不得对承包单位的建设活动进行不合理干预

D. 施工图设计文件未经审查批准的，建设单位不得使用

E. 建设单位应按照国家有关规定组织竣工验收，经过验收程序即可交付使用

三、案例题

6-16　某化工厂在同一厂区建设第二个大型厂房时，为了节省投资，决定不进行勘察，便将 4 年前为第一个大型厂房所做的勘察成果提供给设计院作为设计依据，让其设计新厂房，设计院不同意。但是，在该化工厂的一再坚持下最终设计院妥协，答应使用勘察成果。厂房建成后使用一年多就发现其北墙墙体多处开裂。该化工厂一纸诉状将施工单位告上法庭，请求判定施工单位承担工程质量责任。

问题：

（1）本案中的质量责任应当由谁承担？

（2）工程中设计方是否有过错，违反了什么规定？

第7章 合同法规

本章要点及学习目标

本章要点：
(1)《民法典》合同编的基本规定；
(2) 合同的一般条款；
(3) 合同订立、效力、履行、解除相关规定；
(4) 违约责任。

学习目标：
(1) 了解合同的概念和特征，合同的分类与形式；
(2) 熟悉合同法规的基本原则；
(3) 掌握合同订立阶段相关内容；
(4) 掌握合同效力相关内容；
(5) 掌握合同履行阶段相关内容；
(6) 掌握合同解除阶段相关内容。

【引例】

　　某建筑公司与某水泥厂签订一份钢材买卖合同，约定购买的数量及规格、价格等主要条款，但未明确各期具体供货时间，建筑公司支付了预付款。此时正值施工旺季，钢材需求量极大，卖方为图更高利益，将库存钢材全部高价卖给其他单位。买方因现场急需钢材，在多次派人向卖方催货无果的情况下，只好向他处购买高价钢材。3 个月后，施工进入淡季，卖方向买方送去未交付钢材，被买方拒收。双方为此出现争议，并诉至法院。在本案例中，水泥厂的做法是否妥当？甲公司是否应承担违约责任？法院应如何判决？通过对上述案例的分析，请思考我国在合同的订立、履行中当事人应该遵守什么法律法规；承担什么违约责任；合同解除的法律依据等问题，我们从本章的学习中去寻找答案。

7.1 概述

7.1.1 合同的概念

　　广义的合同指所有法律部门中确定权利、义务关系的协议。狭义的合同指一切民事合同。还有最狭义的合同仅指民事合同中的债权合同。

　　《中华人民共和国民法典》（以下简称《民法典》）第四百六十四条规定，合同是民事主体之间设立、变更、终止民事法律关系的协议。

婚姻、收养、监护等有关身份关系的协议，适用有关该身份关系的法律规定；没有规定的，可以根据其性质参照适用《民法典》合同编规定。

合同主体订立合同的目的在于通过双方享受权利、履行义务来实现各自的经济目的；合同正是通过其条款来明确双方权利和义务的；而通过合同条款来体现的双方的权利和义务，是合同主体协商一致的结果；依法成立的合同，对当事人具有法律约束力。当事人应当按照合同约定履行自己的义务，不得擅自变更或者解除合同。

依法成立的合同，受法律保护。

本章主要结合《民法典》阐述债权合同法规。

7.1.2　《民法典》合同编的主要内容

《民法典》由中华人民共和国第十三届全国人民代表大会第三次会议于 2020 年 5 月 28 日通过，自 2021 年 1 月 1 日起施行。《中华人民共和国婚姻法》《中华人民共和国继承法》《中华人民共和国民法通则》《中华人民共和国收养法》《中华人民共和国担保法》《中华人民共和国合同法》《中华人民共和国物权法》《中华人民共和国侵权责任法》《中华人民共和国民法总则》同时废止。

《民法典》在中国特色社会主义法律体系中具有重要地位，是一部固根本、稳预期、利长远的基础性法律；对推进全面依法治国、加快建设社会主义法治国家；发展社会主义市场经济、巩固社会主义基本经济制度；坚持以人民为中心的发展思想、依法维护人民权益、推动我国人权事业发展；推进国家治理体系和治理能力现代化都具有重大意义。

《民法典》共 7 编、1260 条。各编依次为总则、物权、合同、人格权、婚姻家庭、继承、侵权责任、附则；其中第三编合同编有三个分编：通则、典型合同、准合同。《民法典》结构如图 7-1 所示。

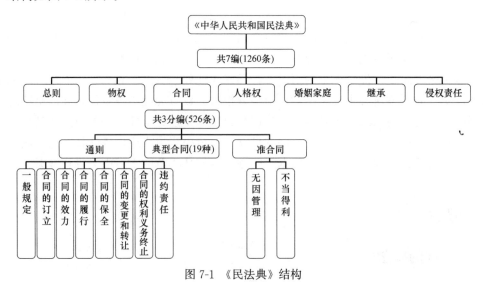

图 7-1　《民法典》结构

第一分编为通则，共 8 章，分别为：一般规定、合同的订立、合同的效力、合同的履行、合同的保全、合同的变更和转让、合同的权利义务终止、违约责任。

　　第二分编为典型合同，共 19 章，分别为：买卖合同、供用电、水、气、热力合同、赠与合同、借款合同、保证合同、租赁合同、融资租赁合同、保理合同、承揽合同、建设工程合同、运输合同、技术合同、保管合同、仓储合同、委托合同、物业服务合同、行纪合同、中介合同、合伙合同。

　　第三分编为准合同，共 2 章，分别为：无因管理、不当得利。

7.1.3　合同法规的基本原则

　　1. 平等原则

　　《民法典》第四条规定，民事主体在民事活动中的法律地位一律平等。

　　合同当事人无论具有什么身份，无论是公民还是法人，无论财产多寡、地位高低，在合同关系中的法律地位都是平等的，没有高低贵贱之分，也没有行政服从与被服从或者从属、隶属关系，实现合法法律关系，必须协商一致，任何一方当事人不得仰仗财产、权力或具有其他方面的优势，把自己的意志强加给另一方当事人。平等原则是民事法律的基本原则，是区别行政法律、刑事法律的重要特征，也是《民法典》其他原则赖以存在的基础。

　　2. 自愿原则

　　《民法典》第五条规定，民事主体从事民事活动，应当遵循自愿原则，按照自己的意思设立、变更、终止民事法律关系。

　　自愿原则主要体现在合同的缔结、选择相对人、合同内容、合同变更和解除、签约方式等。当事人依法享有自愿订立合同的权利，任何单位和个人不得非法干预。当事人有权根据自己的意志和利益，自愿决定是否签订合同，与谁签订合同，签订什么样的合同；自愿协商确定合同的内容，协商补充变更合同的内容；自愿协商解除合同；自愿协商确定违约责任，选择争议解决方式。任何单位和个人不得非法干预当事人的合同行为。

　　自愿原则是法律赋予的，同时也受到其他法律规定的限制，是在法律规定范围内的"自愿"。

　　3. 公平原则

　　《民法典》第六条规定，民事主体从事民事活动，应当遵循公平原则，合理确定各方的权利和义务。

　　公平原则体现在合同的订立和履行中，合同当事人应当正当行使合同权利和履行合同义务，兼顾他人利益，使当事人的利益能够均衡。它强调的是己方给付与对方给付之间的相对等值性，合同上的负担和风险的合理分配，这种等值性和合理性主要是当事人双方主观上的意愿，不强调客观上是否等值。为了体现合同的等值性，合同风险负担的合理性在《民法典》中得到了足够的关注。

　　4. 诚实信用原则

　　《民法典》第七条规定，民事主体从事民事活动，应当遵循诚信原则，秉持诚实，恪守承诺。

　　诚实信用原则作为直接规范交易关系的法律原则，与债权债务关系尤其是合同关系最为密切。它要求当事人在交易活动的每一个环节，包括在合同的谈判订立阶段、合同履行的准备阶段、合同的履行阶段、甚至在合同履行完毕后都应当遵循诚实信用原则，都应当心怀善意、诚实、讲信用、相互协作，不得滥用权力、尔虞我诈、弄虚作假，扰乱市场秩序。

【案例1】　甲施工企业承建某学校教学楼，教学楼工程竣工验收合格并交付使用。教学楼使用了5年后，甲施工企业致函该学校，说明屋面防水保修期满及以后使用维护的注意事项，以及施工企业的做法体现了法规什么原则。

【案例分析】　施工企业的做法体现了合同法规的诚实信用原则。根据诚实信用原则，合同履行完毕之后，双方当事人仍然有协助、通知、保密等后合同义务。

5. 合法原则

《民法典》第八条规定，民事主体从事民事活动，不得违反法律，不得违背公序良俗。

合法原则，即守法与不违背公序良俗，是为了保障当事人所订立的合同符合国家意志和社会公共利益，协调不同当事人之间的利益冲突，以及当事人的个人利益与整个社会和国家利益的冲突，保护正常的交易秩序。尽管合同编主要是任意性规范，保障合同的自由，但合同的自由只有在合法的基础上才具有意义，即当事人在订约和履约过程中必须遵守全国性的法律和行政法规的规定。此外，考虑到任何法律都不可能穷尽一切，再完备的法律也不可能对社会经济的各种现象包罗无遗，这就要求当事人在订约和履约中不得违背公序良俗。

6. 绿色原则

《民法典》第九条规定，民事主体从事民事活动，应当有利于节约资源、保护生态环境。

节约资源、保护生态环境原则，也称为绿色原则，要求民事主体在从事订立、履行合同等相关民事活动时，要节约资源、保护生态环境，实现人与资源关系的平衡，促进人与环境和谐相处。如不动产权利人不得违反国家规定弃置固体废物，排放大气污染物、水污染物、土壤污染物、噪声、光辐射、电磁辐射等有害物质。

节约资源、保护生态环境原则是《民法典》六个基本原则里的最后一个原则，也是新创立的一个原则，是对民法基本价值取向和发展理念高度概括的抽象表达，有重要的协调和统率作用，具有普遍约束力。它的确立在《民法典》中引入可持续发展的理念，回应当前人们对清新空气、干净饮水、安全食品、优质环境的迫切需求，实践绿色发展理念，促进生态文明建设，促进人与自然和谐共处，促进代际公平。

7.1.4　合同的分类

合同依照不同的划分标准有不同的分类，各种划分都揭示出合同本身具有的特性。

1. 按合同名称不同划分

有名合同与无名合同。有名合同，又称典型合同，是指法律上已经确认了一定的名称及规则的合同。《民法典》中的典型合同分别为：买卖合同、供用电、水、气、热力合同、赠与合同、借款合同、保证合同、租赁合同、融资租赁合同、保理合同、承揽合同、建设工程合同、运输合同、技术合同、保管合同、仓储合同、委托合同、物业服务合同、行纪合同、中介合同、合伙合同共19种。无名合同，又称非典型合同，是指法律上尚未确定一定的名称及规则的合同。根据合同自愿规则，只要不违背法律、行政法规的强制性规定和社会公共利益，当事人可以自由订立无名合同。

2. 按合同签订程序划分

要式合同与不要式合同。要式合同是指其生效必须以一定的形式或程序为先决条件的合同。常见的先决条件包括诸如要求合同采用书面形式、必须经过公证、鉴证、审批、过户、登记等。要式合同唯有符合要求的先决条件才能生效。如建设工程合同中的施工承包合同要求必须以书面形式签订才能生效，因此是一种要式合同。如果合同双方约定施工承包合同公证后生效，则该施工承包合同就因人为约定成为要式合同，而公证就是该合同的要式程序。非要式合同则是不以一定的形式或程序为生效先决条件的合同。除法律有特别规定的合同以外，均属于不要式合同。

3. 按合同成立要求不同划分

诺成合同与实践合同。诺成合同，亦称"不要物合同"，是指当事人意思表示一致，就合同的主要条款达成协议，即能成立的合同，如买卖合同、租赁合同等。实践合同，也称"要物合同"，是指除合同当事人意思表示一致达成协议外，还需要交付标的物才能成立的合同。实践合同当事人的承诺属于预约，如赠与合同、保管合同、自然人之间的借款合同等。

4. 按合同当事人之间的权利义务关系划分

双务合同与单务合同。双务合同是指当事人双方互负对待给付义务的合同，即一方当事人所享有的权利是另一方当事人所负有的义务；反之亦然。如买卖、租赁、承揽、运输等合同均属于双务合同。单务合同则是合同当事人中一方负有义务、另一方不负有相对义务的合同，呈现出一方享有权利、另一方不负担相应义务的框架。例如，一般的赠与合同为典型的单务合同。

5. 按合同条款的产生方式不同划分

格式合同与非格式合同。采用格式条款订立的合同就是格式合同，如保险公司与投保人订立的保险合同。格式条款是当事人为了重复使用而预先拟定，并在订立合同时未与对方协商的条款。订立合同时，条款经双方协商一致的合同是非格式合同。现实生活中的大量合同都是非格式合同。在对合同条款的理解有争议时，如果是格式合同，则应作出不利于提供格式条款一方的解释，以体现法律的公正和公平。

6. 按合同主从关系划分

主合同与从合同。主合同是指能够独立存在的合同。如买卖合同、借款合同等。从合同是指以其他合同的存在为前提才能成立的合同，如保证合同、抵押合同等担保合同。主合同的变更和终止，都会引起从合同的变更和终止，因此要明确从合同的从属性及其履行的条件性。

7.2 合同的订立

7.2.1 合同主体的资格

合同需要有当事人的参与才会有订立行为的存在。《民法典》第四百六十四条规定，合同是民事主体之间设立、变更、终止民事法律关系的协议。民事主体主要包括自然人、法人、非法人组织。但是以上主体又受到能力的限制，如《民法典》规定：

18周岁以上的自然人为成年人。不满18周岁的自然人为未成年人。成年人为完全民事行为能力人，可以独立实施民事法律行为。

16周岁以上的未成年人，以自己的劳动收入为主要生活来源的，视为完全民事行为能力人。

8周岁以上的未成年人为限制民事行为能力人，实施民事法律行为由其法定代理人代理或者经其法定代理人同意、追认；但是，可以独立实施纯获利益的民事法律行为或者与其年龄、智力相适应的民事法律行为。

不满8周岁的未成年人为无民事行为能力人，由其法定代理人代理实施民事法律行为。

不能辨认自己行为的成年人为无民事行为能力人，由其法定代理人代理实施民事法律行为。

不能完全辨认自己行为的成年人为限制民事行为能力人，实施民事法律行为由其法定代理人代理或者经其法定代理人同意、追认；但是，可以独立实施纯获利益的民事法律行为或者与其智力、精神健康状况相适应的民事法律行为。

将当事人订立合同应具备的必要条件具体化，则可以认为合同主体必须具备如下资格：

（1）当事人应具备合法资格。所谓合法资格，是指有权订立合同，从事经济往来的资格。具有民事权利能力和民事行为能力的自然人、依法成立的法人或其他组织都可以订立合同。这里需要注意几点：

① 有些合同主体可以是一切具有民事权利能力和民事行为能力的自然人、依法成立的法人或非法人组织；但有些合同的主体依据法律的规定却要求只能由法人签订。例如，法律规定建设工程合同中的施工承包合同的发包方和承包方都必须具备法人资格。

② 不具备法人资格，但在工商行政管理部门履行注册登记手续、领取营业执照的其他组织（例如作为法人分支机构），能够单独对外订立合同。但是当这个组织不能完全承担其经济责任时，要由其所属的法人承担。

③ 法人组织的内部机构（不同于法人组织的分支机构，没有注册登记，没有领取营业执照）因其没有独立的民事权利能力和民事行为能力而无权对其组织以外签订合同。

（2）当事人应在法律核准的范围内订立合同。超越法定范围所签订的合同一般不产生效力，如建设工程合同的签订，一般需要施工单位、勘察单位或设计单位资质。大多数民事合同没有这么严格的要求，《民法典》第五百零五条规定，当事人超越经营范围订立的合同的效力，应当依照本法第一编第六章第三节和本编的有关规定确定，不得仅以超越经营范围确认合同无效。

（3）合同生效的形式要件之一是当事人的签章。如果是法人订立合同，要由法人代表或取得法人代表授权、具有处分权的他人签字。没有取得法人代表授权的他人代为签字属于无代理权人行为，该行为不生效。

《民法典》第一百六十一条、第一百六十二条规定，民事主体可以通过代理人实施民事法律行为。依照法律规定、当事人约定或者民事法律行为的性质，应当由本人亲自实施的民事法律行为，不得代理。代理人在代理权限内，以被代理人名义实施的民事法律行为，对被代理人发生效力。

代理行为也经常存在于建设工程合同的签订和履行中。如发包人与承包人签订施工承包合同，由于项目的施工活动往往是由承包企业法人内部的一个项目部门来完成，因此从工程投标、签约直到履行施工都是由该项目部门来进行的。但是法律规定施工承包合同的双方主体必须具备法人资格，因此常常是由该施工企业的法人代表通过委托授权将签订合同的权力授予项目部门的负责人，也就是项目经理。项目经理取得授权后，代表企业的法人代表与发包人签订施工承包合同。

7.2.2 合同形式

合同的形式是指合同当事人达成一致意思表示的形式，是当事人权利和义务关系的体现。

《民法典》第四百六十九条规定，当事人签订合同，可以采用书面、口头或其他形式。书面形式是合同书、信件、电报、电传、传真等可以有形地表现所载内容的形式。以电子数据交换、电子邮件等方式能够有形地表现所载内容，并可以随时调取查用的数据电文，视为书面形式。

除了书面形式和口头形式，合同还可以其他形式成立。通常可以根据当事人的行为或者特定情形推定合同的成立，或者也可以称之为默示合同。此类合同是指当事人未用语言明确表示成立，而是根据当事人的行为推定合同成立。

法律、行政法规规定采用书面形式的，应当采用书面形式。当事人约定采用书面形式的，应当采用书面形式。为了保障交易的安全，同时鼓励和促进市场交易活动，《民法典》第四百九十条规定，当事人采用合同书形式订立合同的，自当事人均签名、盖章或者按指印时合同成立。在签名、盖章或者按指印之前，当事人一方已经履行主要义务，对方接受时，该合同成立。

法律、行政法规规定或者当事人约定合同应当采用书面形式订立，当事人未采用书面形式但是一方已经履行主要义务，对方接受时，该合同成立。

7.2.3 合同的主要条款

合同主体的权利义务通过合同条款记载于合同中，因此合同条款是合同的核心内容。《民法典》第四百七十条规定了合同一般应包括的条款。需要说明的是虽然《民法典》对于合同条款的规定并非强制性的，但大量实践表明，当事人对于权利义务的明确约定和记载对于顺利履行合同、预防纠纷和减少诉累及不必要的损失具有重要作用。

1. 当事人的姓名或者名称和住所

该条款反映当事人的基本情况，是对合同主体的明确。如果主体是法人或其他组织，通过该条款，双方可以通过营业执照知晓对方的许多情况：是否是法人、对债务承担责任的方式、注册资本金数量、法人代表姓名、住所、经营范围等。对于那些对主体有特别法律要求的合同，该条款还因其可能关乎合同效力而有特别重要的意义。例如，施工承包合同的主体必须是法人、具有相应资质和安全生产许可证才具备签约资格，双方可以通过该条款的约定了解对方的签约资格是否合法。

2. 标的

标的是合同当事人权利和义务共同指向的对象。标的是一切合同的主要条款。标的可以是财产、行为或智力成果等。合同中关于标的的规定，必须明确、具体，以使标的特定化，从而能够界定权利义务。

3. 数量

数量是衡量标的大小、多少、轻重的尺度，是确定标的的客观标准，也是衡量当事人权利义务的依据。因此，当事人应当明确约定标的的数量。

数量必然辅以一定的单位，应注意要采用不会引起双方理解分歧的数量单位，诸如一包、一批、一捆、一堆、一箱、一件等类似一些含义不确切的非标准单位，以避免因理解分歧引起不必要的纠纷。

4. 质量

质量是指合同标的内在素质和外在形象相结合所形成的综合指标。标的的质量往往通过标的的名称、品种、规格、型号、性能、包装等来体现。根据我国现行有关产品质量法规的规定，产品质量可分为国家标准、专业标准、地方标准和企业标准等几种。订立合同时，双方当事人可根据自己的意愿选择适用的标准，并在合同中以明确的条款加以规定。

但有些标的的质量标准是由法规强制性规定的。此时，合同关于标的的质量约定就要服从于法规。比如对于建设工程的质量，就有《建设工程质量管理条例》以及各类设计、施工、验收相关的强制性标准、规范、规程作为质量标准。在建设工程合同中，当事人关于工程质量的约定只能高于或等于，而不能低于这个强制性标准。

需要注意的是，有些标的的标准使用简单的文字、代号即可清晰描述，但是也有许多标的的质量标准难以简单表述。对于这类难以用简单的文字、代号表述的标的，我们可以使用图形、图片、照片，甚至是在合同履行之前以封存实物样品的方式来描述标的的质量。总之，无论采取什么方式，最终目的是双方要明确并统一对于合同标的的质量要求。

5. 价款或酬金

价款是指以有形物、无形物或有价证券为标的的合同，取得标的的一方当事人向对方支付的货币。如在买卖合同中，取得货物一方向对方支付的货款。酬金是指以行为为标的的合同，接受行为服务一方当事人向提供行为服务一方当事人支付的货币。如在运输合同中的运费、建设工程合同中的工程款等。

在约定价款或酬金时，除国家规定必须执行国家定价的标的以外，应由当事人协商议定，并同时约定价款或酬金的结算、支付方式、开户银行账号等与付款有关的具体内容。

一般来说，相关法规或规章对工程建设活动中所订立的各类合同的计价都有规则和标准，当事人订立诸如勘察设计、施工承包、监理委托等建设工程合同时，应参照有关计价规则和标准进行价款或酬金的约定，并将此约定明确记载于合同的该条款中。

需要说明的是对于无偿合同，如赠与合同，则无需约定价款或者酬金条款。

6. 履行期限、地点和方式

当事人订立合同的目的在于通过合同的履行获得相应的经济利益。因此，诸如履约期限、地点、方式等有关合同履行的条款属于合同的一般条款。

（1）履行期限是指当事人实现权利和履行义务的时间界限。一方当事人如期履行了合同约定的义务，即意味着对方当事人权利的实现；另一方当事人到期不履行合同约定的义务，即意味着对方当事人权利受到侵害。因此合同履行期限对于判断当事人是否如约承担了合同规定的义务具有重要的参照作用，双方应确切约定并在合同中载明。

对于建设工程合同来说，履行期限明确约定的意义更是非同寻常。一般来说，建设资金数量相对庞大，其时间价值巨大。施工合同中对于承包人完工期限的约定关系到工程是否能够尽早竣工、投入运营、开始对投资进行回收。这个期限对于建设项目能否实现其经济目标起着至关重要的作用。另外，施工合同中对于发包人支付工程款期限的约定也关系到承包人能否尽早收回流动资金。这个期限对于承包人能否实现其经营目标也起着至关重要的作用。

（2）履行地点是指一方当事人履行义务、对方当事人实现权利的地点。许多合同的履行地点由双方当事人协商约定。约定履行地点的意义首先在于确定某些费用有哪方当事人来承担。比如在买卖合同中，货物自提的履行地点为卖方所在地，则一般货物的运费应由买方承担。其次，约定履行地点的意义在于某些风险由哪方当事人来承担。比如在当事人身处异地的买卖合同中，货物在运输途中存在或多或少的路途风险。如果约定货物自提，则路途风险由买方承担。最后，也是非常重要的，合同的纠纷并不是当事人所能预料或彻底避免的。如果合同出现纠纷，诉诸法院解决纠纷是常见的方式之一。而法院对于许多合同纠纷的管辖权由合同的履约地决定。

也有一些合同，合同关系本身就已经决定了履行地点，那么这类合同就无需当事人再行约定履行地点了。比如建设工程合同中的施工承包合同，其履行地点必然就是工程所在地点。

（3）履行方式是指合同当事人履行合同的方法。比如在买卖合同中双方需要约定包装方式、付款方式、运输方式；在租赁合同中，可约定采用租赁物使用前或租赁物使用后一次性支付或分期支付租金的方法；在建设工程合同中，可约定采用分期或分段验收并支付工程款的方式；在各类合同的结算方式中可约定采用现金、支票、汇票或信用证结算。

7. 违约责任

违约责任是指当事人不履行或者不适当履行合同义务时，根据法律规定或合同约定应该承担的法律责任。在违约行为发生之前在合同中事先约定违约责任的目的，首先，在于它将当事人不履行或不适当履行义务后应承担的法律责任具体化、形象化、数量化，从而能够警示当事人积极主动预防违约行为的发生；其次，违约行为一旦发生，由于有约定在先，对于违约后果的处理也相对有据可依，避免了双方事后的纷争。

建设工程合同由于履行期一般较长，合同的履行又处于开放、复杂、多变的环境中，合同双方容易受到各种因素的影响从而发生违约。所以在建设工程合同中规定违约责任的意义十分重大。事实上，建设工程合同的违约行为甚是常见，使得按照违约责任的约定对违约行为后果进行处理，即合同的索赔与反索赔，这几乎成为合同双方的日常工作内容之一。

法定的违约责任承担的形式有继续履行、采取补救措施、赔偿损失等。例如，可以约定：如果当事人不履行合同规定的××义务，则违约方应向对方当事人支付违约金××元。

8. 解决争议的方法

合同争议不可能完全避免。争议一旦发生，能够尽快、公平、低成本地解决争议是合同当事人的意愿。

解决争议的方式有协商、调解、仲裁和诉讼。其中，协商、民间调解、行政调解一般不具有法律强制力，因而也不是法定的纠纷解决的必经程序；仲裁和诉讼是具有法律效力的纠纷解决途径，其法律依据分别是《中华人民共和国仲裁法》和《中华人民共和国民事诉讼法》。

仲裁裁决和诉讼判决的终局效力决定了纠纷解决的"或审或裁"制，即当事人寻求仲裁解决，或诉诸法院解决。当事人对此享有自主选择的权利，且只能在二者中选择其一。

当事人早在订立合同时就约定日后万一发生争议时解决争议的途径，这是十分必要的。因为一旦纠纷产生之后，处于矛盾对立之中的双方当事人极有可能对纠纷解决途径的选择意愿难以达成一致，这样致使矛盾不能得到迅速解决，对双方的利益都会造成损害。

7.2.4　建设工程合同示范文本

《民法典》第四百七十条规定，当事人可以参照各类合同的示范文本订立合同。工程建设活动过程中所使用的各类合同示范文本，其内容也不外乎上述条款。但是工程建设活动本身较为复杂和专业化，如施工承包合同示范文本，不仅涉及建设工程施工的专门知识，还涉及有关行业的专门法规、规范、标准，合同权利义务关系远非简单几项条款就能够明确清晰体现。但是建设工程合同的当事人，比如工程建设单位（或称发包方、项目业主），不可能事先具备完全熟练的签订建设工程合同的专门经验、技能和有关法律知识，非常容易因为合同的瑕疵给双方造成不必要的麻烦。因此，制定建设工程合同示范文本十分必要。

我国有关机构也制定了适用于中国国情的建设工程合同示范文本。比如《建设工程施工合同（示范文本）》和《建设工程监理合同（示范文本）》等。实际中，当事人之间订立建设工程合同可以参照这些示范文本进行操作，减少了盲目性和因合同缺陷引发的纠纷。

由具备专门经验和技能的机构和人员制定建设工程合同示范文本是国际上通行的做法。比如国际上比较权威的、拥有60多个国家和地区会员参加的国际咨询工程师联合会制定的"FIDIC标准合同示范文本"，英国土木工程师学会制定的"ICE标准合同示范文本"，都是应用非常广泛的标准合同示范文本。这些示范文本集工程建设合同签订、履行的经验于一身，是被实践证明了的比较权威、公正、完善、详细和周到的合同范本。

需要说明的是，任何合同示范文本都不是由法律强制使用的。

7.2.5　合同订立方式

《民法典》第四百七十一条规定，当事人订立合同，可以采取要约、承诺方式或者其他方式。

1. 要约

《民法典》第四百七十二条规定，要约是希望与他人订立合同的意思表示。该意思表示应当符合下列条件：

（一）内容具体确定；

（二）表明经受要约人承诺，要约人即受该意思表示约束。

要约的相对人一般是特定的，但是也可以是不特定的，例如商业广告符合要约条件的，可以视为要约。

（1）要约的生效

要约的生效是指要约对要约人具有约束力，体现在：要约人向特定的对方发出要约后，在对方没有作出答复之前，或者在约定的答复期内，要约人不得反悔、随意变更要约的内容或撤回要约。否则，要约人应承担相应的法律责任。受要约人在要约生效后，有权作出或不作出承诺，但这种权利不可转让。

《民法典》第一百三十七条规定，以对话方式作出的意思表示，相对人知道其内容时生效。

以非对话方式作出的意思表示，到达相对人时生效。以非对话方式作出的采用数据电文形式的意思表示，相对人指定特定系统接收数据电文的，该数据电文进入该特定系统时生效；未指定特定系统的，相对人知道或者应当知道该数据电文进入其系统时生效。当事人对采用数据电文形式的意思表示的生效时间另有约定的，按照其约定。

《民法典》第一百三十九条规定，以公告方式作出的意思表示，公告发布时生效。

《民法典》第一百四十条规定，行为人可以明示或者默示作出意思表示。

沉默只有在有法律规定、当事人约定或者符合当事人之间的交易习惯时，才可以视为意思表示。

（2）要约的撤回

要约的撤回是指要约发出后，但在要约生效前，要约人使其不发生法律效力的意思表示。

《民法典》第一百四十一条规定，行为人可以撤回意思表示。撤回意思表示的通知应当在意思表示到达相对人前或者与意思表示同时到达相对人。

（3）要约的撤销

要约的撤销，指在要约生效之后，要约人使其丧失法律效力而取消要约的行为。

《民法典》第四百七十六条规定，要约可以撤销，但是有下列情形之一的除外：

1）要约人以确定承诺期限或者其他形式明示要约不可撤销；

2）受要约人有理由认为要约是不可撤销的，并已经为履行合同做了合理准备工作。

《民法典》第四百七十七条规定，撤销要约的意思表示以对话方式作出的，该意思表示的内容应当在受要约人作出承诺之前为受要约人所知道；撤销要约的意思表示以非对话方式作出的，应当在受要约人作出承诺之前到达受要约人。

实践中，由于要约对要约人有约束力，所以首先发出以订立合同为目的的意思表示的一方并不是发出要约，而是向对方发出"要约邀请"。所谓要约邀请，是指以订立合同为目的，向对方发出的希望他人向自己发出要约的意思表示。要约邀请因其不完全具备有效要约的要件而不具有法律效力，因此使作出要约邀请的一方不至于首先陷于被动。常见的要约邀请行为有寄送价目表、拍卖公告、招标公告、招股说明书、商业广告等。但是，如果商业广告的内容符合要约生效的条件时，则被视为是要约从而对发出广告的一方构成法律约束。

（4）要约的失效

要约的失效是指要约丧失了法律效力。对于要约人，要约失效意味着解除了其所受要约的法律约束；对于受要约人，要约失效意味着其丧失了对要约作出承诺的资格或权利。

《民法典》第四百七十八条规定，要约失效的情形有四种：①要约被拒绝；②要约被依法撤销；③承诺期限届满，受要约人未作出承诺；④受要约人对要约的内容作出实质性变更。

在建设工程合同订立过程中，招标投标程序就是典型的通过要约、承诺订立合同的过程。招标程序中的"工程招标公告"就是典型的要约邀请，而投标人向招标人递交的投标书就是典型的要约。在《招标投标法》中对招标、投标、发中标函行为所作的有关规定与《民法典》中有关要约、承诺的规定实质上完全一致。

【案例2】　某建筑公司收到了某水泥厂寄发的价目表但无其他内容。其按标明价格提出订购 1000t 某型号水泥，并附上主要合同条款，却被告知因原材料价格上涨故原来的价格不再适用，要采用提价后的新价格。建筑公司与水泥厂的行为在合同法规上属于什么行为？

【案例分析】　水泥厂寄发的价目表由于内容不具体（如缺乏数量、交货时间等），属于要约邀请；建筑公司的意思表示内容具体明确，构成要约；水泥厂提出新的报价，属于新要约。

【案例3】　施工企业根据材料供应商寄送的价目表发出了一个建筑材料采购清单，后因故又发出加急通知取消了该采购清单。如果施工企业后发出的取消通知先于采购清单到达材料供应商处，则该取消通知属于什么行为？

【案例分析】　《民法典》第四百七十五条规定，要约可以撤回。《民法典》第一百四十一条规定，行为人可以撤回意思表示。撤回意思表示的通知应当在意思表示到达相对人前或者与意思表示同时到达相对人。因此，取消的通知先于要约到达或与要约同时到达，为要约撤回。供应商寄送的价目表为要约邀请，而施工企业的材料采购单为要约。

2. 承诺

《民法典》第四百七十九条规定，承诺是受要约人同意要约的意思表示。

要约一经承诺，合同即告成立。承诺必须是受要约人作出的，或者是受要约人委托的代理人作出的，否则不产生承诺的效力。

（1）承诺的方式

《民法典》第四百八十条规定，承诺应当以通知的方式作出；但是，根据交易习惯或者要约表明可以通过行为作出承诺的除外。

承诺的方式可以是多种多样的，如口头、书面或以行为作出承诺。承诺信息到达要约人时生效，以行为作出承诺的，以作出承诺的行为时生效。承诺应当在要约确定的有效期内到达要约人；要约没有确定承诺期限的，应在法律根据不同的要约形式而确定的合理时间内到达要约人。

（2）承诺的期限

《民法典》第四百八十一条规定，承诺应当在要约确定的期限内到达要约人。

要约没有确定承诺期限的，承诺应当依照下列规定到达：

1）要约以对话方式作出的，应当即时作出承诺；

2）要约以非对话方式作出的，承诺应当在合理期限内到达。

要约以信件或者电报作出的，承诺期限自信件载明的日期或者电报交发之日开始计算。信件未载明日期的，自投寄该信件的邮戳日期开始计算。要约以电话、传真、电子邮件等快速通信方式作出的，承诺期限自要约到达受要约人时开始计算。

（3）承诺的生效

《民法典》第四百八十四条规定，以通知方式作出的承诺，生效的时间适用《民法典》第一百三十七条的规定。

承诺不需要通知的，根据交易习惯或者要约的要求作出承诺的行为时生效。

承诺的生效在于受要约人一经作出合乎要约要求的承诺，该合同即告成立，双方即受合同的约束。承诺的生效时间即是合同的成立时间，承诺的地点则是合同的成立地点，是确定法院管辖和适用法律的依据。

在建设工程合同订立过程中，招标人经过评标后选定了中标人，应向中标人发出书面的中标通知书。该中标通知书就是招标人对中标人的承诺。双方的合同关系也随着中标通知书的到达而成立。

（4）承诺的撤回

承诺的撤回是指承诺人在承诺生效前取消承诺。《民法典》第四百八十五条规定，承诺可以撤回。

撤回承诺的通知应当在承诺通知到达要约人之前或者与承诺通知同时到达要约人。

承诺是以完全同意要约内容为前提的。受要约人如在答复中对要约的内容作出实质性改变，则该答复被视为一项新的要约。此时，原来的要约人成为新要约的受要约人，原来的受要约人成为新要约的要约人。所谓实质性变更，是指关于合同标的、数量、质量、价款或酬金、履行期限、地点、方式、违约责任和争议解决办法等的变更。实践中，合同的订立往往经过若干回合的要约、新要约，直至最后的受要约人对对方提出的要约表示完全同意。

【案例4】　2023年8月20日，某建筑公司向某水泥厂发出了一份购买水泥的要约，要约中明确规定承诺的期限为2023年8月24日12：00，要约中还约定采用电子邮件的方式作出承诺并提供了电子邮箱。水泥厂接到要约后经研究同意出售水泥给建筑公司，于是在2023年8月24日11：30给建筑公司发出了同意出售水泥的电子邮件。但是，由于建筑公司所在地网络出现故障，直到当天下午15：30才收到邮件。那么该承诺是否有效呢？

【案例分析】　该承诺是否有效由建筑公司决定。

根据《民法典》第一百三十七条规定，以非对话方式作出的采用数据电文形式的意思表示，相对人指定特定系统接收数据电文的，该数据电文进入该特定系统时生效。同时，《民法典》第四百八十七条又规定，受要约人在承诺期限内发出承诺，按照通常情形能够及时到达要约人，但是因其他原因致使承诺到达要约人时超过承诺期限的，除要约人及时通知受要约人因承诺超过期限不接受该承诺外，该承诺有效。

水泥厂于2023年8月24日11：30发出电子邮件，正常情况下应即时到达建筑公司的邮箱，由于其他原因没有在承诺期限内收到承诺，因此建筑公司可以承认该承诺的效力，也可以不承认。如果不承认该承诺的效力，应及时通知水泥厂，否则视为已经承认该承诺的效力。

3. 合同的成立

合同的成立是指合同双方当事人对合同的主要条款达成了一致，反映当事人达成协议的事实状态。合同的成立与合同的生效是既有联系又有区别的两个概念。合同的生效是指法律赋予依法成立的合同具有约束当事人各方的效力。

合同的成立主要表现了当事人的意志，体现了自愿订立合同的原则，而合同效力制度则体现了国家对合同关系的肯定或否定的评价。

对于一般合同，只要当事人的主体资格、合同形式及合同内容等方面均符合法律、行政法规的要求，合同成立即生效。

（1）合同成立的时间

《民法典》第四百九十条规定，当事人采用合同书形式订立合同的，自当事人均签名、盖章或者按指印时合同成立。在签名、盖章或者按指印之前，当事人一方已经履行主要义务，对方接受时，该合同成立。

法律、行政法规规定或者当事人约定合同应当采用书面形式订立，当事人未采用书面形式但是一方已经履行主要义务，对方接受时，该合同成立。

《民法典》第四百九十一条规定，当事人采用信件、数据电文等形式订立合同要求签订确认书的，签订确认书时合同成立。

当事人一方通过互联网等信息网络发布的商品或者服务信息符合要约条件的，对方选择该商品或者服务并提交订单成功时合同成立，但是当事人另有约定的除外。

（2）合同成立的地点

《民法典》第四百九十二条规定，承诺生效的地点为合同成立的地点。

采用数据电文形式订立合同的，收件人的主营业地为合同成立的地点；没有主营业地的，其住所地为合同成立的地点。当事人另有约定的，按照其约定。

《民法典》第四百九十三条规定，当事人采用合同书形式订立合同的，最后签名、盖章或者按指印的地点为合同成立的地点，但是当事人另有约定的除外。

（3）预约合同

《民法典》第四百九十五条规定，当事人约定在将来一定期限内订立合同的认购书、订购书、预订书等，构成预约合同。

当事人一方不履行预约合同约定的订立合同义务的，对方可以请求其承担预约合同的违约责任。

（4）格式条款

《民法典》第四百九十六条规定，格式条款是当事人为了重复使用而预先拟定，并在订立合同时未与对方协商的条款。

实践中，并不是所有的合同的签订过程都是如上所说的经过双方当事人要约、再要约，直至承诺。有许多合同的某些条款甚至全部条款都是由一方当事人单方拟定的，而对方当事人对此只能选择要么被动接受、要么放弃签订的机会。在信息超载的情况下，面对密密麻麻的格式条款，人们很多时候根本来不及细看条款内容，就签字了。有的商家甚至故意在合同里设置陷阱，让消费者事后才发觉问题的严重。

采用格式条款订立合同的，提供格式条款的一方未履行提示或者说明义务，致使对方没有注意或者理解与其有重大利害关系的条款的，对方可以主张该条款不成为合同的内容。采用格式条款订立合同的，提供格式条款的一方应当遵循公平原则确定当事人之间的权利和义务，并采取合理的方式提示对方注意免除或者减轻其责任等与对方有重大利害关系的条款，按照对方的要求，对该条款予以说明。提供格式条款的一方未履行提示或者说明义务，致使对方没有注意或者理解与其有重大利害关系的条款的，对方可以主张该条款不成为合同的内容。

《民法典》第四百九十七条规定，有下列情形之一的，该格式条款无效：

1）具有本法第一编第六章第三节和本法第五百零六条规定的无效情形；

如：无民事行为能力人实施的民事法律行为无效。违反法律、行政法规的强制性规定的民事法律行为无效。但是，该强制性规定不导致该民事法律行为无效的除外。违背公序良俗的民事法律行为无效。行为人与相对人恶意串通，损害他人合法权益的民事法律行为无效。

2）提供格式条款一方不合理地免除或者减轻其责任、加重对方责任、限制对方主要权利；

3）提供格式条款一方排除对方主要权利。

《民法典》第四百九十八条规定，对格式条款的理解发生争议的，应当按照通常理解予以解释。对格式条款有两种以上解释的，应当作出不利于提供格式条款一方的解释。格式条款和非格式条款不一致的，应当采用非格式条款。

（5）悬赏广告

悬赏广告是指以广告的方式公开表示对于完成一定行为的人给予报酬的意思表示。悬赏广告人以广告的方法声明对完成一定行为的人给予报酬的意思表示，基于该意思表示，悬赏人对完成指定行为的人负有给付报酬的义务。

《民法典》第四百九十九条规定，悬赏人以公开方式声明对完成特定行为的人支付报酬的，完成该行为的人可以请求其支付。

4. 缔约过失责任

缔约过失责任是指在合同订立过程中，一方当事人因过错而导致另一方当事人的信赖利益的损失所应承担的民事责任。

双方当事人在所订立的合同生效之前，双方并无法定的权利义务关系，但双方在磋商的过程中就产生了相互协助、照顾、保护、通知等义务，双方应遵循诚实信用原则，有义务尽量使合同能够缔结生效。这种义务并不是因合同关系而产生的，它是一种先合同义务。

《民法典》第五百条规定，当事人在订立合同过程中有下列情形之一，造成对方损失的，应当承担赔偿责任：

（1）假借订立合同，恶意进行磋商；

（2）故意隐瞒与订立合同有关的重要事实或者提供虚假情况；

（3）有其他违背诚信原则的行为。

按照以上规定，当事人在订立合同过程中具有上述情形之一，给对方造成损失的，应当承担损害赔偿责任，这个责任就是所谓的缔约过失责任。

建设工程合同的订立过程比较复杂，一般要经过招标、投标、评标等过程。比如在进行完评标程序后，中标人因自身原因而逃避与招标人签订合同，中标人就应承担缔约过失责任。

5. 保密义务

《民法典》第五百零一条规定，当事人在订立合同过程中知悉的商业秘密或者其他应当保密的信息，无论合同是否成立，不得泄露或者不正当地使用；泄露、不正当地使用该商业秘密或者信息，造成对方损失的，应当承担赔偿责任。

7.3　合同的效力

合同的效力即合同的法律效力，是指法律赋予依法成立的合同具有约束当事人各方的效力。对于非要式合同，只要当事人主体资格、合同形式及合同内容等方面均符合法律、行政法规的要求，经协商达成一致意见，合同成立即生效；对于法定的或约定的要式合同，则应当依法或依约定满足要式条件，合同才能生效。例如建设工程合同，双方当事人必须签订书面合同才能生效。

根据《民法典》的规定，从效力上合同情形有：有效合同、无效合同、可撤销合同、效力待定合同。值得注意的是：

（1）无效合同自始不具有法律效力；

（2）合同不生效、无效、被撤销或者终止的，不影响合同中有关解决争议方法的条款的效力；

（3）民事法律行为部分无效，不影响其他部分效力的，其他部分仍然有效；

（4）民事法律行为无效、被撤销或者确定不发生效力后，行为人因该行为取得的财产，应当予以返还；不能返还或者没有必要返还的，应当折价补偿。有过错的一方应当赔偿对方由此所受到的损失；各方都有过错的，应当各自承担相应的责任。法律另有规定的，依照其规定。

7.3.1　合同生效的时间

合同的生效时间根据《民法典》规定可分为以下几种情形：

（1）依法成立的合同，自成立时生效。

（2）依照法律、行政法规的规定，合同应当办理批准等手续的，依照其规定。未办理批准等手续影响合同生效的，不影响合同中履行报批等义务条款以及相关条款的效力。应当办理申请批准等手续的当事人未履行义务的，对方可以请求其承担违反该义务的责任。

（3）附生效条件的民事法律行为，自条件成就时生效。附解除条件的民事法律行为，自条件成就时失效。

（4）附生效期限的民事法律行为，自期限届至时生效。附终止期限的民事法律行为，自期限届满时失效。

（5）当事人采用合同书形式订立合同的，自当事人均签名、盖章或者按指印时合同成立。在签名、盖章或者按指印之前，当事人一方已经履行主要义务，对方接受时，该合同成立。法律、行政法规规定或者当事人约定合同应当采用书面形式订立，当事人未采用书面形式但是一方已经履行主要义务，对方接受时，该合同成立。

（6）当事人采用信件、数据电文等形式订立合同要求签订确认书的，签订确认书时合同成立。当事人一方通过互联网等信息网络发布的商品或者服务信息符合要约条件的，对方选择该商品或者服务并提交订单成功时合同成立，但是当事人另有约定的除外。

7.3.2 有效合同

有效合同即依法成立并符合合同生效条件的合同。合同生效的要件指已经成立的合同产生法律效力应当具备的条件，合同的生效要件是判断合同是否具备法律约束力的标准。

《民法典》第一百四十三条规定，具备下列条件的民事法律行为有效：

（1）行为人具有相应的民事行为能力；

（2）意思表示真实；

（3）不违反法律、行政法规的强制性规定，不违背公序良俗。

据此，有效合同的要件主要有：

第一，合同主体合格。合同的主体合格，是指合同的主体应当具备相应的民事权利能力和民事行为能力。主体的种类不同，其相应的民事权利能力和民事行为能力也不尽相同。

第二，意思表示真实。意思表示就是指行为人追求一定法律后果的意志在外界的表现，即把要求进行法律行为的意思以一定方式表现于外部的行为。所谓意思表示真实是指行为人的意思表示真实地反映其内心的效果意思。如果说意思表示一致是合同成立的要件的话，那么真实意思表示一致才是合同生效的要件。

第三，合法。即不违反法律、行政法规的强制性规定，不违反公共道德和善良习俗。

值得注意的是，以下三种情形订立合同的效力：

（1）表见代理订立的合同

所谓表见代理，是指被代理人的行为足以使善意相对人相信无权代理人具有代理权，基于此项信赖与无权代理人进行交易，由此造成的法律后果由被代理人承担的代理。表见代理制度的设立，旨在保护善意第三人的信赖利益，维护交易的安全，对疏于注意的被代理人，令其自负后果。尽管表见代理实质上仍然属于无权代理，但表见代理产生与有权代理同样的法律后果。《民法典》第一百七十二条规定，行为人没有代理权、超越代理权或者代理权终止后，仍然实施代理行为，相对人有理由相信行为人有代理权的，代理行为有效。据此形成的合同为有效合同。

另外，《民法典》第五百零三条规定，无权代理人以被代理人的名义订立合同，被代理人已经开始履行合同义务或者接受相对人履行的，视为对合同的追认。

（2）超越代表权订立的合同

法人或者其他组织订立合同的行为能力是由其法定代表人或者负责人行使的。法人或者其他组织的法定代表人、负责人的代表权限原则上及于法人、其他组织的一切事务，但法人、其他组织可以在章程中对法定代表人、负责人进行限制，但该限制不得对抗善意的第三人，只能对内发生效力。因此，如果法定代表人、负责人超越权限与相对人订立合同，相对人善意并且无过失地相信对方没有超越权限的，则该法定代表人、负责人的代表有效。所订立的合同符合法律法规的成立要件的，可依法成立。该法人或者其他组织是合同一方的当事人，应承担合同产生的法律后果。但是，如果相对人知道或者应当知道法定代表人或者负责人超越权限的，则不能适用上述规则，法人或者其他组织不承担合同产生的法律后果，由法定代表人或者负责人与相对人自行承担合同责任。

《民法典》第一百七十条规定，执行法人或者非法人组织工作任务的人员，就其职权范围内的事项，以法人或者非法人组织的名义实施的民事法律行为，对法人或者非法人组织发生效力。法人或者非法人组织对执行其工作任务的人员职权范围的限制，不得对抗善意相对人。

《民法典》第五百零四条规定，法人的法定代表人或者非法人组织的负责人超越权限订立的合同，除相对人知道或者应当知道其超越权限外，该代表行为有效，订立的合同对法人或者非法人组织发生效力。

（3）超越经营范围订立的合同

根据《民法典》第五百零五条的相关规定，当事人超越经营范围订立的合同的效力，应当依照民事法律行为的效力和合同编的有关规定确定，不得仅以超越经营范围确认合同无效。

7.3.3　无效合同

无效合同，指虽然已经双方当事人订立、成立，但因其内容和形式违反了法律、法规的强制性规定，或者损害了国家利益、集体利益、第三人利益和社会公共利益，而不为法律所承认和保护、不具有法律效力的合同。

根据《民法典》规定，以下民事法律行为无效，据此形成的合同无效：

（1）无民事行为能力人实施的。

（2）行为人与相对人以虚假的意思表示实施的。以虚假的意思表示隐藏的民事法律行为的效力，依照有关法律规定处理。

该"虚假的意思表示"主要为通谋虚假表示，如债务人为避免财产被强制执行，虚假地将房子卖给自己的朋友。通谋虚假表示实施的民事法律行为之所以无效，主要是因为双方均无真实的意思表示。与可撤销合同中的欺诈不同，欺诈是一方欺诈另一方，另一方不知情，如销售员故意将高仿配件当作原装进口配件售出，买受人不知情，此为欺诈。

（3）行为人与相对人恶意串通，损害他人合法权益的。

恶意串通是指合同当事人在订立合同过程中，为牟取不法利益合谋实施的违法行为。实施恶意串通行为并不一定产生损害国家、集体或者第三人利益的结果，只要行为人有这种使他人利益受到损害的故意并实施恶意串通的行为即可。第一，恶意串通首先需要有双方损害第三人的恶意，恶意是相对于善意而言的，即明知或应知某种行为会造成国家、集体或第三人的损害，而故意为之。第二，恶意串通需要双方事先存在通谋，这是指当事人具有共同的目的，即串通的双方都希望通过实施某种行为而损害国家、集体或第三人的利益，共同的目的可以表现为当事人事先达成一致的协议，也可以是一方作出意思表示，而对方或其他当事人明知实施该行为所达到的非法目的，而用默示的方式表示接受。其次，当事人互相配合或共同实施该非法行为。

（4）违反法律、行政法规的强制性规定的。但是，该强制性规定不导致该民事法律行为无效的除外。

（5）违背公序良俗的。

值得注意的是，《民法典》第五百零六条规定，合同中的下列免责条款无效：

（1）造成对方人身损害的；

（2）因故意或者重大过失造成对方财产损失的。

有下列情形之一的，格式条款无效：

（1）提供格式条款一方不合理地免除或者减轻其责任、加重对方责任、限制对方主要权利。

（2）提供格式条款一方排除对方主要权利。

（3）其他《民法典》规定的无效情形。

7.3.4　可撤销合同

可撤销合同是指虽然当事人意思达成一致，但因民事法律行为存在可撤销瑕疵，允许当事人依照自己的意思，通过法定形式，使合同效力归于消灭的合同。

1. 可撤销合同情形

《民法典》第一百四十七条至第一百五十一条规定，以下情形，受损害方有权请求人民法院或者仲裁机构予以撤销：

（1）一方以欺诈手段，使对方在违背真实意思的情况下实施的；另外，第三人实施欺诈行为，使一方在违背真实意思的情况下实施的民事法律行为，对方知道或者应当知道该欺诈行为的；

（2）一方或者第三人以胁迫手段，使对方在违背真实意思的情况下实施的；

（3）基于重大误解实施的；

（4）一方利用对方处于危困状态、缺乏判断能力等情形，致使民事法律行为成立时显失公平的。

2. 撤销权消灭

撤销权消灭制度的主要作用是推进合同关系的演进，让合同关系能够终止、解除等，方便安排后面的行为或者进行后面的责任追究。合同被撤销或者确定不发生效力后，行为人因此取得的财产，应当予以返还；不能返还或者没有必要返还的，应当折价补偿。有过错的一方应当赔偿对方由此所受到的损失；各方都有过错的，应当各自承担相应的责任。

《民法典》第一百五十二条规定，有下列情形之一的，撤销权消灭：

（1）当事人自知道或者应当知道撤销事由之日起1年内、重大误解的当事人自知道或者应当知道撤销事由之日起90日内没有行使撤销权；

（2）当事人受胁迫，自胁迫行为终止之日起1年内没有行使撤销权；

（3）当事人知道撤销事由后明确表示或者以自己的行为表明放弃撤销权。

当事人自民事法律行为发生之日起5年内没有行使撤销权的，撤销权消灭。

7.3.5　效力待定合同

效力待定合同是指合同虽然已经成立，但因主体资格欠缺或代理权欠缺等情形，不完全符合有关合同生效要件的规定，能否生效尚未确定，一般须经有权人追认才能生效的合同。效力待定合同的种类有：

1. 主体资格欠缺

该类合同的生效与不生效取决于法定代理人是否追认。

《民法典》第一百四十五条规定，限制民事行为能力人实施的纯获利益的民事法律行为或者与其年龄、智力、精神健康状况相适应的民事法律行为有效；实施的其他民事法律行为经法定代理人同意或者追认后有效。

相对人可以催告法定代理人自收到通知之日起 30 日内予以追认。法定代理人未作表示的,视为拒绝追认。民事法律行为被追认前,善意相对人有撤销的权利。撤销应当以通知的方式作出。

2. 代理权欠缺

该类合同的生效与不生效取决于委托代理中的被代理人是否追认。

《民法典》第一百七十一条规定,行为人没有代理权、超越代理权或者代理权终止后,仍然实施代理行为,未经被代理人追认的,对被代理人不发生效力。

相对人可以催告被代理人自收到通知之日起 30 日内予以追认。被代理人未作表示的,视为拒绝追认。行为人实施的行为被追认前,善意相对人有撤销的权利。撤销应当以通知的方式作出。

行为人实施的行为未被追认的,善意相对人有权请求行为人履行债务或者就其受到的损害请求行为人赔偿。但是,赔偿的范围不得超过被代理人追认时相对人所能获得的利益。

相对人知道或者应当知道行为人无权代理的,相对人和行为人按照各自的过错承担责任。

值得注意的是,根据《民法典》第三百一十一条规定,无处分权人订立的合同,因侵害了所有权,所有权人有权追回;但符合善意取得制度的,受让人取得该财产所有权的,原所有权人有权向无处分权人请求损害赔偿。

7.4 合同的履行

7.4.1 合同履行概述

合同的履行是指合同生效后,合同当事人依据约定的合同条款,全面履行各自义务,实现各自权利,使各方的目的得以实现的行为。

当事人在合同履行过程中应遵循全面履行和诚实信用原则,根据合同的性质、目的和交易习惯履行通知、协助、保密等义务。

全面履行是指双方当事人应按照合同的规定全面地履行各自的义务。协作履行是指合同当事人不仅要全面履行自己的义务,而且要给予对方当事人必要的协助。

建设工程合同履行过程中,施工方全面完成合同规定的施工任务、业主方应为施工方提供施工活动所必需的各种条件就是这两项原则的体现。

合同的履行是合同的核心,合同的订立、担保、变更、解除以及违约责任等的规定无一不是围绕合同履行这个核心展开的。这是因为当事人订立合同是为了达到一定的目的,而合同目的的实现只能靠合同履行这条途径。

《民法典》第五百零九条规定,当事人应当按照约定全面履行自己的义务。

当事人应当遵循诚信原则,根据合同的性质、目的和交易习惯履行通知、协助、保密等义务。

当事人在履行合同过程中,应当避免浪费资源、污染环境和破坏生态。

7.4.2　合同履行的一般规则

1. 合同内容约定不明确或没有约定的履行规则

《民法典》第五百一十条规定，合同生效后，当事人就质量、价款或者报酬、履行地点等内容没有约定或者约定不明确的，可以协议补充；不能达成补充协议的，按照合同相关条款或者交易习惯确定。

当事人就有关合同内容约定不明确，依据《民法典》第五百一十条规定仍不能确定的，适用《民法典》第五百一十一条规定：

（1）质量要求不明确的，按照强制性国家标准履行；没有强制性国家标准的，按照推荐性国家标准履行；没有推荐性国家标准的，按照行业标准履行；没有国家标准、行业标准的，按照通常标准或者符合合同目的的特定标准履行。

（2）价款或者报酬不明确的，按照订立合同时履行地的市场价格履行；依法应当执行政府定价或者政府指导价的，依照规定履行。

（3）履行地点不明确，给付货币的，在接受货币一方所在地履行；交付不动产的，在不动产所在地履行；其他标的，在履行义务一方所在地履行。

（4）履行期限不明确的，债务人可以随时履行，债权人也可以随时请求履行，但是应当给对方必要的准备时间。

（5）履行方式不明确的，按照有利于实现合同目的的方式履行。

（6）履行费用的负担不明确的，由履行义务一方负担；因债权人原因增加的履行费用，由债权人负担。

2. 电子合同标的交付时间的认定规则

通过互联网等信息网络订立的电子合同的标的为交付商品并采用快递物流方式交付的，收货人的签收时间为交付时间。电子合同的标的为提供服务的，生成的电子凭证或者实物凭证中载明的时间为提供服务时间；前述凭证没有载明时间或者载明时间与实际提供服务时间不一致的，以实际提供服务的时间为准。

电子合同的标的物为采用在线传输方式交付的，合同标的物进入对方当事人指定的特定系统且能够检索识别的时间为交付时间。

电子合同当事人对交付商品或者提供服务的方式、时间另有约定的，按照其约定。

3. 执行政府定价或者政府指导价合同的履行规则

我国目前产品价格分为两类：一类是由市场调节的市场价；另一类是政府定价或者政府指导价。政府定价是指按照《中华人民共和国价格法》的规定，由政府价格主管部门或者其他有关部门，按照定价权限和范围制定的价格。这种价格是确定的，当事人不得另行约定价格。政府指导价是指按照《中华人民共和国价格法》的规定，由政府价格主管部门或者其他有关部门按照定价权限和范围规定基准价及其浮动幅度，指导经营者制定的价格。

《民法典》第五百一十三条规定，执行政府定价或者政府指导价的，在合同约定的交付期限内政府价格调整时，按照交付时的价格计价。逾期交付标的物的，遇价格上涨时，按照原价格执行；价格下降时，按照新价格执行。逾期提取标的物或者逾期付款的，遇价格上涨时，按照新价格执行；价格下降时，按照原价格执行。

4. 履行币种约定不明时的处理

金钱之债中对于履行币种约定不明时，按照《民法典》第五百一十四条规定处理。以支付金钱为内容的债，除法律另有规定或者当事人另有约定外，债权人可以请求债务人以实际履行地的法定货币履行。

5. 选择之债中选择权的认定规则

《民法典》第五百一十五条规定，标的有多项而债务人只需履行其中一项的，债务人享有选择权；但是，法律另有规定、当事人另有约定或者另有交易习惯的除外。

享有选择权的当事人在约定期限内或者履行期限届满未作选择，经催告后在合理期限内仍未选择的，选择权转移至对方。

《民法典》第五百一十六条同时规定了选择权的行使方式，当事人行使选择权应当及时通知对方，通知到达对方时，标的确定。标的确定后不得变更，但是经对方同意的除外。

可选择的标的发生不能履行情形的，享有选择权的当事人不得选择不能履行的标的，但是该不能履行的情形是由对方造成的除外。

6. 按份或连带之债的确定规则

（1）按份的确定规则

《民法典》第五百一十七条规定，债权人为二人以上，标的可分，按照份额各自享有债权的，为按份债权；债务人为二人以上，标的可分，按照份额各自负担债务的，为按份债务。

按份债权人或者按份债务人的份额难以确定的，视为份额相同。

（2）连带债权债务的确定规则

《民法典》第五百一十八条规定，债权人为二人以上，部分或者全部债权人均可以请求债务人履行债务的，为连带债权；债务人为二人以上，债权人可以请求部分或者全部债务人履行全部债务的，为连带债务。

连带债权或者连带债务，由法律规定或者当事人约定。

《民法典》第五百一十九条规定，连带债务人之间的份额难以确定的，视为份额相同。

实际承担债务超过自己份额的连带债务人，有权就超出部分在其他连带债务人未履行的份额范围内向其追偿，并相应地享有债权人的权利，但是不得损害债权人的利益。其他连带债务人对债权人的抗辩，可以向该债务人主张。

被追偿的连带债务人不能履行其应分担份额的，其他连带债务人应当在相应范围内按比例分担。

《民法典》第五百二十条规定，部分连带债务人履行、抵销债务或者提存标的物的，其他债务人对债权人的债务在相应范围内消灭；该债务人可以依据《民法典》第五百一十九条的规定向其他债务人追偿。

部分连带债务人的债务被债权人免除的，在该连带债务人应当承担的份额范围内，其他债务人对债权人的债务消灭。

部分连带债务人的债务与债权人的债权同归于一人的，在扣除该债务人应当承担的份额后，债权人对其他债务人的债权继续存在。

债权人对部分连带债务人的给付受领迟延的，对其他连带债务人发生效力。

《民法典》第五百二十一条规定，连带债权人之间的份额难以确定的，视为份额相同。实际受领债权的连带债权人，应当按比例向其他连带债权人返还。

连带债权参照连带债务的有关规定。

7. 合同履行涉及第三人时的规则

《民法典》第五百二十二条规定，当事人约定由债务人向第三人履行债务，债务人未向第三人履行债务或者履行债务不符合约定的，应当向债权人承担违约责任。

法律规定或者当事人约定第三人可以直接请求债务人向其履行债务，第三人未在合理期限内明确拒绝，债务人未向第三人履行债务或者履行债务不符合约定的，第三人可以请求债务人承担违约责任；债务人对债权人的抗辩，可以向第三人主张。

《民法典》第五百二十三条规定，当事人约定由第三人向债权人履行债务，第三人不履行债务或者履行债务不符合约定的，债务人应当向债权人承担违约责任。

《民法典》第五百二十四条规定，债务人不履行债务，第三人对履行该债务具有合法利益的，第三人有权向债权人代为履行；但是，根据债务性质、按照当事人约定或者依照法律规定只能由债务人履行的除外。

债权人接受第三人履行后，其对债务人的债权转让给第三人，但是债务人和第三人另有约定的除外。

8. 当事人变更或者情势变更的履行规则

《民法典》第五百二十九条规定了因债权人原因致债务履行困难时的处理。债权人分立、合并或者变更住所没有通知债务人，致使履行债务发生困难的，债务人可以中止履行或者将标的物提存。

《民法典》第五百三十条规定了债务人提前履行债务时的处理。债权人可以拒绝债务人提前履行债务，但是提前履行不损害债权人利益的除外。债务人提前履行债务给债权人增加的费用，由债务人负担。

《民法典》第五百三十一条规定了债务人部分履行债务时的处理。债权人可以拒绝债务人部分履行债务，但是部分履行不损害债权人利益的除外。债务人部分履行债务给债权人增加的费用，由债务人负担。

《民法典》第五百三十二条规定了当事人变化对合同履行的影响。合同生效后，当事人不得因姓名、名称的变更或者法定代表人、负责人、承办人的变动而不履行合同义务。

《民法典》第五百三十三条规定了合同情势变更时的处理。合同成立后，合同的基础条件发生了当事人在订立合同时无法预见的、不属于商业风险的重大变化，继续履行合同对于当事人一方明显不公平的，受不利影响的当事人可以与对方重新协商；在合理期限内协商不成的，当事人可以请求人民法院或者仲裁机构变更或者解除合同。

人民法院或者仲裁机构应当结合案件的实际情况，根据公平原则变更或者解除合同。

9. 合同履行的抗辩权

抗辩权又称异议权，是指在双务合同中，一方当事人根据法律法规的规定拒绝或者对抗对方当事人请求权的权利，它的行使可以使对方的权利消灭或者延期发生，从而保护自己的利益。《民法典》规定的抗辩权有三种：同时履行抗辩权、先履行抗辩权以及不安抗辩权。

《民法典》第五百二十五条规定了同时履行抗辩权。当事人互负债务，没有先后履行顺序的，应当同时履行。一方在对方履行之前有权拒绝其履行请求。一方在对方履行债务不符合约定时，有权拒绝其相应的履行请求。

《民法典》第五百二十六条规定了先履行抗辩权。当事人互负债务，有先后履行顺序，应当先履行债务一方未履行的，后履行一方有权拒绝其履行请求。先履行一方履行债务不符合约定的，后履行一方有权拒绝其相应的履行请求。

《民法典》第五百二十七条规定了不安抗辩权。应当先履行债务的当事人，有确切证据证明对方有下列情形之一的，可以中止履行：

（1）经营状况严重恶化；

（2）转移财产、抽逃资金，以逃避债务；

（3）丧失商业信誉；

（4）有丧失或者可能丧失履行债务能力的其他情形。

当事人没有确切证据中止履行的，应当承担违约责任。

需要特别注意的是，不安抗辩权不一定导致合同被解除。《民法典》第五百二十八条规定了不安抗辩权的行使。当事人依据上述规定中止履行的，应当及时通知对方。对方提供适当担保的，应当恢复履行。中止履行后，对方在合理期限内未恢复履行能力且未提供适当担保的，视为以自己的行为表明不履行主要债务，中止履行的一方可以解除合同并请求对方承担违约责任。

【案例5】　在某建设单位与供应商之间的建筑材料买卖合同中约定，工程竣工验收后1个月内支付材料款。期间，建设单位经营状况严重恶化，供应商要求先付款或者提供一定的担保，否则终止供货。建设单位拒绝提供担保，供应商遂暂停供应建筑材料。供应商的行为是否合法？为什么？

【案例分析】　供应商的行为合法。《民法典》第五百二十七条规定，应当先履行债务的当事人，有确切证据证明对方有下列情形之一的，可以中止履行：①经营状况严重恶化；②转移财产、抽逃资金，以逃避债务；③丧失商业信誉；④有丧失或者可能丧失履行债务能力的其他情形。

本案中供应商作为先履行的一方当事人，在对方于缔约后经营状况严重恶化，且未提供适当担保，可能危及其债权实现时，可以中止履行合同，保护权益不受损害。因此供应商的行为是合法的。供应商行使的是不安抗辩权。

7.5　合同的保全

合同的保全是指为防止因债务人的财产不当减少，而给债权人的债权带来危害，允许债权人为保全其债权的实现而采取的法律措施，包括代位权和撤销权两种。代位权和撤销权是《民法典》规定的当事人享有的保全自己利益的权利。两种权利都涉及第三人。

7.5.1　代位权

代位权是指债权人为了使其债权免受损害，代为行使债务人权利的权利。《民法典》第五百三十五条规定，因债务人怠于行使其债权或者与该债权有关的从权利，影响债权人的到期债权实现的，债权人可以向人民法院请求以自己的名义代位行使债务人对相对人的权利，但是该权利专属于债务人自身的除外。代位权的行使范围以债权人的到期债权为限。债权人行使代位权的必要费用，由债务人负担。相对人对债务人的抗辩，可以向债权人主张。

《民法典》第五百三十六条规定了债权人代位权的提前行使。债权人的债权到期前，债务人的债权或者与该债权有关的从权利存在诉讼时效期间即将届满或者未及时申报破产债权等情形，影响债权人的债权实现的，债权人可以代位向债务人的相对人请求其向债务人履行、向破产管理人申报或者作出其他必要的行为。

《民法典》第五百三十七条规定了债权人代位权行使效果。人民法院认定代位权成立的，由债务人的相对人向债权人履行义务，债权人接受履行后，债权人与债务人、债务人与相对人之间相应的权利义务终止。债务人对相对人的债权或者与该债权有关的从权利被采取保全、执行措施，或者债务人破产的，依照相关法律的规定处理。

代位权行使的前提是必须存在两个合法债权，而且均已到期。同时，还必须有人民法院的介入。

7.5.2 撤销权

撤销权是指因债务人放弃其到期债权或者无偿转让财产，对债权人造成损害的，债权人可以请求人民法院撤销债务人行为的权利。撤销权的行使范围以债权人的债权为限。债权人行使撤销权的必要费用，由债务人负担。

债务人影响债权人的债权实现的行为被撤销的，自始没有法律约束力。

《民法典》第五百三十八条规定了无偿处分时债权人撤销权的行使。债务人以放弃其债权、放弃债权担保、无偿转让财产等方式无偿处分财产权益，或者恶意延长其到期债权的履行期限，影响债权人债权实现的，债权人可以请求人民法院撤销债务人的行为。

《民法典》第五百三十九条规定了以不合理价格交易时的债权人撤销权的行使。债务人以明显不合理的低价转让财产、以明显不合理的高价受让他人财产或者为他人的债务提供担保，影响债权人的债权实现，债务人的相对人知道或者应当知道该情形的，债权人可以请求人民法院撤销债务人的行为。

《民法典》第五百四十一条规定了债权人撤销权的除斥期间。撤销权自债权人知道或者应当知道撤销事由之日起 1 年内行使。自债务人的行为发生之日起 5 年内没有行使撤销权的，该撤销权消灭。

7.6 合同的变更和转让

7.6.1 合同的变更

合同一经合法签订，就具有法律效力，当事人不得随意变更。但这并不意味着合同绝对不能变更。所谓合同变更，是指当事人对具有法律效力的合同内容进行修订。如对标的的数量或质量、履行的期限、地点、方式等内容进行修订。

《民法典》第五百四十三条规定，当事人协商一致，可以变更合同。合同变更的目的是为了通过对合同的修改，保障合同更好地履行和一定目的的实现。当事人变更合同，必须具备以下条件：①当事人之间本来存在有效的合同关系；②合同的变更应根据法律的规定或者当事人的约定；③必须有合同内容的变化；④合同的变更应采取适当的形式；⑤对合同变更的约定应当明确。《民法典》第五百四十四条规定，当事人对合同变更的内容约定不明确的，推定为未变更。

合同的变更直接关系到双方权利义务关系的改变。因合同是当事人协商一致而成立的，因此通过协商一致的方法同样可以变更合同。

因不可抗力引发的合同变更，由于不是当事人的过错所致，当事人不承担法律责任；由于当事人的过错引发的合同变更，应当由引发变更的一方给对方以适当的经济补偿。

应注意的是，如果变更要式合同，当事人、承办人、法定代表人变动，或转产、合并、分立、迁址、更名等都不是变更合同的理由，当事人不得因此而要求变更合同，否则就应承担违约责任。

7.6.2　合同的转让

合同的转让是一种特殊的变更，是指当事人一方依法将其合同权利或义务全部或部分转让给第三人的法律行为。合同转让是在保持原合同内容的前提下仅就合同主体所作的变更，转让前的合同内容与转让后的合同内容具有同一性，合同的转让仅使原合同的权利、义务全部或部分从合同一方当事人转让给第三人，导致第三人代替原合同当事人一方而成为合同当事人，或者由第三人加入合同关系中成为合同当事人。合同转让涉及转让人、受让人和合同另一方当事人三方的利益，通常存在两种法律关系，即原合同当事人之间的关系和转让人与受让人之间的关系。合同的转让根据转让标的的不同，分为合同权利的转让、合同义务的转移和合同权利、义务的一并转让三种情形。

1. 债权转让

《民法典》第五百四十五条规定，债权人可以将债权的全部或者部分转让给第三人，但是有下列情形之一的除外：

（1）根据债权性质不得转让；

（2）按照当事人约定不得转让；

（3）依照法律规定不得转让。

当事人约定非金钱债权不得转让的，不得对抗善意第三人。当事人约定金钱债权不得转让的，不得对抗第三人。

《民法典》第五百四十六条至第五百五十条规定，债权人转让债权，未通知债务人的，该转让对债务人不发生效力。债权转让的通知不得撤销，但是经受让人同意的除外。

债权转让时从权利一并变动。债权人转让债权的，受让人取得与债权有关的从权利，但是该从权利专属于债权人自身的除外。受让人取得从权利不因该从权利未办理转移登记手续或者未转移占有而受到影响。

债权转让时债务人抗辩权。债务人接到债权转让通知后，债务人对让与人的抗辩，可以向受让人主张。

债权转让时债务人抵销权。有下列情形之一的，债务人可以向受让人主张抵销：

（1）债务人接到债权转让通知时，债务人对让与人享有债权，且债务人的债权先于转让的债权到期或者同时到期；

（2）债务人的债权与转让的债权是基于同一合同产生。

债权转让增加的履行费用的负担。因债权转让增加的履行费用，由让与人负担。

2. 债务转移

债务转移指债务人将其负担的债务全部或者部分转移给第三人负担的法律行为。从受让人的角度讲，也称为债务负担。在合同义务转移法律关系中，将债务转移给第三人的人为让与人，承担所转移的债务的人为受让人。合同义务的转移，可能会给债权人造成伤害。

《民法典》第五百五十一条至第五百五十四条规定，债务人将债务的全部或者部分转移给第三人的，应当经债权人同意。债务人或者第三人可以催告债权人在合理期限内予以同意，债权人未作表示的，视为不同意。

并存的债务承担。第三人与债务人约定加入债务并通知债权人，或者第三人向债权人表示愿意加入债务，债权人未在合理期限内明确拒绝的，债权人可以请求第三人在其愿意承担的债务范围内和债务人承担连带债务。

债务转移时新债务人的抗辩权。债务人转移债务的，新债务人可以主张原债务人对债权人的抗辩；原债务人对债权人享有债权的，新债务人不得向债权人主张抵销。

债务人转移债务的，新债务人应当承担与主债务有关的从债务，但是该从债务专属于原债务人自身的除外。

3. 合同权利义务一并转让

合同权利义务一并转让，指原合同当事人一方将自己在合同中的权利和义务一并转移给第三人，由第三人概括地继受这些债权和债务，又称债权债务的概括转移。《民法典》第五百五十五条规定，当事人一方经对方同意，可以将自己在合同中的权利和义务一并转让给第三人。合同权利义务一并转让，可以分为权利义务的全部转让和权利义务的部分转移。部分合同权利义务一并转让，可因对方当事人的同意而确定转让人和受让人之间享有债权债务的性质和份额。如对此没有明确约定，或者约定无效的，则认为合同转让人和受让人共同享有合同的权利和义务，他们之间是连带关系。在合同权利义务一并转让中，受让人取得转让人在合同中的地位，成为合同一方当事人，或者是与转让人共同成为合同的一方当事人。合同权利义务一并转让不同于合同权利转让或合同义务转移。

合同权利义务一并转让通常有两种情形：一是约定转让，二是法定转让。

合同权利义务约定转让，是指当事人一方与第三人订立合同，并经另一方当事人的同意，将其在合同中的权利义务一并转移给第三人，由第三人来承担自己在合同上的地位，享受权利并承担义务。因合同权利义务一并转让的内容实质上包括合同权利转让和合同义务转移，因此，《民法典》第五百五十六条规定，合同的权利和义务一并转让的，适用债权转让、债务转移的有关规定。

合同权利义务法定转让，是指当法律规定的条件成立时，合同的权利义务一并转移给第三人的情形。如《民法典》第七百二十五条规定，租赁物在承租人按照租赁合同占有期限内发生所有权变动的，不影响租赁合同的效力。即买卖不破租赁原则。再如《民法典》第六十七条规定，法人合并的，其权利和义务由合并后的法人享有和承担。法人分立的，其权利和义务由分立后的法人享有连带债权，承担连带债务，但是债权人和债务人另有约定的除外。这条规定还有助于遏止假借分立之名行逃债之实的违法行为。

【案例6】 甲施工单位承建乙公司的办公楼施工，并与乙公司依法签订建设工程合同。合同约定：竣工后办理工程结算。合同签订后，甲施工单位按合同的约定完成该工程的各土建项目，并准备竣工验收。此时，甲施工单位得知乙公司已于2个月前被丙公司兼并，由丙公司承担乙公司的全部债权债务，承接乙公司的各项工程合同。甲施工单位在工程竣工后多次催促丙公司对工程进行验收并支付所欠工程款。丙公司既不验收已竣工工程，也不付工程款。甲施工单位的要求是否合理？丙公司的做法是否合法？

【案例分析】《民法典》第六十七条规定，法人合并的，其权利和义务由合并后的法人享有和承担。本案中，丙公司承担了乙公司的全部债权债务并承接了乙公司的各项工程合同，这属于法定的合同权利义务概括转移。当然应当履行原甲施工单位与乙公司签订的建设工程合同，对已完工的工程项目进行验收，验收合格无质量争议的，应当按照合同规定向甲施工单位支付工程款，接收该工程项目，办理交接手续。因此甲施工单位的要求是合理的，丙公司做法不合法。

7.7 合同权利义务终止

合同终止是指合同当事人双方在合同关系建立以后，因一定的法律事实的出现，使合同确立的权利义务关系消灭。债权债务终止时，债权的从权利同时消灭，但是法律另有规定或者当事人另有约定的除外。

7.7.1 合同权利义务终止情形

合同权利义务终止的事由有：履行、抵销、提存、免除、混同、解除等。《民法典》第五百五十七条规定，有下列情形之一的，债权债务终止：

(1) 债务已经履行；

(2) 债务相互抵销；

(3) 债务人依法将标的物提存；

(4) 债权人免除债务；

(5) 债权债务同归于一人；

(6) 法律规定或者当事人约定终止的其他情形。

合同解除的，该合同的权利义务关系终止。

应该注意的几个后合同义务。《民法典》第五百五十八条规定，债权债务终止后，当事人应当遵循诚信等原则，根据交易习惯履行通知、协助、保密、旧物回收等义务。

同时，《民法典》对债务法定抵销、约定抵销分别作了规定。

《民法典》第五百六十八条规定，当事人互负债务，该债务的标的物种类、品质相同的，任何一方可以将自己的债务与对方的到期债务抵销；但是，根据债务性质、按照当事人约定或者依照法律规定不得抵销的除外。当事人主张抵销的，应当通知对方。通知自到达对方时生效。抵销不得附条件或者附期限。

《民法典》第五百六十九条规定，当事人互负债务，标的物种类、品质不相同的，经协商一致，也可以抵销。

7.7.2　合同终止时债务的履行顺序

1. 对同一债权人，数个债务的履行顺序

债务人对同一债权人负担的数项债务种类相同，债务人的给付不足以清偿全部债务的，除当事人另有约定外，由债务人在清偿时指定其履行的债务。

债务人未作指定的，应当优先履行已经到期的债务；数项债务均到期的，优先履行对债权人缺乏担保或者担保最少的债务；均无担保或者担保相等的，优先履行债务人负担较重的债务；负担相同的，按照债务到期的先后顺序履行；到期时间相同的，按照债务比例履行。

2. 费用、利息和主债务的履行顺序

债务人在履行主债务外还应当支付利息和实现债权的有关费用，其给付不足以清偿全部债务的，除当事人另有约定外，应当按照下列顺序履行：

(1) 实现债权的有关费用；

(2) 利息；

(3) 主债务。

7.7.3　合同的解除

合同的解除，是指当事人在具有法律效力的合同未全部履行之前，终止该合同的效力。合同的解除分为约定解除和法定解除。

1. 解除情形

(1) 约定解除。约定解除是双方当事人协商解除。合同解除后，双方当事人不再受该合同的约束。《民法典》第五百六十二条规定，当事人协商一致，可以解除合同。当事人可以约定一方解除合同的事由。解除合同的事由发生时，解除权人可以解除合同。

(2) 法定解除。法定解除是依据法律规定强制解除。《民法典》第五百六十三条规定，有下列情形之一的，当事人可以解除合同：

1) 因不可抗力致使不能实现合同目的；

2) 在履行期限届满前，当事人一方明确表示或者以自己的行为表明不履行主要债务；

3) 当事人一方迟延履行主要债务，经催告后在合理期限内仍未履行；

4) 当事人一方迟延履行债务或者有其他违约行为致使不能实现合同目的；

5) 法律规定的其他情形。

以持续履行的债务为内容的不定期合同，当事人可以随时解除合同，但是应当在合理期限之前通知对方。

2. 解除权行使期限与规则

《民法典》第五百六十四条规定，法律规定或者当事人约定解除权行使期限，期限届满当事人不行使的，该权利消灭。

法律没有规定或者当事人没有约定解除权行使期限，自解除权人知道或者应当知道解除事由之日起1年内不行使，或者经对方催告后在合理期限内不行使的，该权利消灭。

《民法典》第五百六十五条规定，当事人一方依法主张解除合同的，应当通知对方。合同自通知到达对方时解除；通知载明债务人在一定期限内不履行债务则合同自动解除，债务人在该期限内未履行债务的，合同自通知载明的期限届满时解除。对方对解除合同有异议的，任何一方当事人均可以请求人民法院或者仲裁机构确认解除行为的效力。

当事人一方未通知对方，直接以提起诉讼或者申请仲裁的方式依法主张解除合同，人民法院或者仲裁机构确认该主张的，合同自起诉状副本或者仲裁申请书副本送达对方时解除。

3. 合同解除的法律后果

《民法典》第五百六十六条规定，合同解除后，尚未履行的，终止履行；已经履行的，根据履行情况和合同性质，当事人可以请求恢复原状或者采取其他补救措施，并有权请求赔偿损失。

合同因违约解除的，解除权人可以请求违约方承担违约责任，但是当事人另有约定的除外。

主合同解除后，担保人对债务人应当承担的民事责任仍应当承担担保责任，但是担保合同另有约定的除外。

《民法典》第五百六十七条规定，合同的权利义务关系终止，不影响合同中结算和清理条款的效力。

建设工程合同解除的情形、法律后果在《民法典》中有进一步规定。

《民法典》第八百零六条规定，承包人将建设工程转包、违法分包的，发包人可以解除合同。

发包人提供的主要建筑材料、建筑构配件和设备不符合强制性标准或者不履行协助义务，致使承包人无法施工，经催告后在合理期限内仍未履行相应义务的，承包人可以解除合同。

合同解除后，已经完成的建设工程质量合格的，发包人应当按照约定支付相应的工程价款；已经完成的建设工程质量不合格的，参照《民法典》第七百九十三条的规定处理。

《民法典》第七百九十三条规定，建设工程施工合同无效，但是建设工程经验收合格的，可以参照合同关于工程价款的约定折价补偿承包人。

建设工程施工合同无效，且建设工程经验收不合格的，按照以下情形处理：

（1）修复后的建设工程经验收合格的，发包人可以请求承包人承担修复费用；

（2）修复后的建设工程经验收不合格的，承包人无权请求参照合同关于工程价款的约定折价补偿。

发包人对因建设工程不合格造成的损失有过错的，应当承担相应的责任。

7.8 违约责任

合同是具有法律效力的文件，当事人违反合同义务，应当承担相应的法律责任。当事人在合同条款中已经对违反合同应承担的责任作出了约定。事先约定违约责任的意义，首先，在于明确的违约责任约定能够警示当事人尽可能避免出现违约；其次，一旦出现违约行为，能使对违约后果的处理、对违约者的制裁、对受害方的补偿有章可循。

7.8.1 违约责任的概念

违约责任，是指当事人由于过错而不能履行或不能完全履行合同约定的义务所应承担的法律责任。违约责任有以下特点：①违约责任产生的前提是当事人不履行有效成立的合同的义务，并且当事人有过错；②违约责任的大小可以由当事人自由约定，这使得违约责任与侵权责任有所不同；③违约责任具有补偿性，一般情况下都是为了补偿受害方的损失。

7.8.2 违约责任的构成要件

当事人违约要承担违约责任。但并不是所有的违约行为都应承担违约责任。承担违约责任要具备一定的条件。

违约责任的构成要件：①当事人要有违反合同义务（不履行或者不完全履行）的行为；②当事人的违约行为造成了损害事实；③违约行为与损害事实之间存在因果关系；④违约方无免责事由，具有过错，无论是故意还是过失。

当事人因第三人原因导致违约也应当承担违约责任。《民法典》第五百九十三条规定，当事人一方因第三人的原因造成违约的，应当依法向对方承担违约责任。当事人一方和第三人之间的纠纷，依照法律规定或者按照约定处理。

有些情况下，当事人虽有违约行为，但该违约行为不是由当事人的过错造成的，当事人可以部分或者全部免除责任。《民法典》第五百九十条规定，当事人一方因不可抗力不能履行合同的，根据不可抗力的影响，部分或者全部免除责任，但是法律另有规定的除外。因不可抗力不能履行合同的，应当及时通知对方，以减轻可能给对方造成的损失，并应当在合理期限内提供证明。当事人迟延履行后发生不可抗力的，不免除其违约责任。

7.8.3 违约责任的承担规则

1. 违约责任的承担

《民法典》第五百七十七条规定，当事人一方不履行合同义务或者履行合同义务不符合约定的，应当承担继续履行、采取补救措施或者赔偿损失等违约责任。

2. 预期违约

《民法典》第五百七十八条规定，当事人一方明确表示或者以自己的行为表明不履行合同义务的，对方可以在履行期限届满前请求其承担违约责任。

3. 金钱债务履行责任

《民法典》第五百七十九条规定，当事人一方未支付价款、报酬、租金、利息或者不履行其他金钱债务的，对方可以请求其支付。

4. 非金钱债务继续履行及除外责任

《民法典》第五百八十条规定，当事人一方不履行非金钱债务或者履行非金钱债务不符合约定的，对方可以请求履行，但是有下列情形之一的除外：

（1）法律上或者事实上不能履行；

（2）债务的标的不适于强制履行或者履行费用过高；

（3）债权人在合理期限内未请求履行。

有上述规定的除外情形之一，致使不能实现合同目的的，人民法院或者仲裁机构可以根据当事人的请求终止合同权利义务关系，但是不影响违约责任的承担。

5. 第三人替代履行

《民法典》第五百八十一条规定，当事人一方不履行债务或者履行债务不符合约定，根据债务的性质不得强制履行的，对方可以请求其负担由第三人替代履行的费用。

6. 质量瑕疵的违约责任

根据《民法典》第五百八十二条、第五百一十条规定，履行不符合约定的，应当按照当事人的约定承担违约责任。对违约责任没有约定或者约定不明确，可以协议补充；不能达成补充协议的，按照合同相关条款或者交易习惯确定，仍不能确定的，受损害方根据标的的性质以及损失的大小，可以合理选择请求对方承担修理、重作、更换、退货、减少价款或者报酬等违约责任。

7. 违约损害赔偿责任

《民法典》第五百八十三条规定，当事人一方不履行合同义务或者履行合同义务不符合约定的，在履行义务或者采取补救措施后，对方还有其他损失的，应当赔偿损失。

8. 损失赔偿额的认定

《民法典》第五百八十四条规定，当事人一方不履行合同义务或者履行合同义务不符合约定，造成对方损失的，损失赔偿额应当相当于因违约所造成的损失，包括合同履行后可以获得的利益；但是，不得超过违约一方订立合同时预见到或者应当预见到的因违约可能造成的损失。

9. 违约金

《民法典》第五百八十五条规定，当事人可以约定一方违约时应当根据违约情况向对方支付一定数额的违约金，也可以约定因违约产生的损失赔偿额的计算方法。

约定的违约金低于造成的损失的，人民法院或者仲裁机构可以根据当事人的请求予以增加；约定的违约金过分高于造成的损失的，人民法院或者仲裁机构可以根据当事人的请求予以适当减少。

当事人就迟延履行约定违约金的，违约方支付违约金后，还应当履行债务。

10. 定金

《民法典》第五百八十六条规定，当事人可以约定一方向对方给付定金作为债权的担保。定金合同自实际交付定金时成立。

定金的数额由当事人约定；但是，不得超过主合同标的额的 20%，超过部分不产生定金的效力。实际交付的定金数额多于或者少于约定数额的，视为变更约定的定金数额。

《民法典》第五百八十七条规定，债务人履行债务的，定金应当抵作价款或者收回。给付定金的一方不履行债务或者履行债务不符合约定，致使不能实现合同目的的，无权请求返还定金；收受定金的一方不履行债务或者履行债务不符合约定，致使不能实现合同目的的，应当双倍返还定金。

值得注意的是，违约金与定金在合同内并存的处理。《民法典》第五百八十八条规定，当事人既约定违约金、又约定定金的，一方违约时，对方可以选择适用违约金或者定金条款。

定金不足以弥补一方违约造成的损失的，对方可以请求赔偿超过定金数额的损失。

【案例 7】 某建筑公司与供应商订立了一份建筑材料买卖合同，货款为 40 万元，建筑公司向供应商支付定金 4 万元，合同约定，如任何一方不履行合同应支付违约金 6 万元。供应商因将建筑材料另卖他人，无法向建筑公司完成交付，造成建筑公司损失 5 万元，建筑公司要求其支付违约金并返还定金，建筑公司最多可以向供应商主张多少万元？

【案例分析】 本案定金 4 万元，没有超过主合同标的额 40 万元的 20%；违约金与实际损失同时出现时，约定的违约金没有过分高于造成的损失，一般就高不就低。另外，《民法典》第五百八十八条规定，当事人既约定违约金，又约定定金的，一方违约时，对方可以选择适用违约金或者定金条款。本案当事人约定违约金为 6 万元，定金 4 万元，一方违约时，对方可以选择适用违约金或者定金条款。如选择违约金条款，则建筑公司可以要求供应商支付违约金 6 万元，同时返还支付的定金 4 万元。因此建筑公司最多可以向供应商主张 10 万元。

11. 债权人受领迟延

《民法典》第五百八十九条规定，债务人按照约定履行债务，债权人无正当理由拒绝受领的，债务人可以请求债权人赔偿增加的费用。

在债权人受领迟延期间，债务人无须支付利息。

12. 减损规则

《民法典》第五百九十一条规定，当事人一方违约后，对方应当采取适当措施防止损失的扩大；没有采取适当措施致使损失扩大的，不得就扩大的损失请求赔偿。

当事人因防止损失扩大而支出的合理费用，由违约方负担。

13. 违约相抵规则

《民法典》第五百九十二条规定，当事人都违反合同的，应当各自承担相应的责任。

当事人一方违约造成对方损失，对方对损失的发生有过错的，可以减少相应的损失赔偿额。

7.9 典型案例分析

案例 1

【案情概要】

原告：某经贸有限公司

被告：某建设集团有限公司

2021 年 9 月 15 日，原告与被告签订了书面钢材买卖合同，合同中约定：合同签订后，原告按被告计划用量供货给项目部，货到被告项目部工地当天起，被告须在 1 个月内将货款一次性支付给原告。如果发生违约，被告按货款总金额 3% 的月利息付给原告方违约金。产生的违约金应同货款一起付清。原告履行供货义务后，先后与被告进行了三次结算，因被告未按时付款，截至 2023 年 11 月 28 日，被告还有 947408 元余款未付清。最后一次结算于 2022 年 12 月 10 日，被告对所欠货款和违约金以确认函的形式进行了确认：双方结算货款扣除已支付的，剩余 947408 元货款未支付。并对供货的具体批次、还款日期、具体欠款数额等进行了确认；自 2022 年 12 月 11 日至 2023 年 11 月 28 日，原告多次向被告催要余款，被告仍不支付。原告以被告未按时履行还款义务为由，起诉至法院，请求法院判令被告支付货款及违约金。

被告认为买卖的钢材价格比同期高，违约金已经包含在钢材价格中，同时认为该份合同原、被告权利义务不平等；原告在供货时违反合同约定恶意上涨钢材价格，该行为已构成违约；违约金约定过高，按中国人民银行同期贷款基准利率的二十倍计算。

法院判决被告支付原告钢材款 947408 元，并以 947408 元为基数，按照中国人民银行同期贷款基准利息的四倍支付原告自 2022 年 12 月 11 日至还清款项之日止的违约金。

【案情分析】

本案原告与被告签订《钢材买卖合同》，原告向被告提供钢材，履行了供货义务，被告对供货的具体批次、还款日期、具体欠款数额等进行了确认，该确认系真实意思表示，不违反法律和行政法规的强制性规定，应认定为合同合法有效。

依据《民法典》第五百零九条第一款规定，当事人应当按照约定全面履行自己的义务。《民法典》第五百七十七条规定，当事人一方不履行合同义务或者履行合同义务不符合约定的，应当承担继续履行、采取补救措施或者赔偿损失等违约责任。

被告违反合同义务，就要承担违约责任。依据《民法典》第五百八十五条第二款、第三款规定，约定的违约金低于造成的损失的，人民法院或者仲裁机构可以根据当事人的请求予以增加；约定的违约金过分高于造成的损失的，人民法院或者仲裁机构可以根据当事人的请求予以适当减少。当事人就迟延履行约定违约金的，违约方支付违约金后，还应当履行债务。因本案缺乏造成实际损失的有效证据，故被告违约导致原告的损失应为未能收回货款本金及资金占用费，被告确认的违约金大于违约造成的实际损失，根据被告的申请予以减少违约金，酌情确定原告主张的违约金按照中国人民银行同期贷款基准利率的四倍计算。

案例 2

【案情概要】

原告：某建筑工程有限公司（以下简称建筑公司）

被告：某能源有限公司（以下简称能源公司）

2022 年 8 月 20 日，建筑公司与能源公司订立了一份《电站引水隧洞工程施工合同》，约定由建筑公司承建能源公司某水电站引水隧洞土建工程。合同总金额约为人民币 1640 万元，合同工期 10 个月。合同订立后，建筑公司立即组织人员、机械、设备进场施工，但在施工过程中发现，能源公司提供的工程地质勘察报告所反映的地质资料与实际情况严重不符，设计方案不能满足现场施工要求，按原设计方案施工导致现场多次发生透水、垮塌事故，造成建筑公司实际工作量大增。为此，建筑公司多次向能源公司提出要求增加工程价款，但是能源公司均不同意，要求无果，建筑公司遂向当地人民法院提起诉讼，要求：①确认双方订立的《电站引水隧洞工程施工合同》无效；②能源公司支付欠付的工程价款人民币 529 万元。

法院审理查明后认为，双方当事人订立的合同所涉及的工程关系社会公共安全，依法必须进行招标，本案双方当事人未按照规定进行招标投标，故该合同无效。本案原告请求确认该合同无效有法律依据，应予支持。

【案情分析】

本案中，水电站引水隧洞土建工程属于依法必须招标的工程。根据《招标投标法》第三条第一款规定，在中华人民共和国境内进行下列工程建设项目包括项目的勘察、设计、施工、监理以及与工程建设有关的重要设备、材料等的采购，必须进行招标：（1）大型基础设施、公用事业等关系社会公共利益、公众安全的项目；（2）全部……的项目。本案工程是小型水电站工程，其项目性质属于关系社会公共利益、公共安全的工程项目。

根据《必须招标的工程项目规定》（国家发展改革委令第 16 号）第五条第一款规定，施工单项合同估算价在 400 万元人民币以上必须进行招标，本案引水隧洞土建工程施工单项合同金额在国家规定必须招标的范围和规模内。

因此，本案电站引水隧洞工程施工属于依法必须招标事项，但双方当事人实际并没有通过招标投标程序订立合同，违反了招标投标法律强制性规定。根据《民法典》第一百五十三条规定，违反法律、行政法规的强制性规定的民事法律行为无效。所以，可以认定该合同为无效合同。

案例 3

【案情概要】

开发公司就某综合楼进行公开招标，建筑公司对该工程投标，招标前该建筑公司为了获得该工程，向甲方承诺了一系列的优惠条件，承诺如中标后让利中标价的 6.5%，以此诱使招标人同意该承诺。最终该建筑公司中标。

依据招标投标文件开发公司与该建筑公司订立《建设工程施工合同》，并在市建设工程施工合同管理处备案。施工过程中建筑公司并没有对优惠和让利提出不合理事宜，等竣工结算完成开发公司将工程款付至只剩保修金时，建筑公司将开发公司起诉至人民法院，对原来的承诺让利进行反悔，以此来迫使开发公司作出让步，把让利的 6.5% 全部给予结清。

法院经审理认为，由于综合楼工程是通过公开招标投标形式取得，而且按招标投标文件签订合同并备案，故该合同合法有效。判定双方应以备案的中标合同作为结算工程价款的依据。

【案情分析】

根据《招标投标法》的规定，招标人和中标人应当自中标通知书发出 30 日内订立书面合同，招标人和中标人不得再行订立背离合同实质性内容的其他协议。本案依法进行招标，签订的合同有效，一般情况下像这种优惠或让利，在法律上是不合法的、不支持的，造成承诺条款无效，从而为招标人带来很大的风险。投标人利用这种无效的条款来保护自己，同时也是通过诱骗的方式掩盖非法目的，来达到自己最终结算时不优惠、不让利的目的。

根据《最高人民法院关于审理建设工程施工合同纠纷案件适用法律问题的解释（一）》（法释〔2020〕25 号）第二条规定："招标人和中标人另行签订的建设工程施工合同约定的工程范围、建设工期、工程质量、工程价款等实质性内容，与中标合同不一致，一方当事人请求按照中标合同确定权利义务的，人民法院应予支持。"由此可见，背离原合同实质性内容的其他协议将不能作为结算工程价款的依据。

本章小结

本章内容沿着合同的订立、效力、履行、违约责任主线展开。主要应掌握的内容包括：①合同订立阶段：合同订立的方式（要约、承诺）；②合同的效力；③合同履行阶段：合同约定不明确时履行的规则；合同履行中的抗辩权、代位权、撤销权；④合同的变更、转让、法定解除条件及后果；⑤承担违约责任的方式：继续履行、补救措施、赔偿损失、违约金及定金；⑥建设工程合同的订立与履行。

思考与练习题

一、单选题

7-1　某市水利工程项目进行招标，招标人在其行政主管部门领导的干预下选择了投标人并签订了施工承包合同，该做法违反了《民法典》中的（　　）原则。

A. 平等　　　　　　　　　　B. 自愿

C. 不得损害社会公共利益　　D. 诚实信用

7-2　以下合同类型，不属于《民法典》有名合同的是（　　）。

A. 建设工程施工合同　　　　B. 建设工程勘察设计合同

C. 房地产项目贷款合同　　　D. 房地产项目合作开发合同

7-3　按照《民法典》的规定，如果一方在订立合同的过程中违背了诚实信用原则并给对方造成实际损失，责任方将承担（　　）的责任。

A. 赔偿　　　　B. 缔约过失　　　　C. 降低资质等级　　D. 吊销资质证书

7-4　承包商为追赶工期，向水泥厂紧急发函要求按市场价格订购 200t 425 硅酸盐水泥，并要求 3 日内运抵施工现场。承包商的订购行为（　　）。

A. 属于要约邀请，随时可以撤销

B. 属于要约，在水泥运抵施工现场前可以撤回

C. 属于要约，在水泥运抵施工现场前可以撤销

D. 属于要约，而且不可撤销

7-5　受要约人在要约规定的期限内发出的书面承诺，由于水灾导致邮路中断，致使到达要约人的时间超过承诺期限。按照《民法典》的规定，下列选项中正确的是（　　）。

A. 应视为受要约人撤回承诺

B. 应视为受要约人撤销承诺

C. 若要约人未作出任何表示，则该承诺有效

D. 因承诺超过规定期限到达，则该承诺只能无效

7-6　包工头张某借用某施工企业的资质与甲公司签订一建设工程施工合同。施工结束后，工程竣工验收质量合格，张某要求按照合同约定支付工程款遭到对方拒绝，遂诉至法院。关于该案处理的说法，正确的是（　　）。

A. 合同无效，不应支付工程款

B. 合同无效，应参照合同约定支付工程款

C. 合同有效，应按照合同约定支付工程款

D. 合同有效，应参照合同约定支付工程款

7-7　合同解除后，合同约定的权利义务终止，合同中的结算条款（　　）。

A. 同时解除

B. 若当事人不能协商一致，条款无效

C. 尚未履行的终止履行

D. 依然有效

7-8　某承包人通过招标投标程序中标某高校办公楼建筑工程，双方以中标价签订了建设工程施工合同并履行备案手续，不久发包人进一步要求承包人降低价格，为此双方又签订了在中标价格基础上让利12%的补充协议，后承包人以补充协议约定显失公平为由主张撤销，则承包人若行使该撤销权须在补充协议订立后（　　）内行使。

A. 1年　　　　　　B. 2年　　　　　　C. 5年　　　　　　D. 不限定时间

7-9　甲、乙于2023年5月31日签订商品混凝土买卖合同，约定甲于2023年7月1日开始供应现场，乙于供货后每月15日付款。2023年6月中旬甲有确切证据证明乙经营状况严重恶化，于是提出中止合同，乙不同意，后甲在7月1日并没有供应商品混凝土。则下列表述正确的是（　　）。

A. 甲有权中止履行合同，然后要求乙在一定期限内提供适当担保，乙不提供的，甲可以解除合同

B. 如果乙提供一定的担保，甲仍有权拒绝继续履行合同，直至乙恢复履约能力

C. 甲有权中止合同，但无权解除合同

D. 甲无权中止履行合同，乙有权追究甲的违约责任

7-10　某承包人一直拖欠材料商的货款，材料商多次索要未果，便将此债权转让给了该工程的建设单位。工程结算时，建设单位提出要将此债权与需要支付的部分工程款抵销，施工单位以自己不知道此事为由不同意。针对本案下列表述中正确的是（　　）。

A. 材料商转让自己的债权无须让承包人知道

B. 材料商转让自己的债权应经承包人同意

C. 若转让时材料商通知了承包人，则建设单位可以主张抵消

D. 即便转让时材料商通知了承包人，则建设单位也不可以主张抵消

7-11　甲与乙签订了一份合同，后乙将自己的债务转移给丙，并征得甲的同意，现丙履行债务的行为不符合合同的约定，甲有权请求（　　）承担违约责任。

A. 丙　　　　　　B. 乙　　　　　　C. 乙和丙共同　　　　D. 乙或者丙

7-12　甲施工企业与乙水泥厂签订了水泥买卖合同，并由丙公司作为该合同的保证人，担保该施工企业按照合同约定支付货款，但是担保合同中并未约定担保方式。水泥厂供货后，甲施工企业迟迟不付款。那么，丙公司承担保证责任的方式应为（　　）。

A. 一般保证　　　B. 效力待定保证　　C. 连带责任保证　　D. 无效保证

7-13　某买卖合同约定交货日期为2023年12月6日，供货方甲因材料商乙迟延供料耽搁了加工周期，于2023年12月10日向买受人丙送货，途中恰遇洪水，货物尽损，则该批货物的灭失责任须由（　　）承担。

A. 供货方甲　　　B. 材料商乙　　　C. 买受人丙　　　　D. 都不承担责任

7-14 某建设工程总造价为 3500 万元。建设方与施工方在合同中约定：无论何种原因，延误工期一日，施工单位应支付建设单位违约金 10 万元。后工程因多种原因共延误 120 天，则下列表述中正确的是（   ）。

A. 施工方只能按照约定支付 1200 万元违约金

B. 合同约定的违约责任不符合公平原则

C. 施工方可以违约金数额过高为由主张无效

D. 施工单位可以合同未履行备案手续为由主张无效

7-15 甲公司向乙公司购买 50t 水泥，后甲通知乙需要更改购买数量，但一直未明确具体数量。交货期届至，乙将 50t 水泥交付给甲，甲拒绝接受，理由是已告知要变更合同。关于双方合同关系的说法，正确的是（   ）。

A. 乙承担损失

B. 甲可根据实际情况部分接收

C. 双方合同已变更，乙送货构成违约

D. 甲拒绝接收，应承担违约责任

二、多选题

7-16 根据《民法典》，下列文件中，不属于要约邀请的有（   ）。

A. 投标文件   B. 中标通知书   C. 符合要约规定的售楼广告

D. 拍卖公告   E. 招标公告

7-17 2023 年 3 月，某建设单位与甲施工单位签订《施工合同》，约定由甲施工单位承建办公楼。接着甲施工单位又与乙施工单位签订一份《劳务分包合同》，约定由乙承包该办公楼的建设任务并承担所有责任。则下列说法错误的是（   ）。

A.《施工合同》《劳务分包合同》均有效

B.《施工合同》《劳务分包合同》均无效

C.《施工合同》有效，《劳务分包合同》无效

D.《施工合同》无效，《劳务分包合同》有效

E.《施工合同》《劳务分包合同》有效与否，结合履行情况而定

7-18 某建筑公司同某混凝土站签订了商品混凝土供货合同，合同约定建筑公司于合同签订后 5 日内支付 60% 货款，后建筑公司听说混凝土站负债累累，担心付款后不能供应商品混凝土，遂在合同约定付款期内拒绝付款。对此，下列表述正确的是（   ）。

A. 建筑公司不付款的行为属于违约   B. 建筑公司有权主张解除合同

C. 混凝土站有权要求建筑公司付款   D. 建筑公司有权要求混凝土站提供担保

E. 建筑公司行使的是不安抗辩权

7-19 某工程项目主体结构已基本完工，由于建设单位未依约支付相应工程款，施工单位提出解除合同并通知了建设单位。双方在协商时各自提出了自己的观点，这些观点中正确的是（   ）。

A. 合同解除后，对于主体未完成部分的工程，施工单位有义务完成

B. 合同解除后，已完的工程部分应予拆除恢复原状

C. 合同的解除须经法院或仲裁确认后才生效

D. 合同解除后，对于未完部分的工程终止履行

E. 施工单位要求解除合同，同时可以要求赔偿损失

7-20 建设工程以赔偿损失方式承担违约责任的构成要件包括（   ）。

A. 违反职业道德规范

B. 造成损失后果

C. 具有违约行为

D. 违反建筑企业内部文件

E. 违约行为与财产等缺失之间有因果关系

三、案例题

7-21 甲公司于 2023 年 12 月 6 日以传真方式向乙公司求购商品混凝土，并要求立即回复。乙公司当日回复"收到传真"。2023 年 12 月 11 日，甲公司电话催问，乙公司表示同意按甲公司报价供应机床混凝土，要求甲公司于 12 月 16 日派人签订合同文本。甲公司即对浇筑混凝土工程做了准备，并于 12 月 16 日派人员前往签约，但乙公司提出要加价，未获甲公司同意，乙公司遂拒绝签约。甲公司认为乙公司的行为造成了其为签约谈判花费的差旅劳务费、为准备工作支出的费用及未及时浇筑混凝土的误工等损失。

问题：

（1）合同是否成立？为什么？

（2）甲公司是否可以要求乙公司承担违约责任？为什么？

（3）甲公司可要求乙公司赔偿哪些损失？

7-22 某施工企业派出王某参加某次工业品展销会，并授权其采购一批外墙面砖。在展会期间，王某出示购买外墙面砖的授权委托书及确定样品后，与某建筑材料公司签订了一份外墙面砖供货合同。因洽谈顺利，王某发现该公司的卫生洁具质量好、价格低，而施工现场也正需购买卫生洁具，于是又以公司名义签订了一份卫生洁具的供货合同。而当王某与建材公司的送货车回到工地现场时，施工企业却以王某自作主张为由不承认卫生洁具的供货合同，并拒收卫生洁具。

问题：王某签订的两份合同是否有效？为什么？

7-23 2023 年 7 月 2 日，某建筑公司因工程需要和水泥厂订立了买卖合同一份。合同约定，水泥厂应在 2023 年 8 月 20 日向建筑公司交付某型号水泥 300t。合同成立后，建筑公司依约支付了水泥款。但在 2023 年 7 月 20 日，水泥厂通知建筑公司，称其将不能交货，并表示愿意退回水泥款。建筑公司未置可否。2023 年 8 月 10 日，建筑公司发函要求水泥厂按合同约定交货，否则其工程将无法继续。同日水泥厂回函再次表示其将不能交货，并将水泥款退回。2023 年 8 月 20 日，建筑公司因无水泥，要求追究水泥厂的违约责任，并赔偿因停工造成的损失。水泥厂答辩称其事先已经告知其将不能履行合同，因此，不应承担违约责任，更不能赔偿因停工造成的损失。

问题：

（1）建筑公司向水泥厂主张的是何种违约责任？

（2）水泥厂应否承担违约责任？为什么？

（3）水泥厂应否赔偿建筑公司因停工造成的损失？为什么？

第8章　建设工程争端解决机制

本章要点及学习目标

本章要点：

(1) 建设工程纠纷种类及其法律解决途径；

(2) 和解、调解与争议评审；

(3) 仲裁制度；

(4) 民事诉讼；

(5) 行政强制、行政复议和行政诉讼制度；

(6) 建设工程争端非讼解决机制。

学习目标：

(1) 掌握建设工程纠纷的主要种类及法律解决途径；

(2) 掌握和解与调解制度的概念和特点；

(3) 掌握仲裁制度的概念和适用范围；

(4) 掌握民事诉讼的特点、法院管辖；

(5) 了解民事诉讼的审判程序；

(6) 了解建设工程争端非讼解决机制。

【引例】

某沿海城市为发展旅游业，经批准兴建一座五星级大酒店。该项目甲方于当年 10 月 10 日分别与某建筑工程公司（乙方）和某外资装饰工程公司（丙方）签订了主体工程施工合同和装饰工程施工合同。合同约定主体工程于当年 11 月 10 日正式开工，工期为 2 年 5 个月。因主体工程与装饰工程分别为两个独立的合同，由两个承包商分别承建，为了保证工期，当事人约定：主体建筑工程与装饰工程施工采取立体交叉作业，即主体完成 3 层，装饰工程承包者立即进入装饰作业。为保证装饰工程达到五星级水平，业主委托监理公司实施"装饰工程监理"。在工程施工过程中，甲方要求乙方将竣工日期提前 2 个月，双方协商修订施工方案后达成协议。该工程按变更后的合同工期竣工，经验收后投入使用。在该工程投入使用两年半后，乙方因甲方少付工程款起诉至法院，诉称：甲方于该工程验收合格后签发了竣工验收报告，并已开张营业。在结算工程款时，甲方本应付工程总价款 1600 万元人民币，但只付 1400 万元人民币。特请求法庭判决被告支付剩余的 200 万元及拖期的利息。庭审中被告称：原告建筑工程主体施工质量有问题。如电梯间、门洞、大厅墙面等主体施工不合格，并已经监理工程师签字报业主代表认可，装修商应返工，并提出索赔（含直接和间接损失）200 万元人民币，应从工程款中扣除，故支付乙方工程款总额为 1400 万元人民币，并提交经监理工程师和业主代表签字的文件。

原告认为：被告委托的监理工程师的装修合同，并未经我方代表（乙方）的签字认可，因此不承担责任。并且从签发竣工验收报告到起诉前，乙方向甲方多次以书面方式提出结算要求。在长达两年多的时间里，甲方从未向乙方提出过工程存在质量问题。

争端的产生在建设工程中是不可避免的，本案例中双方最后对簿公堂并不是理想的结果。那么有没有其他解决争端的途径，让我们在本章中寻求答案。

8.1 建设工程纠纷种类及其法律解决途径

8.1.1 建设工程纠纷种类

法律纠纷是指公民、法人以及其他组织之间因人身、财产或其他法律关系所发生的对抗冲突（或者争议）。法律纠纷的种类主要有民事纠纷、行政纠纷和刑事附带民事纠纷三种。

建设工程纠纷主要分为建设工程民事纠纷和建设工程行政纠纷。

1. 建设工程民事纠纷

建设工程民事纠纷是在建设工程活动中平等主体之间发生的有关人身权、财产权的纠纷。在建设工程领域，民事纠纷主要是合同纠纷、侵权纠纷。

（1）合同纠纷是指因合同的生效、解释、履行、变更、终止等行为而引起的合同当事人之间的所有争议。在建设工程领域，合同纠纷主要有工程总承包合同纠纷、工程勘察合同纠纷、工程设计合同纠纷、工程施工合同纠纷、工程监理合同纠纷、工程分包合同纠纷、材料设备采购合同纠纷及劳动合同纠纷等。

（2）侵权纠纷是指一方当事人对另一方侵权而产生的纠纷。在建设工程领域，如施工单位在施工过程中未采取防范措施造成对他方损害而产生的侵权纠纷，未经许可使用他方的专利、工法等而造成的知识产权侵权纠纷等。

发包人和承包人就有关工期、质量、造价等产生的建设工程合同纠纷是建设工程领域最常见的民事纠纷。民事纠纷的特点表现在以下几个方面：①民事纠纷主体之间的法律地位平等；②民事纠纷的内容是对民事权利义务的争议；③民事纠纷具有可处分性。这主要是针对有关财产关系的民事纠纷，而有关人身关系的民事纠纷多具有不可处分性。

2. 建设工程行政纠纷

建设工程行政纠纷是在建设工程活动中行政机关之间或行政机关同公民、法人和其他组织之间由于行政行为而引起的纠纷，包括行政争议和行政案件。

行政机关行政行为的特征表现在以下几个方面：①行政行为是执行法律的行为；②行政行为具有一定的裁量性；③行政主体在实施行政行为时具有单方意志性，不必与行政相对方协商或征得其同意，便可依法自主作出；④行政行为是以国家强制力保障实施的，带有强制性；⑤行政行为以无偿为原则，以有偿为例外。

在建设工程领域，行政机关易引发行政纠纷的具体行政行为主要有如下几种。

（1）行政许可

行政许可是行政机关根据公民、法人或者其他组织的申请，经依法审查，准予其从事特定活动的行政管理行为，如施工许可、专业人员执业资格注册、企业资质等级核准、安全生产许可等。行政许可易引发的行政纠纷通常是行政机关的行政不作为、违反法定程序等。

（2）行政处罚

行政处罚是行政机关或其他行政主体依照法定职权、程序对于违法但尚未构成犯罪的相对人给予行政制裁的具体行政行为。常见的行政处罚为警告、罚款、没收违法所得、取消投标资格、责令停止施工、责令停业整顿、降低资质等级、吊销资质证书等。行政处罚易导致的行政纠纷，通常是行政处罚超越职权、滥用职权、违反法定程序、事实认定错误、适用法律错误等。

（3）行政强制

行政强制包括行政强制措施和行政强制执行。行政强制措施是指行政机关在行政管理过程中，为制止违法行为、防止证据损毁、避免危害发生、控制危险扩大等情形，依法对公民的人身自由实施暂时性限制，或者对公民、法人或者其他组织的财物实施暂时性控制的行为。行政强制执行是指行政机关或者行政机关向人民法院申请，对不履行行政决定的公民、法人或者其他组织，依法强制履行义务的行为。

（4）行政裁决

行政裁决是行政机关或法定授权的组织，依照法律授权，对平等主体之间发生的与行政管理活动密切相关的、特定的民事纠纷进行审查，并作出裁决的具体行政行为，如对特定的侵权纠纷、损害赔偿纠纷、权属纠纷、国有资产产权纠纷，以及劳动工资、经济补偿纠纷等的裁决。行政裁决易引发的行政纠纷，通常是行政裁决违反法定程序、事实认定错误、适用法律错误等。

8.1.2　建设工程纠纷的法律解决途径

1. 建设工程民事纠纷的法律解决途径

《民法典》规定，当事人可以通过和解或者调解来解决合同争议。当事人不愿和解、调解或者和解、调解不成的，可以根据仲裁协议向仲裁机构申请仲裁。涉外合同的当事人可以根据仲裁协议向中国仲裁机构或者其他仲裁机构申请仲裁。当事人没有订立仲裁协议或者仲裁协议无效的，可以向人民法院起诉。当事人应当履行发生法律效力的判决、仲裁裁决、调解书；拒不履行，对方可以请求人民法院执行。

由此可知，建设工程民事纠纷的法律解决途径主要有和解、调解、仲裁、民事诉讼4种。

（1）和解

和解是民事纠纷的当事人在自愿互谅的基础上，就已经发生的争议进行协商、妥协与让步并达成协议，自行（无第三方参与劝说）解决争议的一种方式。

（2）调解

调解是指双方当事人以外的第三方应纠纷当事人的请求，以法律、法规和政策或合同约定以及社会公德为依据，对纠纷双方进行疏导、劝说，促使他们相互谅解、进行协商、自愿达成协议、解决纠纷的活动。

（3）仲裁

仲裁是当事人根据在纠纷发生前或纠纷发生后达成的协议，自愿将纠纷提交第三方（仲裁机构）作出裁决，纠纷各方都有义务执行该裁决的一种解决纠纷的方式。仲裁机构和法院不同。法院行使国家所赋予的审判权，向法院起诉不需要双方当事人在诉讼前达成协议，只要一方当事人向有审判管辖权的法院起诉，经法院受理后，另一方必须应诉。仲裁机构通常是民间团体的性质，其受理案件的管辖权来自双方协议，没有协议就无权受理仲裁。但是，有效的仲裁协议可以排除法院的管辖权；纠纷发生后，一方当事人提起仲裁的，另一方应该通过仲裁程序解决纠纷。《中华人民共和国仲裁法》（以下简称《仲裁法》）是解决民商事仲裁的基本法律。

（4）民事诉讼

民事诉讼是指人民法院在当事人和其他诉讼参与人的参加下，以审理、裁判、执行等方式解决民事纠纷的活动，以及由此产生的各种诉讼关系的总和。《中华人民共和国民事诉讼法》（以下简称《民事诉讼法》）是调整和规范法院及诉讼参与人的各种民事诉讼活动的基本法律。

除上述 4 种解决途径外，由于建设工程活动及其纠纷的专业性、复杂性，我国在建设工程法律实践中还在探索其他解决纠纷的新方式，如争议评审机制。

2. 建设工程行政纠纷的法律解决途径

建设工程行政纠纷的法律解决途径主要有两种，即行政复议和行政诉讼。

（1）行政复议

行政复议是公民、法人或其他组织（作为行政相对人）认为行政机关的具体行政行为侵犯其合法权益，依法请求法定的行政复议机关审查该具体行政行为的合法性、适当性，该复议机关依照法定程序对该具体行政行为进行审查，并作出行政复议决定的法律制度。

行政复议是公民、法人或其他组织通过行政救济途径解决行政争议的一种方法。

行政复议的基本特点如下：

1）提出行政复议的，必须是认为行政机关行使职权的行为侵犯其合法权益的公民、法人和其他组织。

2）当事人提出行政复议，必须是在行政机关已经作出行政决定之后，如果行政机关尚未作出决定，则不存在复议问题。复议的任务是解决行政争议，而不是解决民事或其他争议。

3）当事人对行政机关的行政决定不服，只能按照法律规定向有行政复议权的行政机关申请复议。

4）行政复议以书面审查为主，以不调解为原则。行政复议的结论作出后，即具有法律效力。只要法律未规定复议决定为最终裁决的，当事人对复议决定不服的，仍可以按照《中华人民共和国行政诉讼法》（以下简称《行政诉讼法》）的规定，向人民法院提请诉讼。

（2）行政诉讼

行政诉讼是公民、法人或其他组织依法请求法院对行政机关具体行政行为的合法性进行审查并依法裁判的法律制度。

行政诉讼的主要特征如下：

1）行政诉讼是法院解决行政机关实施具体行政行为时与公民、法人或其他组织发生的争议。

2）行政诉讼为公民、法人或其他组织提供法律救济的同时，具有监督行政机关依法行政的功能。

3）行政诉讼的被告与原告是恒定的，即被告只能是行政机关，原告则是作为行政行为相对人的公民、法人或其他组织，而不可能互易诉讼身份。

除法律、法规规定必须先申请行政复议的以外，行政纠纷当事人可以自主选择申请行政复议还是提起行政诉讼。行政纠纷当事人对行政复议决定不服的，除法律规定行政复议决定为最终裁决的以外，可以依照《行政诉讼法》的规定向人民法院提起行政诉讼。

8.2　和解、调解与争议评审

8.2.1　和解

1. 和解的特点

和解可以在民事纠纷的任何阶段进行，无论是否已经进入诉讼或仲裁程序，只要终审裁判未生效或者仲裁裁决未作出，当事人均可自行和解。和解的优点是无须第三方介入，成本低、效率高，可以保持良好的商事合作关系；其缺点是和解协议不具有强制履行的效力，在性质上仍属于当事人之间的约定，当事人易反悔。

2. 和解的类型

和解的应用很灵活，可以在多种情形下达成和解协议：诉讼前的和解、诉讼中的和解、执行中的和解和仲裁中的和解。

《仲裁法》规定，当事人申请仲裁后，可以自行和解。和解是双方当事人的自愿行为，不需要仲裁庭的参与。达成和解协议的，可以请求仲裁庭根据和解协议作出裁决书，也可以撤回仲裁申请。当事人达成和解协议，撤回仲裁申请后又反悔的，可以根据原仲裁协议重新申请仲裁。如图 8-1 所示：

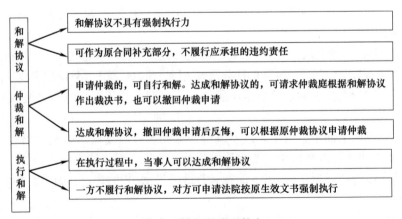

图 8-1　和解的类型特点

【案例 1】　某施工企业承接某开发商的住宅工程项目，在工程竣工后双方因结算款发生纠纷。施工企业按照合同的约定提起诉讼，索要其认为尚欠的结算款。开发商在法院作出判决之前，与施工企业就其起诉的所有事宜达成一致。

问题：

（1）当事人能否在诉讼期间自行和解？

（2）诉讼阶段的和解如何才能产生法律效力？

（3）当事人就诉讼的所有事宜均已达成和解，诉讼程序该如何继续？

【案例分析】

（1）《民事诉讼法》第五十三条规定："双方当事人可以自行和解。"这种和解在法院作出判决前，当事人都可以进行。

（2）诉讼阶段的和解没有法律效力。本案例中的开发商与施工企业和解后，可以请求法院调解。《民事诉讼法》第一百条规定："调解达成协议，人民法院应当制作调解书。""调解书经双方当事人签收后，即具有法律效力。"

（3）本案例中，开发商与施工企业就诉讼的全部事宜达成和解并经法院制作调解书，经当事人签名盖章后产生法律效力，即结束诉讼程序的全部，视为当事人撤销诉讼。

3. 和解的效力

和解达成的协议不具有强制约束力，如果一方当事人不按照和解协议执行，另一方当事人不可以请求人民法院强制执行，但可以向法院提起诉讼，也可以根据仲裁协议申请仲裁。

8.2.2　调解

调解与和解的区别：和解是当事人之间自愿协商，达成协议，没有第三人参加，而调解是在第三人主持下进行疏导、劝说，使当事人双方相互谅解，自愿达成协议。

1. 调解的特点

调解比和解面对的争议大，由于第三方介入，便于双方冷静、理智地考虑问题，看问题可能客观、全面，有利于消除对立情绪，有利于争议的公平解决。调解也是以合法、自愿、平等为原则。

2. 调解的方式

调解方式根据调解人分为人民（民间）调解、行政调解、仲裁调解、法院（司法）调解和专业机构调解等。

（1）人民（民间）调解

根据《中华人民共和国人民调解法》规定，人民调解是指人民调解委员会通过说服、疏导等方式，促使当事人在平等协商基础上自愿达成调解协议，解决民间纠纷的活动。

人民调解制度作为一种司法辅助制度，是人民群众自己解决纠纷的法律制度，也是一种具有中国特色的司法制度。

人民调解的基本原则：①当事人自愿原则；②当事人平等原则；③合法原则；④尊重当事人权利原则。

人民调解的组织形式是人民调解委员会。人民调解委员会是村民委员会和居民委员会下设的调解民间纠纷的群众性自治组织，在人民政府和基层人民法院指导下进行工作。人民调解委员会由3～9人组成，设主任1人，必要时可以设副主任若干人。

（2）行政调解

行政调解是指国家行政机关应纠纷当事人的请求，依据法律、法规和政策，对属于其职权管辖范围内的纠纷，通过耐心的说服教育，纠纷的双方当事人互相谅解，在平等协商的基础上达成一致协议，促成当事人解决纠纷。

行政调解分为两种：①基层人民政府，即乡、镇人民政府对一般民间纠纷的调解；②国家行政机关依照法律规定对某些特定民事纠纷、经济纠纷或劳动纠纷等进行的调解。

行政调解属于诉讼外调解。行政调解达成的协议也不具有强制约束力。

（3）仲裁调解

仲裁调解是仲裁机构对受理的仲裁案件进行的调解。

仲裁庭在作出裁决前，可以先行调解。当事人自愿调解的，仲裁庭应当调解。调解不成的，应当及时作出裁决。调解达成协议的，仲裁庭应当制作调解书或者根据协议的结果制作裁决书。调解书与裁决书具有同等法律效力。调解书经双方当事人签收后，即发生法律效力。在调解书签收前当事人反悔的，仲裁庭应当及时作出裁决。

仲裁与调解相结合是中国仲裁制度的特点。该做法将仲裁和调解各自的优点紧密结合起来，不仅有助于解决当事人之间的争议，还有助于保持当事人的友好合作关系，具有很大的灵活性和便利性。

【案例2】　某施工企业承接某高校实验楼的改造工程，后因工程款发生纠纷。施工企业按照合同约定提起仲裁，索要其认为的尚欠工程款。由于期间实验楼因实施规划要求已被拆除，很难通过造价鉴定对工程款数额作出认定。仲裁庭在审理期间主持调解。双方均接受调解结果，并当庭签署调解协议。

问题：

① 当事人不愿调解的，仲裁庭可否强制调解？

② 仲裁庭调解不成的，应该怎么办？

③ 调解书的法律效力如何？

④ 调解书何时发生法律效力？

【案例分析】

① 按照《仲裁法》第五十一条规定："仲裁庭在作出裁决前，可以先行调解。当事人自愿调解的，仲裁庭应当调解。"但是，仲裁庭不能强行调解。

② 按照《仲裁法》第五十一条的规定："调解不成的，应当及时作出裁决。"

③《仲裁法》第五十一条还规定："调解达成协议的，仲裁庭应当制作调解书或者根据协议的结果制作裁决书。调解书与裁决书具有同等法律效力。"

④ 按照《仲裁法》第五十二条的规定："调解书经双方当事人签收后，即发生法律效力。"

（4）法院（司法）调解

《民事诉讼法》第九十六条规定："人民法院审理民事案件，根据当事人自愿的原则，在事实清楚的基础上，分清是非，进行调解。"

《民事诉讼法》第九十七条规定："人民法院进行调解，可以由审判员一人主持，也可以由合议庭主持，并尽可能就地进行。人民法院进行调解，可以用简便方式通知当事人、证人到庭。"

《民事诉讼法》第九十八条规定："人民法院进行调解，可以邀请有关单位和个人协助。被邀请的单位和个人，应当协助人民法院进行调解。"

《民事诉讼法》第九十九条规定："调解达成协议，必须双方自愿，不得强迫。调解协议的内容不得违反法律规定。"

《民事诉讼法》第一百条规定："调解达成协议，人民法院应当制作调解书。调解书应当写明诉讼请求、案件的事实和调解结果。调解书由审判人员、书记员署名，加盖人民法院印章，送达双方当事人。调解书经双方当事人签收后，即具有法律效力。"

《民事诉讼法》第一百零一条规定：下列案件调解达成协议，人民法院可以不制作调解书：

1）调解和好的离婚案件；

2）调解维持收养关系的案件；

3）能够即时履行的案件；

4）其他不需要制作调解书的案件。

对不需要制作调解书的协议，应当记入笔录，由双方当事人、审判人员、书记员签名或者盖章后，即具有法律效力。

《民事诉讼法》第一百零二条规定："调解未达成协议或者调解书送达前一方反悔的，人民法院应当及时判决。"

（5）专业机构调解

专业机构调解是当事人在发生争议前或争议后，协议约定由指定的具有独立调解规则的机构按照其调解规则进行调解。调解规则是指调解机构、调解员以及调解当事人之间在调解过程中所应遵守的程序性规范。

专业调解机构进行调解达成的调解协议对当事人双方均有约束力。

注意：法院调解、仲裁调解以及经法院司法确认调解协议有效的人民调解具有强制约束力。

8.2.3　争议评审

争议评审是指在工程开始时或工程进行过程中当事人选择的独立于任何一方当事人的争议评审专家组成评审小组（通常是3人，小型工程1人），就当事人发生的争议及时提出解决问题的建议或者作出决定的争议解决方式。当事人通过协议授权评审小组调查、听证、建议或者裁决。一个评审小组在工程进程中可能会持续解决很多的争议。如果当事人不接受评审小组的建议或者裁决，仍可通过仲裁或者诉讼的方式解决争议。

8.3　仲裁制度

8.3.1　仲裁的特点、范围和基本制度

1. 仲裁的特点

仲裁具有自愿性、专业性、独立性、保密性、快捷性的特点。

（1）自愿性

当事人的自愿性是仲裁最突出的特点。仲裁是最能充分体现当事人意思自愿原则的争议解决方式。

（2）专业性

专家裁案是民商事仲裁的重要特点之一。民商事仲裁往往涉及不同行业的专业知识，如建设工程纠纷的处理不仅涉及与工程建设有关的法律法规，还常常需要运用大量的工程造价、工程质量方面的专业知识。仲裁机构的仲裁员是来自各行业具有一定专业水平的专家，精通专业知识、熟悉行业规则，熟悉建筑业自身特有的交易习惯和行业惯例，对公正高效处理纠纷、确保仲裁结果公正准确发挥着关键作用。

（3）独立性

仲裁委员会应与行政机关没有隶属关系。在仲裁过程中，仲裁庭独立进行仲裁，不受任何行政机关、社会团体和个人的干涉，也不受其他仲裁机构的干涉，具有独立性。

（4）保密性

仲裁以不公开审理为原则。同时，当事人及其代理人、证人、翻译人员、仲裁员、仲裁庭咨询的专家和指定的鉴定人、仲裁委员会有关工作人员也要遵守保密义务，不得对外界透露案件实体和程序的有关情况。所以，仲裁可以有效地保护当事人的商业秘密和商业信誉。

（5）快捷性

仲裁实行一裁终局制度，仲裁裁决一经作出即发生法律效力。仲裁裁决不能上诉，这使当事人之间的纠纷能够迅速得以解决。

2. 仲裁的范围

仲裁是解决民商事纠纷的重要方式之一。根据《仲裁法》的规定，该法的调整范围仅限于民商事仲裁，即"平等主体的公民、法人和其他组织之间发生的合同纠纷和其他财产权纠纷"；劳动争议仲裁等不受《仲裁法》的调整，依法应当由行政机关处理的行政争议等不能仲裁。

（1）平等主体的公民、法人和其他组织之间发生的合同纠纷和其他财产权益纠纷可适用于仲裁。

（2）下列纠纷不能仲裁：①婚姻、收养、监护、抚养、继承纠纷；②依法由行政机关处理的行政争议。

（3）劳动争议与农业集体经济组织内部的农业承包合同纠纷不受《仲裁法》的调整。

3. 仲裁的基本制度

（1）协议仲裁制度

仲裁协议是当事人仲裁自愿的体现。当事人申请仲裁，仲裁委员会受理仲裁，仲裁庭对仲裁案件的审理和裁决，都必须以当事人依法订立的仲裁协议为前提。《仲裁法》规定，没有仲裁协议，一方申请仲裁的，仲裁委员会不予受理。

（2）或裁或审制度（排除法院管辖制度）

仲裁和诉讼是两种不同的争议解决方式，当事人只能选用其中的一种。

《仲裁法》第五条规定："当事人达成仲裁协议，一方向人民法院起诉的，人民法院不予受理，但仲裁协议无效的除外。"因此，有效的仲裁协议可以排除法院对案件的司法管辖权，只有在没有仲裁协议或者仲裁协议无效的情况下，法院才可以对当事人的纠纷予以受理。

（3）一裁终局制度

仲裁实行一裁终局制度，即裁决作出后，当事人就同一纠纷再申请仲裁或者向人民法院起诉的，仲裁委员会或者人民法院不予受理。

8.3.2　仲裁协议的规定

在民商事仲裁中，仲裁协议是仲裁的前提，没有仲裁协议，就不存在有效的仲裁。

1. 仲裁协议的形式

仲裁协议是指当事人自愿将已经发生或者可能发生的争议通过仲裁解决的书面协议。

《仲裁法》第十六条规定："仲裁协议包括合同中订立的仲裁条款和以其他书面方式在纠纷发生前或者纠纷发生后达成的请求仲裁的协议。"据此，仲裁协议应当采用书面形式，口头方式达成的仲裁意思表示无效。

《最高人民法院关于适用〈中华人民共和国仲裁法〉若干问题的解释》规定，仲裁法第十六条规定的"其他书面方式"的仲裁协议，包括以合同书、信件和数据电文（包括电报、电传、传真、电子数据交换和电子邮件）等形式达成的请求仲裁的协议。此外，《电子签名法》还规定，能够有形地表现所载内容，并可以随时调取查用的数据电文，视为符合法律、法规要求的书面形式；可靠的电子签名与手写签名或者盖章具有同等法律效力。

2. 仲裁协议的内容

根据《仲裁法》第十六条规定，仲裁协议应当具有下列内容：

（1）请求仲裁的意思表示

它是指条款中应该有"仲裁"两个字，表明当事人的仲裁意愿。该意愿应当是确定的，而不是模棱两可的。

（2）仲裁事项

仲裁事项可以是当事人之间合同履行过程中的或与合同有关的一切争议，也可以是合同中某一特定问题的争议；既可以是事实问题的争议，也可以是法律问题的争议，其范围取决于当事人的约定。

（3）选定的仲裁委员会

选定的仲裁委员会是指仲裁委员会的名称应该准确。仲裁委员会没有级别管辖和地域管辖的规定，根据当事人双方自愿，可以选择任意一个仲裁委员会，为已经发生或者将来可能发生的争议进行仲裁。

（注：以上3项内容必须同时具备，仲裁协议才能有效。）

3. 仲裁协议的效力

（1）对当事人的法律效力

仲裁协议一经有效成立，即对当事人产生法律约束力。发生纠纷后，当事人只能向仲裁协议中所约定的仲裁机构申请仲裁，而不能就该纠纷向法院提起诉讼。

（2）对法院的约束力

有效的仲裁协议排除法院的司法管辖权。《仲裁法》第二十六条规定，当事人达成仲裁协议，一方向人民法院起诉未声明有仲裁协议，人民法院受理后，另一方在首次开庭前提交仲裁协议的，人民法院应当驳回起诉，但仲裁协议无效的除外。

（3）对仲裁机构的法律效力

仲裁协议是仲裁委员会受理仲裁案件的基础，是仲裁庭审理和裁决案件的依据。没有有效的仲裁协议，仲裁委员会就不能获得仲裁案件的管辖权。同时，仲裁委员会只能对当事人在仲裁协议中约定的争议事项进行仲裁，对超出仲裁协议约定范围的其他争议无权仲裁。

（4）仲裁协议的独立性

仲裁协议独立存在，合同的变更、解除、终止或者无效，不影响仲裁协议的效力。

4. 仲裁协议效力的确认

当事人对仲裁协议的效力有异议，应当在仲裁庭首次开庭前提出。当事人对仲裁协议的效力有异议的，可以请求仲裁委员会作出决定或者请求人民法院作出裁定。一方请求仲裁委员会作出决定，另一方请求人民法院作出裁定的，由人民法院裁定。

当事人在仲裁庭首次开庭前没有对仲裁协议的效力提出异议，而后向人民法院申请确认仲裁协议无效的，人民法院不予受理。仲裁机构对仲裁协议的效力作出决定后，当事人向人民法院申请确认仲裁协议效力或者申请撤销仲裁机构的决定的，人民法院不予受理。

8.3.3　仲裁的申请和受理

1. 申请仲裁的条件

当事人申请仲裁，应当符合下列条件：

（1）有效的仲裁协议；

（2）有具体的仲裁请求和事实、理由；

（3）属于仲裁委员会的受理范围。

2. 申请仲裁的文件

当事人申请仲裁，应当向仲裁委员会递交仲裁协议、仲裁申请书及副本。其中，仲裁申请书应当载明下列事项：

（1）当事人的姓名、性别、年龄、职业、工作单位和住所，法人或者其他组织的名称、住所和法定代表人或者主要负责人的姓名、职务；

（2）仲裁请求和所依据的事实、理由；

（3）证据和证据来源、证人姓名和住所。

对于申请仲裁的具体文件内容，各仲裁机构在《仲裁法》规定的范围内，会有不同的要求和审查标准，一般可以登录其网站进行查询。

3. 审查与受理

仲裁委员会收到仲裁申请书之日起5日内，认为符合受理条件的应当受理，并通知当事人；认为不符合受理条件的，应当书面通知当事人不予受理，并说明理由。

4. 财产保全和证据保全

为保证仲裁程序顺利进行、仲裁案件公正审理以及仲裁裁决有效执行，当事人有权申请财产保全和证据保全。

当事人要求采取财产保全及/或证据保全措施的，应向仲裁委员会提出书面申请，由仲裁委员会将当事人的申请转交被申请人住所地或其财产所在地及/或证据所在地有管辖权的人民法院作出裁定；当事人也可以直接向有管辖权的人民法院提出保全申请。申请人在人民法院采取保全措施后30日内不依法申请仲裁的，人民法院应当解除保全。

8.3.4　仲裁的开庭和裁决

1. 仲裁庭的组成

仲裁庭的组成形式包括合议仲裁庭和独任仲裁庭两种，即仲裁庭可以由 3 名仲裁员或者 1 名仲裁员组成。

（1）合议仲裁庭

当事人约定由 3 名仲裁员组成仲裁庭的，应当各自选定或者各自委托仲裁委员会主任指定 1 名仲裁员，第 3 名仲裁员由当事人共同选定或者共同委托仲裁委员会主任指定。第 3 名仲裁员是首席仲裁员。

（2）独任仲裁庭

当事人约定 1 名仲裁员成立仲裁庭的，应当由当事人共同选定或者共同委托仲裁委员会主任指定仲裁员。但是，当事人没有在仲裁规定的期限内约定仲裁庭的组成方式或者选定仲裁员的，由仲裁委员会主任指定。

仲裁员有下列情形之一的，必须回避，当事人也有权提出回避申请：

1）是本案当事人或者当事人、代理人的近亲属；

2）与本案有利害关系；

3）与本案当事人、代理人有其他关系，可能影响公正仲裁的；

4）私自会见当事人、代理人，或者接受当事人、代理人的请客送礼的。

当事人提出回避申请，应当说明理由，在首次开庭前提出。回避事由在首次开庭后知道的，可以在最后一次开庭结束前提出。

2. 开庭和审理

仲裁审理的方式分为开庭审理和书面审理两种。仲裁应当于开庭审理作出裁决，这是仲裁审理的主要形式。当事人协议不开庭的，仲裁庭可以根据仲裁申请书、答辩书及其他材料作出裁决，这是书面审理方式。当事人应当对自己的主张提供证据。仲裁庭认为有必要收集的证据，可以自行收集。证据应当在开庭时出示，当事人可以质证。当事人在仲裁过程中有权进行辩论。

仲裁庭可以作出缺席裁决。申请人无正当理由开庭时不到庭的，或在开庭审理时未经仲裁庭许可中途退庭的，视为撤回仲裁申请；如果被申请人提出了反请求，不影响仲裁庭就反请求进行审理，并作出裁决。被申请人无正当理由开庭时不到庭的，或在开庭审理时未经仲裁庭许可中途退庭的，仲裁庭可以进行缺席审理，并作出裁决；如果被申请人提出了反请求，视为撤回反请求。

为了保护当事人的商业秘密和商业信誉，仲裁不公开进行。当事人协议公开的，可以公开进行，但涉及国家秘密的除外。

3. 仲裁中的和解与调解

当事人申请仲裁后，可以自行和解。达成和解协议的，可以请求仲裁庭根据和解协议作出裁决书，也可以撤回仲裁申请。当事人达成和解协议，撤回仲裁申请后反悔的，仍可以根据仲裁协议申请仲裁。

仲裁庭在作出裁决前，可以先行调解。当事人自愿调解的，仲裁庭应当调解。调解不成的，应当及时作出裁决。调解达成协议的，仲裁庭应当制作调解书或者根据协议的结果制作裁决书。调解书与裁决书具有同等法律效力。调解书经双方当事人签收后，即发生法律效力。在调解书签收前当事人反悔的，仲裁庭应当及时作出裁决。

4. 仲裁裁决

仲裁裁决应当按照多数仲裁员的意见作出，少数仲裁员的不同意见可以记入笔录。仲裁庭不能形成多数意见时，裁决应当按照首席仲裁员的意见作出。裁决书自作出之日起发生法律效力。

裁决书的效力体现在以下几点：

（1）裁决书一裁终局，当事人不得就已经裁决的事项再申请仲裁，也不得就此提起诉讼；

（2）仲裁裁决具有强制执行力，一方当事人不履行的，对方当事人可以到法院申请强制执行；

（3）仲裁裁决在所有《承认及执行外国仲裁裁决公约》缔约国（或地区）可以得到承认和执行。

8.3.5　申请撤销裁决

1. 申请撤销仲裁裁决的法定事由

当事人提出证据证明裁决有下列情形之一的，可以向仲裁委员会所在地的中级人民法院申请撤销裁决：

（1）没有仲裁协议的；

（2）裁决的事项不属于仲裁协议的范围或者仲裁委员会无权仲裁的；

（3）仲裁庭的组成或者仲裁的程序违反法定程序的；

（4）裁决所依据的证据是伪造的；

（5）对方当事人隐瞒了足以影响公正裁决的证据的；

（6）仲裁员在仲裁该案时有索贿受贿、徇私舞弊、枉法裁决行为的。

当事人申请撤销裁决的，应当自收到裁决书之日起6个月内向仲裁机构所在地的中级人民法院提出。

2. 仲裁裁决被依法撤销的法律后果

仲裁裁决被人民法院依法撤销后，当事人之间的纠纷并未解决。根据《仲裁法》的规定，当事人就该纠纷可以根据双方重新达成的仲裁协议申请仲裁，也可以向人民法院起诉。

8.3.6　仲裁裁决的执行和不予执行

1. 仲裁裁决的强制执行效力

《仲裁法》规定，仲裁裁决作出后，当事人应当履行裁决。一方当事人不履行的，另一方当事人可以依照《民事诉讼法》的有关规定，向人民法院申请执行。

仲裁裁决的强制执行应当向有管辖权的法院提出申请。被执行人在中国境内的，国内仲裁裁决由被执行人住所地或被执行人财产所在地的人民法院执行；涉外仲裁裁决，由被执行人住所地或被执行人财产所在地的中级人民法院执行。

申请仲裁裁决强制执行必须在法律规定的期限内提出。根据《民事诉讼法》第二百五十条规定：申请执行的期间为 2 年。申请执行时效的中止、中断，适用法律有关诉讼时效中止、中断的规定。

上述规定的期间，从法律文书规定履行期间的最后一日起计算；法律文书规定分期履行的，从最后一期履行期限届满之日起计算；法律文书未规定履行期间的，从法律文书生效之日起计算。

2. 仲裁时效

仲裁时效是指当事人在法定申请仲裁的期限内没有将其纠纷提交仲裁机关进行仲裁的，即丧失请求仲裁机关保护其权利的权利。

《仲裁法》第七十四条规定："法律对仲裁时效有规定的，适用该规定。法律对仲裁时效没有规定的，适用诉讼时效的规定。"

与工程建设有关的仲裁时效期间和诉讼时效期间规定如下：

（1）追索工程款、勘察费、设计费，仲裁时效期间和诉讼时效期间均为 2 年，从工程竣工之日起计算，双方对付款时间有约定的，从约定的付款期限届满之日起计算。

（2）追索材料款、劳务款，仲裁时效期间和诉讼时效期间亦为 2 年，从双方约定的付款期限届满之日起计算；没有约定期限的，从购方验收之日起计算，或从劳务工作完成之日起计算。

（3）出售质量不合格的商品未声明的，仲裁时效期间和诉讼时效期间为 1 年，从商品售出之日起算起。

3. 仲裁裁决的不予执行

根据《仲裁法》《民事诉讼法》的规定，被申请人提出证据证明裁决有规定情形之一的，经人民法院组成合议庭审查核实，裁定不予执行。

仲裁裁决被法院依法裁定不予执行的，当事人就该纠纷可以重新达成仲裁协议，并依据该仲裁协议申请仲裁，也可以向法院提起诉讼。

8.4 民事诉讼

8.4.1 民事诉讼的概念和基本特征

1. 民事诉讼的概念

民事诉讼是指法院在当事人和其他诉讼参与人的参加下，以审理、判决、执行等方式解决民事纠纷的活动。

诉讼参与人包括原告、被告、第三人、证人、鉴定人、勘验人等。

2. 民事诉讼的基本特征

（1）公权性

民事诉讼是由人民法院代表国家意志行使司法审判权，通过司法手段解决平等民事主体之间的纠纷。在法院主导下，诉讼参与人围绕民事纠纷的解决，进行能产生法律后果的活动。它既不同于群众自治组织性质的人民调解委员会以调解方式解决纠纷，也不同于由民间性质的仲裁委员会以仲裁方式解决纠纷。

（2）程序性

民事诉讼分为一审程序、二审程序和执行程序三大诉讼阶段。并非每个案件都要经过这三个阶段，有的案件一审就终结，有的经过二审终结，有的不需要启动执行程序。如果案件要经历诉讼全过程，就要按照上述顺序依次进行。

（3）强制性

强制性是公权力的重要属性。民事诉讼的强制性既表现在案件的受理上，又反映在裁判的执行上。调解、仲裁均建立在当事人自愿的基础上，只要有一方当事人不愿意进行调解、仲裁，则调解和仲裁将不会发生。但民事诉讼不同，只要原告的起诉符合法定条件，无论被告是否愿意，诉讼都会发生。此外，和解、调解协议的履行依靠当事人的自觉，不具有强制执行的效力，但法院的裁判则具有强制执行的效力，一方当事人不履行生效判决或裁定，另一方当事人可以申请法院强制执行。

3. 民事诉讼法的基本制度

（1）合议制度

即由 3 人以上单数人员组成合议庭，对民事案件进行集体审理和评议裁判的制度。合议庭评议案件，实行少数服从多数的原则。在民事诉讼过程中，除适用简易程序由审判员一人独任审判以外，均采用合议制度。

（2）回避制度

即为了保证案件的公正审判而要求与案件有一定利害关系的审判人员或其他有关人员不得参与本案的审理活动或诉讼活动的审判制度。

（3）公开审判制度

即人民法院审理民事案件，除法律规定的情况外，审判过程及结果应当向社会公开的制度。

（4）两审终审制度

即一个民事案件经过两级法院审理就宣告终结的制度。最高人民法院作出的一审判决、裁定为终审判决、裁定。另外，根据《民事诉讼法》，适用特别程序、督促程序、公示催告程序和企业法人破产还债程序审理的案件，实行一审终审。

8.4.2　民事诉讼的法院管辖

1. 分类

民事诉讼的法院管辖，即各级人民法院之间和同级人民法院之间受理第一审民事案件的分工和权限，常见的有级别管辖、地域管辖、移送管辖和指定管辖等。

（1）级别管辖

级别管辖是指按照一定的标准，划分上下级法院之间受理第一审民事案件的分工和权限。2023 年修订的《民事诉讼法》主要根据案件的性质、复杂程度和案件影响来确定级别管辖。（注意：各级人民法院都管辖第一审民事案件，每一级均受理一审民事案件。）

我国法院有四级，分别是基层人民法院、中级人民法院、高级人民法院和最高人民法院：

1）基层人民法院。管辖第一审的民事案件，法律另有规定的除外。

2）中级人民法院。管辖下列第一审民事案件：①重大涉外案件；②在本辖区有重大影响的民事案件；③最高人民法院确定由中级人民法院管辖的案件。

3）高级人民法院。管辖在本辖区有重大影响的第一审民事案件。

4）最高人民法院。管辖下列第一审民事案件：①在全国有重大影响的案件；②认为应当由本院审理的案件。

在实践中，争议标的金额的大小，往往是确定级别管辖的重要依据，但各地人民法院确定的级别管辖争议标的数额标准不尽相同。具体内容可查看《最高人民法院关于调整部分高级人民法院和中级人民法院管辖第一审民商事案件标准的通知》（法发〔2018〕13号）和《最高人民法院关于调整高级人民法院和中级人民法院管辖第一审民事案件标准的通知》（法发〔2019〕14号）相关内容的规定。

（2）地域管辖

地域管辖是指按照各法院的辖区和民事案件的隶属关系，划分同级法院受理第一审民事案件的分工和权限。地域管辖实际上是以法院与当事人、诉讼标的以及法律事实之间的隶属关系和关联关系来确定的，主要包括如下几种情况。

1）一般地域管辖。一般地域管辖是以当事人与法院的隶属关系来确定诉讼管辖的，通常实行"原告就被告"原则，即以被告住所地作为确定管辖的标准。

《民事诉讼法》第二十二条规定：对公民提起的民事诉讼，由被告住所地人民法院管辖；被告住所地与经常居住地不一致的，由经常居住地人民法院管辖。

对法人或者其他组织提起的民事诉讼，由被告住所地人民法院管辖。

同一诉讼的几个被告住所地、经常居住地在两个以上人民法院辖区的，各人民法院都有管辖权。

2）特殊地域管辖。特殊地域管辖是指以被告住所地、诉讼标的所在地、法律事实所在地为标准确定的管辖。我国《民事诉讼法》规定了九种特殊地域管辖的诉讼，其中与工程建设领域关系最为密切的是因合同纠纷提起的诉讼。

《民事诉讼法》第二十四条规定：因合同纠纷提起的诉讼，由被告住所地或者合同履行地人民法院管辖。

合同履行地是指合同约定的履行义务的地点，主要是指合同标的的交付地点。

3）协议管辖。协议管辖是指合同当事人在纠纷发生前后，在法律允许的范围内，以书面形式约定案件的管辖法院。协议管辖仅适用于合同纠纷。《民事诉讼法》第三十五条规定："合同或其他财产权益纠纷的当事人可以书面协议选择被告住所地、合同履行地、合同签订地、原告住所地、标的物所在地等与争议有实际联系的地点的人民法院管辖，但不得违反本法对级别管辖和专属管辖的规定。"

4）专属管辖。专属管辖是指法律规定某些特殊类型的案件专门由特定的法院管辖。专属管辖是排他性管辖，排除了诉讼当事人协议选择管辖法院的权利。专属管辖与一般地域管辖和特殊地域管辖的关系是凡法律规定为专属管辖的诉讼，均适用专属管辖。

（3）移送管辖和指定管辖

1）移送管辖。人民法院发现受理的案件不属于本院管辖的，应当移送有管辖权的人民法院，受移送的人民法院应当受理。受移送的人民法院认为受移送的案件依照规定不属于本院管辖的，应当报请上级人民法院指定管辖，不得再自行移送。

2）指定管辖。有管辖权的人民法院由于特殊原因，不能行使管辖权的，由上级人民法院指定管辖。人民法院之间因管辖权发生争议，由争议双方协商解决；协商解决不了的，报请其共同上级人民法院指定管辖。

2. 管辖权转移和管辖权异议

（1）管辖权转移

管辖权转移是指上级人民法院有权审理下级人民法院管辖的第一审民事案件；确有必要将本院管辖的第一审民事案件交下级人民法院审理的，应当报请其上级人民法院批准。

下级人民法院对所管辖的第一审民事案件，认为需要由上级人民法院审理的，可以报请其上级人民法院批准。

管辖权转移不同于移送管辖：①移送管辖是没有管辖权的法院把案件移送给有管辖权的法院审理，而管辖权转移是有管辖权的法院把案件转移给原来没有管辖权的法院审理；②移送管辖可能在上下级法院之间或者在同级法院之间发生，而管辖权转移仅限于上下级法院之间；③二者在程序上不完全相同。

（2）管辖权异议

管辖权异议是指当事人向受诉法院提出的该法院对案件无管辖权的主张。

《民事诉讼法》第一百三十条规定，人民法院受理案件后，当事人对管辖权有异议的，应当在提交答辩状期间提出。人民法院对当事人提出的异议，应当审查。异议成立的，裁定将案件移交有管辖权的人民法院；异议不成立的，裁定驳回。

根据《最高人民法院关于审理民事级别管辖异议案件若干问题的规定》，受诉人民法院应当在受理异议之日起 15 日内作出裁定；对人民法院就级别管辖异议作出的裁定，当事人不服提起上诉的，第二审人民法院应当依法审理并作出裁定。

【案例 3】　甲市的王先生购买了位于乙市的一套商品房，该住房的开发商为丙市的某房地产开发公司，工程由丁市的某建筑企业施工建设。王先生入住不到一年，发现该房屋的承重墙出现严重开裂。王先生欲对此提起诉讼，则本案应由哪个城市的人民法院管辖？

【案例分析】　本案应由乙市人民法院管辖。《民事诉讼法》中规定因不动产纠纷提起的诉讼，由不动产所在地人民法院管辖。本案不动产所在地为乙市，所以应由乙市人民法院管辖。

【案例 4】　李某在某市 A 区新购一套住房，并请位于该市 B 区的装修公司对其新房进行装修。在装修过程中，装修工人不慎将水管弄破，导致该楼下住户的家具被淹毁。李某与该装修公司就赔偿问题交涉未果，遂向该市 B 区法院起诉。B 区法院认为该案应由 A 区法院审理，于是裁定将该案移送至 A 区法院，A 区法院认为该案应由 B 区法院审理，不接受移送，又将案件退回 B 区法院。

问题：

① B 区法院的移送管辖是否正确？

② A 区法院不接受移送，将案件退回 B 区法院的做法是否正确？

【案例分析】　①《民事诉讼法》第三十七条规定，人民法院发现受理的案件不属于本院管辖的，应当移送有管辖权的人民法院，受移送的人民法院应当受理。受移送的人民法院认为受移送的案件依照规定不属于本院管辖的，应当报请上级人民法院指定管辖，不得再自行移送。该市 B 区法院对本案有管辖权，所以其移送管辖是错误的。

② A 区法院不接受移送，将案件退回 B 区法院的做法错误。A 区法院如认为受移送的案件不属于本院管辖的，应当报请上级人民法院指定管辖，不得再自行移送。

8.4.3 民事诉讼的当事人和代理人的规定

诉讼当事人和诉讼代理人均为民事诉讼的诉讼参与人。他们是民事诉讼活动的主体。

1. 诉讼当事人

诉讼当事人是指因民事权利和义务发生争议，以自己的名义进行诉讼，请求人民法院进行裁判的公民、法人或其他组织。狭义的诉讼当事人包括原告和被告。广义的诉讼当事人包括原告、被告、共同诉讼人和第三人。

（1）原告和被告

原告是指维护自己的权益或自己所管理的他人权益，以自己的名义起诉，从而引起民事诉讼程序的当事人。被告是指原告诉称侵犯原告民事权益而由法院通知其应诉的当事人。

《民事诉讼法》第五十一条规定："公民、法人和其他组织可以作为民事诉讼的当事人。法人由其法定代表人进行诉讼。其他组织由其主要负责人进行诉讼。"

（2）共同诉讼人

共同诉讼人是指当事人一方或双方为 2 人以上（含 2 人），诉讼标的是共同的，或者诉讼标的是同一种类、人民法院认为可以合并审理并经当事人同意，一同在人民法院进行诉讼的人。

（3）第三人

第三人是指对他人争议的诉讼标的有独立的请求权，或者虽无独立的请求权，但案件的处理结果与其有法律上的利害关系，而参加到原告、被告已经开始的诉讼中进行诉讼的人。

2. 诉讼代理人

诉讼代理人是指根据法律规定或当事人的委托，在民事诉讼活动中为维护当事人的合法权益而代为进行诉讼活动的人。民事诉讼代理人可分为法定诉讼代理人与委托诉讼代理人。

（1）法定诉讼代理人。适用于无诉讼行为能力的当事人，依照法律规定代理当事人进行诉讼。

《民事诉讼法》第六十一条规定："当事人、法定代理人可以委托一至二人作为诉讼代理人。"

（2）委托诉讼代理人。委托诉讼代理人是基于当事人的授权委托而行使代理权的人。根据法律规定，下列人员可以被委托为诉讼代理人：律师、基层法律服务工作者；当事人的近亲属或者工作人员；当事人所在社区、单位以及有关社会团体推荐的公民。

3. 诉讼回避制度

回避制度，即为了保证案件的公正审判而要求与案件有一定利害关系的审判人员或其他有关人员不得参与本案的审理活动或诉讼活动的审判制度。

根据《民事诉讼法》第四十七条规定：审判人员有下列情形之一的，应当自行回避，当事人有权用口头或者书面方式申请回避：

（1）是本案当事人或者当事人、诉讼代理人近亲属的；

（2）与本案有利害关系的；

（3）与本案当事人、诉讼代理人有其他关系，可能影响对案件公正审理的。

【案例 5】　甲公司开发某商业地产项目，乙建筑公司（以下简称乙公司）经过邀请招标程序中标并签订了施工总承包合同。施工中，乙公司将水电安装工程分包给丙水电设备建筑安装公司（以下简称丙公司）。丙公司又将部分水电安装的施工劳务作业违法分包给包工头张某。施工中，因甲公司拖欠乙公司工程款，继而乙公司拖欠丙公司工程款，丙公司拖欠张某的劳务费。当张某知道这个情况后，在起诉丙公司的同时，将甲公司也起诉到法院，要求支付被拖欠的劳务费。甲公司认为自己与张某没有合同关系，遂提出诉讼主体异议；丙公司认为张某没有劳务施工资质，不具备签约能力，合同无效，也不能成为原告。

问题：张某可否在起诉丙公司的同时，也起诉甲公司即发包方？

【案例分析】　根据《最高人民法院关于审理建设工程施工合同纠纷案件适用法律问题的解释（一）》第四十三条规定："实际施工人以转包人、违法分包人为被告起诉的，人民法院应当依法受理。实际施工人以发包人为被告主张权利的，人民法院应当追加转包人或者违法分包人为本案第三人，在查明发包人欠付转包人或者违法分包人建设工程价款的数额后，判决发包人在欠付建设工程价款范围内对实际施工人承担责任。"据此，本案例中张某作为实际施工人，不仅可以起诉违法分包的丙公司，也可以起诉作为发包人的甲公司。但甲公司只在欠付工程价款范围内对实际施工人张某承担责任。

8.4.4　民事诉讼证据的种类、保全和应用

证据是指在诉讼中能够证明案件真实情况的各种资料。当事人要证明自己提出的主张，需要向法院提供相应的证据资料。

掌握证据的种类才能正确收集证据；掌握证据的保全才能不使对自己有利的证据灭失；掌握证据的应用才能真正发挥证据的作用。

1. 证据种类

根据《民事诉讼法》的规定，证据根据表现形式的不同有以下几种：书证、物证、视听资料、电子数据、证人证言、当事人的陈述、鉴定意见、勘验笔录。

2. 证据保全

（1）证据保全的概念

证据保全是指在证据可能灭失或以后难以取得的情况下，法院根据申请人的申请或依职权，对证据加以固定和保护的制度。

（2）证据保全的申请

《最高人民法院关于民事诉讼证据的若干规定》第二十五条规定：当事人或者利害关系人依据《民事诉讼法》第八十一条的规定申请证据保全的，申请书应当载明需要保全的证据的基本情况、申请保全的理由以及采取何种保全措施等内容。

3. 证据应用

（1）举证时限

举证时限是指法律规定或法院、仲裁机构指定的当事人能够有效举证的期限。

《最高人民法院关于适用〈关于民事诉讼证据的若干规定〉中有关举证时限规定的通知》还规定，在适用一审普通程序审理民事案件时，人民法院指定当事人提供证据证明其

主张的基础事实的期限，该期限不得少于 30 日。但是人民法院在征得双方当事人同意后，指定的举证期限可以少于 30 日。

（2）证据交换

证据交换是指在诉讼答辩期届满后开庭审理前，在法院的主持下，当事人之间相互明示其持有证据的过程。

（3）质证

质证是指当事人在法庭的主持下，围绕证据的真实性、合法性、关联性，针对证据证明力有无以及证明力大小，进行质疑、说明与辩驳的过程。

（4）认证

认证，即证据的审核认定，是指法院对经过质证或当事人在证据交换中认可的各种证据材料作出审查判断，确认其能否作为认定案件事实的根据。

8.4.5 民事诉讼时效的规定

1. 民事诉讼时效的概念

诉讼时效是指权利人在法定的时效期间，未向法院提起诉讼请求保护其权利时，依据法律规定消灭其胜诉权的制度，或指权利人在法定期间内不行使权利，诉讼时效期间届满后，义务人可以提出不履行义务抗辩（即丧失请求人民法院保护）的权利。

《民法典》规定，人民法院不得主动适用诉讼时效的规定。诉讼时效的期间、计算方法以及中止、中断的事由由法律规定，当事人约定无效。当事人对诉讼时效利益的预先放弃无效。诉讼时效期间届满的，义务人可以提出不履行义务的抗辩。诉讼时效期间届满后，义务人同意履行的，不得以诉讼时效期间届满为由抗辩；义务人已经自愿履行的，不得请求返还。

2. 诉讼时效期间的种类

根据《民法典》及有关法律的规定，诉讼时效期间通常可划分为四类。

（1）普通诉讼时效

向人民法院请求保护民事权利的诉讼时效期间为 3 年。法律另有规定的，依照其规定。

（2）短期诉讼时效

下列诉讼时效期间为 1 年：身体受到伤害要求赔偿的；延付或拒付租金的；出售质量不合格的商品未声明的；寄存财物被丢失或损毁的。

（3）特殊诉讼时效

特殊诉讼时效是由特别法规定的诉讼时效。例如，因国际货物买卖合同和技术进出口合同争议的诉讼时效期间为 4 年。《中华人民共和国海商法》第二百五十七条规定："就海上货物运输向承运人要求赔偿的请求权，有效期间为一年，自承运人交付或应交付货物之日起计算。"

（4）权利的最长保护期限

《民法典》中规定民事权利最长保护期限是 20 年。自权利受到损害之日起超过 20 年的，人民法院不予保护，有特殊情况的，人民法院可以根据权利人的申请决定延长。

3. 诉讼时效期间的起算

《民法典》规定，诉讼时效期间自权利人知道或者应当知道权利受到侵害以及义务人之日起计算。法律另有规定的，依照其规定。

当事人约定同一债务分期履行的，诉讼时效期间自最后一期履行期限届满之日起计算。

4. 诉讼时效中止和中断

诉讼时效中止是指诉讼时效期间的最后 6 个月内，因法定事由而使权利人不能行使请求权的，诉讼时效期间的计算暂时停止。

诉讼时效中断是指权利人怠于行使权利，使已经经过的时效期间失去效力，而须重新起算时效期间的制度。

8.4.6　民事诉讼的审判程序

审判程序是《民事诉讼法》规定的最为重要的内容，它是人民法院审理案件适用的程序，可以分为一审程序、二审程序和审判监督程序。

1. 一审程序

一审程序包括普通程序和简易程序。普通程序是《民事诉讼法》规定的民事诉讼当事人进行第一审民事诉讼和人民法院审理第一审民事案件通常适用的诉讼程序。《民事诉讼法》规定，基层人民法院和它派出的法庭适用简易程序审理事实清楚、权利义务关系明确、争议不大的简单民事案件，标的额为各省、自治区、直辖市上年度就业人员年平均工资 30% 以下的，实行一审终审。

适用普通程序审理的案件，根据《民事诉讼法》的规定，应当在立案之日起 6 个月内审结。有特殊情况需要延长的，由本院院长批准，可以延长 6 个月；还需要延长的，报请上级法院批准。

适用简易程序审理的案件，由审判员一人独任审理，可以用简便方式传唤当事人和证人、送达诉讼文书、审理案件，但应当保障当事人陈述意见的权利。

普通程序可分为 4 个阶段：起诉、审查与受理、审理前的准备和开庭审理。

开庭审理是指人民法院在当事人和其他诉讼参与人参加下，对案件进行实体审理的诉讼活动。开庭审理主要有以下几个步骤：法庭调查、法庭辩论、法庭笔录和宣判。

2. 二审程序

二审程序，又称上诉程序或终审程序，是指由于民事诉讼当事人不服地方各级人民法院尚未生效的第一审判决或裁定，在法定上诉期间内，向上一级人民法院提起上诉而引起的诉讼程序。由于我国实行两审终审制，上诉案件经二审法院审理后作出的判决、裁定为终审的判决、裁定，诉讼程序即告终结。

3. 审判监督程序

（1）审判监督程序的概念

审判监督程序即再审程序，是指由有审判监督权的法定机关和人员提起，或由当事人申请，由人民法院对发生法律效力的判决、裁定、调解书再次审理的程序。

（2）审判监督程序的提起

1）人民法院提起再审的程序。人民法院提起再审，必须是已经发生法律效力的判决裁定确有错误。最高人民法院对地方各级人民法院已经生效的判决、裁定，上级人民法院对下级人民法院已生效的判决、裁定，发现确有错误的，有权提审或指令下级人民法院再审。

2）当事人申请再审的程序。当事人对已经发生法律效力的判决、裁定，认为有错误的，可以向上一级人民法院申请再审，但不停止判决、裁定的执行。

对违反法定程序可能影响案件正确判决、裁定的情形，或者审判人员在审理该案件时有贪污受贿、徇私舞弊、枉法裁判行为的，人民法院应当再审。

3）人民检察院抗诉提起再审的程序。抗诉是指人民检察院对人民法院发生法律效力的判决、裁定，发现有提起抗诉的法定情形，提请人民法院对案件重新审理的活动。

最高人民检察院对各级人民法院已经发生法律效力的判决、裁定，上级人民检察院对下级人民法院已经发生法律效力的判决、裁定，发现有符合当事人可以申请再审情形之一的，应当按照审判监督程序提起抗诉。地方各级人民检察院对同级人民法院已经发生法律效力的判决、裁定，发现有符合当事人可以申请再审情形之一的，应当提请上级人民检察院向同级人民法院提出抗诉。

8.4.7　民事诉讼的执行程序

审判程序与执行程序是并列的独立程序。审判程序是产生裁判书的过程，执行程序是实现裁判书内容的过程。

1. 执行程序的概念

执行程序是指人民法院的执行机构依照法定的程序，对发生法律效力并具有给付内容的法律文书，以国家强制力为后盾，依法采取强制措施，迫使具有给付义务的当事人履行其给付义务的行为。

2. 执行根据

执行根据是当事人申请执行、人民法院移交执行及人民法院采取强制措施的依据。执行根据是执行程序发生的基础，没有执行根据，当事人不能向人民法院申请执行，人民法院也不得采取强制措施。

3. 执行案件的管辖

发生法律效力的民事判决、裁定，以及刑事判决、裁定中的财产部分，由第一审人民法院或者与第一审人民法院同级的被执行的财产所在地人民法院执行。

《最高人民法院关于适用〈中华人民共和国民事诉讼法〉执行程序若干问题的解释》中规定，申请执行人向被执行的财产所在地人民法院申请执行的，应当提供该人民法院辖区有可供执行财产的证明材料。

人民法院受理执行申请后，当事人对管辖权有异议的，应当自收到执行通知书之日起10日内提出。

4. 执行程序

（1）申请

人民法院作出的判决、裁定等法律文书，当事人必须履行。如果无故不履行，另一方当事人可向有管辖权的人民法院申请强制执行。申请强制执行应提交申请强制执行书，并附作为执行根据的法律文书。申请强制执行，还须遵守申请执行期限。申请执行的期限为2年。申请执行时效的中止、中断，适用法律有关诉讼时效中止、中断的规定。这里的期间，从法律文书规定履行期间的最后 1 日起计算；法律文书规定分期履行的，从规定的每次履行期间的最后 1 日起计算；法律文书未规定履行期间的，从法律文书生效之日起计算。

（2）执行

对于具有执行内容的生效裁判文书，由审判该案的审判人员将案件直接交付执行人员，随即开始执行程序。

提交执行的案件有三类：①具有给付或者履行内容的生效民事判决、裁定（包括先予执行的抚恤金、医疗费用等）；②具有财产执行内容的刑事判决书、裁定书；③审判人员认为涉及国家、集体或公民重大利益的案件。

（3）向上一级人民法院申请执行

人民法院自收到申请执行书之日起超过 6 个月未执行的，申请执行人可以向上一级人民法院申请执行。上一级人民法院经审查，可以责令原人民法院在一定期限内执行，也可以决定由本院执行或者指令其他人民法院执行。

5. 执行措施

执行措施是指人民法院依照法定程序强制执行生效法律文书的方法和手段。

执行措施主要有：①查封、冻结、划拨被执行人的存款；②扣留、提取被执行人的收入；③查封、扣押、拍卖、变卖被执行人的财产；④对被执行人及其住所或财产隐匿地进行搜查；⑤强制被执行人和有关单位、执行措施公民交付法律文书指定的财物或票证；⑥强制被执行人迁出房屋或退出土地；⑦强制被执行人履行法律文书指定的行为；⑧办理财产权证照转移手续；⑨强制被执行人支付迟延履行期间的债务利息或迟延履行金；⑩依申请执行人申请，通知对被执行人负有到期债务的第三人向申请执行人履行债务。

被执行人不履行法律文书确定的义务的，人民法院可以对其采取或者通知有关单位协助采取限制出境，在征信系统记录、通过媒体公布不履行义务信息以及法律规定的其他措施。

被执行人未按执行通知书指定的期间履行生效法律文书确定的给付义务的，人民法院可以限制其高消费。

被执行人为自然人的，被限制高消费后，不得有以下以其财产支付费用的行为：乘坐交通工具时，选择飞机、列车软卧、轮船二等以上舱位；在星级以上宾馆、酒店、夜总会、高尔夫球场等场所进行高消费；购买不动产或者新建、扩建、高档装修房屋；租赁高档写字楼、宾馆、公寓等场所办公；购买非经营必需车辆；旅游、度假；子女就读高收费私立学校；支付高额保费购买保险理财产品；其他非生活和工作必需的高消费行为。

被执行人为单位的，被限制高消费后，禁止被执行人及其法定代表人、主要负责人、影响债务履行的直接责任人员以单位财产实施上述规定的行为。

6. 执行中止和终结

（1）执行中止

执行中止是指在执行过程中，因发生特殊情况，需要暂时停止执行程序。

（2）执行终结

在执行过程中，由于出现某些特殊情况，执行工作无法继续进行或没有必要继续进行的，结束执行程序。

8.5 行政强制、行政复议和行政诉讼制度

8.5.1 行政强制

2011 年颁布的《中华人民共和国行政强制法》规定，行政强制包括行政强制措施和行政强制执行。

1. 行政强制措施

行政强制措施是指行政机关在行政管理过程中，为制止违法行为、防止证据损毁、避免危害发生、控制危险扩大等情形，依法对公民的人身自由实施暂时性限制，或者对公民、法人或者其他组织的财物实施暂时性控制的行为。

行政强制措施的种类如下：①限制公民人身自由；②查封场所、设施或者财物；③扣押财物；④冻结存款、汇款；⑤其他行政强制措施。

2. 行政强制执行

行政强制执行是指行政机关或者行政机关申请人民法院，对不履行行政决定的公民、法人或者其他组织，依法强制履行义务的行为。

行政强制执行的种类如下：①加处罚款或者滞纳金；②划拨存款、汇款；③拍卖或者依法处理查封、扣押的场所、设施或者财物；④排除妨碍、恢复原状；⑤代履行；⑥其他强制执行方式。

3. 行政强制的法定程序

（1）行政强制措施的实施程序

1）一般规定。实施主体：行政强制措施由法律、法规规定的行政机关在法定职权范围内实施，行政强制措施权不得委托。应由两名以上的行政执法人员依法实施，若无手续，返回行政机关后要补办批准手续。

2）查封、扣押的实施。查封、扣押由法律、法规规定的行政机关实施，其他任何行政机关和组织不得实施。

查封、扣押的期限不得超过 30 日；情况复杂的，经行政机关负责人批准，可以延长，但延长期限不超过 30 日。法律、行政法规另有规定的除外。

对查封、扣押的场所、设施或者财物，行政机关应当妥善保管，不得使用或者损毁；造成损失的，应当承担赔偿责任；对查封的场所、设施或者财物，行政机关可委托第三人保管，因查封、扣押发生的保管费由行政机关承担。

行政机关采取查封、扣押措施后，应当及时查清事实，在规定的期限内作出处理决定。对违法事实清楚，依法应当没收的非法财物予以没收；法律、行政法规规定应当销毁的，依法销毁；应当解除查封、扣押的，作出解除查封、扣押的决定。

3）冻结的实施。冻结存款、汇款应当由法律规定的行政机关实施，不得委托给其他行政机关或者组织；其他任何行政机关或者组织不得冻结存款、汇款。

金融机构接到行政机关依法作出的冻结通知书后，应当立即予以冻结，不得拖延，不得在冻结前向当事人泄露信息。法律规定以外的行政机关或者组织要求冻结当事人存款、汇款的，金融机构应当拒绝。

自冻结存款、汇款之日起 30 日内，行政机关应当作出处理决定或者作出解除冻结决定；情况复杂的，经行政机关负责人批准，可以延长，但是延长期限不得超过 30 日，法律另有规定的除外。延长冻结的决定应当及时书面告知当事人，并说明理由。

（2）行政强制执行的实施程序

行政机关依法作出行政决定后，当事人在行政机关决定的期限内不履行义务的，具有行政强制执行权的行政机关依照《中华人民共和国行政强制法》的规定强制执行。

行政机关作出强制执行决定前，应当事先催告当事人履行义务。经催告，当事人逾期仍不履行行政决定，且无正当理由的，行政机关可以作出强制执行决定。在催告期间，对有证据证明有转移或者隐匿财物迹象的，行政机关可以作出立即强制执行决定。

行政机关依法作出金钱给付义务的行政决定，当事人逾期不履行的，行政机关可以依法加处罚款或者滞纳金。加处罚款或者滞纳金的标准应当告知当事人。行政机关依法实施加处罚款或者滞纳金超过 30 日，经催告当事人仍不履行的，具有行政强制执行权的行政机关可以强制执行。

行政机关依法作出要求当事人履行排除妨碍、恢复原状等义务的行政决定，当事人逾期不履行，经催告仍不履行，其后果已经或者将危害交通安全、造成环境污染或者破坏自然资源的，行政机关可以代履行，或者委托没有利害关系的第三人代履行。

（3）申请人民法院强制执行程序

当事人在法定期限内不申请行政复议或提起行政诉讼，又不履行行政决定的，没有行政强制执行权的行政机关可以自期限届满之日起 3 个月内，向人民法院申请强制执行。

行政机关申请人民法院强制执行前，应当催告当事人履行义务。催告书送达 10 日后当事人仍未履行义务的，行政机关可以向所在地有管辖权的人民法院申请强制执行；执行对象是不动产的，向不动产所在地有管辖权的人民法院申请强制执行。

人民法院接到行政机关强制执行的申请，应当在 5 日内受理，并应当自受理之日起 7 日内作出执行裁决。

8.5.2　行政复议的申请、受理

1. 行政复议申请

公民、法人或者其他组织认为具体行政行为侵犯其合法权益的，可以自知道该具体行政行为之日起 60 日内提出行政复议申请；但法律规定的申请期限超过 60 日的除外。因不可抗力或者其他正当理由耽误法定申请期限的，申请期限自障碍消除之日起继续计算。

申请行政复议，凡行政复议机关已经依法受理的，或者法律、法规规定应当先向行政复议机关申请行政复议、对行政复议决定不服再向人民法院提起行政诉讼的，在法定行政复议期限内不得向人民法院提起行政诉讼。公民、法人或者其他组织向人民法院提起行政诉讼，人民法院已经依法受理的，不得申请行政复议。

2. 行政复议受理

行政复议机关收到行政复议申请后，应当在 5 日内进行审查，依法决定是否受理，并书面告知申请人；对符合行政复议申请条件，但不属于本机关受理范围的，应当告知申请人向有关行政复议机关提出。

8.5.3 行政诉讼的管辖、起诉和受理

1. 行政诉讼管辖

行政诉讼管辖指不同级别和地域的人民法院之间在受理第一审行政案件的权限分工。

（1）级别管辖

行政诉讼案件一般都由基层人民法院管辖，有下列情形之一的，应当由中级人民法院管辖第一审行政案件：①确认发明专利权的案件、海关处理的案件；②对国务院各部门或者省、自治区、直辖市人民政府所作的具体行政行为提起诉讼的案件；③本辖区内重大、复杂的案件。

高级人民法院和最高人民法院只管辖本辖区范围内重大、复杂行政诉讼案件。

（2）一般地域管辖

行政案件由最初作出具体行政行为的行政机关所在地人民法院管辖。经复议的案件，复议机关改变原具体行政行为的，也可以由复议机关所在地人民法院管辖。对限制人身自由的行政强制措施不服提起的诉讼，由被告所在地或者原告所在地人民法院管辖。因不动产提起的行政诉讼，由不动产所在地人民法院管辖。

两个以上人民法院都有管辖权的案件，原告可以选择其中一个人民法院提起诉讼。原告向两个以上有管辖权的人民法院提起诉讼的，由最先收到起诉状的人民法院管辖。

2. 起诉

行政争议未经行政复议，由当事人直接向法院提起行政诉讼的，除法律另有规定的外，应当在知道作出具体行政行为之日起 3 个月内起诉。经过行政复议但对行政复议决定不服而依法提起行政诉讼的，应当在收到行政复议决定书之日起 15 日内起诉；若行政复议机关逾期不作复议决定的，除法律另有规定的外，应当在行政复议期满之日起 15 日内起诉。

3. 受理

人民法院接到起诉状，经审查，应当在 7 日内立案或者作出裁定不予受理。原告对裁定不服的，可以提起上诉。

8.5.4 行政诉讼的审理、判决和执行

1. 行政诉讼的审理

《中华人民共和国行政诉讼法》规定，行政诉讼期间，除该法规定的情形外，不停止具体行政行为的执行。法院审理行政案件，不适用调解。除涉及国家秘密、个人隐私和法律另有规定的外，人民法院公开审理行政案件。

人民法院审理行政案件，以法律和行政法规、地方性法规为依据。地方性法规适用于本行政区域内发生的行政案件；审理民族自治地方的行政案件，应以该民族自治地方自治条例和单行条例为依据。

人民法院审理行政案件，参照国务院部、委根据法律和国务院的行政法规、决定、命令制定、发布的规章，以及省、自治区、直辖市和省、自治区人民政府所在地的市和经国务院批准的较大的市的人民政府根据法律和国务院的行政法规制定、发布的规章。

经人民法院两次合法传唤，原告无正当理由拒不到庭的，视为申请撤诉；被告无正当

理由拒不到庭的，可以缺席判决。

2. 行政诉讼的判决

法院对行政诉讼的一审判决有如下几种：

（1）认为具体行政行为证据确凿，适用法律、法规正确，符合法定程序的，判决维持。

（2）认为具体行政行为有下列情形之一，判决撤销或者部分撤销，并可以判决被告重新作出具体行政行为：①主要证据不足的；②适用法律、法规错误的；③违反法定程序的；④超越职权的；⑤滥用职权的。

（3）认为被告不履行或拖延履行法定职责，判决其在一定限期内履行。

（4）认定行政处罚显失公正（即同类型的行政处罚畸轻畸重，明显的不公正）的，可以判决变更。

（5）认为原告的诉讼请求依法不能成立，直接判决否定原告的诉讼请求。

（6）通过对被诉具体行政行为的审查，确认被诉具体行政行为合法或违法的判决。

我国实行二审终审制。当事人不服人民法院第一审判决的，有权在判决书送达之日起15日内向上一级人民法院提起上诉；不服人民法院第一审裁定的，有权在裁定书送达之日起10日内向上一级人民法院提起上诉。逾期不提起上诉的，人民法院的第一审判决或者裁定发生法律效力。

第二审人民法院在二审程序中对上诉案件进行审理，并依法作出驳回上诉、维持原判，或者撤销原判、依法改判，或者裁定撤销原判，发回原审人民法院重审。

当事人对已经发生法律效力的判决、裁定，认为确有错误的，可以向原审人民法院或者上一级人民法院提出申诉，但判决、裁定不停止执行。

3. 行政诉讼的执行

当事人必须履行人民法院发生法律效力的判决、裁定，公民、法人或者其他组织拒绝履行判决、裁定的，行政机关可以向第一审人民法院申请强制执行，或者依法强制执行。

公民、法人或者其他组织对具体行政行为在法定期间不提起诉讼又不履行的，行政机关可以申请人民法院强制执行，或者依法强制执行。

8.5.5　侵权的赔偿责任

公民、法人或者其他组织的合法权益受到行政机关或者行政机关工作人员作出的具体行政行为侵犯造成损害的，有权请求赔偿。公民、法人或者其他组织单独就损害赔偿提出请求，应当先由行政机关解决。对行政机关的处理不服，可以向人民法院提起诉讼。赔偿诉讼可以适用调解。

8.6　建设工程替代性纠纷解决机制

建设工程项目因其具有投资大、生产周期长、不可预见因素多、协作关系复杂等特点，导致在工程建设过程中纠纷频发。我国建设工程纠纷诉讼成本高、效率低、周期长，尚不能完全满足社会的需求，随着纠纷数量的增加、形式的多样化，对争议解决的方式也提出了更高的要求。替代性纠纷解决机制（Alternative Dispute Resolution，简称ADR），以其灵活高效、便利务实的特点迅速发展成为与民事诉讼制度并不悖行、相互补充的重要社会机制。

8.6.1　ADR 的概念及特点

1. 概念

替代性纠纷解决机制（ADR）于 20 世纪 40 年代起源于美国，后逐步被加拿大、澳大利亚、韩国、日本及一些欧洲国家效仿与采纳。ADR 原指从 20 世纪开始逐步发展起来的各种诉讼外纠纷解决方式，现已引申为世界各国对普遍存在的民事诉讼制度以外的非诉讼纠纷解决程序或机制的总称。

2. 特点

（1）灵活性。ADR 充分尊重当事人的自主选择解决争端所适用的法律和程序，不断通过自己的完善和发展为当事人提供更多有效的法律途径。

（2）非对抗性。ADR 强调当事人的和解，主张双方在互谅互让的基础上达成一致，有利于当事人保持友好关系，便于今后继续合作。

（3）非强制性。ADR 解决争端不是通过强制实现的，而是当事人自愿的选择，是当事人自愿达成的一致结果。

ADR 机制对于日新月异的民事纠纷类型具有比较好的适应性，当遇到法律规定相对滞后无法及时解决纠纷时，ADR 机制能够灵活地为纠纷解决提供可行的途径，有效促进司法资源的合理分配，实现案件分流。

8.6.2　国内外现有的 ADR 机制

目前，国际工程界应用较多的替代性纠纷解决方式主要有以下几种：

1. 协商

协商指纠纷各方当事人通过对话方式令各方产生共识、进行讨价还价，或说服对方接受某种条件，最后达到能自愿、自助地化解纠纷的一种手段。这是一种简单、快捷、经济的纠纷解决方式，几乎每个国家都存在。

2. 调解

调解指双方当事人自愿在第三方主持下，通过对双方当事人进行斡旋与劝解，促使双方自愿达成协议，从而公平、合理地解决纠纷的一种方式。这是双方当事人从长远利益角度考虑，自愿选择的结果。调解人不是法官也不是仲裁员，无权将某种解决方案强加于纠纷双方，所以调解的结果与调解人的沟通能力、谈判技巧有很大关系。

3. 仲裁

仲裁也称"公断"，是指发生争议的双方当事人，根据纠纷发生前或争议发生后达成的协议，自愿将纠纷提交仲裁机构进行审理，并由仲裁机构作出有法律约束力的裁决以解决纠纷的一种争议解决方式。仲裁是以放弃诉讼为前提的自愿性公断，这也是其最为特殊的地方。

4. 中立评估

中立评估指纠纷各方将有关的事实和法律依据提交给一个中立的、在争议专题方面有专业知识的律师，150 天内举行非正式会议的纠纷解决方式。可以让当事人提前了解各自的法律地位及可能的诉讼结果。

5. 监理工程师决定

这是 21 世纪以前最常用的工程争议调解方法，工程合同中约定工程师具有一定的准司法权力，工程师作为中立的第三方利用这些权力调解工程纠纷。

6. 争议评审委员会（简称 DRB）

DRB 成立于项目开始之前，在中标通知签发后 28 天内合同双方各推选 1 名审议委员，再由这两名审议委员推选第 3 位委员作为委员会主席，DRB 从工程一开工就介入工程，并定期访问现场，能够及时了解工程进展、有关合同执行情况、索赔事宜及潜在的争议。世界银行提出用 DRB 取代工程师决定解决争议，促进了 DRB 在全球工程领域的推广。

7. 争议裁决委员会（简称 DAB）

DAB 是国际咨询师联合会（FIDIC）受到了 DRB 的启发提出的解决争议机制，以此取代传统的工程师决定。DAB 与 DRB 的总体框架相似，但 DAB 是将争议提请仲裁的先决条件，其决定对当事人具有约束力，且 DAB 作出决定的时限为 84 天，而 DRB 的时限是 56 天。

8. 争议评审小组

这是我国 2007 版《标准施工招标文件》中提出的争议解决方式，我国的建设工程合同范本多是参照 FIDIC 合同范本编制的，争议评审小组也是参照 DAB 和 DRB 模式建立起来的。争议评审小组多用于中外合资或中外合作的大型复杂基建项目，如雅砻江二滩水电站工程、黄河小浪底水利枢纽工程、黄河万家寨大坝工程等。

8.6.3 运用 ADR 方式解决我国建设工程纠纷的关键

从司法实例的判决依据来看，当前建设工程纠纷中的主要争议点为工程款、合同、违约、利息和损失等。

传统的替代性纠纷解决机制侧重寻找建设工程领域的专家进行调解，调解不成往往是因为当事人对责任认定或金额确定分歧严重。根据上述对建设工程纠纷争议焦点的分析可知，目前工程款项是纠纷的主要争议点。非诉讼方式下解决建设工程纠纷的关键在于能对争议款项进行准确计算并对涉及的法律问题作出专业的解释。

但是，由于双方当事人缺乏专业的法律知识，故而对合同、协议内容的解读、法律效力的认知不准确，需要熟悉工程法律的专家进行解释说明并正确判断合同的法律效力。对利息、违约金损失的索赔也以归责认定为前提，需要法律专家明确责任归属。

8.6.4 完善我国建设工程争端解决机制

在合理评价我国现行的纠纷解决制度的基础上，借鉴国外建设工程领域中使用的各种 ADR 方式，创建多层次、多渠道的 ADR 程序和规范，设计出符合我国工程习惯的工程纠纷解决制度，以更好地满足市场经济发展对纠纷解决机制多元化的需求。

1. 中国建设工程造价管理协会工程纠纷调解委员会和调解中心

中国建设工程造价管理协会（简称中价协）于 2017 年 7 月 28 日设立了中国建设工程造价管理协会工程纠纷调解委员会，并成立了纠纷调解中心。这一举措已经初步发挥行业协会在纠纷调解中的基础性、专业性优势。中价协作为 ADR 制度中典型的、具有代表意义的行业调解组织，是当前除了诉讼、仲裁之外解决纠纷的另一重要方式。其构建的行业调解方式主要包括：调解、调解与诉讼结合、争议评审方式。在未来的发展中，中价协应积极贯彻调解解决纠纷的理念，并将行业调解与诉讼合理对接，引领建设工程案件诉讼分流，实现建设工程纠纷能够更加合理、公平、高效的得到解决。

2. 设立工程纠纷解决的"专家库"

专家评审制度在国际建设工程领域能够起到减少纠纷发生、降低项目成本、促进当事人之间友好合作等作用。在 ADR 机制中，专家是处理争议的核心。专家的资质、能力、水平等是直接关系其程序能否顺利进行、调解能否成功、结果能否得到当事人认可的重要因素。因而，政府或行业应积极建立工程纠纷解决的"专家库"，以使 ADR 机制的适用更具专业性、科学性。

3. 中立人咨询小组

由一名擅长建设工程纠纷业务的律师和一名造价工程师组成专家小组，借鉴 DRB、DAB 的运行模式建立中立人咨询小组纠纷解决机制。由律师对争议定性，明确责任划分；由造价工程师进行定量，确定赔付金额。定性定量双管齐下，进而开展调解工作，对当事人更有说服力。

8.7　案例分析

案例 1

【案情概要】

上海甲建设发展有限公司与上海乙有限公司在 2020 年 1 月 29 日签订建筑装饰工程施工合同，工程总价款为 395 万元人民币，工程竣工后上海乙有限公司尚有实际决算余款46.75 万元未支付，但因上海甲建设发展有限公司新建工程存在漏水等质量问题致上海乙有限公司损失，双方协议从该工程余款中扣除 4 万元作为对上海乙有限公司的补偿，并约定上海乙有限公司分期付款计划为：2022 年 8 月 29 日支付人民币 2.75 万元；2022 年 9月 10 日支付人民币 10 万元；2022 年 9 月 30 日支付人民币 15 万元；2022 年 10 月 20 日支付人民币 15 万元；同时补充协议明确约定上海乙有限公司如不按其中任何一期约定履约付款则视为整体逾期，上海乙有限公司将承担应付款日起至付款即日止的利息并支付全部工程未付款总额的 5‰的违约金。协议到期后因上海乙有限公司还有 30 万元未清偿，上海甲建设发展有限公司于 2022 年 12 月 12 日向上海市黄浦区人民法院起诉要求追究上海乙有限公司的违约责任。上海甲建设发展有限公司的诉讼请求为：①工程款 30 万元；②利息 5859 元；③违约金 20.6 万元；④被告承担诉讼费。双方在合同中曾约定应于争议发生后先行协商调解，协商不成时则向上海市仲裁委员会申请仲裁，故原告上海甲建设发展有限公司向法院提出诉讼与约定争议解决方式不符，按法律规定，黄浦区人民法院对此案无管辖权而不应受理。《仲裁法》第五条规定："当事人达成仲裁协议，一方向人民法院起诉的，人民法院不予受理，但仲裁协议无效的除外。"

问题：本案例中人民法院应否受理此案件？

【案情分析】

本案中约定仲裁条款为真实、合法、有效的合同条款内容之一，其效力应无任何异议，当事人双方都应受该仲裁条款约束。另《仲裁法》第二十六条还规定："当事人达成仲裁协议，一方向人民法院起诉未声明有仲裁协议，人民法院受理后，另一方在首次开庭前提交仲裁协议的，人民法院应当驳回起诉，但仲裁协议无效的除外；另一方在首次开庭前未对人民法院受理该案提出异议的，视为放弃仲裁协议，人民法院应当继续审理。"因此，原告存在以下诉讼风险：①诉讼将被法院依法驳回；②原告对申请采取财产保全事项承担损害赔偿责任；③因本案原告将败诉，诉讼费用将由原告自行承担；④即使在败诉后另行申请仲裁，又将在仲裁程序及时间上耗费很多精力；⑤在仲裁时原告所有仲裁请求能否得到支持还未知，原告违约金诉求在本案中占有很大比例（20.6万元），即被告可以违约金过高向仲裁委员会要求减少违约金数额。因此，本案最有利于双方的是调解结案，且调解时并不影响被告对法院受理案件提出异议。

案例2

【案情概要】

甲公司开发某商业地产项目，乙建筑公司（以下简称乙公司）经过邀请招标程序中标并签订了施工总承包合同。施工中，乙公司将水电安装工程分包给丙水电设备建筑安装公司（以下简称丙公司）。丙公司又将部分水电安装的施工劳务作业违法分包给包工头蔡某。施工中，因甲公司拖欠乙公司工程款，继而乙公司拖欠丙公司工程款，丙公司拖欠蔡某的劳务费。当蔡某知道这个情况后，在起诉丙公司的同时，将甲公司也起诉到法院，要求支付被拖欠的劳务费。甲公司认为自己与蔡某没有合同关系，遂提出诉讼主体异议；丙公司认为蔡某没有劳务施工资质，不具备签约能力，合同无效，也不能成为原告。

问题：蔡某可否在起诉丙公司的同时，也起诉甲公司即发包方？

【案情分析】

本案中，蔡某作为实际施工人，不仅可以起诉违法分包的丙公司，也可以起诉作为发包人的甲公司。但甲公司只在欠付工程价款范围内对实际施工人蔡某承担责任。

案例3

【案情概要】

某施工企业承接某开发商的住宅工程项目，在工程竣工后双方因结算款发生纠纷。施工企业按照合同的约定提起诉讼，索要其认为尚欠的结算款。开发商在法院作出判决之前，与施工企业就其起诉的所有事宜达成一致。

问题：

（1）当事人能否在诉讼期间自行和解？

（2）诉讼阶段的和解如何才能产生法律效力？

（3）当事人就诉讼的所有事宜均已达成和解，诉讼程序该如何继续？

【案情分析】

（1）《民事诉讼法》规定："双方当事人可以自行和解。"这种和解在法院作出判决前，当事人都可以进行。

（2）诉讼阶段的和解没有法律效力。本案中的开发商与施工企业和解后，可以请求法院调解。《民事诉讼法》第一百条规定：调解达成协议，人民法院应当制作调解书。调解书经双方当事人签收后，即具有法律效力。

（3）本案中，开发商与施工企业就诉讼的全部事宜达成和解并经法院制作调解书，经当事人签名盖章后产生法律效力，即结束诉讼程序的全部，视为当事人撤销诉讼。

本章小结

　　在工程建设过程中，由于工程项目本身具有规模大、周期长、干扰因素多、涉及金额大等特征，建设工程争端始终伴随着工程项目的实施过程中。因此，建设工程争端是国际和国内工程领域经常面对的合同管理重要内容之一，争端解决机制也是所有施工合同重点规定的条款内容。当发生建设工程争端后，合同双方当事人应及时以最小的代价合理处理，以减少损失，保障当事人的合法权益，促进建筑业持续健康发展，维护社会经济秩序。本章主要介绍解决建设工程争端的四种途径，即和解、调解、仲裁和民事诉讼，并提出诉讼处理争端发展和应用新的争端解决方式，弥补仲裁诉讼在解决建设工程争端中的不足，从而使争端能够多元有效地得以解决。

思考与练习题

一、单选题

8-1　某政府工程建设项目发承包双方围绕工程结算款经多次协商也未能达成一致意见，承包人诉诸法院，上述纠纷属于（　　　）。

A. 行政纠纷　　　　B. 民事纠纷　　　　C. 刑事纠纷　　　　D. 程序纠纷

8-2　以下不属于建设工程民事纠纷处理方式的是（　　　）。

A. 当事人自行和解　　　　　　　B. 行政复议

C. 行政机关调解　　　　　　　　D. 商事仲裁

8-3　关于行政复议的说法，正确的是（　　　）。

A. 行政复议既可以解决行政争议，也可以解决民事或者其他争议

B. 在行政复议中随时可以调解

C. 行政复议可以一并向行政复议机关提出审查抽象行政行为

D. 行政复议决定具有终局性

8-4　关于和解的说法，正确的是（　　　）。

A. 和解只能发生在诉讼前

B. 当事人申请仲裁后，不可以自行和解

C. 和解达成协议，必须以书面形式作出

D. 和解达成的协议具有合同效力

8-5　根据《民事诉讼法》，关于法院调解的说法，正确的是（　　　）。

A. 调解书的效力低于判决书

B. 人民法院进行调解，可以邀请有关单位和个人协助

C. 调解达成的所有协议，人民法院均应当制作调解书

D. 人民法院审理民事案件，在判决作出之前应当进行调解

8-6　王某在施工现场工作时不慎受伤，在监理工程师的调解下，王某与雇主达成协议，雇主一次性支付王某两万元作为补偿，王某放弃诉讼权利，这种调解方式属于（　　　）。

A. 行政调解　　　B. 法院调解　　　C. 仲裁调解　　　D. 人民调解

8-7　仲裁的保密性特点体现在它以（　　）为原则。

A. 不开庭审理　　　　　　　　B. 不允许代理人参加

C. 不公开审理　　　　　　　　D. 不允许证人参加

8-8　关于仲裁协议效力的说法，正确的是（　　）。

A. 当事人对仲裁协议有异议的，可以在仲裁进行中随时提出

B. 如果合同终止，则合同中仲裁条款的效力也终止

C. 当事人对仲裁协议效力有异议的，只能请求仲裁机构作出决定

D. 未约定仲裁机构的仲裁协议无效

8-9　关于仲裁协议的说法，正确的是（　　）。

A. 仲裁机构可就当事人在仲裁协议中的约定事项和未约定事项进行裁决

B. 仲裁协议是合同的附属协议，合同无效则仲裁协议无效

C. 仲裁协议可以约定仲裁裁决的强制执行机构

D. 当事人只能向约定的仲裁机构申请仲裁，不可直接提起诉讼

8-10　关于仲裁的说法，正确的是（　　）。

A. 没有仲裁协议或者仲裁协议无效的，法院对当事人纠纷应当予以受理

B. 对于仲裁协议有效的仲裁案件，法院仍具有管辖权

C. 只要一方当事人申请仲裁，仲裁委员会都应当予以受理

D. 仲裁裁决作出后，当事人就同一纠纷向法院起诉，法院应当予以受理

8-11　某有独立请求权的第三人，因不能归责于本人的事由未参加诉讼，生效判决的部分内容错误，损害其民事权益，则该第三人行使撤销之诉的法定期间是（　　）个月。

A. 6　　　　　　　B. 12　　　　　　C. 18　　　　　　D. 24

8-12　民事诉讼是解决建设工程合同纠纷的重要方式，其中不属于民事诉讼参加人的是（　　）。

A. 当事人代表　　　B. 第三人　　　C. 鉴定人　　　D. 代理律师

8-13　人民法院确定举证期限，当事人提供新的证据的第二审案件不得少于（　　）。

A. 15 日　　　　　B. 20 日　　　　C. 10 日　　　　D. 30 日

8-14　关于民事诉讼证据的说法，错误的是（　　）。

A. 对当事人逾期提交证据，且理由不成立，人民法院根据不同情形可以不予采纳

B. 在证据交换的过程中，对有异议的证据，不予采纳

C. 未经质证的证据，不能作为认定案件事实的依据

D. 鉴定人应当出庭接受当事人质询

8-15　根据《民事诉讼法》，关于证据的说法，正确的是（　　）。

A. 书证只能提交原件

B. 证据应当在法庭上出示，并由当事人互相质证

C. 涉及商业秘密的证据需要在法庭出示的，应当在公开开庭时出示

D. 经过公证证明的文书，人民法院可以作为认定事实的根据

8-16　根据《民事诉讼法》，下列证据中属于书证的是（　　）。

A. 录音录像材料　　　　　　　B. 建筑材料样品

C. 工程质量鉴定报告   D. 施工合同

8-17 诉讼时效期间应当从（   ）起计算。

A. 侵害行为停止时

B. 当事人知道或应当知道权利被侵害时

C. 当事人权利被侵害并产生损害后果时

D. 当事人提起赔偿主张之日

8-18 关于诉讼时效的说法，正确的是（   ）。

A. 人民法院应当主动适用诉讼时效的规定

B. 当事人对诉讼时效利益的预先放弃无效

C. 超过诉讼时效期间后权利人起诉的，人民法院不予受理

D. 诉讼时效期届满后，义务人已经自愿履行的，可以请求返还

8-19 债务人向债权人表示同意支付欠款，该行为引起诉讼时效的（   ）。

A. 中止   B. 中断   C. 延长   D. 消灭

8-20 关于民事诉讼上诉的说法，正确的是（   ）。

A. 上诉期为 10 日

B. 上诉时应当递交上诉状

C. 上诉状应当向第二审人民法院提出

D. 当事人向原审人民法院上诉的，原审法院应当受理

二、多选题

8-21 关于仲裁裁决的说法，正确的有（   ）。

A. 当事人可以请求仲裁庭根据双方的和解协议制作裁决书

B. 当事人可以请求仲裁庭根据双方的调解协议制作裁决书

C. 仲裁庭无法形成多数意见时，仲裁裁决由仲裁委员会讨论决定

D. 仲裁裁决自裁决书作出之日起发生法律效力

E. 仲裁员必须在仲裁裁决书上签名

8-22 根据《民事诉讼法》，被申请人提出证据证明，且经人民法院组成合议庭审查核实，裁定不予执行仲裁裁决的情形有（   ）。

A. 裁决的事项不属于仲裁协议的范围的

B. 仲裁的程序违反法定程序的

C. 仲裁员在仲裁案件时徇私舞弊的

D. 没有书面仲裁协议的

E. 裁决所根据的证据是伪造的

8-23 符合《民事诉讼法》关于级别管辖和专属管辖规定的情况下，合同当事人可以书面协议选择的管辖法院有（   ）。

A. 被告住所地人民法院   B. 合同履行地人民法院

C. 合同纠纷发生地人民法院   D. 标的物所在地人民法院

E. 合同签订地人民法院

8-24 下列纠纷提起的诉讼中，适用专属管辖的有（   ）。

A. 不动产纠纷   B. 预制构（配）件运输纠纷

C. 港口作业纠纷　　　　　　　　D. 继承遗产纠纷

E. 工程质量纠纷

8-25　根据《民事诉讼法》，属于广义民事诉讼当事人的有（　　）。

A. 第三人　　　　　　　　　　　B. 刑事附带民事案件自诉人

C. 辩护人　　　　　　　　　　　D. 原告与被告

E. 共同诉讼人

8-26　无独立请求权的第三人，其诉讼权利包括（　　）。

A. 申请提起诉讼　　　　　　　　B. 申请参加诉讼

C. 提起反诉　　　　　　　　　　D. 由法院通知参加诉讼

E. 申请提起公益诉讼

8-27　在民事诉讼证据认定中，不能单独作为认定案件事实依据的有（　　）。

A. 以严重违背公序良俗的方法获取的证据

B. 未成年人所做的与其年龄和智力状况不相当的证言

C. 无正当理由未出庭作证的证人证言

D. 与一方当事人的代理人有利害关系的证人出具的证言

E. 无法与原件、原物核对的复印件、复制品

8-28　关于行政复议的说法，正确的有（　　）。

A. 行政复议机关收到行政复议申请后，应当在七日内进行审查，依法决定是否受理

B. 对县级以上地方各级人民政府工作部门的具体行政行为不服的，可以向该部门的本级人民政府申请行政复议，也可以向上一级主管部门申请行政复议

C. 行政复议机关应当在受理行政复议申请之日起六十日内作出行政复议决定

D. 不服行政机关作出的暂扣销许可证的行政处罚，可以依法提起行政复议

E. 不服行政机关对民事纠纷作出的调解，可以依法提起行政复议

第 9 章　工程建设其他相关法规

【引例】

甲建筑公司承担了某市一大型商场项目,该项目临近居民区,为了赶工期,该项目工地在昼夜施工。该市环境保护行政主管部门接到居民投诉,称项目工地夜间噪声扰民情况。执法人员立刻赶赴施工现场,并在施工场界进行噪声测量。经现场勘查,施工场界噪声为 70.2dB (A)。通过调查,执法人员核实该夜间作业不属于抢修、抢险作业,也不属于因生产工艺要求必须进行的连续作业,并无相关主管部门出具的相关证明。检查中还发现,甲建筑公司值夜班的是一位怀孕 5 个月的孕妇,一名铲车司机贾某刚年满 17 周岁。

在本案例中:
(1) 甲建筑公司夜间施工是否合法,说明理由。
(2) 根据执法人员检测到的噪声分贝,该噪声是否超标,说明理由。
(3) 甲建筑公司值夜班的是一位怀孕 5 个月的孕妇,是否合理,说明理由。
(4) 对于铲车司机贾某,甲建筑公司应该有哪些特殊保护措施?

通过对上述案例的分析,请思考我国如何通过相关法律的规定有效的保护环境和劳动者的相关权益?

9.1　劳动保护与职业健康

劳动法是指调整劳动关系以及与劳动关系有密切联系的其他社会关系的法律。《中华人民共和国劳动法》（简称《劳动法》）在 1994 年 7 月 5 日第八届全国人民代表大会常务委员会第八次会议通过，根据 2009 年 8 月 27 日第十一届全国人民代表大会常务委员会第十次会议《关于修改部分法律的决定》进行了第一次修正，根据 2018 年 12 月 29 日第十三届全国人民代表大会常务委员会第七次会议《关于修改〈中华人民共和国劳动法〉等七部法律的决定》进行了第二次修正。该法对劳动者的工作时间、休息休假、工资、劳动安全卫生、女职工和未成年工特殊保护以及社会保险和福利等作了法律规定。

9.1.1　劳动者的工作时间和休息休假

工作时间（又称劳动时间），是指法律规定的劳动者在一昼夜和一周内从事生产、劳动或工作的时间。休息休假（又称休息时间），是指劳动者在国家规定的法定工作时间外，不从事生产、劳动或工作而由自己自行支配的时间，包括劳动者每天休息的时数、每周休息的天数、节假日、年休假、探亲假等。

1. 工作时间

《劳动法》第三十六条、第三十八条规定，国家实行劳动者每日工作时间不超过 8 小时、平均每周工作时间不超过 44 小时的工时制度。用人单位应当保证劳动者每周至少休息 1 日。《劳动法》还规定，企业因生产特点不能实行本法第三十六条、第三十八条规定的，经劳动行政部门批准，可以实行其他工作和休息办法。

（1）缩短工日

1995 年 3 月经修改后颁布的《国务院关于职工工作时间的规定》中规定，在特殊条件下从事劳动和有特殊情况需要适当缩短工作时间的，按照国家有关规定执行。目前，我国实行缩短工作时间的主要是从事矿山、高山、有毒、有害、特别繁重和过度紧张的体力劳动职工，以及纺织、化工、建筑冶炼、地质勘探、森林采伐、装卸搬运等行业或岗位的职工；从事夜班工作的劳动者；在哺乳期工作的女职工；16～18 岁的未成年劳动者等。

（2）不定时工作日

1994 年 12 月劳动部发布的《关于企业实行不定时工作制和综合计算工时工作制的审批办法》中规定，企业对符合下列条件之一的职工，可以实行不定时工作制：

1）企业中的高级管理人员、外勤人员、推销人员、部分值班人员和其他因工作无法按标准工作时间衡量的职工；

2）企业中的长途运输人员、出租汽车司机和铁路、港口、仓库的部分装卸人员以及因工作性质特殊，需机动作业的职工；

3）其他因生产特点、工作特殊需要或职责范围的关系，适合实行不定时工作制的职工。

（3）综合计算工作日

综合计算工作日，即分别以周、月、季、年等为周期综合计算工作时间，但其平均日工作时间和平均周工作时间应与法定标准工作时间基本相同。按规定，企业对交通、铁路等行业中因工作性质特殊需连续作业的职工，地质及资源勘探、建筑等受季节和自然条件限制的行业的部分职工等，可实行综合计算工作日。

（4）计件工作时间

对实行计件工作的劳动者，用人单位应当根据《劳动法》第三十六条规定的工时制度合理确定其劳动定额和计件报酬标准。

2. 休息休假

（1）休息休假节日

根据《劳动法》的相关规定，劳动者休息休假的节日参照表 9-1。

劳动者休息休假的节日参照表 表 9-1

人群	假期
全体公民	元旦、春节、国际劳动节、国庆节、清明节、端午节、中秋节
部分公民	妇女节、青年节、儿童节、中国人民解放军建军纪念日

（2）延长工作时间

用人单位由于生产经营需要，经与工会和劳动者协商可以延长工作时间，一般每日不得超过 1 小时；因特殊原因需要延长工作时间的，在保障劳动者身体健康的条件下延长工作时间每日不得超过 3 小时，每月不得超过 36 小时。在发生自然灾害、事故等需要紧急处理，或者生产设备、交通运输线路、公共设施发生故障必须及时抢修等法律、行政法规规定的特殊情况的，延长工作时间不受上述限制。

用人单位应当按照下列标准支付高于劳动者正常工作时间工资的工资报酬：

1）安排劳动者延长工作时间的，支付不低于工资的 150％ 的工资报酬；

2）休息日安排劳动者工作又不能安排补休的，支付不低于工资的 200％ 的工资报酬；

3）法定休假日安排劳动者工作的，支付不低于 300％ 的工资报酬。

9.1.2 劳动者的工资

工资是指用人单位根据国家相关规定和劳动关系双方的约定，以货币的形式支付劳动者的报酬。对于劳动者的工资，有以下规定：

（1）工资分配应当遵循按劳分配的原则，实行同工同酬

用人单位根据本单位的生产经营特点和经济效益，依法自主确定本单位的工资分配方式和工资水平。工资应当以货币形式按月支付给劳动者本人，不得克扣或者无故拖欠劳动者的工资。劳动者在法定休假日和婚丧假期间以及依法参加社会活动期间，用人单位应当依法支付工资。

在我国，企业、机关（包括社会团体）、事业单位实行不同的基本工资制度。企业基本工资制度主要有等级工资制、岗位技能工资制、岗位工资制、结构工资制、经营者年薪制等。

（2）最低工资保障制度

最低工资标准，是指劳动者在法定工作时间或依法签订的劳动合同约定的工作时间内提供了正常劳动的前提下，用人单位依法应支付的最低劳动报酬。所谓正常劳动，是指劳动者按依法签订的劳动合同约定，在法定工作时间或劳动合同约定的工作时间内从事的劳动。劳动者依法享受带薪年休假、探亲假、婚丧假、生育（产）假、节育手术假等国家规定的假期间，以及法定工作时间内依法参加社会活动期间，视为提供了正常劳动。

最低工资的具体标准由省、自治区、直辖市人民政府规定，报国务院备案。用人单位支付劳动者的工资不得低于当地最低工资标准。

根据 2004 年 1 月劳动和社会保障部颁布的《最低工资规定》，在劳动者提供正常劳动的情

况下，用人单位应支付给劳动者的工资在剔除下列各项以后，不得低于当地最低工资标准：

1）延长工作时间工资；

2）中班、夜班、高温、低温、井下、有毒有害等特殊工作环境、条件下的津贴；

3）法律、法规和国家规定的劳动者福利待遇等。

实行计件工资或提成工资等工资形式的用人单位，在科学合理的劳动定额基础上，其支付劳动者的工资不得低于相应的最低工资标准。

（3）全面规范企业工资支付行为

1）明确工资支付各方主体责任

2020年1月颁布的《保障农民工工资支付条例》规定，明确工资支付各方主体责任。在工程建设领域，施工总承包企业（包括直接承包建设单位发包工程的专业承包企业）对所承包工程项目的农民工工资支付负总责，分包企业（包括承包施工总承包企业发包工程的专业企业）对所招用农民工的工资支付负直接责任，不得以工程款未到位等为由克扣或拖欠农民工工资，不得将合同应收工程款等经营风险转嫁给农民工。

2）推动各类企业委托银行代发农民工工资

在工程建设领域，鼓励实行分包企业农民工工资委托施工总承包企业直接代发的办法。分包企业负责为招用的农民工申办银行个人工资账户并办理实名制工资支付银行卡，按月考核农民工工作量并编制工资支付表，经农民工本人签字确认后，交施工总承包企业委托银行通过其设立的农民工工资（劳务费）专用账户直接将工资划入农民工个人工资账户。

3）完善工资保证金制度

在建筑市政、交通、水利等工程建设领域全面实行工资保证金制度，逐步将实施范围扩大到其他易发生拖欠工资的行业。建立工资保证金差异化缴存办法，对一定时期内未发生工资拖欠的企业实行减免措施、发生工资拖欠的企业适当提高缴存比例。严格规范工资保证金动用和退还办法，探索推行业主担保、银行保函等第三方担保制度，积极引入商业保险机制，保障农民工工资支付。

4）建立健全农民工工资（劳务费）专用账户管理制度

在工程建设领域，实行人工费用与其他工程款分账管理制度，推动农民工工资与工程材料款等相分离。施工总承包企业应分解工程价款中的人工费用，在工程项目所在地银行开设农民工工资（劳务费）专用账户，专项用于支付农民工工资。建设单位应按照工程承包合同约定的比例或施工总承包企业提供的人工费用数额，将应付工程款中的人工费单独拨付到施工总承包企业开设的农民工工资（劳务费）专用账户。农民工工资（劳务费）专用账户应向人力资源和社会保障部门和交通、水利等工程建设项目主管部门备案，并委托开户银行负责日常监管，确保专款专用。

5）落实清偿欠薪责任

招用农民工的企业承担直接清偿拖欠农民工工资的主体责任。在工程建设领域，建设单位或施工总承包企业未按合同约定及时划拨工程款，致使分包企业拖欠农民工工资的，由建设单位或施工总承包企业以未结清的工程款为限先行垫付农民工工资。建设单位或施工总承包企业将工程违法发包、转包或违法分包致使拖欠农民工工资的，由建设单位或施工总承包企业依法承担清偿责任。

9.1.3 劳动安全卫生制度

《劳动法》对于劳动安全卫生制度有以下规定：

（1）用人单位必须建立、健全劳动安全卫生制度，严格执行国家劳动安全卫生规程和标准，对劳动者进行劳动安全卫生教育，防止劳动过程中的事故，减少职业危害。

（2）劳动安全卫生设施必须符合国家规定的标准。新建、改建、扩建工程的劳动安全卫生设施必须与主体工程同时设计、同时施工、同时投入生产和使用。

（3）用人单位必须为劳动者提供符合国家规定的劳动安全卫生条件和必要的劳动防护用品，对从事有职业危害作业的劳动者应当定期进行健康检查。

（4）从事特种作业的劳动者必须经过专门培训并取得特种作业资格。

（5）劳动者在劳动过程中必须严格遵守安全操作规程。劳动者对用人单位管理人员违章指挥、强令冒险作业，有权拒绝执行；对危害生命安全和身体健康的行为，有权提出批评、检举和控告。

（6）国家建立伤亡事故和职业病统计报告和处理制度。县级以上各级人民政府劳动行政部门、有关部门和用人单位应当依法对劳动者在劳动过程中发生的伤亡事故和劳动者的职业病状况，进行统计、报告和处理。

9.1.4 女职工和未成年工的特殊保护

1. 女职工特殊保护

（1）禁止重体力

禁止安排女职工从事矿山井下、国家规定的第四级体力劳动强度的劳动和其他禁忌从事的劳动。

（2）经期保护

不得安排女职工在经期从事高处、低温、冷水作业和国家规定的第三级体力劳动强度的劳动。

（3）孕期保护

不得安排女职工在怀孕期间从事国家规定的第三级体力劳动强度的劳动和孕期禁忌从事的劳动；对于怀孕 7 个月以上的女职工，不得安排其延长工作时间和夜班劳动。

（4）产假待遇

女职工生育享受 98 天产假，其中产前可以休假 15 天；难产的，增加产假 15 天；生育多胞胎的，每多生育 1 个婴儿，增加产假 15 天。女职工怀孕未满 4 个月流产的，享受 15 天产假；怀孕满 4 个月流产的，享受 42 天产假。

（5）哺乳期保护

不得安排女职工在哺乳未满一周岁的婴儿期间从事国家规定的第三级体力劳动和哺乳期禁忌的劳动，不得延长工作时间和上夜班。

2. 未成年工特殊保护

未成年工是指年满 16 周岁未满 18 周岁的劳动者。未成年工的特殊保护主要包括：

（1）不得安排从事矿山井下、有毒有害、国家规定的第四级体力劳动强度和其他禁忌从事的劳动。

（2）用人单位应对未成年工定期进行健康检查。

9.1.5 劳动者的社会保险

《中华人民共和国社会保险法》（以下简称《社会保险法》）于 2010 年 10 月颁布，根据 2018 年 12 月 29 日第十三届全国人民代表大会常务委员会第七次会议《关于修改〈中华人民共和国社会保险法〉的决定》修正。

《社会保险法》规定，国家建立基本养老保险、基本医疗保险、工伤保险、失业保险、生育保险等社会保险制度，保障公民在年老、疾病、工伤、失业、生育等情况下依法从国家和社会获得物质帮助的权利。

1. 基本养老保险

职工应当参加基本养老保险，由用人单位和职工共同缴纳基本养老保险费。用人单位应当按照国家规定的本单位职工工资总额的比例缴纳基本养老保险费，记入基本养老保险统筹基金。职工应当按照国家规定的本人工资的比例缴纳基本养老保险费，记入个人账户。

（1）基本养老金的组成

基本养老金由统筹养老金和个人账户养老金组成。基本养老金根据个人累计缴费年限、缴费工资、当地职工平均工资、个人账户金额、城镇人口平均预期寿命等因素确定。

（2）基本养老金的领取

参加基本养老保险的个人，达到法定退休年龄时累计缴费满 15 年的，按月领取基本养老金。参加基本养老保险的个人，达到法定退休年龄时累计缴费不足 15 年的，可以缴费至满 15 年，按月领取基本养老金；也可以转入新型农村社会养老保险或者城镇居民社会养老保险，按照国务院规定享受相应的养老保险待遇。

参加基本养老保险的个人，因病或者非因工死亡的，其遗属可以领取丧葬补助金和抚恤金；在未达到法定退休年龄时因病或者非因工致残完全丧失劳动能力的，可以领取病残津贴。所需资金从基本养老保险基金中支付。

个人跨统筹地区就业的，其基本养老保险关系随本人转移，缴费年限累计计算。个人达到法定退休年龄时，基本养老金分段计算、统一支付。

2. 基本医疗保险

职工应当参加职工基本医疗保险，由用人单位和职工按照国家规定共同缴纳基本医疗保险费。医疗机构应当为参保人员提供合理、必要的医疗服务。

参加职工基本医疗保险的个人，达到法定退休年龄时累计缴费达到国家规定年限的，退休后不再缴纳基本医疗保险费，按照国家规定享受基本医疗保险待遇；未达到国家规定年限的，可以缴费至国家规定年限。

3. 工伤保险

《工伤保险条例》第二条规定，中华人民共和国境内的企业、事业单位、社会团体、民办非企业单位、基金会、律师事务所、会计师事务所等组织和有雇工的个体工商户应当依照本条例规定参加工伤保险，为本单位全部职工或者雇工缴纳工伤保险费。

中华人民共和国境内的企业、事业单位、社会团体、民办非企业单位、基金会、律师事务所、会计师事务所等组织的职工和个体工商户的雇工，均有依照《工伤保险条例》的规定享受工伤保险待遇的权利。

工伤保险基金由用人单位缴纳的工伤保险费、工伤保险基金的利息和依法纳入工伤保险基金的其他资金构成。工伤保险费根据以支定收、收支平衡的原则，确定费率。国家根据不同行业的工伤风险程度确定行业的差别费率，并根据工伤保险费使用、工伤发生率等情况在每个行业内确定若干费率档次。

用人单位应当按时缴纳工伤保险费。职工个人不缴纳工伤保险费。用人单位缴纳工伤保险费的数额为本单位职工工资总额乘以单位缴费费率之积。跨地区、生产流动性较大的行业，可以采取相对集中的方式异地参加统筹地区的工伤保险。

工伤保险基金存入社会保障基金财政专户，用于《工伤保险条例》规定的工伤保险待遇，劳动能力鉴定，工伤预防的宣传、培训等费用，以及法律、法规规定的用于工伤保险的其他费用的支付。任何单位或者个人不得将工伤保险基金用于投资运营、兴建或者改建办公场所、发放奖金，或者挪作其他用途。

2014 年 12 月人力资源和社会保障部、住房和城乡建设部、安全监督管理总局、全国总工会颁发的《关于进一步做好建筑业工伤保险工作的意见》提出，针对建筑行业的特点，建筑施工企业对相对固定的职工，应按用人单位参加工伤保险；对不能按用人单位参保、建筑项目使用的建筑业职工特别是农民工，按项目参加工伤保险。

按用人单位参保的建筑施工企业应以工资总额为基数依法缴纳工伤保险费。以建设项目为单位参保的，可以按照项目工程总造价的一定比例计算缴纳工伤保险费。要充分运用工伤保险浮动费率机制，根据各建筑企业工伤事故发生率、工伤保险基金使用等情况适时适当调整费率，促进企业加强安全生产，预防和减少工伤事故。

职工发生工伤事故，应当由其所在用人单位在 30 日内提出工伤认定申请，施工总承包单位应当密切配合并提供参保证明等相关材料。用人单位未在规定时限内提出工伤认定申请的，职工本人或其近亲属、工会组织可以在 1 年内提出工伤认定申请，经社会保险行政部门调查确认工伤的，在此期间发生的工伤待遇等有关费用由其所在用人单位负担。对于事实清楚、权利义务关系明确的工伤认定申请，应当自受理工伤认定申请之日起 15 日内作出工伤认定决定。

4. 失业保险

《社会保险法》第四十四条规定，职工应当参加失业保险，由用人单位和职工按照国家规定共同缴纳失业保险费。职工跨统筹地区就业的，其失业保险关系随本人转移，缴费年限累计计算。

（1）失业保险金的领取

失业人员符合下列条件的，从失业保险基金中领取失业保险金：

1）失业前用人单位和本人已经缴纳失业保险费满 1 年的；

2）非因本人意愿中断就业的；

3）已经进行失业登记，并有求职要求的。

失业保险领取期限：

1）失业人员失业前用人单位和本人累计缴费满 1 年不足 5 年的，领取失业保险金的期限最长为 12 个月；

2）累计缴费满 5 年不足 10 年的，领取失业保险金的期限最长为 18 个月；

3）累计缴费 10 年以上的，领取失业保险金的期限最长为 24 个月；

4）重新就业后，再次失业的，缴费时间重新计算，领取失业保险金的期限与前次失业应当领取而尚未领取的失业保险金的期限合并计算，最长不超过 24 个月。

失业保险金的标准，由省、自治区、直辖市人民政府确定，但不得低于城市居民最低生活保障标准。

（2）办理领取失业保险金的程序

用人单位应当及时为失业人员出具终止或者解除劳动关系的证明，并将失业人员的名单自终止或者解除劳动关系之日起 15 日内告知社会保险经办机构。

失业人员应当持本单位为其出具的终止或者解除劳动关系的证明，及时到指定的公共就业服务机构办理失业登记。失业人员凭失业登记证明和个人身份证明，到社会保险经办机构办理领取失业保险金的手续。失业保险金领取期限自办理失业登记之日起计算。

（3）停止享受失业保险待遇的规定

失业人员在领取失业保险金期间有下列情形之一的，停止领取失业保险金，并同时停止享受其他失业保险待遇：

1）重新就业的；

2）应征服兵役的；

3）移居境外的；

4）享受基本养老保险待遇的；

5）无正当理由，拒不接受当地人民政府指定部门或者机构介绍的适当工作或者提供的培训的。

5. 生育保险

《社会保险法》第五十三条、第五十四条规定，职工应当参加生育保险，由用人单位按照国家规定缴纳生育保险费，职工不缴纳生育保险费。用人单位已经缴纳生育保险费的，其职工享受生育保险待遇；职工未就业配偶按照国家规定享受生育医疗费用待遇。所需资金从生育保险基金中支付。

9.2　土地管理法

为了加强土地管理，维护土地的社会主义公有制，保护、开发土地资源，合理利用土地，切实保护耕地，促进社会经济的可持续发展，根据宪法制定了《中华人民共和国土地管理法》（以下简称《土地管理法》）。

该法于 1986 年 6 月 25 日第六届全国人民代表大会常务委员会第十六次会议通过，在 1988 年 12 月 29 日第七届全国人民代表大会常务委员会第五次会议进行了第一次修正，在 2004 年 8 月 28 日第十届全国人民代表大会常务委员会第十一次会议通过《全国人民代表大会常务委员会关于修改〈中华人民共和国土地管理法〉的决定》进行了第二次修正，根据 2019 年 8 月 26 日第十三届全国人民代表大会常务委员会第十二次会议《关于修改〈中华人民共和国土地管理法〉、〈中华人民共和国城市房地产管理法〉的决定》进行了第三次修正。

《土地管理法实施条例》是根据《土地管理法》制定的条例，明确指出国家依法实行土地登记发证制度。依法登记的土地所有权和土地使用权受法律保护，任何单位和个人不得侵犯。该条例于 2011 年 1 月 8 日进行了第一次修正，2014 年 7 月 29 日进行了第二次修正，2021 年 7 月 2 日进行了第三次修正。

9.2.1 立法宗旨

《土地管理法》立法目的主要体现在以下方面：

（1）维护土地的社会主义公有制

我国实行土地的社会主义公有制，即全民所有制和劳动群众集体所有制。土地公有制是我国土地制度的基础和核心，是社会主义制度的基本特征。在实行市场经济的条件下，土地公有制和土地市场化并容，以土地所有权和使用权分离实现土地的商品性。

（2）保护、开发土地资源，合理利用土地

土地作为宝贵的自然资源，是人类生存和生活的基本生活资料。随着我国人口的增长和经济的发展，土地数量的有限性和土地需求的无限增长性之间的矛盾日益突出。因此，有效地保护土地资源，合理利用土地是制定《土地管理法》的一项重要任务。

（3）切实保护耕地

耕地是农业最基本的生产资料。我国是一个人口众多的农业大国，但是人均耕地数量少，耕地的后备资源不足，为了稳固农业基础，必须切实保护耕地，这是由我国的基本国情所决定的。

（4）促进社会经济的可持续发展

当前，走可持续发展的道路已经成为世界各国的共同选择。土地作为一种自然资源，它的存在是非人力所能创造的，土地本身的不可移动性、地域性、整体性、有限性是固有的，人类对它的依赖和永续利用程度的增加也是不可逆转的。因此，通过立法强化土地管理，保证对土地的永续利用，以促进社会经济的可持续发展也是制定《土地管理法》的一项重要任务。

（5）对土地依法管理

根据依法治国、建设社会主义法治国家的治国方略，使土地管理规范化、制度化，纳入法制轨道，依法得到加强。

9.2.2 基本制度

1. 土地基本制度

中华人民共和国实行土地的社会主义公有制，即全民所有制和劳动群众集体所有制。

2. 土地基本国策

十分珍惜、合理利用土地和切实保护耕地是我国的基本国策。各级人民政府应当采取措施，全面规划，严格管理，保护、开发土地资源，制止非法占用土地的行为。

3. 土地用途管制制度

它的核心是由国家根据社会的需要，编制土地利用总体规划，规定土地用途，控制和引导土地的使用方向，严格限制农用地转为建设用地，特别重视耕地保护，合理配置土地资源，提高土地利用效率。

9.2.3 土地所有权和使用权

1. 土地所有权

土地所有权是由土地所有制决定的，我国实行土地的社会主义公有制，即全民所有制和劳动群众集体所有制，从而在土地所有权方面，确立了国有土地和农民集体所有的土地这两种所有权。国务院代表国家行使国有土地的所有权，农民集体所有的土地由村集体经济组织或者村民委员会经营、管理。

（1）国有土地

1）城市市区的土地；

2）农村和城市郊区中依法没收、征收、征购、收归国有的土地（依法划定或者确定为集体所有的除外）；

3）国家依法征收的土地；

4）依法不属于集体所有的林地、草地、荒地、滩涂及其他土地；

5）农村集体组织全部成员转为城镇居民的，原属于其成员集体所有的土地；

6）因国家组织移民、自然灾害等原因，农民成建制地集体迁移后不再使用的原属于迁移农民的集体所有的土地。

（2）农民集体所有土地

1）农村和城市郊区的土地，除法律规定属于国家所有的以外；

2）基地和自留地、自留山。

2．土地使用权

土地使用权是指土地使用者在法律规定的范围内对所使用的土地有占有、使用和收益的权利。这种权利的产生是以土地具有使用价值为基础，同时又具有某些商品属性。

在《土地管理法》中，对土地使用权作出了多项规定，主要有：

（1）土地使用权可以依法转让

这使土地使用权从土地所有权中相对分离出来，是一项独立的权利。

（2）国家依法实行国有土地有偿使用制度

国有土地和农民集体所有的土地，可以依法确定给单位或者个人使用。这些法律规定表明，土地使用权可以有偿取得，单位和个人都可以取得土地使用权，土地使用权的取得必须具有合法性，非法使用土地不能形成土地使用权。

未确定使用权的国有土地，由县级以上人民政府登记造册，负责保护管理。

（3）土地使用权的确认

农民集体所有的土地依法用于非农业建设的，由县级人民政府登记造册，核发证书，确认建设用地使用权；单位和个人依法使用的国有土地，由县级以上人民政府登记造册，核发证书，确认使用权。中央国家机关使用的国有土地的具体登记发证机关，由国务院确定。

9.2.4　土地利用总体规划

土地利用总体规划是指在一定区域内，各级人民政府依据国家社会经济可持续发展的要求和当地自然、经济、社会条件，对土地的开发、利用、治理、保护在空间上、时间上所作的总体安排和布局，是国家实行土地用途管制的基础。土地利用总体规划是指在各级行政区域内，根据土地资源特点、社会发展规划要求和土地供给能力以及各项建设对土地的需求，而编制的在一段时期内的土地利用总体规划。

1．规划期限

土地利用总体规划的规划期限由国务院规定。

2. 土地利用总体规划编制原则

（1）落实国土空间开发保护要求，严格土地用途管制；

（2）严格保护永久基本农田，严格控制非农业建设占用农用地；

（3）提高土地节约集约利用水平；

（4）统筹安排城乡生产、生活、生态用地，满足乡村产业和基础设施用地合理需求，促进城乡融合发展；

（5）保护和改善生态环境，保障土地的可持续利用；

（6）占用耕地与开发复垦耕地数量平衡、质量相当。

3. 土地利用总体规划审批

我国土地利用总体规划实行分级审批，其一经批准，必须严格执行。各级土地利用总体规划批准单位见表 9-2。

各级土地利用总体规划批准单位表　　　　　　　表 9-2

序号	名称	批准单位
1	省、自治区、直辖市的土地利用总体规划	国务院
2	省、自治区人民政府所在地的市、人口在一百万以上的城市的土地利用总体规划	国务院
3	国务院指定的城市的土地利用总体规划	国务院
4	乡（镇）土地利用总体规划	省级人民政府授权的设区的市、自治州人民政府
5	其他总体规划	逐级上报省、自治区、直辖市人民政府批准

4. 土地利用年度计划

土地利用年度计划是独立编制的分阶段实施土地利用总体规划的一种安排。《土地管理法》对有关事项作出了规定，主要有：

（1）土地利用年度计划，根据国民经济和社会发展计划、国家产业政策、土地利用总体规划以及建设用地和土地利用的实际状况编制；

（2）编制审批程序与土地利用总体规划的相同，这样规定就是要使两者紧密衔接，土地利用年度计划紧扣总体规划；

（3）土地利用年度计划是有权威的，一经审批下达就必须严格执行，作为具体建设项目用地审批的依据；

（4）省、自治区、直辖市人民政府要向同级人民代表大会报告土地利用年度计划的执行情况，接受同级人大的监督。

9.2.5　耕地保护

耕地保护是《土地管理法》中的重要内容，我国为保护耕地，严格控制耕地转为非耕地，采取耕地补偿制度和基本农田保护制度。

1. 耕地补偿制度

（1）非农业建设经批准占用耕地的，按照"占多少，垦多少"的原则，由占用耕地的单位负责开垦与所占用耕地的数量和质量相当的耕地。

（2）没有条件开垦或者开垦的耕地不符合要求的，应当按照省、自治区、直辖市的规定缴纳耕地开垦费，专款用于开垦新的耕地。

（3）禁止单位和个人在土地利用总体规划确定的禁止开垦区内从事土地开发活动。

（4）在土地利用总体规划确定的土地开垦区内，开发未确定土地使用权的国有荒山、荒地、荒滩从事种植业、林业、畜牧业、渔业生产的，应当向土地所在地的县级以上人民政府自然资源主管部门提出申请，报有批准权的人民政府批准。

（5）一次性开发未确定土地使用权的国有荒山、荒地、荒滩600公顷以下的，按照省、自治区、直辖市规定的权限，由县级以上地方人民政府批准；开发600公顷以上的，报国务院批准。

（6）开发未确定土地使用权的国有荒山、荒地、荒滩从事种植业、林业、畜牧业或者渔业生产的，经县级以上人民政府依法批准，可以确定给开发单位或者个人长期使用，使用期限最长不得超过50年。

（7）地方各级人民政府应当采取措施，按照土地利用总体规划推进土地整理。土地整理新增耕地面积的60%可以用作折抵建设占用耕地的补偿指标。

2. 基本农田保护制度

（1）各级人民政府应当采取措施，维护排灌工程设施，改良土壤，提高地力，防止土地荒漠化、盐渍化、水土流失和污染土地。

（2）非农业建设必须节约使用土地，可以利用荒地的，不得占用耕地；可以利用劣地的，不得占用好地。

（3）禁止占用耕地建窑、建坟或者擅自在耕地上建房、挖砂、采石、采矿、取土等。

（4）禁止占用基本农田发展林果业和挖塘养鱼。

9.2.6　建设用地

1. 建设用地申请

任何单位和个人进行建设，需要使用土地的，必须依法申请使用国有土地；但是，兴办乡镇企业和村民建设住宅经依法批准使用本集体经济组织农民集体所有的土地的，或者乡（镇）村公共设施和公益事业建设经依法批准使用农民集体所有的土地的除外。

建设占用土地，涉及农用地转为建设用地的，应当符合土地利用总体规划和土地利用年度计划中确定的农用地转用指标；城市和村庄、集镇建设占用土地，涉及农用地转用的，还应当符合城市规划和村庄、集镇规划。不符合规定的，不得批准农用地转为建设用地。

具体建设项目需要使用土地的，建设单位应当根据建设项目的总体设计一次申请，办理建设用地审批手续；分期建设的项目，可以根据可行性研究报告确定的方案分期申请建设用地，分期办理建设用地有关审批手续。

2. 建设用地审批

（1）在土地利用总体规划确定的城市建设用地范围内，为实施城市规划占用土地的，按照以下规定办理：

1）市、县人民政府按照土地利用年度计划拟订农用地转用方案、补充耕地方案、征收土地方案，分批次逐级上报有批准权的人民政府。

2）有批准权的人民政府自然资源主管部门对农用地转用方案、补充耕地方案、征收土地方案进行审查，提出审查意见，报有批准权的人民政府批准；其中，补充耕地方案由批准农用地转用方案的人民政府在批准农用地转用方案时一并批准。

3）农用地转用方案、补充耕地方案、征收土地方案经批准后，由市、县人民政府组织实施，按具体建设项目分别供地。

在土地利用总体规划确定的村庄、集镇建设用地范围内，为实施村庄、集镇规划占用土地的，由市、县人民政府拟订农用地转用方案、补充耕地方案，依照上述规定的程序办理。

（2）具体建设项目需要占用土地利用总体规划确定的城市建设用地范围内的国有建设用地的，按照下列规定办理：

1）建设项目可行性研究论证时，由自然资源主管部门对建设项目用地有关事项进行审查，提出建设项目用地预审报告；可行性研究报告报批时，必须附具自然资源主管部门出具的建设项目用地预审报告。

2）建设单位持建设项目的有关批准文件，向市、县人民政府土地行政主管部门提出建设用地申请，由市、县人民政府自然资源主管部门审查，拟订供地方案，报市、县人民政府批准；需要上级人民政府批准的，应当报上级人民政府批准。

3）供地方案经批准后，由市、县人民政府向建设单位颁发建设用地批准书。有偿使用国有土地的，由市、县人民政府自然资源主管部门与土地使用者签订国有土地有偿使用合同；划拨使用国有土地的，由市、县人民政府自然资源主管部门向土地使用者核发国有土地划拨决定书。

4）土地使用者应当依法申请土地登记。通过招标、拍卖方式提供国有建设用地使用权的，由市、县人民政府自然资源主管部门会同有关部门拟订方案，报市、县人民政府批准后，由市、县人民政府自然资源主管部门组织实施，并与土地使用者签订土地有偿使用合同。土地使用者应当依法申请土地登记。

（3）具体建设项目需要使用土地的，必须依法申请使用土地利用总体规划确定的城市建设用地范围内的国有建设用地。能源、交通、水利、矿山、军事设施等建设项目确需使用土地利用总体规划确定的城市建设用地范围外的土地，涉及农用地的，按照下列规定办理：

1）建设项目可行性研究论证时，由自然资源主管部门对建设项目用地有关事项进行审查，提出建设项目用地预审报告；可行性研究报告报批时，必须附具自然资源主管部门出具的建设项目用地预审报告。

2）建设单位持建设项目的有关批准文件，向市、县人民政府自然资源主管部门提出建设用地申请，由市、县人民政府自然资源主管部门审查，拟订农用地转用方案、补充耕地方案、征收土地方案和供地方案（涉及国有农用地的，不拟订征收土地方案），经市、县人民政府审核同意后，逐级上报有批准权的人民政府批准；其中，补充耕地方案由批准农用地转用方案的人民政府在批准农用地转用方案时一并批准；供地方案由批准征收土地的人民政府在批准征收土地方案时一并批准（涉及国有农用地的，供地方案由批准农用地转用的人民政府在批准农用地转用方案时一并批准）。

3）农用地转用方案、补充耕地方案、征收土地方案和供地方案经批准后，由市、县人民政府组织实施，向建设单位颁发建设用地批准书。有偿使用国有土地的，由市、县人民政府自然资源主管部门与土地使用者签订国有土地有偿使用合同；划拨使用国有土地的，由市、县人民政府自然资源主管部门向土地使用者核发国有土地划拨决定书。

4）土地使用者应当依法申请土地登记。建设项目确需使用土地利用总体规划确定的城市建设用地范围外的土地，涉及农民集体所有的未利用地的，只报批征收土地方案和供地方案。

3. 征收土地

（1）土地征收批准

征收土地方案经依法批准后，由被征收土地所在地的市、县人民政府组织实施，并将批准征地机关、批准文号、征收土地的用途、范围、面积以及征地补偿标准、农业人员安置办法和办理征地补偿的期限等，在被征收土地所在地的乡（镇）、村予以公告。

被征收土地的所有权人、使用权人应当在公告规定的期限内，持土地权属证书到公告指定的人民政府自然资源主管部门办理征地补偿登记。

市、县人民政府自然资源主管部门根据经批准的征收土地方案，会同有关部门拟订征地补偿、安置方案，在被征收土地所在地的乡（镇）、村予以公告，听取被征收土地的农村集体经济组织和农民的意见。征地补偿、安置方案报市、县人民政府批准后，由市、县人民政府自然资源主管部门组织实施。对补偿标准有争议的，由县级以上地方人民政府协调；协调不成的，由批准征收土地的人民政府裁决。征地补偿、安置争议不影响征收土地方案的实施。

征收以下三类土地需要经过国务院批准，其他土地由省、自治区、直辖市人民政府批准，并报国务院备案。这三类土地是：

1）永久基本农田；

2）永久基本农田以外的耕地超过35公顷的；

3）其他土地超过70公顷的。

（2）土地征收补偿

1）征收土地的，按照被征收土地的原用途给予补偿。

2）土地补偿费归农村集体经济组织所有；地上附着物及青苗补偿费归地上附着物及青苗的所有者所有。

3）征收土地的安置补助费必须专款专用，不得挪作他用。需要安置的人员由农村集体经济组织安置的，安置补助费支付给农村集体经济组织，由农村集体经济组织管理和使用；由其他单位安置的，安置补助费支付给安置单位；不需要统一安置的，安置补助费发放给被安置人员个人或者征得被安置人员同意后用于支付被安置人员的保险费用。

4）市、县和乡（镇）人民政府应当加强对安置补助费使用情况的监督。

5）征收土地的各项费用应当自征地补偿、安置方案批准之日起3个月内全额支付。

（3）土地划拨

下列建设用地，经县级以上人民政府依法批准，不需经过有偿方式取得，可以以划拨方式取得：

1）国家机关用地和军事用地；

2）城市基础设施用地和公益事业用地；

3）国家重点扶持的能源、交通、水利等基础设施用地；

4）法律、行政法规规定的其他用地。

4. 法律责任

违反《土地管理法》和《土地管理法实施条例》相关条款，应当承担相应的法律责任，见表9-3。

违反土地管理法的法律责任 表9-3

序号	违法行为	法律责任
1	买卖或者以其他形式非法转让土地的	由县级以上人民政府自然资源主管部门没收违法所得，并处以罚款，罚款额为非法所得的50%以下
2	对违反土地利用总体规划擅自将农用地改为建设用地的	限期拆除在非法转让的土地上新建的建筑物和其他设施，恢复土地原状，对符合土地利用总体规划的，没收在非法转让的土地上新建的建筑物和其他设施，并处以罚款，罚款额为非法所得的50%以下
3	占用耕地建窑、建坟或者擅自在耕地上建房、挖砂、采石、采矿、取土等，破坏种植条件的，或者因开发土地造成土地荒漠化、盐渍化的	由县级以上人民政府自然资源主管部门、农业农村主管部门等按照职责责令限期改正或者治理，可以并处罚款，罚款额为耕地开垦费的2倍以下；构成犯罪的，依法追究刑事责任
4	拒不履行土地复垦义务的	由县级以上人民政府自然资源主管部门责令限期改正；逾期不改正的，责令缴纳复垦费，专项用于土地复垦，可以处以罚款，罚款额为土地复垦费的2倍以下
5	未经批准或者采取欺骗手段骗取批准，非法占用土地的，由县级以上人民政府自然资源主管部门责令退还非法占用的土地，对违反土地利用总体规划擅自将农用地改为建设用地的	限期拆除在非法占用的土地上新建的建筑物和其他设施，恢复土地原状，对符合土地利用总体规划的，没收在非法占用的土地上新建的建筑物和其他设施，可以并处罚款，罚款额为非法占用土地每平方米30元以下；对非法占用土地单位的直接负责的主管人员和其他直接责任人员，依法给予行政处分；构成犯罪的，依法追究刑事责任
6	农村村民未经批准或者采取欺骗手段骗取批准，非法占用土地建住宅的	由县级以上人民政府自然资源主管部门责令退还非法占用的土地，限期拆除在非法占用的土地上新建的房屋
7	无权批准征收、使用土地的单位或者个人非法批准占用土地的，超越批准权限非法批准占用土地的，不按照土地利用总体规划确定的用途批准用地的，或者违反法律规定的程序批准占用、征收土地的	批准文件无效，对非法批准征收、使用土地的直接负责的主管人员和其他直接责任人员，依法给予行政处分；构成犯罪的，依法追究刑事责任。非法批准、使用的土地应当收回，有关当事人拒不归还的，以非法占用土地论处
8	侵占、挪用被征收土地单位的征地补偿费用和其他有关费用	构成犯罪的，依法追究刑事责任；尚不构成犯罪的，依法给予行政处分
9	依法收回国有土地使用权当事人拒不交出土地的，临时使用土地期满拒不归还的，或者不按照批准的用途使用国有土地的	由县级以上人民政府自然资源主管部门责令交还土地，处以罚款，罚款额为非法占用土地每平方米10元以上30元以下
10	擅自将农民集体所有的土地的使用权出让、转让或者出租用于非农业建设的	由县级以上人民政府自然资源主管部门责令限期改正，没收违法所得，并处罚款，罚款额为非法所得的5%以上20%以下
11	自然资源主管部门、农业农村主管部门的工作人员玩忽职守、滥用职权、徇私舞弊	构成犯罪的，依法追究刑事责任；尚不构成犯罪的，依法给予行政处分

9.3　城乡规划法

城乡规划是一项全局性、综合性、战略性的工作，涉及政治、经济、文化和社会生活等各个领域。为了加强城乡规划管理，协调城乡空间布局，改善人居环境，促进城乡经济社会全面协调可持续发展，制定《中华人民共和国城乡规划法》。该法由第十届全国人民代表大会常务委员会第三十次会议于 2007 年 10 月 28 日通过，自 2008 年 1 月 1 日起施行。

2015 年 4 月 24 日，第十二届全国人民代表大会常务委员会第十四次会议通过对《中华人民共和国城乡规划法》作出的第一次修正；2019 年 4 月 23 日，第十三届全国人民代表大会常务委员会第十次会议《关于修改〈中华人民共和国建筑法〉等八部法律的规定》对其进行了第二次修正。

9.3.1　城乡规划的制定

城乡规划，包括城镇体系规划、城市规划、镇规划、乡规划和村庄规划。城市总体规划、镇总体规划以及乡规划和村庄规划的编制，应当依据国民经济和社会发展规划，并与土地利用总体规划相衔接。

1. 城镇体系规划

城镇体系规划是指一定地域范围内，以区域生产力合理布局和城镇职能分工为依据，确定不同人口规模等级和职能分工的城镇的分布和发展规划。规划期限一般为 20 年。关于城镇体系规划，规定如下：

（1）国务院城乡规划主管部门会同国务院有关部门组织编制全国城镇体系规划，用于指导省域城镇体系规划、城市总体规划的编制。

（2）全国城镇体系规划由国务院城乡规划主管部门报国务院审批。

（3）省、自治区人民政府组织编制省域城镇体系规划，报国务院审批。

2. 城市规划

城市规划是为了实现一定时期内城市的经济和社会发展目标，确定城市性质、规模和发展方向，合理利用城市土地，协调城市空间布局和各项建设所作的综合部署和具体安排。城市规划是建设城市和管理城市的基本依据，在确保城市空间资源有效配置和土地合理利用的基础上，实现城市经济和社会发展目标。

城市规划主要内容包括城市的发展布局，功能分区，用地布局，综合交通体系，禁止、限制和适宜建设的地域范围，各类专项规划等。

由城市人民政府组织编制城市总体规划。直辖市的城市总体规划由直辖市人民政府报国务院审批。省、自治区人民政府所在地的城市以及国务院确定的城市的总体规划，由省、自治区人民政府审查同意后，报国务院审批。其他城市的总体规划，由城市人民政府报省、自治区人民政府审批。

3. 镇规划

镇规划分为总体规划和详细规划，其中详细规划又分为控制性详细规划和修建性详细规划。镇人民政府组织编制的镇总体规划，在报上一级人民政府审批前，应当先经镇人民代表大会审议，代表的审议意见交由本级人民政府研究处理。

镇人民政府根据镇总体规划的要求，组织编制镇的控制性详细规划，报上一级人民政府审批。县人民政府所在地镇的控制性详细规划，由县人民政府城乡规划主管部门根据镇总体规划的要求组织编制，经县人民政府批准后，报本级人民代表大会常务委员会和上一级人民政府备案。

城市、县人民政府城乡规划主管部门和镇人民政府可以组织编制重要地块的修建性详细规划。修建性详细规划应当符合控制性详细规划。

4. 乡规划和村庄规划

乡规划、村庄规划应当从农村实际出发，尊重村民意愿，体现地方和农村特色。乡规划、村庄规划的内容应当包括：规划区范围，住宅、道路、供水、排水、供电、垃圾收集、畜禽养殖场所等农村生产、生活服务设施、公益事业等各项建设的用地布局、建设要求，以及对耕地等自然资源和历史文化遗产保护、防灾减灾等的具体安排。乡规划还应当包括本行政区域内的村庄发展布局。

乡、镇人民政府组织编制乡规划、村庄规划，报上一级人民政府审批。村庄规划在报送审批前，应当经村民会议或者村民代表会议讨论同意。

镇、村历史文化保护规划应结合经济、社会和历史背景，全面深入调查历史文化遗产的历史和现状，依据其历史、科学、艺术等价值，确定保护的目标、具体保护的内容和重点，并应划定保护范围：包括核心保护区、风貌控制区、协调发展区三个层次，制定不同范围的保护管制措施。

镇、村历史文化保护规划的主要内容应包括：

(1) 历史空间格局和传统建筑风貌。

(2) 与历史文化密切相关的山体、水系、地形、地物、古树名木等要素。

(3) 反映历史风貌的其他不可移动的历史文物，体现民俗精华、传统庆典活动的场地和固定设施等。

在镇、村历史文化保护范围内应严格保护该地区历史风貌，维护其整体格局及空间尺度，并应制定建筑物、构筑物和环境要素的维修、改善与整治方案，以及重要节点的整治方案。

9.3.2 城乡规划的实施

1. 城乡规划实施遵循的原则

(1) 地方各级人民政府应当根据当地经济社会发展水平，量力而行，尊重群众意愿，有计划、分步骤地组织实施城乡规划。

(2) 城市的建设和发展，应当优先安排基础设施以及公共服务设施的建设，妥善处理新区开发与旧区改建的关系，统筹兼顾进城务工人员生活和周边农村经济社会发展、村民生产与生活的需要。

(3) 镇的建设和发展，应当结合农村经济社会发展和产业结构调整，优先安排供水、排水、供电、供气、道路、通信、广播电视等基础设施和学校、卫生院、文化站、幼儿园、福利院等公共服务设施的建设，为周边农村提供服务。

(4) 乡、村庄的建设和发展，应当因地制宜、节约用地，发挥村民自治组织的作用，引导村民合理进行建设，改善农村生产、生活条件。

（5）城市新区的开发和建设，应当合理确定建设规模和时序，充分利用现有市政基础设施和公共服务设施，严格保护自然资源和生态环境，体现地方特色。

（6）旧城区的改建，应当保护历史文化遗产和传统风貌，合理确定拆迁和建设规模，有计划地对危房集中、基础设施落后等地段进行改建。

（7）城乡建设和发展，应当依法保护和合理利用风景名胜资源，统筹安排风景名胜区及周边乡、镇、村庄的建设。

2. 各项行政许可规定

城乡规划主管部门不得在城乡规划确定的建设用地范围以外作出规划许可。许可证种类包括选址意见书、建设用地规划许可证、建设工程规划许可证和乡村建设规划许可证，各自的许可范围见表 9-4。

许可证的许可范围　　　　　　　　　　　　表 9-4

序号	名称	许可范围
1	选址意见书	国家规定需要有关部门批准或者核准的，以划拨方式提供国有土地使用权的建设项目
2	建设用地规划许可证	在城市、镇规划区内以划拨方式提供国有土地使用权的建设项目；以出让方式取得国有土地使用权的建设项目
3	建设工程规划许可证	在城市、镇规划区内进行建筑物、构筑物、道路、管线和其他工程建设项目
4	乡村建设规划许可证	乡镇企业、乡村公共设施和公益事业建设项目

9.4　施工现场环境保护

2014 年 4 月经修改后公布的《中华人民共和国环境保护法》（以下简称《环境保护法》）规定，排放污染物的企业事业单位和其他生产经营者，应当采取措施，防治在生产建设或者其他活动中产生的废气、废水、废渣、医疗废物、粉尘、恶臭气体、放射性物质以及噪声、振动、光辐射、电磁辐射等对环境的污染和危害。排放污染物的企业事业单位，应当建立环境保护责任制度，明确单位负责人和相关人员的责任。

9.4.1　施工现场噪声污染防治

2021 年公布的《中华人民共和国噪声污染防治法》规定，建设单位应当将噪声污染防治费用列入工程造价，在施工合同中明确施工单位的噪声污染防治责任。

在工程建设领域，环境噪声污染的防治主要包含两个部分：一是施工现场环境污染防治，二是建设项目环境噪声污染防治。

1. 施工现场环境污染防治

（1）环境噪声排放限值

建筑施工场界环境噪声限值，昼间（6：00-22：00）不得超过 70dB（A），夜间（22：00-次日 6：00）不得超过 55dB（A）。夜间噪声最大声级超过限值的幅度不得高于 15dB（A）。

（2）使用机械设备可能产生环境噪声污染的申报

《环境噪声污染防治法》第二十九条规定，在城市市区范围内，建筑施工过程中使用机械设备，可能产生环境噪声污染的，施工单位必须在工程开工 15 日以前向工程所在地县级以上地方人民政府生态环境主管部门申报该工程的项目名称、施工场所和期限、可能产生的环境噪声值以及所采取的环境噪声污染防治措施的情况。

（3）落后设备淘汰制度

国家对环境噪声污染严重的落后设备实行淘汰制度。国务院经济综合主管部门应当会同国务院有关部门公布限期禁止生产、禁止销售、禁止进口的环境噪声污染严重的设备名录。

（4）禁止夜间进行产生环境噪声污染施工作业

《环境噪声污染防治法》第三十条规定，在城市市区噪声敏感建筑物集中区域（是指医疗区、文教科研区和以机关或者居民住宅为主的区域）内，禁止夜间进行产生环境噪声污染的建筑施工作业，但抢修、抢险作业和因生产工艺上要求或者特殊需要必须连续作业的除外。因特殊需要必须连续作业的，应当取得地方人民政府住房和城乡建设、生态环境主管部门或者地方人民政府指定的部门的证明，并在施工现场显著位置公示或者以其他方式公告附近居民。

2. 建设项目环境噪声污染防治

建设项目环境噪声污染防治主要从环境影响报告制度、三同时制度、噪声污染防治设施验收制度三个方面进行防治，见表 9-5。

建设项目环境噪声污染防治制度

表 9-5

编号	制度	内容
1	环境影响报告制度	建设单位出具环境影响报告，并报生态环境主管部门批准；环境影响报告中应当有该项目所在地单位和居民的意见
2	三同时制度	建设项目的噪声污染防治设施必须与主体工程同时设计、同时施工、同时投产使用
3	噪声污染防治设施验收制度	项目投入生产或使用之前，噪声防治设施必须经原审批环境影响报告书的生态环境主管部门验收

3. 交通运输噪声污染的防治

《环境噪声污染防治法》第三十三条规定，在城市市区范围内行驶的机动车辆的消声器和喇叭必须符合国家规定的要求。机动车辆必须加强维修和保养，保持技术性能良好，防治环境噪声污染。

警车、消防车、工程抢险车、救护车等机动车辆安装、使用警报器，必须符合国务院公安部门的规定；在执行非紧急任务时，禁止使用警报器。

9.4.2　施工现场大气污染防治

2018 年 10 月经修改后公布的《中华人民共和国大气污染防治法》规定，企业事业单位和其他生产经营者应当采取有效措施，防止、减少大气污染，对所造成的损害依法承担责任。

企业事业单位和其他生产经营者向大气排放污染物的，应当依照法律法规和国务院生态环境主管部门的规定设置大气污染物排放口。禁止通过偷排、篡改或者伪造监测数据，以逃避现场检查为目的的临时停产、非紧急情况下开启应急排放通道、不正常运行大气污染防治设施等逃避监管的方式排放大气污染物。

施工现场大气污染防治的重点是防治扬尘污染，建设单位应当将防治扬尘污染的费用列入工程造价，并在施工承包合同中明确施工单位扬尘污染防治责任。防尘主要措施如下：

（1）运输煤炭、垃圾、渣土、砂石、土方、灰浆等散装、流体物料的车辆应当采取密闭或者其他措施防止物料遗撒造成扬尘污染，并按照规定路线行驶。装卸物料应当采取密闭或者喷淋等方式防治扬尘污染。施工现场出口应设置洗车槽。

（2）土方作业，采取洒水、覆盖等措施，达到作业区目测扬尘高度小于 1.5m，不扩散到场区外。

（3）结构施工、安装装饰装修阶段，作业区目测扬尘高度小于 0.5m。

（4）施工现场非作业区达到目测无扬尘要求，可采取洒水、地面硬化、围挡、密网覆盖、封闭等措施。

（5）构筑物机械拆除和爆破拆除前，做好扬尘控制计划。

（6）在场界四周隔挡高度位置测得大气总悬浮颗粒物月平均浓度与城市背景值的差值不大于 0.08mg/m³。

（7）禁止在人口集中地区和其他依法需要特殊保护的区域内焚烧沥青、油毡、橡胶、塑料、皮革、垃圾以及其他产生有毒有害烟尘和恶臭气体的物质。

（8）储存煤炭、煤矸石、煤渣、煤灰、水泥、石灰、石膏、砂土等易产生扬尘的物料应当密闭；不能密闭的，应当设置不低于堆放物高度的严密围挡，并采取有效覆盖措施防治扬尘污染。码头、矿山、填埋场和消纳场应当实施分区作业，并采取有效措施防治扬尘污染。

9.4.3　施工现场水污染防治

2017 年 6 月经修改后公布的《中华人民共和国水污染防治法》规定，水污染防治应当坚持预防为主、防治结合、综合治理的原则，优先保护饮用水水源，严格控制工业污染、城镇生活污染，防治农业面源污染，积极推进生态治理工程建设，预防、控制和减少水环境污染和生态破坏。施工现场水污染防治措施主要有：

（1）排放水污染物，不得超过国家或者地方规定的水污染物排放标准和重点水污染物排放总量控制标准。

（2）禁止向水体排放油类、酸液、碱液或者剧毒废液。

（3）禁止在水体清洗装贮过油类或者有毒污染物的车辆和容器。

（4）禁止向水体排放、倾倒放射性固体废物或者含有高放射性和中放射性物质的废水。向水体排放含低放射性物质的废水，应当符合国家有关放射性污染防治的规定和标准。

（5）禁止向水体排放、倾倒工业废渣、城镇垃圾和其他废弃物。

（6）禁止将含有汞、镉、砷、铬、铅、氰化物、黄磷等的可溶性剧毒废渣向水体排放、倾倒或者直接埋入地下。

（7）存放可溶性剧毒废渣的场所，应当采取防水、防渗漏、防流失的措施。禁止在江河、湖泊、运河、渠道、水库最高水位线以下的滩地和岸坡堆放、存贮固体废弃物和其他污染物。

（8）在饮用水水源保护区内，禁止设置排污口。在风景名胜区水体、重要渔业水体和其他具有特殊经济文化价值的水体的保护区内，不得新建排污口。在保护区附近新建排污口，应当保证保护区水体不受污染。

（9）禁止利用渗井、渗坑、裂隙和溶洞排放、倾倒含有毒污染物的废水、含病原体的污水和其他废弃物。

（10）禁止利用无防渗漏措施的沟渠、坑塘等输送或者存贮含有毒污染物的废水、含病原体的污水和其他废弃物。

（11）各类施工作业需要排水的，由建设单位申请领取排水许可证。因施工作业需要向城镇排水设施排水的，排水许可证的有效期由城镇排水主管部门根据排水状况确定，但不得超过施工期限。排水户应当按照排水许可证确定的排水类别、总量、时限、排放口位置和数量、排放的污染物项目和浓度等要求排放污水。

9.4.4 施工现场固体废物污染防治

2020年4月经修改后公布的《中华人民共和国固体废物污染环境防治法》规定，国家对固体废物污染环境的防治，实行减少固体废物的产生量和危害性、充分合理利用固体废物和无害化处置固体废物的原则，促进清洁生产和循环经济发展。

施工现场的固体废物主要是建筑垃圾和生活垃圾。固体废物又分为一般固体废物和危险废物。所谓危险废物，是指列入国家危险废物名录或者根据国家规定的危险废物鉴别标准和鉴别方法认定的具有危险特性的固体废物。

1. 一般固体废物污染环境的防治

（1）收集、贮存、运输、利用、处置固体废物的单位和个人，必须采取防扬散、防流失、防渗漏或者其他防止污染环境的措施；不得擅自倾倒、堆放、丢弃、遗撒固体废物。禁止任何单位或者个人向江河、湖泊、运河、渠道、水库及其最高水位线以下的滩地和岸坡等法律、法规规定禁止倾倒、堆放废弃物的地点倾倒、堆放固体废物。

（2）转移固体废物出省、自治区、直辖市行政区域贮存、处置的，应当向固体废物移出地的省、自治区、直辖市人民政府生态环境主管部门提出申请。移出地的省、自治区、直辖市人民政府生态环境主管部门应当商经接受地的省、自治区、直辖市人民政府生态环境主管部门同意后，方可批准转移该固体废物出省、自治区、直辖市行政区域。未经批准的，不得转移。

（3）施工单位不得将建筑垃圾交给个人或者未经核准从事建筑垃圾运输的单位运输。处置建筑垃圾的单位在运输建筑垃圾时，应当随车携带建筑垃圾处置核准文件，按照城市人民政府有关部门规定的运输路线、时间运行，不得丢弃、遗撒建筑垃圾，不得超出核准范围承运建筑垃圾。

2. 危险废物污染环境的防治

（1）对危险废物的容器和包装物以及收集、贮存、运输、处置危险废物的设施、场所，必须设置危险废物识别标志。以填埋方式处置危险废物不符合国务院生态环境主管部门规定的，应当缴纳危险废物排污费。危险废物排污费用于污染环境的防治，不得挪作他用。

（2）禁止将危险废物提供或者委托给无经营许可证的单位从事收集、贮存、利用、处置的经营活动。运输危险废物必须采取防止污染环境的措施，并遵守国家有关危险货物运输管理的规定。禁止将危险废物与旅客在同一运输工具上载运。

（3）收集、贮存、运输、处置危险废物的场所、设施、设备和容器、包装物及其他物品转作他用时，必须经过消除污染的处理，方可使用。

（4）产生、收集、贮存、运输、利用、处置危险废物的单位，应当制定意外事故的防范措施和应急预案，并向所在地县级以上地方人民政府生态环境主管部门备案。

9.4.5　违法行为的法律责任

1. 施工现场噪声污染防治违法行为应承担的法律责任

（1）未经生态环境主管部门批准，擅自拆除或者闲置环境噪声污染防治设施，致使环境噪声排放超过规定标准的，由县级以上地方人民政府生态环境主管部门责令改正，并处罚款。

（2）排放环境噪声的单位违反规定，拒绝生态环境主管部门或者其他依照规定行使环境噪声监督管理权的部门、机构现场检查或者在被检查时弄虚作假的，生态环境主管部门或者其他依照国家规定行使环境噪声监督管理权的监督管理部门、机构可以根据不同情节，给予警告或者处以罚款。

（3）建筑施工单位违反规定，在城市市区噪声敏感建筑物集中区域内，夜间进行禁止进行的产生环境噪声污染的建筑施工作业的，由工程所在地县级以上地方人民政府生态环境主管部门责令改正，可以并处罚款。

（4）机动车辆不按照规定使用声响装置的，由当地公安机关根据不同情节给予警告或者处以罚款。

2. 施工现场大气污染防治违法行为应承担的法律责任

（1）以拒绝进入现场等方式拒不接受生态环境主管部门及其委托的环境监察机构或者其他负有大气环境保护监督管理职责的部门的监督检查，或者在接受监督检查时弄虚作假的，由县级以上人民政府生态环境主管部门或者其他负有大气环境保护监督管理职责的部门责令改正，处2万元以上20万元以下的罚款；构成违反治安管理行为的，由公安机关依法予以处罚。

（2）在人口集中地区和其他依法需要特殊保护的区域内，焚烧沥青、油毡、橡胶、塑料、皮革、垃圾以及其他产生有毒有害烟尘和恶臭气体的物质的，由县级人民政府确定的监督管理部门责令改正，对单位处1万元以上10万元以下的罚款，对个人处500元以上2000元以下的罚款。

（3）拒不执行停止工地土石方作业或者建筑物拆除施工等重污染天气应急措施的，由县级以上地方人民政府确定的监督管理部门处1万元以上10万元以下的罚款。

（4）运输煤炭、垃圾、渣土、砂石、土方、灰浆等散装、流体物料的车辆，未采取密闭或者其他措施防止物料遗撒的，由县级以上地方人民政府确定的监督管理部门责令改正，处 2000 元以上 2 万元以下的罚款；拒不改正的，车辆不得上道路行驶。

（5）有下列行为之一的，由县级以上人民政府住房和城乡建设等主管部门按照职责责令改正，处 1 万元以上 10 万元以下的罚款；拒不改正的，责令停工整治：

1）未密闭煤炭、煤矸石、煤渣、煤灰、水泥、石灰、石膏、砂土等易产生扬尘的物料的；

2）对不能密闭的易产生扬尘的物料，未设置不低于堆放物高度的严密围挡，或者未采取有效覆盖措施防治扬尘污染的；

3）装卸物料未采取密闭或者喷淋等方式控制扬尘排放的；

4）存放煤炭、煤矸石、煤渣、煤灰等物料，未采取防燃措施的；

5）码头、矿山、填埋场和消纳场未采取有效措施防治扬尘污染的；

6）排放有毒有害大气污染物名录中所列有毒有害大气污染物的企业事业单位，未按照规定建设环境风险预警体系或者对排放口和周边环境进行定期监测、排查环境安全隐患并采取有效措施防范环境风险的；

7）向大气排放持久性有机污染物的企业事业单位和其他生产经营者以及废弃物焚烧设施的运营单位，未按照国家有关规定采取有利于减少持久性有机污染物排放的技术方法和工艺，配备净化装置的；

8）未采取措施防止排放恶臭气体的。

3. 施工现场水污染防治违法行为应承担的法律责任

（1）排放水污染物超过国家或者地方规定的水污染物排放标准，或者超过重点水污染物排放总量控制指标的，由县级以上人民政府生态环境主管部门按照权限责令限期治理，处 10 万元以上 100 万元以下的罚款。限期治理期间，由生态环境主管部门责令限制生产、限制排放或者停产整治。限期治理的期限最长不超过 1 年；逾期未完成治理任务的，报经有批准权的人民政府批准，责令关闭。

（2）在饮用水水源保护区内设置排污口的，由县级以上地方人民政府责令限期拆除，处 10 万元以上 50 万元以下的罚款；逾期不拆除的，强制拆除，所需费用由违法者承担，处 50 万元以上 100 万元以下的罚款，并可以责令停产整顿。

（3）企业事业单位有下列行为之一的，由县级以上人民政府生态环境主管部门责令改正；情节严重的，处 2 万元以上 10 万元以下的罚款：

1）不按照规定制定水污染事故的应急方案的；

2）水污染事故发生后，未及时启动水污染事故的应急方案，采取有关应急措施的。

4. 施工现场固体废物污染防治违法行为应承担的法律责任

（1）违反有关城市生活垃圾污染环境防治的规定，有下列行为之一的，由县级以上地方人民政府生态环境主管部门责令停止违法行为，限期改正，处以罚款：

1）随意倾倒、抛撒、堆放或者焚烧生活垃圾的；

2）擅自关闭、闲置或者拆除生活垃圾处理设施、场所的；

3）工程施工单位未编制建筑垃圾处理方案报备案，或者未及时清运施工过程中产生的固体废物的；

4）工程施工单位擅自倾倒、抛撒或者堆放工程施工过程中产生的建筑垃圾，或者未按照规定对施工过程中产生的固体废物进行利用或者处置的；

5）在运输过程中沿途丢弃、遗撒生活垃圾的。

单位有上述第一项、第五项行为之一，处 5 万元以上 50 万元以下的罚款；单位有上述第二项、第三项、第四项行为之一，处 10 万元以上 100 万元以下的罚款。

个人有上述第一项、第五项行为之一，处 100 元以上 500 元以下的罚款。

（2）违反有关危险废物污染环境防治的规定，有下列行为之一的，由县级以上人民政府生态环境主管部门责令停止违法行为，限期改正，处以罚款：

1）未按照规定设置危险废物识别标志的；

2）未按照国家有关规定制定危险废物管理计划或者申报危险废物有关资料的；

3）擅自倾倒、堆放危险废物的；

4）将危险废物提供或者委托给无许可证的单位或者其他生产经营者从事经营活动的；

5）未按照国家有关规定填写、运行危险废物转移联单或者未经批准擅自转移危险废物的；

6）未按照国家环境保护标准贮存、利用、处置危险废物或者将危险废物混入非危险废物中贮存的；

7）未经安全性处置，混合收集、贮存、运输、处置具有不相容性质的危险废物的；

8）将危险废物与旅客在同一运输工具上载运的；

9）未经消除污染处理，将收集、贮存、运输、处置危险废物的场所、设施、设备和容器、包装物及其他物品转作他用的；

10）未采取相应防范措施，造成危险废物扬散、流失、渗漏或者其他环境污染的；

11）在运输过程中沿途丢弃、遗撒危险废物的；

12）未制定危险废物意外事故防范措施和应急预案的；

13）未按照国家有关规定建立危险废物管理台账并如实记录的。

有前款第一项、第二项、第五项、第六项、第七项、第八项、第九项、第十二项、第十三项行为之一，处 10 万元以上 100 万元以下的罚款；有前款第三项、第四项、第十项、第十一项行为之一，处所需处置费用 3 倍以上 5 倍以下的罚款，所需处置费用不足 20 万元的，按 20 万元计算。

（3）造成固体废物污染环境事故的，由县级以上人民政府生态环境主管部门处 2 万元以上 20 万元以下的罚款；造成重大损失的，按照直接损失的 30% 计算罚款，但是最高不超过 100 万元，对负有责任的主管人员和其他直接责任人员，依法给予行政处分；造成固体废物污染环境重大事故的，并由县级以上人民政府按照国务院定的权限决定停业或者关闭。

（4）施工单位将建筑垃圾交给个人或者未经核准从事建筑垃圾运输的单位处置的，由城市人民政府生态环境主管部门责令限期改正，给予警告，处 1 万元以上 10 万元以下罚款。

9.5　工程建设消防

《中华人民共和国消防法》在 1998 年 4 月 29 日第九届全国人民代表大会常务委员会

第二次会议通过，2008年10月28日第十一届全国人民代表大会常务委员会第五次会议第一次修正，根据2019年4月23日第十三届全国人民代表大会常务委员会第十次会议《关于修改〈中华人民共和国建筑法〉等八部法律的决定》第二次修正，根据2021年4月29日第十三届全国人民代表大会常务委员会第二十八次会议《关于修改〈中华人民共和国道路交通安全法〉等八部法律的决定》第三次修正。根据《中华人民共和国建筑法》《中华人民共和国消防法》《建设工程质量管理条例》等法律、行政法规，2020年1月审议通过了《建设工程消防设计审查验收管理暂行规定》，自2020年6月1日起施行。

9.5.1　火灾预防措施

消防工作贯彻预防为主、防消结合的方针，按照政府统一领导、部门依法监管、单位全面负责、公民积极参与的原则，实行消防安全责任制，建立健全社会化的消防工作网络。在工程建设中，可以采取以下火灾预防措施：

（1）地方各级人民政府应当将包括消防安全布局、消防站、消防供水、消防通信、消防车通道、消防装备等内容的消防规划纳入城乡规划，并负责组织实施。城乡消防安全布局不符合消防安全要求的，应当调整、完善；公共消防设施、消防装备不足或者不适应实际需要的，应当增建、改建、配置或者进行技术改造。

（2）建设单位不得要求设计、施工、工程监理等有关单位和人员违反消防法规和国家工程建设消防技术标准，降低建设工程消防设计、施工质量，并承担下列消防设计、施工的质量责任：

1）依法申请建设工程消防设计审核、消防验收，依法办理消防设计和竣工验收备案手续并接受抽查；建设工程内设置的公众聚集场所未经消防安全检查或者经检查不符合消防安全要求的，不得投入使用、营业；

2）实行工程监理的建设工程，应当将消防施工质量一并委托监理；

3）选用具有国家规定资质等级的消防设计、施工单位；

4）选用合格的消防产品和满足防火性能要求的建筑构件、建筑材料及室内装修装饰材料；

5）依法应当经消防设计审核、消防验收的建设工程，未经审核或者审核不合格的，不得组织施工；未经验收或者验收不合格的，不得交付使用；

6）建设单位应当对新建、改建、扩建工程有关防火的设计图纸和资料负责审核。

（3）设计单位应当承担下列消防设计的质量责任：

1）根据消防法规和国家工程建设消防技术标准进行消防设计，编制符合要求的消防设计文件，不得违反国家工程建设消防技术标准强制性要求进行设计；

2）在设计中选用的消防产品和有防火性能要求的建筑构件、建筑材料、室内装修装饰材料，应当注明规格、性能等技术指标，其质量要求必须符合国家标准或者行业标准；

3）参加建设单位组织的建设工程竣工验收，对建设工程消防设计实施情况签字确认。

（4）施工单位应当承担下列消防施工的质量和安全责任：

1）按照国家工程建设消防技术标准和经消防设计审核合格或者备案的消防设计文件组织施工，不得擅自改变消防设计进行施工，降低消防施工质量；

2）查验消防产品和有防火性能要求的建筑构件、建筑材料及室内装修装饰材料的质量，使用合格产品，保证消防施工质量；

3）建立施工现场消防安全责任制度，确定消防安全负责人；加强对施工人员的消防教育培训，落实动火、用电、易燃可燃材料等消防管理制度和操作规程；保证在建工程竣工验收前消防通道、消防水源、消防设施和器材、消防安全标志等完好有效。

（5）工程监理单位应当承担下列消防施工的质量监理责任：

1）按照国家工程建设消防技术标准和经消防设计审核合格或者备案的消防设计文件实施工程监理；

2）在消防产品和有防火性能要求的建筑构件、建筑材料、室内装修装饰材料施工、安装前，核查产品质量证明文件，不得同意使用或者安装不合格的消防产品和防火性能不符合要求的建筑构件、建筑材料、室内装修装饰材料；

3）参加建设单位组织的建设工程竣工验收，对建设工程消防施工质量签字确认。

（6）为建设工程消防设计、竣工验收提供图纸审查、安全评估、检测等消防技术服务的机构和人员，应当依法取得相应的资质、资格，按照法律、行政法规、国家标准、行业标准和执业标准提供消防技术服务，并对出具的审查、评估、检验、检测意见负责。

（7）国务院公安部门规定的大型的人员密集场所和其他特殊建设工程，建设单位应当将消防设计文件报送公安机关消防机构审核。公安机关消防机构依法对审核的结果负责。其他建设工程，建设单位在验收后应当报公安机关消防机构备案，公安机关消防机构应当进行抽查。

（8）依法应当经公安机关消防机构进行消防设计审核的建设工程，未经依法审核或者审核不合格的，负责审批该工程施工许可的部门不得给予施工许可，建设单位、施工单位不得施工；其他建设工程取得施工许可后经依法抽查不合格的，应当停止施工。

（9）机关、团体、企业、事业等单位应当履行下列消防安全职责：

1）落实消防安全责任制，制定本单位的消防安全制度、消防安全操作规程，制定灭火和应急疏散预案；

2）按照国家标准、行业标准配置消防设施、器材，设置消防安全标志，并定期组织检验、维修，确保完好有效；

3）对建筑消防设施每年至少进行一次全面检测，确保完好有效，检测记录应当完整准确，存档备查；

4）保障疏散通道、安全出口、消防车通道畅通，保证防火防烟分区、防火间距符合消防技术标准；

5）组织防火检查，及时消除火灾隐患；

6）组织进行有针对性的消防演练；

7）法律、法规规定的其他消防安全职责。

机关、团体、企业事业单位法定代表人是本单位消防安全第一责任人。

（10）举办大型群众性活动，承办人应当依法向公安机关申请安全许可，制定灭火和应急疏散预案并组织演练，明确消防安全责任分工，确定消防安全管理人员，保持消防设施和消防器材配置齐全、完好有效，保证疏散通道、安全出口、疏散指示标志、应急照明和消防车通道符合消防技术标准和管理规定。

（11）禁止在具有火灾、爆炸危险的场所吸烟、使用明火。因施工等特殊情况需要使用明火作业的，应当按照规定事先办理审批手续，采取相应的消防安全措施；作业人员应当遵守消防安全规定。

进行电焊、气焊等具有火灾危险作业的人员和自动消防系统的操作人员，必须持证上岗，并遵守消防安全操作规程。

（12）建筑构件、建筑材料和室内装修、装饰材料的防火性能必须符合国家标准；没有国家标准的，必须符合行业标准。人员密集场所室内装修、装饰，应当按照消防技术标准的要求，使用不燃、难燃材料。

9.5.2 消防设计审核和消防验收

1. 需要申请消防设计审核和消防验收的工程

建设单位应当向公安机关消防机构申请消防设计审核，并在建设工程竣工后向出具消防设计审核意见的公安机关消防机构申请消防验收的工程有：

（1）建筑总面积大于 2 万 m^2 的体育场馆、会堂，公共展览馆、博物馆的展示厅；

（2）建筑总面积大于 1.5 万 m^2 的民用机场航站楼、客运车站候车室、客运码头候船厅；

（3）建筑总面积大于 1 万 m^2 的宾馆、饭店、商场、市场；

（4）建筑总面积大于 $2500m^2$ 的影剧院，公共图书馆的阅览室，营业性室内健身、休闲场馆，医院的门诊楼，大学的教学楼、图书馆、食堂，劳动密集型企业的生产加工车间，寺庙、教堂；

（5）建筑总面积大于 $1000m^2$ 的托儿所、幼儿园的儿童用房，儿童游乐厅等室内儿童活动场所，养老院、福利院，医院、疗养院的病房楼，中小学校的教学楼、图书馆、食堂，学校的集体宿舍，劳动密集型企业的员工集体宿舍；

（6）建筑总面积大于 $500m^2$ 的歌舞厅、录像厅、放映厅、卡拉 OK 厅、夜总会、游艺厅、桑拿浴室、网吧、酒吧，具有娱乐功能的餐馆、茶馆、咖啡厅；

（7）国家机关办公楼、电力调度楼、电信楼、邮政楼、防灾指挥调度楼、广播电视楼、档案楼；

（8）单体建筑面积大于 4 万 m^2 或者建筑高度超过 50m 的其他公共建筑；

（9）城市轨道交通、隧道工程，大型发电、变配电工程；

（10）生产、储存、装卸易燃易爆危险物品的工厂、仓库和专用车站、码头，易燃易爆气体和液体的充装站、供应站、调压站；

（11）国家工程建设消防技术标准规定的一类高层住宅建筑。

2. 申请消防设计审核的资料

建设单位申请消防设计审核一般应当提供下列材料：

（1）建设工程消防设计审核申报表；

（2）建设单位的工商营业执照等合法身份证明文件；

（3）新建、扩建工程的建设工程规划许可证明文件；

（4）设计单位资质证明文件；

（5）消防设计文件。

3. 公安机关消防机构设计审核

公安机关消防机构应当自受理消防设计审核申请之日起 20 日内出具书面审核意见；但是依照规定需要组织专家评审的，专家评审时间不计算在审核时间内。

公安机关消防机构应当依照消防法规和国家工程建设消防技术标准强制性要求对申报的消防设计文件进行审核。对符合下列条件的，公安机关消防机构应当出具消防设计审核合格意见；对不符合条件的，应当出具消防设计审核不合格意见，并说明理由：

（1）新建、扩建工程已经取得建设工程规划许可证；

（2）设计单位具备相应的资质条件；

（3）消防设计文件的编制符合公安部规定的消防设计文件申报要求；

（4）建筑的总平面布局和平面布置、耐火等级、建筑构造、安全疏散、消防给水、消防电源及配电、消防设施等的设计符合国家工程建设消防技术标准强制性要求；

（5）选用的消防产品和有防火性能要求的建筑材料符合国家工程建设消防技术标准和有关管理规定。

4. 申请消防验收的资料

建设单位申请消防验收应当提供下列材料：

（1）建设工程消防验收申报表；

（2）工程竣工验收报告；

（3）消防产品质量合格证明文件；

（4）有防火性能要求的建筑构件、建筑材料、室内装修装饰材料符合国家标准或者行业标准的证明文件、出厂合格证；

（5）消防设施、电气防火技术检测合格证明文件；

（6）施工、工程监理、检测单位的合法身份证明和资质等级证明文件；

（7）其他依法需要提供的材料。

5. 公安机关消防机构消防验收

公安机关消防机构应当自受理消防验收申请之日起 20 日内组织消防验收，并出具消防验收意见。

公安机关消防机构对申报消防验收的建设工程，应当依照建设工程消防验收评定标准对已经消防设计审核合格的内容组织消防验收。

对综合评定结论为合格的建设工程，公安机关消防机构应当出具消防验收合格意见；对综合评定结论为不合格的，应当出具消防验收不合格意见，并说明理由。

9.5.3　法律责任

违反《消防法》的违法行为及其法律责任见表 9-6。

违反《消防法》的违法行为及其法律责任 表 9-6

序号	违法行为	法律责任
1	依法应当经公安机关消防机构进行消防设计审核的建设工程，未经依法审核或者审核不合格，擅自施工的	责令停止施工、停止使用或者停产停业，并处 3 万元以上 30 万元以下罚款
2	消防设计经公安机关消防机构依法抽查不合格，不停止施工的	

续表

序号	违法行为	法律责任
3	依法应当进行消防验收的建设工程,未经消防验收或者消防验收不合格,擅自投入使用的	责令停止施工、停止使用或者停产停业,并处3万元以上30万元以下罚款
4	建设工程投入使用后经公安机关消防机构依法抽查不合格,不停止使用的	
5	公众聚集场所未经消防安全检查或者经检查不符合消防安全要求,擅自投入使用、营业的	
6	建设单位要求建筑设计单位或者建筑施工企业降低消防技术标准设计、施工的	责令改正或者停止施工,并处1万元以上10万元以下罚款
7	建筑设计单位不按照消防技术标准强制性要求进行消防设计的	
8	建筑施工企业不按照消防设计文件和消防技术标准施工,降低消防施工质量的	
9	工程监理单位与建设单位或者建筑施工企业串通,弄虚作假,降低消防施工质量的	
10	建设单位未依法将消防设计文件报公安机关消防机构备案的	责令限期改正,处5000元以下罚款
11	建设单位在竣工后未依法报公安机关消防机构备案的	

9.6 工程建设文物保护

文物是人类在历史发展过程中遗留下来的遗物、遗迹,是人类宝贵的历史文化遗产。为了加强对文物的保护,继承中华民族优秀的历史文化遗产,在工程建设过程中,应特别注意对文物的保护。

9.6.1 属于国家所有的文物保护范围

中华人民共和国境内地下、内水和领海中遗存的一切文物,属于国家所有。国有文物所有权受法律保护,不容侵犯。

1. 属于国家所有的不可移动文物范围

古文化遗址、古墓葬、石窟寺属于国家所有。国家指定保护的纪念建筑物、古建筑、石刻、壁画、近代现代代表性建筑等不可移动文物,除国家另有规定的以外,属于国家所有。

2. 属于国家所有的可移动文物范围

(1) 中国境内出土的文物,国家另有规定的除外;

(2) 国有文物收藏单位以及其他国家机关、部队和国有企业、事业组织等收藏、保管的文物；

（3）国家征集、购买的文物；

（4）公民、法人和其他组织捐赠给国家的文物；

（5）法律规定属于国家所有的其他文物。

3. 属于国家所有的水下文物范围

2022年1月修改后公布的《水下文物保护管理条例》规定，遗存于中国内水、领海内的一切起源于中国的、起源国不明的和起源于外国的文物，以及遗存于中国领海以外依照中国法律由中国管辖的其他海域内的起源于中国的和起源国不明的文物，属于国家所有，国家对其行使管辖权。

遗存于外国领海以外的其他管辖海域以及公海区域内的起源于中国的文物，国家享有辨认器物物主的权利。

9.6.2　文物保护单位的保护范围和建设控制地带

2017年10月经修改后颁布的《文物保护法实施条例》第九条规定，文物保护单位的保护范围，是指对文物保护单位本体及周围一定范围实施重点保护的区域。文物保护单位的保护范围，应当根据文物保护单位的类别、规模、内容以及周围环境的历史和现实情况合理划定，并在文物保护单位本体之外保持一定的安全距离，确保文物保护单位的真实性和完整性。

《文物保护法实施条例》第十三条规定，文物保护单位的建设控制地带，是指在文物保护单位的保护范围外，为保护文物保护单位的安全、环境、历史风貌对建设项目加以限制的区域。文物保护单位的建设控制地带，应当根据文物保护单位的类别、规模、内容以及周围环境的历史和现实情况合理划定。

全国重点文物保护单位的建设控制地带，经省、自治区、直辖市人民政府批准，由省、自治区、直辖市人民政府的文物行政主管部门会同城乡规划行政主管部门划定并公布。

省级、设区的市、自治州级和县级文物保护单位的建设控制地带，经省、自治区、直辖市人民政府批准，由核定公布该文物保护单位的人民政府的文物行政主管部门会同城乡规划行政主管部门划定并公布。

《文物保护法》第十九条规定，在文物保护单位的保护范围和建设控制地带内，不得建设污染文物保护单位及其环境的设施，不得进行可能影响文物保护单位安全及其环境的活动。对已有的污染文物保护单位及其环境的设施，应当限期治理。

9.6.3　资质证书

《文物保护法实施条例》第十五条规定，承担文物保护单位的修缮、迁移、重建工程的单位，应当同时取得文物行政主管部门发给的相应等级的文物保护工程资质证书和建设行政主管部门发给的相应等级的资质证书。其中，不涉及建筑活动的文物保护单位的修缮、迁移、重建，应当由取得文物行政主管部门发给的相应等级的文物保护工程资质证书的单位承担。

申领文物保护工程资质证书，应当具备下列条件：

（1）有取得文物博物专业技术职务的人员；

（2）有从事文物保护工程所需的技术设备；

（3）法律、行政法规规定的其他条件。

9.6.4 在历史文化名城名镇名村保护范围内从事建设活动的相关规定

在历史文化名城名镇名村保护范围内从事建设活动，有禁止建设的活动和经规划部门和文物部门批准后可从事的活动，见表 9-7。

历史文化名城名镇名村保护范围内从事建设活动表 表 9-7

序号	类别	内容
1	禁止的活动	开山、采石、开矿等活动； 占用保护规划确定保留的园林绿地、河湖水系、道路等； 修建生产、储存爆炸性、易燃性、放射、毒害、腐蚀性物品的工厂、仓库； 在历史建筑上刻划、涂污
2	经城乡规划部门和文物主管部门批准后可从事的活动	改变园林绿地、河湖水系等自然状态的活动； 在核心保护范围内进行影视摄制、举办大型群众活动

9.6.5 在文物保护单位保护范围和建设控制地带内从事建设活动的相关规定

文物保护单位的保护范围是指对文物保护单位本体及周围一定范围实施重点保护的区域。文物保护单位的建设控制地带是指文物保护单位的保护范围以外，为保护文物保护单位的安全、环境、历史风貌对建设项目加以限制的区域。在这两个区域从事建设活动时应遵循下列规定：

（1）文物保护单位保护范围

1）不得进行其他建设工程或爆破、钻探、挖掘等作业，但特殊情况下经核定公布该文物保护单位的政府批准，在批准前应当征得上一级政府文物行政部门同意。

2）全国重点文物保护单位的保护范围内进行其他建设或爆破、钻探、挖掘的，必须经省级政府批准，批准前征得国务院文物行政部门同意。

（2）文物保护单位建设控制地带

在该范围内进行建设工程，不得破坏文物保护单位的历史风貌，工程设计方案应先经相应级别的文物行政部门同意后，再报规划部门批准。

9.6.6 施工发现文物的报告和保护

在进行建设工程中，任何单位或个人发现文物，应当保护现场，立即报告当地文物行政部门，文物行政部门接到报告后，如无特殊情况，应当在 24h 内赶赴现场，并在 7 日内提出处理意见。

9.7 典型案例分析

【案情概要】

在引例中，甲建筑公司在工地堆放的大量沙石、灰土等物料及建筑垃圾，由于天气干燥，经风一吹尘土飞扬，而且该地交通繁忙，车辆经过也激起大量扬尘。同时，屋面防水工程使用的沥青，在熬制过程中未采取任何防护措施，大量刺激性气体直接挥发到空气中，对周围小区居民生活造成了严重影响。该小区居民向市环保局进行了投诉，市环保局接到投诉后，要求该施工单位进行限期整改。但是，该甲建筑企业未采取任何整改措施，依然照常进行施工作业。

铲车司机贾某在工地施工时发现古墓葬，私自开挖，挖出部分文物，随之出现民工滥挖哄抢。该市文物局接到举报后，立刻赶往现场，经查情况属实。

【案情分析】

甲建筑企业违反了《大气污染防治法》《环境保护法》和《文物保护法》等相关法律的规定。

（1）根据《大气污染防治法》第六十九条第二款规定："施工单位应当在施工工地设置硬质围挡，并采取覆盖、分段作业、择时施工、洒水抑尘、冲洗地面和车辆等有效防尘降尘措施。建筑土方、工程渣土、建筑垃圾应当及时清运；在场地内堆存的，应当采用密闭式防尘网遮盖。工程渣土、建筑垃圾应当进行资源化处理。"

本案中的甲建筑企业违反了此项规定，没有对施工中建筑垃圾采取及时清运或遮盖等除尘措施，导致产生大量粉尘污染环境。《大气污染防治法》第八十条规定："企业事业单位和其他生产经营者在生产经营活动中产生恶臭气体的，应当科学选址，设置合理的防护距离，并安装净化装置或者采取其他措施，防止排放恶臭气体。"第八十二条规定："禁止在人口集中地区和其他依法需要特殊保护的区域内焚烧沥青、油毡、橡胶、塑料、皮革、垃圾以及其他产生有毒有害烟尘和恶臭气体物质。"

本案中的甲建筑企业违反法律规定，导致沥青在熬制过程中挥发出的大量刺激性气体，对小区居民生活造成了严重影响。

（2）根据《大气污染防治法》第一百一十五条、第一百一十七条、第一百一十九条规定，该市住房和城乡建设、环境保护等主管部门应当按照职责责令施工单位改正，处1万元以上10万元以下的罚款；拒不改正的，责令停工整治。此外，《环境保护法》第五十九条还规定："企业事业单位和其他生产经营者违法排放污染物，受到罚款处罚，被责令改正，拒不改正的，依法作出处罚决定的行政机关可以自责令改正之日的次日起，按照原处罚数额按日连续处罚。"

（3）根据《文物保护法》第三十二条规定："在进行建设工程或者在农业生产中，任何单位或者个人发现文物，应当保护现场，立即报告当地文物行政部门。任何单位或者个人不得哄抢、私分、藏匿。"

本案中，贾某在工地挖出古墓葬和部分文物时，不仅没有依法及时报告，而且滥挖和哄抢文物，造成了文物破坏。施工人员的哄抢、滥挖行为以及不及时上报文物行政部门的行为，违反了《文物保护法》的规定。

根据《文物保护法》第三十二条规定，在施工过程中发现文物时，首先，应当保护现场，停止施工，立即报告当地文物行政部门；其次，配合考古发掘单位，保护出土文物或者遗迹的安全，在发掘未结束前不得继续施工。

依据《文物保护法》第六十四条、第六十五条规定，对于盗窃、哄抢、私分或者非法侵占国有文物的，构成犯罪的，依法追究刑事责任；造成文物灭失、损毁的，依法承担民事责任；构成违反治安管理行为的，由公安机关依法给予治安管理处罚。

本章小结

　　本章介绍了劳动保护与职业健康法规、施工现场环境保护法规、工程建设消防法规、土地管理及城乡规划相关法规和工程建设文物保护法规等工程建设领域中相关的法律法规。通过本章内容的学习，有助于读者更全面地了解建设工程领域中的法律法规体系。

思考与练习题

一、单选题

9-1　关于女职工特殊劳动保护的规定，正确的是（　　）。

A. 不得安排女职工从事国家规定的第三级体力劳动强度的劳动

B. 禁止安排未育女职工从事有毒有害的劳动

C. 用人单位应当按时对女职工定期进行健康检查

D. 女职工生育享受不少于 98 天的产假

9-2　下列保险中，属于强制性保修的是（　　）。

A. 意外伤害保险　　　B. 建筑工程一切险　　　C. 安装工程一切险　　　D. 工伤保险

9-3　按照《建筑施工场界环境噪声排放标准》，建筑施工场界环境噪声排放限值为（　　）。

A. 昼间 60dB（A），夜间 50dB（A）　　　B. 昼间 65dB（A），夜间 50dB（A）

C. 昼间 70dB（A），夜间 55dB（A）　　　D. 昼间 75dB（A），夜间 60dB（A）

9-4　以下说法正确的是（　　）。

A. 禁止夜间进行建筑施工作业

B. 因特殊需要必须连续作业的，必须有县级以上地方人民政府建设行政主管部门的证明

C. 因特殊需要必须连续作业的，必须事先告知附近居民并获得其同意

D. 禁止夜间进行产生环境噪声污染的建筑施工作业，但因特殊需要必须连续作业的除外

9-5　根据《环境噪声污染防治法》，在城市市区噪声敏感建筑物集中区域内，不能在夜间进行产生环境噪声污染的建筑施工作业的是（　　）作业。

A. 抢修　　　　　　　　　　　B. 抢险

C. 抢工期　　　　　　　　　　D. 生产工艺要求必须连续

9-6　关于施工现场大气污染防治的说法，正确的是（　　）。

A. 重点是防治排放物污染

B. 爆破作业必须选择风力小的天气进行，做好计划

C. 结构施工阶段，作业区的目测扬尘高度小于 1m

D. 施工现场非作业区达到目测扬尘高度 0.5m

9-7　根据《水污染防治法》，企业事业单位发生事故或者其他突发性事件，造成或者

可能造成污染事故的，应当立即启动本单位的应急方案，采取应急措施，并向（　　）的县级以上地方人民政府或者环境保护主管部门报告。

A. 事故发生地　　　　　　　　　　　　B. 单位所在地

C. 污染影响地　　　　　　　　　　　　D. 单位登记地

9-8　关于在文物保护单位保护范围和建设控制地带内从事建设活动的说法，正确的是（　　）。

A. 文物保护单位的保护范围内及其周边的一定区域不得进行爆破作业

B. 在全国重点文物保护单位的保护范围内进行爆破作业，必须经国务院批准

C. 因特殊情况需要在文件保护单位的保护范围内进行爆破作业的，应经核定公布该文物保护单位的人民政府批准

D. 在省、自治区、直辖市重点文物保护单位的保护范围内进行爆破作业的，必须经国务院文物行政部门批准

9-9　关于不可移动文物保护的说法，正确的是（　　）。

A. 尚未核定公布为文物保护单位的由省级人民政府予以登记

B. 文物保护单位的周围不得设立建设控制地带

C. 历史文化名城的保护办法由国务院制定

D. 在历史文化名城范围内可以进行采石活动

9-10　根据《文物保护法》，关于保护文物的说法，正确的是（　　）。

A. 拆除文物所需的费用应当列入建设工程预算

B. 建筑工程选址应当尽可能避开一切文物

C. 建设单位对于实施原址保护的文物应当到行政部门备案

D. 在文物保护单位的保护范围内不得进行建筑活动

9-11　建设项目施工过程中发现地下古墓，立即报告当地文物行政部门，文件行政部门接到报告后，一般应在不超过（　　）小时赶赴工地现场。

A. 12　　　　　　　B. 24　　　　　　　C. 36　　　　　　　D. 48

9-12　土地利用总体规划的规划期限一般为（　　）年。

A. 5　　　　　　　B. 10　　　　　　　C. 15　　　　　　　D. 20

9-13　全国城镇体系规划由（　　）组织编制。

A. 国务院城乡规划主管部门

B. 国务院城乡规划主管部门会同国务院有关部门

C. 省、自治区人民政府

D. 省、自治区人民政府会同有关部门

9-14　施工单位（　　）是本单位消防安全第一责任人。

A. 法定代表人　　　B. 项目经理　　　　C. 技术总工　　　　D. 专职安全员

二、多选题

9-15　根据《劳动法》，关于妇女、未成年人劳动保护的说法，正确的有（　　）。

A. 企业应当为未成年工定期进行健康检查

B. 企业不得聘用未满18周岁的未成年人

C. 企业不得安排未成年工从事有毒有害的劳动

D. 企业不得安排妇女从事高处、低温、冷水作业

E. 企业不得安排妇女从事国家规定的第四级体力劳动强度的劳动

9-16　关于施工现场环境噪声污染防治的说法，正确的有（　　）。

A. 在城市市区噪声敏感建筑物集中区域内，禁止夜间进行产生环境噪声污染的建筑施工作业

B. 科研单位的建筑物属于噪声敏感建筑物

C. 建筑施工场界环境噪声排放限值与时间段无关

D. 环保行政管理部门有权对排放环境噪声的施工单位进行现场检查

E. "夜间"是指 22：00 至次日 8：00 之间的时段

9-17　根据《历史文化名城名镇名村保护条例》，属于申报历史文化名城、名镇、名村条件的有（　　）。

A. 保存文物特别丰富

B. 历史建筑集中成片

C. 保留着传统自然格局和地理风貌

D. 集中反映本地区建筑的文化特色、民族特色

E. 历史上曾经作为政治、经济、文化、交通中心或者军事要地

9-18　关于耕地保护，下列说法正确的是（　　）。

A. 非农业建设经批准占用耕地的，按照"占多少，垦多少"的原则，由占用耕地的单位负责开垦与所占用耕地的数量和质量相当的耕地

B. 一次性开发未确定土地使用权的国有荒山、荒地、荒滩 600 公顷以下的，报国务院批准

C. 禁止占用耕地建窑、建坟或者擅自在耕地上建房、挖砂、采石、采矿、取土

D. 禁止占用基本农田发展林果业和挖塘养鱼

E. 禁止单位和个人在土地利用总体规划确定的禁止开垦区内从事土地开发活动

9-19　建设单位的消防质量责任包括（　　）。

A. 对新建、改建、扩建工程有关防火的设计图纸和资料负责审核

B. 选用具有国家规定资质等级的消防设计、施工单位

C. 按照国家工程建设消防技术标准和经消防设计审核合格或者备案的消防设计文件组织施工

D. 建立施工现场消防安全责任制度，确定消防安全负责人

E. 实行工程监理的建设工程，应当将消防施工质量一并委托监理

三、案例题

9-20　2016 年 5 月 4 日，原告王某代表全家三口人，以被告 A 村村民的身份，与 A 村签订农业承包合同，承包了村民所有的旱地 50 亩、水田 30 亩，共计 80 亩。

2018 年 12 月 31 日，A 市 B 区人民政府给王某发放了《土地承包经营权证》，确认了王某一家与甲村之间的农业承包合同关系。

2022 年 8 月 23 日，包括王某一家原来承包的 80 亩土地在内的甲村 200 亩土地被征收。

2022 年 9 月 1 日，征收方支付了土地补偿款、安置费及青苗补偿费。在土地征收前，

被告曾以《新乡村征地表决书》一份，逐户征求在征地范围内有承包地的村民对征地的意见，原告陈某在表决书上签字同意征收。甲村村委会按比例将补偿款以每亩 1.5 万元分发给被征收土地的各户村民，但未分给王某一家，因此引起纠纷。

2023 年 2 月 11 日，王某向法院提起诉讼，请求判决被告甲村村委会给付相应的补偿款。

那么，王某的请求能否得到法院的支持？法院应如何判决？

第 10 章　建设工程相关领域司法解释

本章要点及学习目标

本章要点：
(1) 建设工程施工合同无效问题的司法解释；
(2) 建设工程垫资利息问题的司法解释；
(3) 解除建设工程施工合同的条件问题的司法解释；
(4) 建设工程质量不符合约定情况下责任承担问题的司法解释；
(5) 对竣工日期的争议问题的司法解释；
(6) 对计价方法的争议问题的司法解释；
(7) 对工程量的争议问题的司法解释；
(8) 阴阳合同问题的司法解释；
(9) 确定诉讼当事人的问题的司法解释；
(10) 保修责任承担问题的司法解释。
学习目标：
(1) 掌握建设工程施工合同无效问题的司法解释；
(2) 掌握建设工程垫资利息问题的司法解释；
(3) 掌握解除建设工程施工合同的条件问题的司法解释；
(4) 掌握建设工程质量不符合约定情况下责任承担问题的司法解释；
(5) 掌握对竣工日期的争议问题的司法解释；
(6) 掌握对计价方法的争议问题的司法解释；
(7) 掌握对工程量的争议问题的司法解释；
(8) 掌握阴阳合同问题的司法解释；
(9) 掌握确定诉讼当事人的问题的司法解释；
(10) 掌握保修责任承担问题的司法解释。

【引例】

在工程项目的建设过程中，其主体的行为必定会形成各个方面的社会关系，诸如政府建设管理机关、项目法人单位（业主）、设计单位、施工单位、监理单位、材料供应商等。

近年来，我国建筑业得到了快速发展，取得了很大的成就。与此同时，也出现了一些问题。例如，建设工程质量问题、建筑市场行为不规范问题、投资不足问题，特别是投资不足造成了大量拖欠工程款等。大量的建设工程合同纠纷也随之产生。具体涉及的法律纠纷中则有如下几个方面的问题：无效合同处理问题、合同解除条件、质量不合格工程、未完工程的价款结算问题、工程质量的缺陷责任、工程欠款利息的计算、工程量的认定、如何确定工期是否延误、"阴阳合同"效力等。因而，明确建设工程领域司法解释，正确理解相关司法解释并合理规避风险，是作为未来建筑行业决策管理人员的大学生们应该关心探讨的问题。

10.1　建设工程价款优先受偿权问题

10.1.1　工程价款优先受偿权的法律依据

承包人行使工程价款优先受偿权的法律依据是《民法典》第八百零七条和《最高人民法院关于审理建设工程施工合同纠纷案件适用法律问题的解释（一）》（以下简称《新解释（一）》）（法释〔2020〕25号）。

10.1.2　工程价款优先受偿权的形成

《民法典》第八百零七条规定，承包人按约定履行了施工合同义务后，发包人未按照约定支付价款的，承包人可以催告发包人在合同期限内支付价款。发包人逾期不支付的，承包人的工程价款优先受偿权即告形成，即除按照建设工程的性质不宜折价、拍卖的以外，承包人可以与发包人协议将该工程折价，也可以申请人民法院将该工程依法拍卖。建设工程的价款就该工程折价或者拍卖的价款优先受偿。

对此项被称为对物的处分权的工程价款优先受偿权的理解要注意：承包人依约履行合同义务主要是工程已经竣工并已通过质量验收，且承包人已按合同约定，在验收通过后的约定期限内向发包人提交了竣工结算书和全部竣工资料。

10.1.3　行使工程价款优先受偿权的范围和时限

根据《新解释（一）》的规定，具有优先受偿权的工程价款包括承包人为建设工程应当支付的工作人员报酬、材料款等实际支出的费用，不包括承包人因发包人违约所造成的损失。因此，对优先受偿权的范围可理解为除违约责任之外的全部工程成本的价款。建设工程承包人行使优先权的期限为18个月，自建设工程竣工之日或者建设工程合同约定的竣工之日起计算。一般超过18个月的期限，工程价款优先受偿权即丧失。

10.1.4　行使工程价款优先受偿权的方式

（1）折价。即承包人与发包人自行协商将工程折价变卖，承包人的工程价款从折价变卖款中优先受偿。这种折价方式也可包括承包人与发包人平等自愿协商将部分或全部工程折价归承包人所有，还包括折价的计价方法是按工程成本价折取建筑面积，还是以市场销售价折取建筑面积。

（2）拍卖。在承包人按约定履行施工合同义务后，发包人不支付工程价款的，承包人可直接也可在与发包人协商折价不成后，申请人民法院将该工程依法拍卖，要求承包人的工程价款从拍卖中优先受偿。《新解释（一）》本身并未规定向人民法院的哪一个部门提出依法拍卖，操作实践中可先向执行庭提出申请，执行庭需要公示或者需要审判庭先作出其裁定的，则应按执行庭的要求进行。

根据规定建设工程的性质不宜折价、拍卖的，主要是指建设工程用于国防、军事等对国民生计有重要影响的公益性用途的建筑物，不能折价或拍卖，但对此可通过发包人的行政上级单位协调解决。

10.1.5 工程价款优先受偿权与作为开发商的发包人的银行抵押贷款和预售房屋之间的关系

《新解释（一）》规定，建筑工程的承包人的工程价款优先受偿权优于发包人的银行抵押权和其他债权。不论抵押权设定在前或在后，工程价款受偿均优先于抵押权。但消费者支付购买商品房的全部或者大部分款项后，承包人就该商品房享有的工程价款优先受偿权不得对抗受让人。支付大部分款项是指已支付总房款的50%以上。

10.1.6 垫资有效对工程价款的影响

垫资原则上按有效处理是《新解释（一）》第二十五条的规定。垫资款的本质属于工程价款的范畴，因此垫资款应该属于优先受偿的范围。承包人应注意：①若要就垫资款的归还时间就不能约定在竣工18个月以后；②应当视案件情况及时行使工程价款优先受偿权。

10.2 建设工程施工合同无效问题

10.2.1 合同无效的概述

1. 无效合同的含义

无效合同是指合同当事人协商订立，但是因为不具备或者违反了法定条件，国家法律规定不承认其效力的合同。

2. 合同无效的法律规定

《民法典》规定，有下列情形之一的，合同无效：

（1）一方以欺诈、胁迫的手段订立合同，损害国家利益；

（2）恶意串通，损害国家、集体或者第三人利益；

（3）以合法形式掩盖非法目的；

（4）损害社会公共利益；

（5）违反法律、行政法规的强制性规定。

10.2.2 建设工程施工合同无效的几种情形

建设工程合同受到不同部门的法律、行政法规和规章的调整，特别是法律、法规、规章中的强制性规范很多，如果违反这些规范都以违反法律强制性规定为由认定合同无效，不符合《民法典》的立法精神，不利于维护交易的稳定性，也不利于保护各方当事人的合法权益。同时，也会阻碍建筑市场的健康发展。法律和行政法规中的强制性规定有的属于行政管理规范，如果当事人违反了这些规范应当受到行政处罚，但是不应当影响合同的效力。

根据《新解释（一）》，建设工程施工合同的无效有以下几种情形：

（1）承包人未取得建筑施工企业资质的；

（2）承包人超越资质等级承包的，但承包人超越资质等级许可的业务范围签订建设工程施工合同后，在建设工程竣工前取得相应资质等级的除外；

（3）没有资质的实际施工人借用有资质的建筑施工企业名义的；

（4）建设工程必须进行招标而未招标的；

（5）必须进行招标的建设工程虽然招标但招标无效的；

（6）承包人非法转包建设工程的，但具有劳动作业法定资质的承包人与总承包人，分包人签订的劳务分包合同，当事人不能以转包建设工程违反法律规定为由主张合同无效；

（7）承包人违法分包建设工程的。

另外，《民法典》规定的合同无效的情形，也适用于建设工程施工合同。如《建筑法》第二十四条规定，禁止将建设工程肢解分包。《建设工程质量管理条例》第七条规定，建设单位不得将建设工程肢解发包。如果建设单位将建设工程肢解发包后与施工单位签订的建设工程施工合同，人民法院也应当认定其无效。

10.2.3　建设工程施工合同无效后的处理原则

对无效建设工程合同处理的总原则是：尚未履行的判决不再履行；正在履行的，应立即终止履行，并视具体情况按过错程度处理；合同已经实际履行完毕的，应该根据无效合同当事人的过错责任程度和工程造价构成情况处理。有过错的一方应当按照工程的实际造价返还无过错的承包方应得的工程款，并赔偿因此而发生的损失。承发包双方互有过错的，按过错程度确定赔偿数额。建设工程施工合同无效后的处理具体为：

（1）建设工程施工合同无效，但建设工程竣工验收合格，承包人请求参照合同约定支付工程价款的，应予支持；

（2）建设工程施工合同无效，且建设工程竣工验收不合格的，修复后的建设工程竣工验收合格，发包人请求承包人承担修复费用的，应予支持；

（3）建设工程施工合同无效，且建设工程竣工验收不合格的，修复后的建设工程竣工验收不合格，承包人请求支付工程价款的，不予支持。

10.2.4　无效建设工程施工合同的效力补正

建设工程施工合同在效力上存在瑕疵，当事人通过合法途径对该瑕疵进行补充和修改，是合同最终具有法律效力。无效建设工程施工合同的效力补正主要有以下几种情形：

（1）行为人没有代理权，超越代理权或者代理权终止后已被代理人名义签订的合同，未经被代理人追认，对被代理人不发生效力，由行为人承担责任；如果被代理人在1个月内予以追认的，该合同有效；

（2）发包人无权处分发包建设工程的，其签订的施工合同无效，但经权利人追认或者该发包人在订立合同后取得了处分权，该施工合同有效；

（3）承包人超越资质等级许可的业务范围签订施工合同的，属于无效合同，但在建设工程竣工前取得相应资质等级的，施工合同视为有效合同，当事人请求按照无效合同处理的，人民法院将不予支持。

10.3 建设工程垫资利息问题

10.3.1 垫资承包施工的含义及主要形式

垫资承包施工，是指在工程建设项目过程中，承包人利用自有资金为发包人垫资进行工程项目建设直至工程施工至约定条件或全部工程施工完毕后，再由发包人按照约定支付工程价款的施工承包方式。随着国内外建筑市场竞争日趋加剧，造成建筑企业带资承包、垫资施工已成为建筑企业的普遍现象。大部分开发商为了降低项目开发的前期成本，以缓解建设资金的压力，明确要求施工方垫资，否则建筑企业无法获得工程项目。垫资施工的建筑企业明知垫资之后会有风险，但为了不失去市场，往往不得已而为之。

由于我国建筑市场的不完善，施工单位在承揽工程的过程中经常处于弱势地位，工程垫资就是很典型的例证。

根据《工程建设项目施工招标投标办法》的规定，依法必须招标的项目，招标时需要具备的条件之一就是有相应资金或资金来源已经落实，否则不许招标。同时，根据我国《建设工程施工合同（示范文本）》（GF-2017-0201）规定，实行工程预付款的，双方应当在专用条款内约定执行，除专用合同条款另有约定外，预付款在进度付款中同比例扣回。预付时间应不迟于约定的开工日期前 7 天。发包人不按约定预付，承包人在约定预付时间 7 天后向发包人发出要求预付的通知，发包人收到通知后仍不能按要求预付，承包人可在发出通知后 7 天停止施工，发包人应从约定应付之日起向承包人支付应付款的贷款利息，并承担违约责任。可见，该示范文本提倡建设单位不仅要具备修建工程的资金准备，而且还应该向承包商支付工程预付款。但是，很多时候，这种用意未能落实，不仅承包商得不到工程预付款，其应该获得的工程进度款也不容易全部收回。

垫资施工主要变现为以下几种形式：

（1）全额垫资施工，工程项目建设完毕经竣工验收合格后，方按照约定支付工程价款；

（2）工程进度款不足额支付，造成部分垫资施工；

（3）承包人向发包人支付保证金，作为工程项目启动资金；

（4）约定按照形象进度支付。

10.3.2 垫资施工在我国经历的不同法律适用发展阶段

垫资施工在我国目前的法律架构下，大致经历了三个不同的法律适用发展阶段，每个阶段都呈现出其不同的法律特征。

（1）垫资施工的《建设工程施工合同》绝对无效的阶段

由于大量带资、垫资行为的存在，致使一些建设资金不足甚至没有资金的建设项目上马，扰乱了国家对整个建筑行业的宏观调控，同时带资、垫资为条件的承发包行为也引发了建筑市场的恶性竞争，扰乱了建筑市场的正常秩序。同时，带资、垫资施工的直接后果导致工程质量下降，承包商合法权益受损。

此外，由于承包商是通过垫资承包了工程，在这种情况下往往是建设资金不足。部分承包商为催要工程款，不得不行贿赂建设单位的主要领导人，从而引发了大量的腐败。

为了禁止越来越多的垫资施工情况，建设部、财政部、国家计委于 1996 年 6 月 4 日颁布了《关于严格禁止在工程建设中带资承包的通知》。该《通知》第四条明确规定："任何建设单位都不得以要求施工单位带资承包作为招标投标条件，更不得强行要求施工单位将此类内容写入工程承包合同。"第五条规定："施工单位不得以带资承包作为竞争手段承揽工程，也不得用拖欠建材和设备生产厂家货款的方法转嫁由此造成的资金缺口。"

根据上述规定，人民法院对于垫资建设的建设工程施工合同纠纷案件，多按照该《通知》的精神作出认定无效的判决。

（2）垫资有效与垫资无效各个法院执法标准不一的混乱阶段

《合同法》于 1999 年 10 月 1 日起颁布实施后，由于《合同法》对于无效合同有了明确的规定。根据《合同法》第五十二条规定，有下列情形之一的，合同无效：①一方以欺诈、胁迫的手段订立合同，损害国家利益；②恶意串通，损害国家、集体或者第三人利益；③以合法形式掩盖非法目的；④损害社会公共利益；⑤违反法律、行政法规的强制性规定。

根据上述规定，无效合同必须是"违反法律、行政法规的强制性规定"的才无效，而上述提及的《关于严格禁止在工程建设中带资承包的通知》的规定既不是法律也不是行政法规。最高人民法院《关于适用〈中华人民共和国合同法〉若干问题的解释（一）》明确规定：合同法实施后，人民法院确认合同无效，应当以全国人大及其常委会制定的法律和国务院制定的行政法规为依据，不得以地方性法规、行政规章为依据。因此，有些法院认为确认垫资不违反国家法律、行政法规的禁止性法律规定，因此确认有效。

但是，也有一些法院持不同的观点。他们认为垫资实际上属于企业之间的一种变相借贷关系，而根据我国法律的规定，企业之间依法不能进行资金借贷，因此应当确认为无效。

（3）垫资原则按照有效处理的阶段

《最高人民法院关于审理建设工程施工合同纠纷案件适用法律问题的解释》（法释〔2004〕14 号）颁布实施后，垫资的建设工程施工合同按照有效处理。根据该规定，当事人对垫资和垫资利息有约定，承包人请求按照约定返还垫资及其利息的，应予支持，但是约定的利息计算标准高于中国人民银行发布的同期同类贷款利率的部分除外。

《最高人民法院关于审理建设工程施工合同纠纷案件适用法律问题的解释》的上述规定，使得人民法院在司法实践中得以对垫资施工案件的审理和判决进行明确的规定，便于各地法院在审理案件时按照统一的标准裁判，也能充分维护法院的司法权威。

上述《最高人民法院关于审理建设工程施工合同纠纷案件适用法律问题的解释》同时还对垫资的利息支付作了规定。根据该规定，当事人对垫资没有约定的，按照工程欠款处理。当事人对垫资利息没有约定，承包人请求支付利息的，不予支持。

随着建设工程法律制度和体系的不断完善，以上所涉及的法律条款已陆续更新。随着《中华人民共和国民法典》于 2021 年 1 月 1 日起正式实施，以上垫资施工的法律依据已更新为《最高人民法院关于审理建设工程施工合同纠纷案件适用法律问题的解释（一）》（法释〔2020〕25 号），于 2021 年 1 月 1 日起正式实施。

10.3.3　在处理垫资条款时，施工企业应注意的事项

建筑施工企业在签署合同时应注意如下事项：

（1）带资、垫资条款按照有效原则处理，垫资约定条款受到法律保护。承包商不能因自身资金困难而要求发包人给予支付合同没有约定的进度款，否则如果因为资金实力不够，无法按照垫资建设的进度进行施工，将承担违约责任。因此签署垫资的施工合同，必须考虑自身资金安排，避免届时骑虎难下、承担违约责任。

（2）承包合同可以约定垫资的利率进行约定，但不能高于央行发布的同期同类贷款利率。因为但凡约定的利息计算标准高于垫资时的同类贷款利率或同期贷款市场报价利率的部分，人民法院不予支持。

（3）如果合同没有约定垫资利息的，将按照工程欠款处理，且不支付利息。

（4）为保护承包人合法权益，尤其是根据《民法典》第八百零七条承包人所拥有的优先受偿权，建议承包企业不能以支付货币给发包方的形式进行垫资。因为根据《民法典》第八百零七条规定，凡是承包人将货币、劳动力等物化为合同约定的建筑工程的，一旦发包人不能支付工程款时，承包人可以根据该规定享有优先受偿权，请求拍卖而从中优先得到工程款。而如果以向发包人支付一定数量的货币，再由发包人支付形象进度款的方式，容易造成发包人将部分资金挪用、不支付进度款，届时如果发生诉讼，承包人拟通过《民法典》第八百零七条行使承包人的优先受偿权时，将存在法律障碍。

10.4　解除建设工程施工合同的条件问题

10.4.1　合同解除的概念及方式

合同解除是指合同有效成立以后，当具备合同解除条件时，因当事人一方或双方的意思表示而使合同关系自始消灭或向将来消灭的一种行为。合同解除根据解除的方式可分为单方解除和协议解除；根据解除的依据可分为法定解除和约定解除。根据我国《民法典》的规定，普通合同的解除采取任意原则。

10.4.2　建设工程施工合同解除的原则

在市场经济条件下，建设工程施工合同虽然不像以前那样全部严格按照具体的建设计划订立，但由于建设工程涉及国计民生，依然没有改变基本建设的计划性，国家仍然对基建项目实行计划控制；由于基本建设工程建设周期长、质量要求高、涉及的方面广，各阶段的工作之间有一定的严密程序，因此，建设工程施工合同具有计划性、程序性的特点。同时，因涉及基本建设规划，其标的物为不动产，承建人所完成的工作成果不仅具有不可移动性，而且须长期存在并发挥作用，事关国计民生。因此，国家对其实行严格的监督管理，从合同的签订到履行，从资金的投放到最终成果的验收，都要受到国家严格的管理和监督，施工合同解除的任意性，受到一定的限制。

10.4.3　建设工程施工合同解除的形式

变更和解除建设工程施工合同必须采用书面形式。变更和解除建设工程施工合同的书面形式包括修改合同的文书、电报、图表等，它们都是协议的组成部分，同样具有法律约束力。建筑合同的变更和解除，在符合法律规定的条件下，当事人一方必须以书面形式向另一方提出，对方也必须以书面形式作出答复。经过公证或鉴证的建筑合同，需要变更和解除时，必须再到原公证或鉴证机关审查备案。

10.4.4　建设工程施工合同解除事由

1. 约定事由

（1）当事人双方经过协商同意，并且不因此损害国家利益和社会公共利益。这一条件包含了两个方面的意思：①建设工程施工合同的解除必须经过双方当事人的协商同意，协商同意是解除合同的首要条件和前提；②建设工程施工合同的解除不能损害国家利益和社会公共利益。这一规定是为了维护和保障国家和社会公共利益不受损害，保障经济秩序正常运行，促进经济的发展。

（2）建设工程施工合同中解除的约定条件。建设工程施工合同的解除，除法律规定的条件外，还有约定的条件。所谓约定的条件，是指双方当事人在合同中约定，一方或双方当事人在出现合同约定事由时，保留解除合同的权利。约定的条件要真实、合法，而且必须在约定的条件出现时，才能解除合同。

2. 法定事由

根据我国《民法典》的规定，施工合同的解除有以下情况：

（1）由于不可抗力致使建设工程施工合同的全部义务不能履行。何谓不可抗力，我国法律一般认为，不可抗力是指不能预见、不能避免并不能克服的客观情况。一般说来，以下情况被认为属于不可抗力：

1）自然灾害。自然灾害包括地震、水灾等因自然界的力量引发的灾害。自然灾害的发生，常常使合同的履行成为不必要或者不可能，需要解除合同。比如，地震摧毁了购货一方的工厂，使其不再需要订购的货物，要求解除合同。一般各国都承认自然灾害为不可抗力，但有的国家认为自然灾害不是不可抗力。因此，在处理涉外合同时，要特别注意各国法律的不同规定。

2）战争。战争的爆发可能影响到一国以至于更多国家的经济秩序，使合同履行成为不必要。

3）社会异常事件，主要指一些偶发的阻碍合同履行的事件。比如罢工、骚乱，一些国家认为属于不可抗力。

4）政府行为，主要指合同订立后，政府颁布新的政策、法律，采取行政措施导致合同不能履行，如发布禁令等，有些国家认为属于不可抗力。

（2）由于情势变更的原因，致使建设工程施工合同继续履行已不可能或显失公平。情势变更原则，是指合同有效成立后而未完全履行前，由于作为该合同关系基础的"情势"，发生了非当初所能预料的并且不可归责于双方当事人的变化，致使合同基础动摇或丧失以致合同难以履行或按原合同履行则显失公平，此时对双方当事人就实体部分的争议应作出解除或变更的裁判。

（3）由于另一方违反合同以致严重影响订立合同所期望实现的目的。这里有个逾期违约的概念。预期违约也称先期违约，是指在合同履行期限到来之前，一方无正当理由明确表示其在履行期到来后将不履行合同，或者其行为表明其在履行期到来后将不可能履行合同。从这一概念可以看出，预期违约存在两种形态：一种是在合同有效成立后至合同约定的履行期截止前，一方当事人明确肯定地向另一方当事人明示他将不履行合同约定的主要义务，即明示预期违约；另一种是在合同有效成立后至合同履行期到来前，一方当事人以其行为表明在履行期到来后将不履行或不能履行合同主要义务，即默示预期违约。

10.4.5　合同解除的赔偿责任

（1）当事人双方协商同意解除建设工程施工合同时，如果给一方造成了经济损失，由要求解除合同的一方承担赔偿责任。合同的解除如果属于双方的责任，要根据实际情况，由双方分别承担各自应负的责任。

（2）由于不可抗力的原因造成建筑合同的解除时，除双方另有约定以外，不承担责任。

（3）单方解除合同。当事人双方在合同中约定解除建设工程施工合同可以免除责任的，在合同的范围内，当一方提出要求解除建设工程施工合同时，不负赔偿责任。法律明确规定解除建设工程施工合同时可以免除责任的，在解除合同时，不承担责任。如果当事人一方被撤销而使建设工程施工合同解除，解除后的经济责任应该由享受其经济利益的上级单位来承担。

建设工程施工合同解除后，已经完成的建设工程质量合格的，发包人应当按照约定支付相应的工程价款。

因一方违约导致合同解除的，违约方应当赔偿因此而给对方造成的损失。

10.4.6　行使合同解除权应注意的事项

（1）当事人主张解除合同时应注意下列事项：

1）行使解除权应书面通知对方；

2）未在法定或约定的期限内行使解除权的，该权利消灭；

3）没有法定或约定解除权行使期限的，经对方催告在合理期限内不行使的，该权利消灭；

4）合同解除后，不影响合同中结算和清算条款的效力；

5）在合同解除后，还应当履行通知、协助、保密等后契约义务。

（2）当事人不同意对方提出的解除合同主张时，应注意下列事项：

1）当事人有权对合同解除或合同相对方合同解除权的行使提出异议，异议提出的方式，应与合同相对方解除合同的通知相同或相类似；

2）当事人异议不能产生预期效果时，当事人可以请求人民法院或仲裁机构宣告解除合同的行为无效。

10.5　建设工程质量不符合约定情况下责任承担问题

建设工程质量是指建设工程项目施工活动及其产品的质量，即通过施工使工程满足业主（顾客）需要并符合国家法律、法规、技术规范标准、设计合同规定的要求，其质量特性主要体现在建设工程的适用性、安全性、耐久性、可靠性、经济性及与环境的协调性六个方面。导致工程质量不合格的原因很多，其中有发包人的原因，也有承包商的原因。其责任的承担应该根据具体的情况分别作出处理。

10.5.1　因承包人过错导致质量不符合约定的处理

因承包人过错导致质量不符合约定的：发包人有权要求施工人在合理期限内无偿修理或者返工、改建，经过修理或返工、改建后，造成逾期交付的，施工人应当承担违约责任，承包人拒绝修理、返工的，发包人可减少支付工程价款。

承包人偷工减料、擅自修改图纸的处理：

（1）责令改正，处以罚款；

（2）情节严重的责令停业整顿，降低资质等级或吊销资质证书；

（3）造成工程不符合质量标准，负责返工、修理，并赔偿因此造成的损失；

（4）构成犯罪的，依法追究刑事责任。

10.5.2　因发包人过错导致质量不符合约定的处理

《新解释（一）》第十三条规定，发包人具有下列情形之一，造成建设工程质量缺陷，应当承担过错责任：

（1）提供的设计有缺陷；

（2）提供或者指定购买的建筑材料、建筑构配件、设备不符合强制性标准；

（3）直接指定分包人分包专业工程。

承包人有过错的，也应当承担相应的过错责任。

《建设工程质量管理条例》第五十六条规定，发包人有下列情况的，责令改正，处20万～50万元的罚款：

（1）迫使承包方以低于成本的价格竞标的；

（2）任意压缩合理工期的；

（3）明示或暗示设计单位或施工单位违反强制性标准，降低工程质量的；

（4）设计文件未经审查或审查不合格的；

（5）必须实行工程监理而未实行监理的；

（6）未按规定办理工程质量监督手续的；

（7）明示或暗示施工单位使用不合格建材、建筑构配件和设备的；

（8）未按规定将竣工验收报告、有关认可文件或准许使用文件报送备案的。

10.5.3　发包人擅自使用后出现质量问题的处理

《新解释（一）》第十四条规定："建设工程未经竣工验收，发包人擅自使用后，又以使用部分质量不符合约定为由主张权利的，不予支持；但是承包人应当在工程合理使用寿命内对地基基础工程和主体结构质量承担民事责任。"

《建设工程质量管理条例》第五十八条规定，未组织竣工验收，或验收不合格擅自交付使用，或对不合格工程验收为合格的：

（1）责令改正；

（2）处工程合同价款 $2\%\sim4\%$ 的罚款；

（3）造成损失的，承担赔偿责任。

建设工程竣工验收应当具备下列条件：

（1）完成建设工程设计和合同约定的各项内容；

（2）有完整的技术档案和施工管理资料；

（3）有工程使用的主要建筑材料、建筑构配件和设备的进场报告；

（4）有勘察、设计、施工、工程监理等单位分别签署的质量文件；

（5）有施工单位签署的工程保修书。

10.6　对竣工日期的争议问题

10.6.1　竣工日期的形式

竣工日期可以分为合同中约定的竣工日期和实际竣工日期。合同中约定的竣工日期是指发包人和承包人在协议书中约定的承包人完成承包范围内工程的绝对或相对的日期。实际竣工日期是指承包人全面、适当履行了施工承包合同时的日期。合同中约定的竣工日期是发包人限定的竣工日期的底线，如果承包人超过了这个日期竣工就将为此承担违约责任。而实际竣工日期则是承包人可以全面主张合同中约定的权利的开始之日，如果该日期先于合同中约定的竣工日期，承包商可以因此获得奖励。

10.6.2　竣工日期争议的表现形式

正是由于确定实际竣工日期涉及发包人和承包人的利益，对于工程竣工日期的争议就时有发生。

我国《建设工程施工合同（示范文本）》第13.2.3款规定，工程竣工验收合格，承包人送交竣工验收报告的日期为实际竣工日期。工程按发包人要求修改后通过竣工验收的，实际竣工日期为承包人修改后提请发包人验收的日期。但是在实际操作过程中容易出现一些特殊的情形，并最终导致关于竣工日期的争议的产生。这些情形主要表现在：

（1）由于建设单位和施工单位对于工程质量是否符合合同约定产生争议而导致对竣工日期的争议

工程质量是否合格涉及多方面因素，当事人双方很容易就其影响因素产生争议。而一旦产生争议，就需要权威部门来鉴定。鉴定结果如果不合格就不涉及竣工日期的争议了，而如果鉴定结果是合格的，就涉及以哪天作为竣工日期的问题了。承包商认为应该以提交竣工验收报告之日作为竣工日期，而建设单位则认为应该以鉴定合格之日为实际竣工日期。对此，《新解释（一）》第十一条规定："建设工程竣工前，当事人对工程质量发生争议，工程质量经鉴定合格的，鉴定期间为顺延工期期间。"

从这个规定我们看到，应该以提交竣工验收报告之日为实际竣工日期。

（2）由于发包人拖延验收而产生的对实际竣工日期的争议

《新解释（一）》第九条规定：建设工程经竣工验收合格的，以竣工验收合格之日为竣工日期；承包人已经提交竣工验收报告，发包人拖延验收的，以承包人提交验收报告之日为竣工日期；建设工程未经竣工验收，发包人擅自使用的，以转移占有建设工程之日为竣工日期。

（3）由于发包人擅自使用工程而产生的对于实际竣工验收日期的争议

《建设工程质量管理条例》第十六条规定，建设单位收到建设工程竣工报告后，应当组织设计、施工、工程监理等有关单位进行竣工验收。建设工程经验收合格的，方可交付使用。

有的时候，建设单位为了能够提前使用工程而取消了竣工验收这道法律规定的程序。而这样的后果之一就是容易对实际竣工日期产生争议，因为没有提交的竣工验收报告和竣工验收试验可供参考。对于这种情形，《新解释（一）》第九条同时作出了下面的规定：建设工程未经竣工验收，发包人擅自使用的，以转移占有建设工程之日为竣工日期。

10.7　对计价方法的争议问题

在工程建设合同中，当事人双方会约定计价的方法，这是后来建设单位向承包商支付工程款的基础。如果合同双方对于计价方法产生了纠纷且不能得到及时妥善地解决，就必然会影响到当事人的切身利益。

10.7.1　因变更引起的纠纷

在工程建设过程中，变更是普遍存在的。尽管变更的表现形式纷繁复杂，但是其对于工程款的支付的影响却仅仅表现在两个方面：

（1）工程量的变化导致价格的纠纷

从经济学的角度看，成本的组成包括两部分，即固定成本和可变成本。固定成本不因产量的增加而增加，可变成本却是产量的函数，因产量的增加而增加。当产量增加时，单位产量上摊销的固定成本就会减少，而可变成本不发生变化，其总成本将减少。在原有价格不变的前提下，会导致利润率增加。因此，当工程量发生变化后，当事人一方就会提出增加或者减少单价，以维持原有的利润率水平。如果工程量增加了，建设单位就会要求减少单价。相反，如果工程量减少了，施工单位就会要求增加单价。

调整单价时会涉及两个因素：一是工程量增减幅度达到多少就要调整单价；二是将单价调整到多少。如果在承包合同中没有对此进行约定，就会导致纠纷。

（2）工程质量标准的变化导致价格的纠纷

工程质量标准有很多种分类的方法，如果按照标准的级别来分的话，可以分为国家标准、地方标准、行业标准、企业标准。另外，合同双方当事人也可以在合同中约定标准，如果约定的标准没有违反强制性标准，其效力还将高于国家其他标准。

正是由于工程质量标准的多样性，就会导致工程标准发生变化而导致纠纷的产生。例如，对于某混凝土工程，原来在合同中约定的混凝土强度为25MPa，后来建设单位出于安全和质量的考虑，要求将强度标准提高到30MPa，这就意味着施工单位将为此多付出成本，那么到底多付出了多少，双方也有可能就此产生纠纷。

对于上面的由于变更而引起的计价方法的纠纷，《新解释（一）》第十九条作出了规定，当事人对建设工程的计价标准或者计价方法有约定的，按照约定结算工程价款。因设计变更导致建设工程的工程量或者质量标准发生变化，当事人对该部分工程价款不能协商一致的，可以参照签订建设工程施工合同时当地建设行政主管部门发布的计价方法或者计价标准结算工程价款。

10.7.2 因工程质量验收不合格导致的纠纷

工程合同中的价款针对的是合格工程而言的，而在工程实践中，不合格产品也是普遍存在的，对于不合格产品如何计价也就自然成了合同当事人关注的问题。在这个问题中也涉及两方面的问题：一是工程质量与合同约定的不符合程度，二是针对该工程质量应予支付工程款。

对此，《新解释（一）》第十九条也同时作出了规定，建设工程施工合同有效，但建设工程经竣工验收不合格的，依照《民法典》第五百七十七条规定处理。

10.7.3 因利息而产生的纠纷

《民法典》规定：当事人一方不履行合同义务或者履行合同义务不符合约定，给对方造成损失的，损失赔偿额应当相当于因违约所造成的损失，包括合同履行后可以获得的利益，但不得超过违反合同一方订立合同时预见到或者应当预见到的因违反合同可能造成的损失。

从上面的条款我们可以看到，如果建设单位不及时向承包商支付工程款，承包商在要求建设单位继续履行的前提下，可以要求承包商为此支付利息。因为利息是建设单位如果按期支付工程款后承包商的预期利益。

在实践中，对于利息的支付容易在两个方面产生纠纷：一是利息的计付标准，二是何时开始计付利息。

《新解释（一）》第十九条对于计付标准作出了规定，当事人对欠付工程价款利息计付标准有约定的，按照约定处理。

同时，《新解释（一）》第二十七条也对何时开始计付利息作出了规定，利息从应付工程价款之日计付。当事人对付款时间没有约定或者约定不明的，下列时间视为应付款时间：

(1) 建设工程已实际交付的，为交付之日；
(2) 建设工程没有交付的，为提交竣工结算文件之日；
(3) 建设工程未交付，工程价款也未结算的，为当事人起诉之日。

10.7.4 因合同计价方式产生的纠纷

合同价可以采用以下方式：
(1) 固定价，合同总价或者单价在合同约定的风险范围内不可调整；
(2) 可调价，合同总价或者单价在合同实施期内，根据合同约定的办法调整；
(3) 成本加酬金，合同总价由成本和建设单位支付给施工单位的酬金两部分构成。

由于工程建设的外部环境处于不断的变化之中，这些外部条件的变化就可能会使得施工单位的成本增加。例如，某种建筑材料大幅度涨价，或者发生了一定程度的设计变更使得工程量有所增加，都会让承包商承担了更大的成本。在这种情况下，承包商就可能提出索赔的要求，要求建设单位支付增加部分的成本。对于上面的三种计价方式，如果采用的是可调价合同或者成本加酬金合同，建设单位就应该在合同约定的范围内支付这笔款项。但是，如果采用的是固定单价合同，则建设单位就不必为此支付。

《新解释（一）》第二十八条规定，当事人约定按照固定价结算工程价款，一方当事人请求对建设工程造价进行鉴定的，不予支持。

10.8　对工程量的争议问题

在工程款支付的过程中，确认完成的工程量是一个重要的环节。只有确认了完成的工程量，才能进行下一步的结算。但是在工程量的确认过程中会产生一些争议，《新解释（一）》第二十条规定："当事人对工程量有争议的，按照施工过程中形成的签证等书面文件确认。承包人能够证明发包人同意其施工，但未能提供签证文件证明工程量发生的，可以按照当事人提供的其他证据确认实际发生的工程量。"

10.8.1　工程签证可以作为确定工程量的合法依据

1. 工程签证

工程签证，其实质是工程承发包双方在《建设工程施工合同》履行过程中按合同就施工调整、顺延工期、造价调整、赔偿损失等所达成的双方意思表示一致的书面文件，是对原《建设工程施工合同》的某些条款进行补充约定的性质的法律文件，类似于补充协议。所以，签证可作为工程结算、增减工程量及工程造价的证据。

2. 工程签证具有以下法律特征

（1）工程签证是双方协商一致的结果，是建设工程施工合同中根据履行的实际需要新签署的补充合同，是整个《建设工程施工合同》的组成部分。

（2）工程签证可直接作为证据，可直接在工程形象进度结算或工程最终造价结算中作为计算工程量及工程价款的依据。

（3）工程签证一般不依赖于证据，但是对于工程签证如何进行（有权进行工程签证的主体、签证的范围和工程签证的程序）应在工程承发包合同中加以明确。

（4）不符合约定的工程签证不具备法律效力，不能作为计算工程量及工程造价的依据。在工程施工过程中发生需要签证的事项，就应该有《建设工程施工合同》规定的有权进行签证的人士，根据约定的程序进行签证，作为未来进行结算的依据。否则，不符合约定条件的工程签证不具备法律效力，不能作为计算工程量及工程价款的依据。

3. 工程签证不包括情况

一般来说，凡是合同履行中会发生工期延误、结算金额调整的情况均应当提请签证，包括但不限于以下情况：

（1）开工延期的签证。发包人提供原材料、设备、场地、资金、施工图纸、技术资料延迟导致开工延期，承包人应当及时提请签证。

（2）工期延误的签证。所有导致工程延误的事件，都应该要求签证。具体包括但不限于：发包人未能按照合同的约定提供施工图纸；约定的开工时间尚不具备开工条件；未能按约定日期支付工程款（预付款．进度款）致使施工不能正常进行；非承包人原因发生的停电、停水、停气造成停工累计超过 8 小时；不可抗力；发包方同意工期顺延的其他情形。

（3）窝工、停工造成的签证。其包括发包人未及时检查隐蔽工程，因发包人原因停建、返建和返工造成窝工停工的情形。

（4）价款调整的签证。例如：计划变更导致工程量增加、建筑质量标准提高、工程设计变更等。

（5）工程量确认的签证。通过工程量单价报价的，工程款是单价与工程量的乘积，故确认工程量意味着确认施工工程价款，及时确认工程量非常重要。

10.8.2　没有工程签证可以按照当事人提供的其他证据确认的工程量

长期以来，在人民法院审理建设工程施工合同纠纷案中，工程量的计算是一个非常专业的专业性、技术性问题。以前，发包人与承包人根据《全国统一建筑工程预算工程量计算规则》中对工程量的分类，更多的是通过合同约定的范围和种类予以明确，自 2003 年以后，建设部通过制定工程量清单的方式，对工程量的分类及工程量计算规则进行了明确规定。

实际施工中，工程量清单大多是以发包人和承包人双方工地代表形成的签证体现出来的。按照建设工程施工合同格式文本中通用条款关于工程量的规定，工程量的确认，是由承包人按专用条款约定的时间，向工程师提交已完工程量的报告。工程师接到报告后 7 天内按设计图纸核实已完成工程量，并在计量前 24 小时内通知承包人，承包人为计量提供便利条件并派人参加。承包人收到通知后不参加计量，计量结果有效，作为工程价款支付的依据。工程师接到承包人报告后 7 天内未进行计量，从第 8 天起，承包人报告中开列的工程量即视为被确认，作为工程价款支付的依据。工程师不按约定时间通知承包人，致使承包人未能参加计量，计量结果无效。对承包人超出设计图纸范围和因承包人原因造成返工的工程量，工程师不予计量。工程量的计量结果出来后，对合同约定的涉及工程进度款支付问题上有直接的联系，在确认计量及过后 14 天内，发包人应向承包人支付进度款。这些都是在发包人没有变更工程设计、承包人也没有超出涉及图纸范围施工的情况下，计算工程量的通常程序。在工程变更设计时，须有双方工地代表签字的书面工程变更单，才能作为计算工程量的依据。

能反映工程量变化的证据主要的还有以下几种：

（1）会议纪要。只有经过双方签字认可的会议纪要才能作为直接证据使用。

（2）工程检查记录。如建筑定位放线验收单、基坑验槽记录等，都能在一定程度上反映出工程量的变化。

（3）来往电报、函件等。这些书面文件往往可以证明发生变化的时间，原因等情况。

（4）工程洽商记录。工程洽商记录中记载了工程施工中地下障碍的处理、工程局部尺寸材料改换、增加或者减少某项工程内容的情况。

（5）工程通知资料。发包人提供的场地范围、水、电接通位置、水准点、施工作业时间限定、施工道路指定等，都是通过通知书的方式告诉承包人。

10.9　阴阳合同问题

10.9.1　阴阳合同的概述

1. 阴阳合同的定义

"阴阳合同",又称"黑白合同",其概念主要出现在《招标投标法》颁布之后。"阳合同"为发包人,承包人按照《招标投标法》的规定,依照招标投标文件签订的在建设行政主管部门备案的合同,其主要特点为:经过合法的招标投标程序,该合同在建设行政主管部门备案。与之相反,"阴合同"是双方为规避市场监管,私下签订的合同,未经合法的招标投标程序且该合同未在建设行政主管部门备案。

2. "阴阳合同"的典型情形

第一种:招标投标人均按造价管理的规定计算,进行招标投标,并将中标结果备案。招标人与中标人又通过补充协议等形式,修改"阳合同"的主要条款,包括承包范围、合同价款、工期、质量等级、工程款付款期限等。

第二种:招标人均按造价管理的规定,进行招标投标,并将中标结果备案。招标人与中标人私下又签订一个合同,约定承包人中标后进行一定程度的让利。一些情况下,双方直接在私下合同中约定中标合同仅为在政府备案使用,双方一切权利义务以私下合同为准。

第三种:招标人在发布招标公告前,向拟投标人发出调查表,内容涉及让利,并以此作为参加投标的先决条件,促使投标人相互压价。

10.9.2　阴阳合同的潜在危害性

1. 使国家利益受到损失

"阴阳合同"不是"真高价假低价"就是"假高价真低价",无论"孰高孰低",其主观动机都是为了掩盖某种非法的目的,逃避政府监管,规避法律,或为了欺骗竞争对手。由于签订"阴阳合同"必须承发包双方相互配合,共同保密才能得手,签订"阴阳合同"而得到实际利益的一方往往采用贿赂的方法,付出一些小的代价收买对方的有关人员,还有少数公共投资的发包人通过"阴合同"设立小金库滋生腐败,是国家的利益蒙受损失。

2. 使建筑市场的竞争失去平衡

市场经济是法治经济,应有良好的竞争秩序。发包人、承包人签订"阴阳合同"是一种不正当的竞争行为,损害了正当竞争者的权益。"阴合同"违背了《招标投标法》的强制性规定,阴阳合同违背了《民法典》"诚实信用""不得扰乱社会秩序"的规定,导致其他竞争对手不仅因失去中标机会而得不到利益,还会因参见这种已经内定的招标活动而造成人力、物力的直接损失。因此,"阴阳合同"的做法使国家的招标投标制度形同虚设,毒化公平竞争的环境,使遵纪守法、诚实善良的企业和从业人员不仅失去机会,也失去对公平竞争的信心。

3. 使建筑质量和安全失去保证

通过招标投标程序而签订的合同被人们称为"阳光下的合同"。一般情况下,只有具有一定的规模、管理规范、技术先进的企业才可以较低的成本建造出合格的工程。公平、公正、公开的招标活动不仅可显示出这些企业的竞争优势，保证其中标，而且招标投标合同实际上也可以产生优胜劣汰的效果，并且促使企业抓管理、上规模、降成本、求发展，这是符合市场经济的竞争法则的。而通过"阴阳合同"等不正当手段获取中标的，往往是那些不具有竞争优势的企业。"阴合同"造低价，承包人为了降低成本，签订"阴阳合同"后，往往出现偷工减料、违法分包、非法转包、拖欠农民工工资、减少安全投入等现象，极易导致质量和安全事故，增大了社会的不稳定因素。

4. 使承发包双方的权责失去约束

对于尚未开始履行的"阴阳合同"，由有关部门对当事人处以罚款，直至取消其投标资格，处理起来比较简单，也可不涉及合同的效力问题。但对于已经基本履行完毕的"阴阳合同"，究竟应该按照哪个合同结算，则必然涉及合同效力问题。"阴合同"对发包人并非全是"馅饼"。"阴合同"如能正常执行，承包人能得到预期利益，自然无话可说。如果承包人在施工过程中亏损严重，引起仲裁或诉讼，则"阴合同"无效，只能执行"阳合同"，发包人一系列计划落空，可能是工程中途搁浅或延期，根据"阳合同"还要赔偿承包人损失，最后是搬起石头砸了自己的脚。所以说"阴合同"对发包人来说也不是绝对有益，很可能是一个"陷阱"。

10.9.3 阴阳合同的法律效力

1. "阴阳合同"应属无效合同

《招标投标法》第四十三条规定，在确定中标人前，招标人不得与投标人就投标价格、投标方案等实质性内容进行谈判；第四十六条规定，招标人与投标人应在中标文件发出30日后签订合同，双方不得再签订违背原来合同实质内容的其他协议。《民法典》规定：有下列情形之一的，合同无效：①一方以欺诈、胁迫的手段订立合同，损害国家利益；②恶意串通，损害国家、集体或者第三人利益；③以合法形式掩盖非法目的；④损害社会公共利益；⑤违反法律、行政法规的强制性规定。尽管"阴合同"体现了双方当事人的真实意思表示，但"阴合同"为私下协议，未按照《招标投标法》进行招标投标程序，违反了《招标投标法》第四十三条、第四十六条强制性规定，且该合同未在建设行政主管部门备案，按照《民法典》相关规定，为无效合同。

2. "阴阳合同"的变更、撤销

"阴阳合同"的订立过程（严格讲是产生和炮制过程），大体上可分为先订立假合同后订立真合同和先订立真合同后订立假合同，即"先假后真"和"先真后假"。"先假后真"是发包方主动设置骗局，摆形式走过场，骗过监管部门，逼对方就范。而"先真后假"，多为规避招标，应付监管，在假招标中产生的中标通知书、合同文本、合同鉴证书等，发包方通常视为废纸一堆，不屑一顾。承包人由于同意签订低价合同在先，协作造假在后，常被发包人认为是自愿接受低价合同。承包人同意签订低价合同往往是出于无奈，并不是真实意思的表示，低价合同并不是其诉求对象。如果一方认为在合同签订过程中被愚弄、被欺骗或显失公平，在合同履行中可能遭受较大经济损失，则可以行使请求权或撤销权来维护自己的合法权益。

《民法典》规定，因重大误解订立的及在订立合同时显失公平的合同，当事人一方有权请求法院或者仲裁机构变更或者撤销。"一方以欺诈、胁迫的手段或者乘人之危，使对方在违背意思的情况下订立的合同，受损害方有权请求人民法院或者仲裁机构变更或者撤销"。订立阴阳合同不属于重大误解，但"显失公平""乘人之危"和"违背真实意思"的情节明显。根据《民法典》，受损害一方完全可以拿起法律武器请求人民法院或者仲裁机构变更或者撤销。被撤销的合同自始至终无效，合同部分无效时不影响其他部分效力，这都可以较为有效的保护当事人的合法权益。

10.9.4　阴阳合同下的质量、工期和价款纠纷

"阴阳合同"可能导致施工过程中的质量、工期和价款纠纷。由于合同成本价过低，施工方必然要想方设法降低成本，如使用低性能施工机械、用低成本甚至劣质材料，减少材料投放量，减少管理人员、技术人员和操作工人数量，延长施工时间，简化施工工艺方法等。如果由此引发质量和安全问题，则施工方必要承担全部责任。对于其中属于建设方原因引起的问题，只能通过索赔来解决。质量合格是请求价款和工程索赔的基本前提，也是施工方必须无条件履行的合同。施工方只能按照法律法规、技术规范、设计文件和合同要求提交质量符合规定的合格工程，别无选择。

在工期方面，如果施工中组织不力，缺乏管理，导致工期延误，则需要赔偿业主的误期损失。

至于工程价款纠纷，无效合同不能对抗合格工程的价款请求权。根据《民法典》，合同无效或被撤销后，因该合同取得的财产，应予以返还或折价补偿。建设工程不适用于返还，如果一个施工项目已经履行，且验收合格，建设方就应足额支付工程价款。也就是说，在"阴阳合同"下，无论实际履行哪一个合同，也无论合同是否有效或被撤销，都不影响承包方对其已完成的合格工程的价款请求。所以承包方要想获得应得款项，就要保质保量地完成工程，否则，其目的就不能实现。

10.10　确定诉讼当事人的问题

10.10.1　建设工程承包合同的主体资格问题

发包方的主体资格：具有独立财产，能够对外独立承担民事责任的民事主体都可以成为发包方，包括法人单位、其他组织、公民、个体工商户、个人合伙、联营体等。

承包方的主体资格：一是必须具备企业法人资格；二是必须具有履行合同的能力，即必须具有营业执照和由建设行政主管部门核准的资质等级。依据《建筑业企业资质管理规定》第三条的规定，建筑业企业应当按照其拥有的注册资本、净资产、专业技术人员、技术装备和已完成的建筑工程业绩等资质条件申请资质，经审查合格，取得相应等级的资质证书后，方可在其资质等级许可的范围内从事建筑活动。第五条规定，建筑业企业资质分为施工总承包资质、专业承包资质和施工劳务资质三个序列。获得施工总承包资质的企业，可以对工程实行施工总承包或者对主体工程实行施工承包。承担施工总承包的企业可以对所承接的工程全部自行施工，也可以将非主体工程或者劳务作业分包给具有相应专业承包资质或者施工劳务资质的其他建筑业企业。获得专业承包资质的企业，可以承接施工

总承包企业分包的专业工程或者建设单位按照规定发包的专业工程。专业承包企业可以对所承接的工程全部自行施工，也可以将劳务作业分包给具有相应劳务分包资质的劳务分包企业。获得劳务分包资质的企业，可以承接施工总承包企业或者专业承包企业分包的劳务作业。

10.10.2 如何确定诉讼主体

通常的建设工程合同纠纷案件的当事人为建设工程的发包人和承包人。但由于建设工程案件的复杂性，往往不能正确确定诉讼主体，使纠纷长期得不到解决，因此，正确确定建设工程案件诉讼主体，对快捷有效地处理该类纠纷具有重要意义。根据《民事诉讼法》等法律和有关司法解释来具体确定该类纠纷案件的诉讼主体身份。具体包括以下几种情况：

（1）建设单位内部不具备法人条件的职能部门或下属机构签订的建筑承包合同，产生纠纷后，应以该建设单位为诉讼主体，起诉或应诉。

（2）建筑施工企业的分支机构（分公司、工程处、工区、项目经理部、建筑队等）签订的建筑承包合同，产生纠纷后，一般以该分支机构作为诉讼主体，如该分支机构不具有独立的财产，则应追加该建筑企业为共同诉讼人。

（3）借用营业执照、资质证书及他人名义签订的建筑承包合同，涉诉后，由借用人和出借人为共同诉讼人，起诉或应诉。

（4）共同承包或联合承包的建筑工程项目，产生纠纷后，应以共同承包人为共同诉讼人，起诉或应诉；如共同承包人组成联营体，且具备法人资格的，则以该联营体为诉讼主体。两个以上的法人、其他经济组织或个人合作建设工程并对合作建设工程享有共同权益的，其中合作一方因与工程的承包人签订建设工程合同发生纠纷的，其他合作建设方应列为共同原、被告。

（5）实行总分包办法的建筑工程，因分包工程产生纠纷后，总承包人和分包人作为共同诉讼人，起诉或应诉；如果分包人起诉总承包人，则以分包合同主体作诉讼主体，是否列建设单位为第三人，视具体案情而定。

（6）涉及个体建筑队或个人合伙建筑队签订的建筑承包合同，产生纠纷后，一般应以个体建筑队或个人合伙建筑队为诉讼主体。

（7）挂靠经营关系的建筑施工企业以自己的名义或以被挂靠单位的名义签订的承包合同，一般应以挂靠经营者和被挂靠单位为共同诉讼人，起诉或应诉。施工人挂靠其他建筑施工企业，并以被挂靠施工企业名义签订建设工程合同，而被挂靠建筑施工企业不愿起诉的，施工人可作为原告起诉，不必将被挂靠建筑施工企业列为共同原告。

（8）因转包产生的合同纠纷，如发包人起诉，应列转包人和被转包人作为共同被告；如因转包合同产生纠纷，以转包人和被转包人为诉讼主体，建设单位列为第三人；多层次转包的，除诉讼当事人外，应将其他列为第三人。

（9）以筹建或临时机构的名义发包工程，涉讼后，如果该单位已经合法批准成立，应由其作为诉讼主体起诉或应诉；如该单位仅是临时的机构，尚未办理正式审批手续的，或该临时机构被撤销的，由成立或开办该单位的组织进行起诉或应诉。

（10）实行承包经营的施工企业，产生纠纷后，如果该企业是法人组织，则由该企业为诉讼主体，起诉或应诉；如果该企业不是法人组织，则列为发包人和承包企业为共同当事人，参加诉讼。

（11）因拖欠工程款引起的纠纷，承包人将承包的建设工程合同转包而实际承包人起诉承包人的，可不将发包人列为案件的当事人；承包人提出将发包人列为第三人，并对其主张权利而发包人对承包人又负有义务的，可将发包人列为第三人，当事人根据不同的法律关系承担相应的法律责任；如转包经发包人同意，即属合同转让，应直接列发包人为被告。

（12）因工程质量引起的纠纷，发包人只起诉承包人，在审查中查明有转包的，应追加实际施工人为被告，实际施工人与承包人对工程质量承担连带责任。

10.11　保修责任承担问题

10.11.1　保修责任

《建设工程质量管理条例》第四十一条规定，建设工程在保修范围和保修期限内发生质量问题的，施工单位应当履行保修义务，并对造成的损失承担赔偿责任。可见，施工单位承担保修责任的前提条件，是质量问题发生在保修范围和保修期以内。

《房屋建筑工程质量保修办法》第十七条规定，因使用不当或者第三方造成的质量缺陷、不可抗力造成的质量缺陷，不属于保修范围。因此对于不在保修范围和保修期限内的质量缺陷，施工单位无须承担保修责任。

10.11.2　保修流程

根据国家有关规定及行业惯例，就工程质量保修事宜，建设单位和施工单位应遵守如下基本程序：

（1）建设工程在保修期限内出现质量缺陷，建设单位应当向施工单位发出保修通知。

（2）施工单位接到保修通知后，应当到现场核查情况，在保修书约定的时间内予以保修。发生涉及结构安全或者严重影响使用功能的紧急抢修事故，施工单位接到保修通知后，应当立即到达现场抢修。

（3）施工单位不按工程质量保修书约定保修的，建设单位可以另行委托其他单位保修，由原施工单位承担相应责任。

（4）质量缺陷的责任方承担保修费用。

10.11.3　质量责任的损失赔偿

1. 保修义务的责任落实与损失赔偿责任的承担

《新解释（一）》第十八条规定，因保修人未及时履行保修义务，导致建筑物损毁或者造成人身财产损害的，保修人应当承担赔偿责任。保修人与建筑物所有人或者发包人对建筑物损害均有过错的，各自承担相应的责任。

建设工程保修的质量问题是在保修范围和保修期限内的质量问题。对于保修义务的承担和经济责任承担应当按下述原则处理：

（1）施工单位未按国家有关规范和设计要求施工所造成的质量缺陷，由施工单位负责返修并承担相应责任。

（2）由于设计问题造成的质量缺陷，先由施工单位负责维修，其经济责任按有关规定通过建设单位向设计单位索赔。

（3）因建筑材料、构配件和设备质量不合格引起的质量缺陷，先由施工单位负责维修，其经济责任属于施工单位采购的或经阶段验收同意的，由施工单位承担经济责任；属于建设单位采购的，由建设单位承担经济责任。

（4）因建设单位（含监理单位）错误管理造成的质量缺陷，先由施工单位负责维修，其经济责任属于建设单位承担；如属监理单位责任，则由建设单位向监理单位索赔。

（5）因使用单位使用不当造成的损害问题，先由施工单位负责维修，其经济责任由建设单位自行负责。

（6）由地震、台风、洪水等自然灾害或其他不可抗拒原因造成的损害问题，先由施工单位负责维修，建设单位与各方再根据国家具体政策分担经济责任。

2. 建设工程质量保证金

《建设工程质量保证金管理办法》（建质〔2017〕138 号）规定，建设工程质量保证金（以下简称保证金）是指发包人与承包人在建设工程承包合同中约定，从应付的工程款中预留，用以保证承包人在缺陷责任期内对建设工程出现的缺陷进行维修的资金。

（1）缺陷责任期的确定

所谓缺陷，是指建设工程质量不符合工程建设强制性标准、设计文件以及承包合同的约定，缺陷责任期一般为 1 年，最长不超过 2 年，具体可由发承包双方在合同中约定。

缺陷责任期从工程通过竣工验收时日起计。由于承包人原因导致工程无法按规定期限进行竣工验收的，缺陷责任期从实际通过竣工验收之日起计。由于发包人原因导致工程无法按规定期限进行竣工验收的，在承包人提交竣工验收报告 90 天后，工程自动进入缺陷责任期。

（2）预留保证金的比例

发包人应按照合同约定方式预留保证金，保证金总预留比例不得高于工程价款结算总额的 3%。合同约定由承包人以银行保函替代预留保证金的，保函金额不得高于工程价款结算总额的 3%。

缺陷责任期内，由承包人原因造成的缺陷，承包人应负责维修，并承担鉴定及维修费用。如承包人不维修也不承担费用，发包人可按合同约定从保证金和银行保函中扣除，并由承包人承担违约责任。承包人维修并承担相应费用后，不免除对工程的损失赔偿责任。由他人原因造成的缺陷，发包人负责维修，承包人不承担费用，且发包人不得从保证金中扣除费用。

（3）质量保证金的返还

缺陷责任期内，承包人认真履行合同约定的责任，到期后，承包人向发包人申请返还保证金。

发包人在接到承包人返还保证金申请后，应于 14 天内会同承包人按照合同约定的内容进行核实。如无异议，发包人应当按照约定将保证金返还给承包人。对返还期限没有约定或者约定不明确的，发包人应当在核实后 14 天内将保证金返还承包人，逾期未返还的，依法承担违约责任。发包人在接到承包人返还保证金申请后 14 天内不予答复，经催告后 14 天内仍不予答复，视同认可承包人的返还保证金申请。

发包人与承包人对保证金预留、返还以及工程维修质量、费用有争议，按承包合同约定的争议和纠纷解决程序处理。

10.11.4　违法行为应承担的法律责任

《建筑法》规定，建筑企业违反本法规定，不履行保修义务的责令改正，可以处以罚款，并对在保修期内因屋顶、墙面渗漏、开裂等质量缺陷造成的损失，承担赔偿责任。

《建设工程质量管理条例》规定，施工单位不履行保修义务或者拖延履行保修义务的责令改正，处 10 万元以上 20 万元以下的罚款，并对在保修期内因质量缺陷造成的损失承担赔偿责任。

《建设工程质量保证金管理办法》规定，缺陷责任期内，由承包人原因造成的缺陷，承包人应负责维修，并承担鉴定及维修费用。如承包人不维修也不承担费用，发包人可按合同约定从保证金和银行保函中扣除，并由承包人承担违约责任。承包人维修并承担相应费用后，不免除对工程的损失赔偿责任。

《建筑业企业资质管理规定》规定，企业申请建筑业企业资质升级、资质增项，在申请之日起前 1 年至资质许可决定作出前有未依法履行工程质量保修义务或拖延履行保修义务的，资质许可机关不予批准其建筑业企业资质升级申请和增项申请。

10.12　典型案例分析

案例1:"建设工程价款优先受偿权"的运用
【案情概要】

2021 年 10 月 30 日，某建筑公司与某制伞总厂签订了一份工程承包合同，制伞总厂将坐落于厂区内的营业用房工程发包给该建筑公司承建。工程为十八间营业用房，合同对工程期限、施工质量、付款方式等作了详尽的约定。

合同签订后建筑公司按照约定于 2022 年 7 月前完成了工程，但制伞总厂却擅自违约，不按合同及时付款，为此，双方于 2023 年 1 月 9 日，又签订了一份协议。该协议称，制伞总厂迄今为止支付工程款 23%，尚欠 77%，应在 2023 年 5 月底前付清。若逾期不付，建筑公司有权将所承建的房屋拍卖，工程款在拍卖中优先受偿。制伞总厂在工程款未付清之前，房屋不交付使用，房门钥匙由建筑公司保管。

该协议签订后，制伞总厂仅在 2023 年 1 月 26 日支付了工程款的 5%，其余款项逾期仍未支付。2023 年 7 月 14 日该建筑公司将制伞总厂告上法院。原告在诉状中要求法院立即支付所欠工程款，原告对其承建的营业用房享有优先受偿权，并要求被告承担本案全部诉讼费用。

法院审理结果：法院于 2023 年 7 月 28 日进行调解，调解中，被告辩称，原告所诉确为事实，但因企业资金困难，导致工程款至今未付；被告同意原告的诉讼请求，但营业用房早已抵押给另一家企业，抵押款 75 万元也已用尽。

最后双方达成协议，由被告制伞总厂在 2023 年 7 月 31 日前支付建筑公司工程款。如逾期不能履行，以被告某店面房折价或拍卖后的价款优先受偿。案件受理费、诉讼费等均由被告负担。

【案情分析】

本案是一起拖欠工程款的纠纷，但与大多数案例不同的是该案双方对制伞总厂所拖欠的工程款的数额并不存在争议，制伞总厂拖欠工程款确实出于资金紧张，但此案给我们的一个重要启示在于，如何正确利用法律赋予承包人的建设工程价款优先受偿权这一有力武器来保护自己的合法权益。

《民法典》第八百零七条规定，发包人未按照约定支付价款的，承包人可以催告发包人在合理的期限内支付价款。发包人逾期不支付的，除按照建设工程的性质不宜折价、拍卖的以外，承包人可以与发包人协议将该工程折价，也可以申请人民法院将该工程依法拍卖。建设工程的价款就该工程折价或者拍卖的价款优先受偿。该规定赋予建设工程承包人享有对工程价款就建设工程折价，拍卖款优先受偿的权利，确定了工程价款优先受偿这一新的法律制度。

在本案中，双方于 2023 年 1 月 9 日，签订了一份协议。约定余款应在 2023 年 5 月底前付清。若逾期不付，建筑公司有权将所承建的房屋拍卖，工程款在拍卖所得价款中优先受偿。制伞总厂在工程款未付清之前，房屋不交付使用，房门钥匙由建筑公司保管。这就会使读者产生疑问，既然法律明确规定承包人对建筑工程享有优先受偿权，本案当事人双方又何必进行此项约定呢，这就引出了我们必须注意的另外一个重要问题，即：建筑工程价款优先受偿权的行使时限。

司法解释将建设工程价款优先受偿权的行使时限规定为：建设工程承包人行使优先权的期限为 18 个月，从建设工程竣工之日或建设工程合同约定的竣工之日起计算。

在法院的调解过程中，被告称其同意原告的诉讼请求，但营业用房早已抵押给另一家企业，抵押款 75 万元也已用尽。这中间就涉及建设工程价款优先受偿权与抵押权之间何者优先的处理。

《新解释（一）》中指出，人民法院在审理房地产纠纷案件和办理执行案件中，应当依照《民法典》第八百零七条的规定，认定建筑工程的承包人的优先受偿权优于抵押权和其他债权。所以，本案原告主张的建设工程价款优先受偿权在时效期限内，可优先受偿。

案例 2：无效合同的处理

【案情概要】

2021 年 5 月 9 日烟台市 A 有限公司与山东 B 建工集团有限公司签订了建筑安装工程承包合同，合同约定由 B 公司负责承建 A 公司的 2 号车间、3 号车间、车库等 5 个单位工程以及水、电、暖的安装工程，建筑面积为 4629m²，承包工程总造价 2336249 元，施工期为 2021 年 5 月 10 日至同年 10 月 30 日竣工。

B 公司在施工期间，A 公司陆续付给 B 公司工程款，截至 2022 年 2 月 5 日，A 公司共付给 B 公司工程款共计 1951090.00 元，余下工程款至今未付，为此 B 公司向山东省蓬莱市人民法院起诉，要求判定 A 公司立即付清拖欠的工程款 615916.52 元。

据法院查明，A 公司在对外发包工程时以及工程施工后，未办理施工许可证。

【案情分析】

法院认为：《建筑法》规定，签订合同时发包方必须具有施工许可证或开工报告，承包方必须具备法人资格和资质证书，B公司虽然具备法人资格和资质证书，但A公司至发包时至今未办理施工许可证，故A公司和B公司双方签订建筑安装工程承包合同属无效合同。根据山东省高级人民法院关于无效建筑工程承包合同的处理，对建筑工程已完工且质量合格，建筑单位应当按照已完工的实际造价支付给施工企业相应价款的规定，故支持B公司要求A公司按实际造价支付余额的工程的请求。

案例3：垫资施工，本金及利息按合同约定处理

【案情概要】

顺达房地产开发有限责任公司（以下简称顺达公司）与华运建筑工程公司（以下简称华运公司）签订了建设工程施工合同。合同约定，华运公司承建顺达公司开发的锦芳苑住宅小区中的2幢楼，均为15层，板式结构，总建筑面积36000m²，工期从2018年3月1日至2021年7月30日，合同价款68480000元，因顺达公司资金紧张，在工程施工期间，华运公司垫付全部工程款，工程竣工并经验收合格后，顺达公司按合同约定支付工程款。双方未对垫资的利息作约定。

合同签订后，华运公司如期开工和竣工并经验收合格后，向顺达公司提交了竣工资料，并要求顺达公司按合同约定结算并支付工程款。顺达公司因资金紧张无力支付工程款，便以华运公司垫付全部工程款违反了相关法律规定，双方所签合同无效为由而拒付工程款。

华运公司则认为，本公司在签订合同时同意垫付全部工程款实出于无奈，因为顺达公司称如果不同意垫资，就立刻将该工程发包给其他建筑公司。现本公司已经按合同约定完成全部工程并经验收合格，所以顺达公司应当按合同约定支付工程款。华运公司与新达公司多次交涉未果，遂于半年后诉至法院，请求法院判令顺达公司按合同约定支付工程款68480000元及利息2588544元。

在庭审中，原告华运公司诉称，本公司与信达公司签订的建设工程施工合同是双方真实意思的表示，合法有效。本公司已全部履行了合同义务。被告信达公司应当按合同约定支付工程款，故请求法院判令信达公司按合同约定支付工程款68480000元及利息2588544元。被告信达公司辩称，原告华运公司垫资施工的行为违反了相关法律规定，双方所签合同无效。本公司可以支付合同价款，但不同意支付原告利息。

法院经审理查明后认为，原告华运公司与被告顺达公司在签订建设工程施工合同时约定华运公司垫付全部工程款，《新解释（一）》第二十五条之规定，可以认定有效。被告信达公司以原告垫资施工的行为违反了相关法律规定，双方所签合同无效的理由不能成立，本院不予采纳。原告已全部履行了合同义务，其关于信达公司按合同约定支付工程款68480000元的请求符合法律规定与合同约定，本院予以支持。对其要求被告支付利息2588544元的请求，因双方在合同中对垫资的利息未作约定，故本院不予支持。

据此，法院判决被告支付工程款68480000元和本案诉讼费用352410元；驳回原告的其他诉讼请求。被告未上诉。

【案情分析】

本案中，原告华运公司与被告顺达公司在签订建设工程施工合同时，约定由华运公司垫付全部工程款，但未约定垫资的利息。《新解释（一）》第二十五条明确规定，当事人对垫资和垫资利息有约定，承包人请求按照约定返还垫资及其利息的，人民法院应予支持，但是约定的利息计算标准高于垫资时的同类贷款利率或者同期贷款市场报价利率的部分除外。当事人对垫资没有约定的，按照工程欠款处理。当事人对垫资利息没有约定，承包人请求支付利息的，不予支持。所以法院依本条司法解释所作出的只支持其关于工程款的请求，而驳回其支付利息的请求是完全正确的。由此可见，施工单位如果垫资承包工程，一定要在施工合同中对垫资和垫资利息作出明确约定，否则人民法院对垫资将按工程欠款处理，对垫资利息将不予以保护。但当事人对垫资利息计算标准的约定不能超过国家法定基准利率；如超出，对超出部分不予保护。

案例 4：工程未经竣工验收的法律责任分析

【案情概要】

2021 年 4 月 6 日，中冠公司与开天公司签订《建设工程施工合同》一份，约定中冠公司将其厂房、办公楼、生活楼、门卫、室外等工程发包给开天公司施工；合同工期为 215 天，合同签订后按实际开工报告为开工日期；合同通用条款约定，承包人必须按照合同约定的竣工日期或工程师同意顺延的工期竣工。因承包人原因不能按合同约定的竣工日期或工程师同意顺延的工期竣工的，承包人承担违约责任；合同专用条款约定，承包人违约应承担的违约责任按每延迟竣工一天罚款 5000 元计算。

合同签订后，2021 年 6 月 10 日，双方确认工程开工，按照合同约定，应于 2022 年 1 月 10 日竣工。2021 年 8 月 11 日，开天公司向中冠公司出具申请报告一份，以 2021 年 8 月因台风等原因申请工期顺延 5 天，中冠公司盖章同意。2022 年 6 月 26 日、7 月 5 日，中冠公司代理人分别发函给开天公司，要求开天公司加快施工工程，并要求追究逾期竣工的违约责任。2022 年 9 月 29 日，开天公司向中冠公司发函称工程已全部达到竣工验收条件，请求开天公司在 2022 年 9 月 30 日进行竣工验收。2022 年 9 月 30 日，中冠公司回函称项目工程尚未全部按约完工，环境尚需清理，未按国家工程验收有关规定提供完整的竣工资料和验收报告等。

因双方对工程是否竣工协商未果，中冠公司遂提起诉讼，请求判令：开天公司继续履行合同，立即完成合同约定的剩余建设工程；开天公司支付逾期竣工的违约金 1160000 元（每日 5000 元，自 2022 年 1 月 16 日暂算至 2022 年 9 月 4 日，以后按实计算至工程竣工验收通过之日）；开天公司赔偿中冠公司其他经济损失 251400 元（包括监理费和甲方工程师工资的额外支出）。开天公司辩称，该工程已经施工完成，其已在 2022 年 9 月发出验收通知，工程至今未能验收的原因在于中冠公司故意拖延。

法院判决法院认为，原告、被告签订的《建设工程施工合同》合法有效，至 2022 年 9 月 29 日开天公司向中冠公司发出验收通知，工程已基本符合验收条件，按照诚实信用的原则，中冠公司应组织验收。法院根据《新解释（一）》有关工程竣工验收的规定，按照双方合同关于违约条款的约定，判决：开天公司支付中冠公司违约金（计算方式为：从 2022 年 1 月 16 日开始计算至 2022 年 9 月 29 日，按照每天 5000 元计算），中冠公司其他诉讼请示不予支持。

【案情分析】

本案的争议焦点之一是施工单位是否按期竣工在建设工程合同中，承包人的义务是按照合同约定的期限、质量标准完成其承包的建设工程任务。对于双方之间因逾期竣工违约产生的纠纷，首先需要对承包人的施工时间即工期作出正确的认定，据此判断承包人是否存在逾期竣工的违约事实。本案中，双方当事人确定的开工日期为 2021 年 6 月 10 日，合同约定的工期为 215 天，其中扣除因台风等原因顺延工期 5 天，故工程的竣工截止日期应为 2022 年 1 月 15 日。开天公司在 2022 年 1 月 15 日之前尚未竣工，构成违约，故应当承担从 2022 年 1 月 16 日开始至符合验收条件期间的逾期竣工违约责任。

本案的争议焦点之二是建设单位是否构成拖延验收，国务院《建设工程质量管理条例》颁布实施后，政府不再参与建设工程的竣工验收工作，而由建设单位组织设计、施工、工程监理等有关单位进行验收或自行进行验收，因而竣工验收工作的主导权在于发包人。如果在承包人完成施工任务并向发包人提交了竣工验收报告后，发包人出于种种原因不予组织验收的，必然会给承包人造成损失。因此《新解释（一）》第九条规定，当事人对建设工程实际竣工日期有争议的，按照以下情形分别处理：建设工程经竣工验收合格的，以竣工验收合格之日为竣工日期；承包人已经提交竣工验收报告，发包人拖延验收的，以承包人提交验收报告之日为竣工日期；建设工程未经竣工验收，发包人擅自使用的，以转移占有建设工程之日为竣工日期。本案中，该工程已经建造完毕，仅有回填土等零星收尾工作尚未完成，依据诚实信用原则应当认定工程已经符合竣工验收条件。作为建设方的中冠公司，在收到开天公司的竣工报告后，理应及时组织有关单位进行竣工验收，即便存在零星土建工程未按设计规定内容全部建成，但只要不影响正常生产，亦应办理竣工验收手续。现因中冠公司拖延办理竣工验收手续，导致该工程至今未进行竣工验收并直接导致工程不能交付使用，故依据最高人民法院的相关司法解释，开天公司提交竣工报告之日应视为工程竣工之日，开天公司的违约责任也应计算至该日。

案例 5：阴阳合同在实践中的认定

【案情概要】

某建筑公司投标某房地产公司投资开发的位于上海浦东新区孙桥镇黄埔花园二期住宅工程，于 2021 年 7 月 23 日取得中标通知书。通知书载明建筑面积 34245m²，总造价 2789 万元，工期 260 天，工程结算按总造价下浮 4%，要求 7 月 30 日签订《建设工程合同》。2021 年 7 月 26 日，双方签订《建设工程合同》及"补充协议"各一份，7 月 30 日签订《建设工程合同》并在招标投标办公室备案、依此合同缴纳了定额管理费。同年 8 月 29 日，双方对 7 月 30 日合同进行了工商鉴证。前后两份《工程建设合同》的总造价分别为 2489 万元及 2789 万元，主要条款如工期、质量、工程款支付等规定相同。工程价款的计算及支付，合同规定"价款采用预算及竣工审计的方式"，调整依据为"上海市九三定额综合预算价及 2021 年 9 月工程造价信息中准价"，"开工前 7 日内支付本年度工程款的 25%（计 320 万元），分 8 个月扣回"；进度款"按每月工程师审定的进度款减预付款的 1/8 乘 97%，支付上月进度款，每月五日前支付"。验收合格后，留 3% 为保修金。工程结算没有下浮的规定。此外，工程的桩基、铝合金门窗、电梯、防盗门由发包人指定分包，有线电视、电话、防盗监控等弱电系统及室外的水、电、煤安装、道路、绿化等不在本合同范围之内。"补充协议"内容主要体现在付款方面，工程预付款 50 万元，单体主体竣工验收合格付 30%，剩余 70% 工程款在全部工程竣工验收合格后的一年内扣除保修金后分期付清。总造价下浮 2% 为工程结算款。

某建筑公司于 2022 年 10 月 28 日请求甲方对其工程进行验收并将工程结算资料交予甲方。工程总造价为 4321 万元。业主于 2023 年 5 月 20 日组织验收，工程质量合格。组织验收时某房地产公司共付款1192万元，比中标合同约定金额少付2993万元。某建筑公司多次要求支付工程款，某房地产公司均以"补充协议"付款时间未到、整体工程尚未竣工等因素予以拒绝。某建筑公司在2023年7月向同所律师魏某、张某咨询并全权委托代为解决工程款拖欠问题。代理人在分析案件事实后，于2023年8月向上海市第一中级人民法院提起了诉讼。

【案情分析】

根据案件事实的分析以及对《建筑法》《招标投标法》《民法典》等实质精神的理解，该《建设工程合同》与补充协议属于阴阳合同，阴合同无效，应以阳合同结算工程款的结论。在实践中，阴合同的签订时间可能在阳合同之前，也可能之后，也可能是同一天，但其内容均是对阳合同的改变，如降低工程价款、下浮让利、增加付款条件、延长付款期限、垫资、支付保证金、缩短工期、肢解工程等，阴阳合同的签订时间、形式及内容虽然多种多样，但其判断标准有二：一是是否针对同一工程项目，二是阴合同与阳合同是否存在有实质性的违反，如果是对阳合同的具体问题的修改补充则不应作为阴合同。阴合同因违反《民法典》及《招标投标法》的禁止性规定而无效。

本章小结

通过本章学习，可以熟悉建设工程活动过程中的一些常见问题，例如价款优先受偿问题、施工合同无效问题、垫资利息问题、解除施工合同的条件问题、阴阳合同问题、竣工日期的争议问题、保修责任承担问题等，了解这些问题产生的原因，掌握其处理方法和原则。同时通过例题分析的方法使学生掌握法学的思维方式，理论联合实际，要把课程里面学到的东西与建筑工程实际问题结合起来，掌握建设工程相关领域司法解释方面的知识，并提高应用所学知识解决建设工程相关领域的实际问题的能力，增强规避相关纠纷的法律意识。

思考与练习题

10-1　承包人的优先受偿权的含义是什么？

10-2　建设工程施工合同无效，但建设工程经竣工验收合格，承包人请求参照合同约定支付工程价款的，是否支持？

10-3　带有"带资承包"条款的合同是否有效？

10-4　建设工程未经竣工验收，发包人擅自使用后，又以使用部分质量不合格约定为由主张权利的，是否支持？

10-5　当事人就同一建设工程另行订立的建设工程施工合同与经过备案的中标合同实质性内容不一致的，应当以哪个合同作为结算工程价款的根据？

参 考 文 献

［1］ 吴胜兴. 土木工程建设法规［M］. 4 版. 北京：高等教育出版社，2024.

［2］ 马庆华，徐永红. 建设法规［M］. 北京：北京邮电大学版社，2024.

［3］ 全国一级建造师执业资格考试用书编写委员会. 建设工程法规及相关知识［M］. 北京：中国建筑工业出版社，2023.

［4］ 廖志浓. 建设法规与案例分析［M］. 2 版. 北京：机械工业出版社，2024.

［5］ 何佰洲. 工程建设法规与案例［M］. 3 版. 北京：中国建筑工业出版社，2023.

［6］ 董良峰，张志友. 建筑法规［M］. 3 版. 南京：东南大学出版社，2022.

［7］ 陈东佐. 建筑法规概论［M］. 6 版. 北京：中国建筑工业出版社，2021.

［8］ 杨立新. 民法典讲义［M］. 北京：新星出版社，2024.

［9］ 李恒，马凤玲. 建设工程法法律制度与实务技能［M］. 3 版. 北京：法律出版社，2024.

［10］ 中华人民共和国建筑法［S］. 北京：中国法制出版社，2021.

［11］ 王文杰. 建设工程施工合同解除法律实务［M］. 北京：法律出版社，2021.

［12］ 徐水太. 建设工程招投标与合同管理［M］. 北京：机械工业出版社，2024.

［13］ 中华人民共和国劳动法［S］. 北京：中国法制出版社，2023.

［14］ 中华人民共和国土地管理法［S］. 北京：中国法制出版社，2021.

［15］ 中华人民共和国建筑法［S］. 北京：中国法制出版社，2019.

［16］ 中华人民共和国城乡规划法［S］. 北京：中国法制出版社，2024.

［17］ 中华人民共和国消防法［S］. 北京：中国法制出版社，2024.

［18］ 中华人民共和国文物保护法［S］. 北京：中国法制出版社，2024.